网络空间主动防御技术

陈福才　扈红超　刘文彦　程国振
刘彩霞　霍树民　梁　浩　编著

科学出版社
北　京

内 容 简 介

本书对网络空间主动防御技术进行了系统性的介绍。首先梳理了网络空间安全的基本知识，分析了网络威胁的表现形式与成因、网络防御技术的起源与演进，进而对不同代系的主动防御技术，包括基于隔离的沙箱技术，基于欺骗的蜜罐技术，可屏蔽和遏制入侵的入侵容忍技术，基于可信链的可信计算技术，基于多样化、随机化、动态化机制的移动目标防御技术等进行了详细分析和介绍。在此基础上，针对持续深化的网络空间安全需求，对最新出现的网络防御技术创新发展动向进行了简析。最后还介绍了常用的网络安全分析评估模型及相关的数学基础知识。

本书可供高等院校网络空间安全、信息安全等相关专业的研究生或高年级本科生使用，也可作为从事相关科研工作的学者和工程技术人员的参考资料。

图书在版编目（CIP）数据

网络空间主动防御技术 / 陈福才等编著. —北京：科学出版社，2018.10

ISBN 978-7-03-059098-5

Ⅰ. ①网… Ⅱ. ①陈… Ⅲ. ①计算机网络－安全技术－研究 Ⅳ. ①TP393.08

中国版本图书馆 CIP 数据核字(2018)第 236578 号

责任编辑：任　静 / 责任校对：郭瑞芝

责任印制：吴兆东 / 封面设计：迷底书装

科学出版社 出版

北京东黄城根北街 16 号

邮政编码：100717

http://www.sciencep.com

北京厚诚则铭印刷科技有限公司印刷

科学出版社发行　各地新华书店经销

*

2018 年 10 月第 一 版　开本：720×1 000　1/16

2024 年 7 月第三次印刷　印张：20 3/4

字数：401 000

定价：125.00 元

（如有印装质量问题，我社负责调换）

作 者 简 介

陈福才 国家数字交换系统工程技术研究中心研究员。长期从事信息通信和网络安全技术研究工作，作为课题组组长或研究骨干，先后承担国家863计划、国家科技支撑计划、国家重点研发计划和国家自然科学基金创新研究群体项目9项，相关成果获国家科技进步奖一等奖1项，二等奖1项，省部级科技进步奖一、二等奖3项，2015年，作为“网络通信与交换技术团队”骨干成员，获得国家科技进步创新团队奖。发表学术论文40余篇，获发明专利7项。目前的主要研究方向为电信网安全和网络防御。

扈红超 国家数字交换系统工程技术研究中心副研究员，硕士生导师。长期从事新型网络技术和新型安全技术的研发工作，主持国家科技支撑计划项目、国家自然科学基金项目2项，参加国家863计划、国家重点研发计划、国家自然科学基金创新研究群体项目5项，相关成果获国家科技进步奖二等奖1项，省部级科技进步奖一、二等奖2项，撰写的博士学位论文被评为河南省优秀博士学位论文，发表学术论文30余篇，申请发明专利10余项。目前的主要研究方向为网络空间主动防御技术、拟态防御技术等。

前　言

网络空间(cyberspace)是人类在信息时代的基础活动空间，自其出现以来，就在不断演进变革的网络信息技术的驱动下，以超乎想象的速度扩张，对世界政治、经济、文化、社会、生态、军事等持续产生巨大影响。随着万物互联时代的来临，以及新一代信息技术、人工智能技术的创新发展，网络空间进一步融合人类社会、信息世界和物理世界，成为与人类息息相关、支撑人类面向未来生存和发展的重要的空间域。

作为由人类创造出来的虚拟空间，由于早期安全观念的不足和现阶段人类认知与科技发展的局限，网络空间在快速扩张的同时，也如同打开了的“潘多拉魔盒”，各类安全问题层出不穷。无论是2017年爆发的波及全球150多个国家和地区的勒索病毒，还是近年来在我国猖獗发生的以通信信息诈骗为代表的新型网络违法犯罪活动，都凸显了网络安全问题的严重性及其对社会经济发展的巨大破坏力。网络空间已经成为信息时代人类发展的“双刃剑”，一方面人们对其依赖程度不断加深，另一方面人们对其信任恐惧持续加剧，网络安全问题已被公认为信息时代最为严峻的挑战之一。

2014年2月，中国国家主席习近平着眼网络空间安全面临的重大威胁，提出了“没有网络安全就没有国家安全”的重要论断，强调指出“网络安全和信息化是一体之两翼、驱动之双轮”。2015年12月，在世界互联网大会开幕式上，习主席进一步指出网络安全是全球性挑战，维护网络安全是国际社会的共同责任，世界各国应携手努力共同构建网络空间命运共同体，标志着网络空间安全已经上升为事关全球发展和国家安全的战略性问题。在此背景下，2015年国务院学位委员会和教育部批准增设“网络空间安全”一级学科，将安全基础、密码学、系统安全、网络安全、应用安全等纳入学科方向，以期建立规范化的学科知识体系，成体系、成规模、多层次地培养网络空间安全专业人才，并促进网络空间安全基础理论和基本技术的研究发展。

网络空间安全的本质是对抗，而对抗的本质又在于攻防两端能力的较量。自网络空间出现以来，网络攻击与防御就一直处于螺旋式发展态势。发展先进的网络防御方法及技术手段，围绕关键信息基础设施、重要网络信息资源等构建形成整体防御能力，始终是保障网络空间安全的基本要求和主要技术途径。

网络安全防御技术的起源可追溯到网络空间诞生之初。最初人们通过网络加密技术来解决网络传输过程中的信息安全问题，其后随着网络空间范畴的持续拓展和网络服务渗透至人类社会、实体世界的方方面面，网络防御的概念内涵也不断丰富，拓展至信息确保、计算机网络防御、关键信息基础设施防护等领域，由此也产生了诸如入侵检测、防火墙、漏洞扫描、威胁感知、病毒查杀、系统修补与恢复等防御方法或技术。与传统的物理实体间攻防对抗时“易守难攻”的特性不同，虚拟网络空间的基本安全态势是“易攻难守”，特别是随着近年来网络信息技术进入全球化、开放式产业链时代，以及网络与信息系统的功能设计、服务应用越来越复杂，网络安全漏洞几乎“无处不在”，加之诸如APT(advanced persistent threat)等先进攻击方法和智能化攻击工具的不断发展，基于已知威胁特征或攻击行为等先验知识的被动式防御技术越来越力不从心。发展积极感知安全风险、不依赖于攻击先验知识，特别是具备内生式安全机制的主动防御技术成为网络防御的主要方向。

网络空间主动防御期望实现对网络攻击达成“事前”的防御效果，不依赖于攻击代码和攻击行为特征的感知，也不是建立在实时消除漏洞、堵塞后门、清除病毒木马等传统防护技术的基础上，而是以提供运行环境的动态性、冗余性、异构性等技术手段，改变系统的静态性、确定性和相似性，以最大限度地降低漏洞等的成功利用率，破坏或扰乱后门等的可控性，阻断或干扰攻击的可达性，从而显著增加攻击难度和成本。

本书是作者在长期跟踪研究网络防御技术的基础上，对既有的主动防御技术进行的系统性分析和总结，旨在为从事网络防御技术研究和人才培养的工作者提供一份兼具科普性和一定专业性的参考资料。全书共10章。第1章由陈福才、梁浩负责编撰，对网络空间安全的基本概念、网络威胁的表现形式与成因、网络空间安全的技术体系等进行介绍。第2章由程国振负责编撰，分析网络防御技术的起源、演进和不同代系网络防御的技术机理及能力范畴，对典型的主被动防御技术进行归纳简析，并梳理总结网络空间主动防御的基本概念。第3章由程国振、吴奇负责编撰。第4章由陈福才、梁浩负责编撰。第5章由霍树民、扈红超负责编撰。第3～5章对三种早期出现的典型主动防御技术，包括基于隔离的沙箱技术、基于欺骗的蜜罐技术、可屏蔽和遏制入侵的入侵容忍技术，从技术起源、演进路线、主要机制机理、典型技术产品或应用等方面进行详细的分析介绍。第6章由扈红超负责编撰，对可信计算的起源、基本理论、发展演进、典型应用进行介绍，重点分析可信计算平台、可信网络连接、定制的可信空间等关键平台及技术的功能结构和实现机制。第7章由刘文彦负责编撰，对移动目标防御(moving target defense，MTD)的内涵特征，多样化、随机化、动态化核心机制，有效性评估与分析方法等进行深入分析，并介绍MTD的典型应用及项目，对后续研究动向进行了梳理。第8章由刘彩霞、刘文彦负责编撰，在总结提炼上述主动防御技术能力范畴的基础上，针对持续深化的网络空间安全需求，分析网络防御技术的发展动向，对最新出现的融合人工智能的网络防御技术、网络空间拟态防御技术(cyberspace mimic defense，CMD)等创新性防御技术进行简述。第9章由刘文彦负责编撰，介绍网络空间安全的评估标准及指标，对攻击树模型、攻击图模型、攻击链模型、攻击表面模型、网络传染病模型等各类主流的网络安全分析评估模型进行深入研究。第 10 章由霍树民负责编撰，对与网络安全研究密切相关的概率论与随机过程、最优化理论、博弈论等数学基础知识进行简要介绍。全书由陈福才、扈红超负责统稿。

本书得到国家自然科学基金创新研究群体项目“网络空间拟态防御基础理论研究”(批准号：61521003)和国家自然科学基金青年基金项目“动态非相似余度拟态防御有效性分析和评估”(批准号：61602509)的支持。写作过程中，项目组成员毛宇星、齐超、艾健健、吴奇、王亚文、李凌书、仝青等博士和赵硕、卢振平、王禛鹏、张淼、吕迎迎、陈扬等硕士查阅了大量的资料，参与了本书的编撰工作，为本书的完成提供了至关重要的帮助。在此，对所有为本书付出辛勤劳动的同事和同学表示衷心的感谢。

由于作者水平有限，加之网络防御技术本身仍处于快速发展时期，书中难免存在纰漏和不足，恳请读者批评指正。

作　者

2018 年 2 月

攻击行为预测、攻击图模型、攻防策略选择、攻防策略演化、网络攻防博弈等主题的网络安全动态博弈模型进行深入研究。第10章总结本书研究成果，并对网络攻防安全领域的相关研究热点与趋势进行展望。最后是附录，博弈论与数学基础知识在附录中进行介绍。全书由陈璐主编，校订由黄世锋负责。

本书得到国家自然科学基金面上项目"网络空间移动目标防御策略理论方法"（批准号：61524005）和国家自然科学基金青年基金项目"动态非完全信息攻防博弈防御有效性分析和评估"（批准号：61602509）的支持。写作过程中，项目组成员黄世锋、齐钢、艾浩然、吴晗、王亚文、李滨、金辉、陈煜、王振、张焱、何恩伟、侯楠楠等同志查阅了大量的资料，参与了本书的编撰工作，为本书的完成提供了许多重要的帮助。在此，对所有为本书付出辛勤劳动的同事和同学表示衷心的感谢。

由于作者水平有限，加之网络防御技术本身仍处于快速发展时期，书中难免存在疏漏和不足，恳请读者批评指正。

作　者

2018年3月

目　　录

第 1 章　网络空间安全概述

网络空间(cyberspace)是人们为刻画所生存的信息环境而创造出来的虚拟空间，将人类社会、信息世界和物理世界紧密地联系在一起，已成为与陆地、海洋、天空、太空同等重要的人类活动新领域，也是人类在信息时代的基础活动空间。网络空间安全与国家经济、政治、社会、文化、军事等领域紧密相关，是事关国家发展和国家安全的重大战略问题，保障网络空间安全已成为人们享受全球信息化发展成果和维护国家安全、维护人类共同利益的基本前提。

1.1　网络空间的起源及其概念演进

“网络空间”一词首次出现于 1981 年美国科幻作家威廉·吉布森(William Gibson)所著的短篇科幻小说《燃烧的铬》(*Burning Chrome*)，意为计算机所创建的虚拟信息空间。1984 年，威廉·吉布森在其长篇小说《神经漫游者》(*Neuromancer*)中再度使用该词，并预示了 20 世纪 90 年代的计算机网络世界，Cyberspace 一词也凭借该小说三次荣获科幻文学大奖而为世人所熟知。但由于当时计算机应用尚未普及，Cyberspace 的概念更多的是对未来情景的一种幻想描述，离现实生活还比较遥远。其后随着计算机网络的发展，特别是互联网的兴起，Cyberspace 所描述的预言幻想渐成事实，人们开始用 Cyberspace 来命名这个人类创造的用于产生、存储和交换信息的虚拟空间，对其概念的表述则随着信息技术、网络技术的发展及其与人类社会的融合深化而不断演变。2001 年 4 月，美国国防部联合出版物《军事及其相关术语词典》中将 Cyberspace 定义为“数字化信息在计算机网络中通信时形成的一种抽象环境”[1]。这一定义赋予 Cyberspace 虚拟性的抽象概念，但局限于计算机网络的狭义范畴。2003 年 2 月，美国政府发布《保障网络空间的国家安全战略》，认为“网络空间是国家的中枢神经系统，它由无数相互关联的计算机、服务器、路由器、交换机和光缆组成，它们支持着关键基础设施的运转，网络空间的良性运转是国家安全和经济安全的基础”[2]，该定义清晰地描述了构成 Cyberspace 的物质载体及其在国家关键基础设施中的地位，但其基本含义限定在互联网范畴。2006 年 12 月，美军参谋长联席会议发布了《网络空间行动的国家军事战略》，首次将 Cyberspace 界定为“域(domain)”，认为其主要特征是“使用电子技术和电磁频谱对信息进行存储、修改和交换，并通过网络化的信息系统和物理基础设施达到此目的”[3]，此时 Cyberspace 的概念已开始超越互联网或计算机网络的范畴。2008 年 1 月，美国总统布什签署了第 54 号国家安全政策总统令和第 23 号国土安全总统令，对 Cyberspace 给出了最新的定义："它是信息环境中的一个整体域，由连接各种信息技术基础设施的网络以及所承载的信息活动构成人类社会活动空间，包括互联网、电信网、计算机系统以及关键工业系统中的嵌入式处理器和控制器等，同时涉及虚拟信息环境，以及人与人之间的相互影响"[4]。这个定义首次明确指出 Cyberspace 的范围不限于互联网或计算机网络，还包括传统电信网、工业控制网络、军事网络以及在这些网络与信息系统中产生、传送、交换信息的相关环境。2008 年 5 月，美国国防部常务副部长戈登·英格兰(Gordon England)在关于 Cyberspace 定义的备忘录中进一步修正了以往的定义，明确"网络空间是全球信息环境中的一个领域，由众多相互依存的信息基础设施网络组成，包括互联网、电信网、计算机网络、嵌入式处理器和控制器等"[5]。这个定义突出强调了 Cyberspace"全球性"特征和"信息环境"的本质属性。2009 年 4 月，美国国防大学出版了《网络权力(Cyberpower)和国家安全》一书[6]，对 Cyberspace 的定义进行了全面解读，认为：①它是一个可运作的空间领域，虽然是人造的，但并非某一个组织或个人所能控制的，这个空间中有人类宝贵的战略资源，不仅可用于作战，还可用于政治、经济、外交等活动；②与陆地、海洋、天空、太空等物理空间域相比，人类依赖电子技术和电磁频谱等手段才能进入网络空间，更好地开发和利用该空间资源，正如人类需要借助船、飞机、飞船才能进入海洋、天空、太空空间一样；③开发网络空间的目的是创建、存储、修改、交换和利用信息，信息是网络空间的本质，没有信息流通的网络空间就好比电网中没有电流，公路上没有汽车；④构建网络空间的物质基础是网络化的、基于信息通信技术(information and communication technology，ICT)的基础设施，包括联网的各种信息系统和信息设备，网络化是网络空间的基本特征和必要前提。2010 年，国际电信联盟也对 Cyberspace 进行了描述，认为它是由计算机、计算机系统、网络及其软件、计算机数据、内容数据、数据流量以及用户等要素创建或组成的物理或非物理的交互领域，该描述涵盖了用户、物理设施和内容逻辑三个层面，赋予了 Cyberspace 新的概念内涵。同年 2 月，美国国防部发布了《四年防务评估报告》，认为 Cyberspace 是一个"由互联网和电磁通信网络等相互依存的信息技术基础设施构成的全球性领域"[7]，并将 Cyberspace 定位为继陆地、海洋、天空、太空四大物理空间域之后的第五维战略空间。2011 年，美军参谋长联席会议发布了《美国国家军事战略报告——重新界定美国军事领导权》，明确阐述了 Cyberspace 与传统四大空间的关系，该报告将网络空间描述为全球连通的领域，并指出"网络空间作为一种媒介已将传统的空间连在一起，陆地、海洋、天空和太空通过网络空间聚合在一起，迸发出新的活力"[8]。

我国对网络空间至今尚未形成统一、标准的定义。武汉大学张焕国教授等认为"网络空间是信息时代人们赖以生存的信息环境，是所有信息系统的集合"[9]。东南大学罗军舟教授在综合网络空间相关概念表述的基础上，认为“网络空间虽然定义有所区别，但是研究人员普遍认可网络空间是一种包含互联网、通信网、物联网、工控网等信息基础设施，并由人-机-物相互作用而形成的动态虚拟空间”[10]。2015年4月，上海社会科学院信息研究所等发布《网络空间安全蓝皮书：中国网络空间安全发展报告(2015)》，将网络空间的内涵归纳为“一个由用户、信息、计算机(包括大型计算机、个人台式机、笔记本电脑、平板电脑、智能手机以及其他智能物体)、通信线路和设备、软件等基本要素交互所形成的人造空间，该空间使生物、物体和陆、海、空、天自然空间建立起智能联系，是人类社会活动和财富创造的全新领域”[11]。2015年12月，中国工程院方滨兴院士发表文章，将网络空间定义为“所有由可对外交换信息的电磁设备作为载体，通过与人互动而形成的虚拟空间，包括互联网、通信网、广电网、物联网、社交网络、计算系统、通信系统、控制系统等”[12]，该定义一是强调了网络空间的信息交换途径是以“电磁设备作为载体”，二是明确了信息交换的范围不仅包括全局范围连接，而且包括局域连接，如某些物理隔离的网络、Ad-hoc网络等，这一点与美国54号总统令对网络空间的定义有所不同。2016年12月，国家互联网信息办公室发布了《国家网络空间安全战略》，指出“由互联网、通信网、计算机系统、自动化控制系统、数字设备及其承载的应用、服务和数据等组成的网络空间，正在全面改变着人们的生产和生活方式，深刻影响着人类社会的历史发展进程”[13]。

从当前国内外有关网络空间的概念描述可知，网络空间是人类为促进人与人之间的交流互动、为促进信息的使用和探索而创设的新空间，其以各种形态的网络、设备、信息系统、电子器件和电磁频谱为物质基础，以相关系统和设备所产生、传递、处理、利用的数据及其蕴含的信息为核心资源，以信息技术、人工智能技术等为纽带，融会贯通人类社会、信息世界和物理世界(人-机-物)三元世界，成为与人类息息相关、支撑人类面向未来生存和发展最为重要的空间域。

与天然存在的陆地、海洋、天空、太空等物理空间相比，网络空间的特性可归纳为以下几方面。

(1) 人造性。即人是创造、改变和利用网络空间的主体，人类对新的生产和生活方式的向往和追求是网络空间得以产生和持续发展的根本动力，人类的思维创造力对网络空间的演变具有决定性影响。这是网络空间不同于客观存在、难以随人的意志而改变的自然实体空间的最大特点，网络空间的这种人造性也为人类想象力和创造力的充分发挥提供了一个巨大的承载空间。

(2) 互连性。互连性是网络空间的基本属性。网络空间的起源和演进始终以突破自然时空限制、拉近人与人之间的互动距离、连通人与物之间的认知鸿沟为根本目标。互连性体现在三个层面：首先是基于网络实体的互连实现人与人的互动；进而实现人与信息的互动，人们可以随时随地借助网络空间获取和利用信息资源；最终达到人-机-物三元世界深度融合，实现万物泛在互连。前两个层面赋予了网络空间的全球性和无国界属性，第三个层面赋予万物以智慧，解决了人与物的单向信息交流问题，使网络空间虚拟世界与自然实体世界紧密交织，更为多元化和智慧化。

(3)信息性。网络空间的本质是信息活动的载体，没有信息流通的网络空间就好比电网中没有电流，公路上没有汽车，失去了其本身存在的意义。网络空间最大限度地开发和利用信息资源，任意个体均可进行信息发布和信息传播，访问、整合、共享各类网络信息资源，与世界各地联网的个体进行信息交互，从而大大降低信息流动、信息获取的成本，推动信息资源成为全人类共同拥有的宝贵财富。

(4)动态性。即网络空间具有长期演化性，其内涵和外延随着信息技术、网络通信技术和人工智能技术等的不断发展而持续丰富和拓展。这一点从网络空间自身的定义也得到了充分体现，从最初的计算机网络发展至互联网范畴，进而成为全球信息环境的整体域。可以预见，未来的网络空间还将继续朝着链接泛在化、结构动态化、安全属性化、数据知识化、控制智能化等方向快速发展，网络空间也必将融会贯通和包容所有物理空间，成为人类认知世界、改造世界最重要的战略空间。

1.2　网络空间安全的定义

根据国家标准 GB/T 28001 的定义，“安全”是指免除了不可接受的损害风险的状态。具体到什么叫网络空间安全，由于人们对网络空间概念本身尚无统一定论，所以对网络空间安全的定义也有所差异。欧洲网络与信息安全局发布的《国家网络空间安全战略：制定和实施的实践指南》[14]认为“网络空间安全尚无统一的定义，与信息安全的概念存在重叠，后者主要关注保护特定系统或组织内的信息安全，而网络空间安全则侧重于保护基础设施及关键信息基础设施所构成的网络”。美国国家标准技术研究院(National Institute of Standards and Technology，NIST)于 2014 年发布的《增强关键基础设施网络空间安全框架》[15]中对网络空间安全的定义是“通过预防、检测和对攻击作出响应来保护信息的过程”。美国国家安全电信和信息系统安全委员会对网络安全的定义是“在应对网络攻击中保护或防御信息和信息系统，确保其可用性、完整性、可认证性、机密性、不可抵赖性等特性，这包括在信息系统中融入保护、监测、反应，并提供信息系统的恢复能力”[16]。法国 2011 年发布的《信息系统防御和安全战略》认为网络空间安全意味着一种最终状态，在该状态下网络系统可以抵御各种可能对所存储、传输、处理的数据和与系统相关或者连接的相关服务的机密性、完整性和可用性造成的损害。百度百科将网络安全定义为“网络系统的硬件、软件及其系统中的数据受到保护，不因偶然的或者恶意的原因而遭到破坏、更改、泄露，系统连续、可靠、正常地运行，网络服务不中断”。我国 2016 年出台的《网络安全法》将网络安全定义为“通过采取必要措施，防范对网络的攻击、侵入、干扰、破坏和非法使用以及意外事故，使网络处于稳定可靠运行的状态，以及保障网络数据的完整性、保密性、可用性的能力”。

根据“安全”一词的原意，网络空间安全的一般含义可以理解为网络空间的基本要素及其社会活动免受来自各种威胁的状态。具体而言，可从网络空间自身的技术性安全和因网络空间影响力而衍生的安全问题两个层面理解网络空间安全的内涵。在自身技术性安全方面，核心是围绕网络空间的基本要素实现三重保障，即保障网络空间中的各类软硬件信息系统、网络连接或接入设备、电磁频谱等基础设施免受故障性风险和各类攻击威胁、干扰和破坏；保障网络空间中存储、传输和利用的各类信息具备可用性、完整性、机密性、不可抵赖性等基本安全属性；保障各类网络应用不因偶然或恶意原因发生拥塞、中断或假冒，提供安全、可信的可持续服务能力。显然，网络空间自身技术性安全事关国家信息基础设施保护、信息(数据)安全和基础通信服务保障，与国家经济命脉和网络主权息息相关。在衍生性安全方面，网络空间正在成为与人类生产和生活方式最紧密相关且将继续深刻影响人类未来的战略空间，其所承载的人类活动及相关信息必然对国家政治、社会、文化安全等产生重大影响，例如，借助网络空间快速传播信息内容容易制造和主导社会舆论，对国家政治、民众思想、社会道德等带来改变或形成威胁。毫无疑问，衍生性安全具有较强的主观性，例如，网络信息内容的真实性、合法性、伦理性、归属性等主观性指标通常受各国政治、法律、文化等制度环境的影响[17]，更凸显了网络空间安全性问题对于各国政治、经济、文化和社会等方面所具有的现实战略意义。

与网络空间的概念范畴持续演化一样，网络空间安全的内涵也一直在丰富和发展。在互联网发展早期，人们主要关注的是信息安全问题，即如何在使用网络的过程中保障信息的可获得性(availability)、完整性(integrity)、机密性(confidentiality)和不可抵赖性(non-repudiation)。其后随着网络空间范畴的持续扩张，以及与物理世界的不断融合和相互渗透，网络空间逐渐成为影响国家经济、社会、文化、军事发展的战略领域，网络空间安全也突破传统上信息安全的概念，升级为国家主权和国家安全的重要组成部分，维护网络空间安全和捍卫国家网络主权成为各国决策者的共识，谋取网络空间安全优势则成为各国政府巩固本国实力、拓展全球实力的重要战略目标。早在 2003 年美国政府发布的《网络空间安全国家战略》(*National Strategy to Secure Cyberspace*)中，就明确提出网络空间是国家的中枢神经系统，网络空间的良性运转是国家安全和经济安全的基础，该战略确立了三项战略目标，包括：阻止针对美国至关重要的基础设施的网络攻击、将美国对网络攻击的脆弱性降至最低、在确实发生网络攻击时力争将不利影响最小化。2011 年 7 月，美国国防部发布了《网络空间行动战略》(*Strategy for Operating in Cyberspace*)，将网络空间列为与陆、海、空、天并列的行动领域，同年政府发布的《网络空间可信身份国家战略》和《网络空间国际战略》，进一步将网络空间安全提升到战略的高度，共同构建了安全战略框架体系。欧盟和俄、日等国也纷纷出台网络空间安全战略以保障本国网络空间安全，如欧盟2013年出台的《欧盟网络安全战略》和《确保欧盟网络和信息安全达到高水平的措施》、英国2011年发布的《网络安全战略》、俄罗斯2014年发布的《网络安全战略框架》、日本2013年出台的《网络安全战略》和《网络安全合作国际战略》等，相关战略均提出了保障网络空间安全的愿景规划和具体行动计划。综观而言，网络空间安全已经被世界主要国家和地区上升到前所未有的战略高度，成为新时期新安全观的重要组成部分。

为应对网络空间安全面临的严峻形势，我国政府将网络空间安全问题纳入全面深化改革的重要内容，从政策保障、文化教育和科技计划等多个层面推动网络空间安全建设工作。2014年2月我国成立中央网络安全和信息化领导小组，全面领导和推进国家网络空间安全建设规划；同时习近平主席在主持召开的中央网络安全和信息化领导小组第一次会议上就提出了“没有网络安全就没有国家安全”的重要论断，强调“网络安全和信息化是事关国家安全和国家发展、事关广大人民群众工作生活的重大战略问题，要从国际国内大势出发，总体布局，统筹各方，创新发展”，“网络安全和信息化是一体之两翼、驱动之双轮，必须统一谋划、统一部署、统一推进、统一实施”。2016年12月，国家互联网信息办公室发布《国家网络空间安全战略》，指出要“积极防御、有效应对，推进网络空间和平、安全、开放、合作、有序，维护国家主权、安全、发展利益，实现建设网络强国的战略目标”，并系统地阐明了我国关于网络空间发展和安全的重大立场，指导我国网络空间安全工作，维护国家在网络空间的主权、安全和发展利益。此外，2015年6月，国务院学位委员会和教育部批准增设了“网络空间安全”一级学科，将安全基础、密码学、系统安全、网络安全、应用安全等纳入学科方向，对推动我国成体系、成规模、多层次地培养网络空间安全专业人才具有重大意义。同时，为了更好地布局和引导相关研究工作的开展，国家自然科学基金委员会信息科学部选定“网络空间安全的基础理论与关键技术”作为“十三五”期间15个优先发展研究领域之一，国家“科技创新2030—重大项目”将“国家网络空间安全”列为6个重大科技项目之一。国家层面科技计划的实施，将引导建设完备的网络空间安全技术体系，为我国全面提升网络空间安全保障能力奠定坚实基础。

1.3　网络空间安全威胁的表现形式与成因

随着新一代信息技术的持续创新发展，网络空间的包容性、渗透性越来越强，与现实世界的融合不断深化，特别是移动互联网、新型社交网络、大数据、人工智能等技术和应用的普及，使得人类的生产、生活乃至国家经济发展、社会治理、文化传播等对网络空间的依赖程度越来越深，与之相对应的是网络空间安全风险不断累积和升级，其范围越来越广，程度越来越深，成为世界各国和全人类面临的共同挑战。

1.3.1 网络空间安全威胁的表现形式

网络空间安全威胁是指对网络空间安全状态构成现实影响或潜在威胁的各类事件的集合[17]，其表现形式可按以下维度予以划分。

1. 按照行为主体划分

按照实施网络威胁的行为主体可划分为黑客攻击、有组织的网络犯罪、网络恐怖主义和国家支持的网络战等形式。

黑客攻击(hacker attack)是指黑客通过特定网络攻击手段破解或破坏某个程序、系统及网络安全的行为。黑客攻击分为非破坏性攻击和破坏性攻击两类。非破坏性攻击的目的是扰乱系统的运行，并不盗窃系统资料。破坏性攻击则以侵入他人计算机系统、窃取系统保密信息、破坏目标系统的数据为目的。黑客攻击的常用手段包括利用后门程序、探测系统漏洞、特洛伊木马攻击、电子邮件炸弹、分布式拒绝服务攻击、网络监听等。著名的黑客攻击案例有 2011 年索尼公司 PS 网络遭受黑客攻击导致运行中断 23 天，7700 万用户账户信息被盗，损失超过 1.7 亿美元；2015 年美国爆发的“邮件门”事件，数万封绝密邮件被维基揭秘曝光，直接导致希拉里·克林顿在 2016 年本被看好的美国总统大选中败北。

网络犯罪指行为人运用计算机技术，借助网络对目标系统或信息进行攻击，破坏或利用网络进行其他犯罪的总称。网络犯罪因其智能性、隐蔽性、跨国性、匿名性等特性，给各国经济、社会安全等带来前所未有的挑战。典型的网络犯罪如借助网络渠道进行音视频盗版、赌博、洗钱、贩毒等传统犯罪活动，利用网络窃取机密信息、进行金融诈骗等新型犯罪活动等。近年来对我国社会造成重大危害的通信信息诈骗是典型的网络犯罪手段之一，每年造成的民众财产损失高达数百亿元。

网络恐怖主义是指非政府组织或个人有预谋地利用网络并以网络为攻击目标，以破坏目标所属国的政治稳定、经济安全，或扰乱社会秩序、制造轰动效应为目的的恐怖活动，是恐怖主义向信息技术领域扩张的产物[18]。网络恐怖主义包含两个层面：一是针对事关国计民生的关键信息基础设施发起恐怖袭击，以破坏正常社会和经济秩序，引发社会动荡；二是借助网络空间组织恐怖活动、宣扬恐怖理念、制造恐怖气氛、招募和培训恐怖分子等。网络空间的隐蔽性和无国界性决定了网络恐怖主义攻防对抗具有典型的不对称性，也是当前全球反恐斗争面临的主要威胁之一。

网络战是指国家间为干扰、破坏对方网络和信息系统，并保证己方网络和信息系统的正常运行而采取的一系列网络攻防行动。网络战对国家安全威胁程度最高，既涉及传统的军事安全领域，例如，通过网络攻击直接破坏对方的军事指挥控制系统、情报系统、防空系统等，也涉及针对重大民用基础设施开展的网络战行为，例如，通过网络攻击扰乱甚至致瘫对方国家的金融、能源、交通等领域，使其经济和社会秩序陷入混乱，不战而屈人之兵。网络战的典型案例有2008年俄罗斯与格鲁吉亚冲突中，俄罗斯黑客组织在军事行动之前控制了格鲁吉亚的网络系统，使其交通、通信、媒体和金融互联网服务瘫痪，对俄军顺利展开军事行动形成了有利局面；2010年伊朗核设施遭受“震网(Stuxnet)”病毒攻击，导致大量铀浓缩设备故障报废，被指是美国或以色列对其实施的一次网络战行动；2015年12月乌克兰发生大面积停电事件，也被普遍认为是一次针对能源领域的网络战行为。

2. 按照威胁的形成机制划分

按照威胁的形成机制划分，网络空间安全威胁包括技术性威胁和非技术性威胁两类。

技术性威胁是指利用技术手段对目标网络或信息系统展开攻击，以窃取、破坏其机密信息，或导致故障使其无法提供正常网络服务。按照网络和信息系统的组成结构，具体可分为针对硬件设备、无线频谱等的物理层安全威胁，针对系统脆弱性、软件安全性等的系统层安全威胁，针对网络连接、协议安全性等的网络层安全威胁，针对数据可用性、完整性、机密性、不可抵赖性的数据层安全威胁等。当前，随着移动互联网、云计算、大数据、物联网等新型应用的普及，网络攻击的渠道和手段呈现多样化、智能化和隐蔽性特征，网络空间面临的技术性威胁更趋复杂。例如，移动通信“伪基站”暴露出新的物理接入安全问题；大数据技术应用在提升全社会数据利用能力的同时，使得许多现有数据保护方法的安全假定不再适用；2016年10月爆发的美国东部大规模互联网瘫痪事件成为物联网安全问题对网络空间安全形成新挑战的一个缩影。

非技术性威胁是指利用网络开放互连、跨时空快速传播信息的特性而衍生形成的安全威胁，典型的有借助公众网络造谣滋事、传播不良信息等，其更多地体现在对国家政治、社会和文化等领域形成安全威胁，甚至是利用网络实现政权更迭。

3. 按照威胁的实现形式划分

按照威胁的实现形式划分，网络空间安全威胁包括网络病毒、僵尸网络、拒绝服务攻击、侧信道攻击、社会工程学攻击、高级持续性威胁攻击等具体手段。

网络病毒即计算机病毒(computer virus)，指编制或在计算机程序中插入破坏计算机功能或破坏数据，影响计算机使用并且能够自我复制的一组计算机指令或程序代码。

僵尸网络(botnet)指攻击控制者通过发起主动漏洞攻击或传播邮件病毒等手段，使大量联网主机感染僵尸(bot)程序病毒，从而在控制者和被感染主机之间形成的一个一对多控制的网络。利用僵尸网络，攻击控制者很容易针对网络目标发起分布式拒绝服务(distributed denial of service，DDoS)等典型攻击行为。

拒绝服务攻击(denial of service，DoS)指攻击者通过向目标系统发起大量无效连接或恶意流量，耗尽对方计算资源、网络连接资源或网络带宽资源，迫使目标系统无法向合法用户提供正常网络服务的一种攻击手段。DoS 攻击一般分为语义(semantic)攻击和暴力(brute)攻击两类，语义攻击利用目标系统实现时的缺陷和漏洞，通过"点穴"方式达到攻击目的；暴力攻击不需要目标系统存在漏洞或缺陷，依靠发送超过目标系统服务能力的连接请求数量来达到攻击目的。

旁路攻击(side channel attacks，SCA)也称侧信道攻击，是指针对加密电子设备在运行过程中的时间消耗、功率消耗或电磁辐射之类的侧信道信息泄露而对加密设备进行攻击的方法。SCA 通常用于破解密码，当前随着云计算应用的普及，借助虚拟机共享缓存、共享内存总线、共享网络链路等共享资源对云用户实施侧信道攻击已成为云安全面临的主要威胁之一。

社会工程学攻击是把社会工程学方法引入网络攻击之中，从而突破目标者安全防御措施，达到攻击目的的一种手段，其核心是利用人的本能反应、好奇心、信任、贪便宜等弱点，借助网络渠道进行欺骗或伤害，如电信诈骗、网络钓鱼等。

高级持续性威胁(advanced persistent threat，APT)是指利用先进的攻击手段对特定目标进行长期持续性网络攻击的攻击形式，其高级性体现在发起攻击之前会对被攻击对象的业务流程、可能存在的漏洞、可行的攻击手段及攻击线路、所需的攻击资源等进行长期而细致的分析准备，进而组建攻击者所需的网络，制定严密的战术实施攻击。严格而言，APT 攻击并非新的攻击手段，而是既有攻击手段的战术性综合利用。

1.3.2　造成网络空间安全威胁的主要原因

造成网络空间安全威胁的原因多种多样，典型的有网络安全法律法规不完备、安全管理制度有漏洞造成的安全问题，网络与信息系统本身存在安全脆弱性以及缺乏有效的安全防护手段引发的安全问题，全球化产业链环境下技术先进方出于获取信息优势等目的对技术落后方刻意实施的"后门工程"带来的安全问题等。

从技术角度分析，造成网络空间安全威胁的主要原因可归纳为以下方面。

1. 网络空间应对安全威胁的先天脆弱性

这种脆弱性源自多个方面。首先，开放和互连是网络空间存在与发展的基础，开放性决定了网络的无边界性、网络实体的身份虚拟性等。开放程度越高，范围越广，所带来的安全风险就越大。例如，不良信息、暴恐音视频传播等网络内容安全问题就是借助网络空间的开放性而形成的典型威胁。未来随着互联网、电信网、物联网等不同网域以及各类信息技术应用的深度融合，任何一个网域、一种协议甚至一类设备的机制缺陷或设计漏洞引发的安全风险都可能在开放互连的网络空间大面积扩散，从而进一步加剧网络空间整体上的脆弱性。其次，网络空间的架构缺陷导致安全脆弱性。发展网络空间的最初目的是提供灵活便捷的信息通信服务，其设计之初对安全保护机制考虑十分有限，其后也以发展加壳式而非内生性、融合性安全机制为主，造成网络空间技术和系统架构同质化严重，存在静态性、相似性、透明性、确定性等缺陷，导致攻击者无论在攻击空间还是攻击时间上都拥有太多的机会。再次，网络协议自身存在的脆弱性。例如，互联网最根本的TCP/IP是一个建立在可信环境下的网络互连模型，设计时主要考虑互连互通性、互操作性以及连接可靠性，欠缺安全设计机制，这就导致所有基于TCP/IP的网络应用服务在不同程度上均存在先天性的安全缺陷，包括应用最普遍的WWW服务、FTP(file transfer protocol)服务、电子邮件服务、NFS(network file system)服务等。最后，网络空间的复杂性也带来脆弱性问题。特别是当前许多云计算和移动互联网应用，为了便于用户接入和使用方便，借助新的信息技术、智能应用技术，整合大量的业务接口，这就扩大了自身的受攻击面，为复合攻击创造了条件，包括手机邮箱、移动支付等应用正面临着这样的风险。

2. 网络与信息系统设计和实现过程中普遍存在的安全漏洞

随着网络与信息系统的功能越来越强大，智能化程度越来越高，其软硬件设计也日趋复杂，代码量动辄数十万、数百万行，理论上迄今无法找到完全避免设计缺陷与实现错误，或者穷尽设计缺陷与实现错误的有效方法，而任何一个缺陷或错误都有可能导致安全漏洞并被网络攻击者所利用。实践证明，构成网络空间物质基础的各类网络设备、信息系统、应用服务等都广泛存在漏洞且不断暴露新的漏洞。漏洞的普遍性成为当前网络空间面临安全威胁的根本原因之一。据统计，仅2010～2016年间，中国国家信息安全漏洞库就收录了46771个漏洞，且呈逐年增长趋势，涉及操作系统漏洞、网络设备漏洞、数据库漏洞、Web应用漏洞、安全产品漏洞等方面，由此造成大量的网络瘫痪、用户信息泄露、网络欺诈等网络安全事件。

3. 病毒、木马和后门的易安插性

信息产业全球化格局下，透过产品设计链、工具链、制造链、加工链、销售链、服务链等环节，均可植入隐蔽的恶意功能，从器件、部件、组件到系统，从技术到服务，从设计工具、开发环境到应用软件都可以预留隐蔽的“后门”功能，信息系统的安全链几乎不可能掌控。尤其是技术领先或具有卖方优势的一方，很容易对技术后进或买方市场一方实施“后门工程”，以获取网络空间的战略优势。根据中国互联网网络安全报告提供的数据，2014 年我国境内有 40186 个网站被植入后门，网络安全形势极为严峻。

4. 网络空间攻防的不对称性

网络空间的基本态势是“易攻难守”。对攻击者而言，只需针对目标对象在整个安全链上找到一个可利用的脆弱点，就可以一招制胜，破坏或掌控整个系统，而且攻方在时机上也具有“出其不意，先发制人”的行动优势，可以轻松掌握攻防对抗的战略主动权。对防御者而言，则只有在系统设计、实现、应用、管理等整个安全链上做到万无一失，才可能真正形成防御能力。加之现有的防御理论与方法主要遵循“威胁感知，认知决策，问题移除”的防御模式，开展防御的前提是获得诸如恶意代码特征、攻击行为特征等先验知识，这显然无法防御由未知漏洞或后门而引发的新型攻击行为，从而加剧了“易攻难守”的不对称性态势。

1.4　网络空间安全技术体系

随着网络空间持续发展演化，其内涵越来越丰富，面临的安全威胁日益复杂，建立健全网络空间安全技术研究及应用体系，多维度探讨网络空间安全问题，总结归纳相应的防御方法、机制及措施，对于全面理解和掌握网络空间安全威胁、提升网络空间安全保障能力具有重要的理论指导意义。本节首先依据网络空间自身的层次模型，横向剖析网络空间在各层面面临的安全威胁及相应的防护技术，进而按照网络空间防护、网络空间治理、网络空间对抗三大典型应用领域，对安全技术体系进行纵向划分和描述。

1.4.1　网络空间安全的层次模型

网络空间的功能结构框架源自国际标准化组织(International Organization for Standardization，ISO)和国际电报电话咨询委员会(International Telegraph and Telephone Consultative Committee，CCITT)联合制定的开放系统互连(open system interconnect，OSI)参考模型，OSI 模型从低到高包括七个功能层次：物理层、数据链路层、网络层、传输层、会话层、表示层和应用层。研究网络空间安全技术体系，必须结合网络空间自身的功能结构和相应的安全需求，建立层次化的研究模型。

当前学术界从不同角度对网络空间安全的层次模型进行了研究，有代表性的包括如下几项。

中国工程院方滨兴院士[12]在深刻剖析网络空间科学内涵的基础上，提出了网络空间安全技术的“四横八纵”模型，自底向上将网络空间安全划分为设备层、系统层、数据层和应用层四个层次，并从信息安全、信息保密、信息对抗、云的安全、大数据、物联网安全、移动安全、可信计算八个研究领域，分析了这些领域在不同层面上面临的安全问题及对应的安全技术(图 1-1、图 1-2)。

应用层的安全	有害信息	信息汇聚	制造舆论	恶意滥用	隐私挖掘	控制渗透	支付冒充	信誉不实
数据层的安全	信息篡改	密码破解	情报窃取	操作抵赖	数据混乱	隐私泄露	电话窃听	非法程序
系统层的安全	黑客攻击	远程木马	僵尸网络	平台攻击	运行干扰	传输干扰	传输阻塞	软件故障
设备层的安全	设施损毁	辐射泄密	电磁破坏	平台崩溃	设备失效	电子干扰	终端被攻	有害信息
	信息安全	信息保密	信息对抗	云的安全	大数据	物联网安全	移动安全	可信计算

图 1-1 “四横八纵”安全模型中的安全问题[12]

应用层的安全	内容安全	脱密验证	传播对抗	可控的云	服务确保	控制安全	应用安全	信任可控
数据层的安全	数据安全	新型密码	情报对抗	可信的云	数据确保	信息确保	通信安全	可信证明
系统层的安全	运行安全	网络防窃	网络对抗	安全的云	系统确保	传输安全	信道安全	软件确保
设备层的安全	物理安全	干扰屏蔽	电子对抗	可靠的云	稳定确保	探针安全	终端安全	硬件可靠
	信息安全	信息保密	信息对抗	云的安全	大数据	物联网安全	移动安全	可信计算

图 1-2 “四横八纵”安全模型中的安全技术[12]

东南大学罗军舟教授等[10]从网络实体本身的层次着手，提出了“四横一纵”的网络空间安全层次化研究体系，“四横”包括物理层、系统层、网络层和数据层四个层面，“一纵”是指贯穿这四个层面的安全基础理论研究，并具体给出了每个层面的代表性研究方向，如图 1-3 所示。

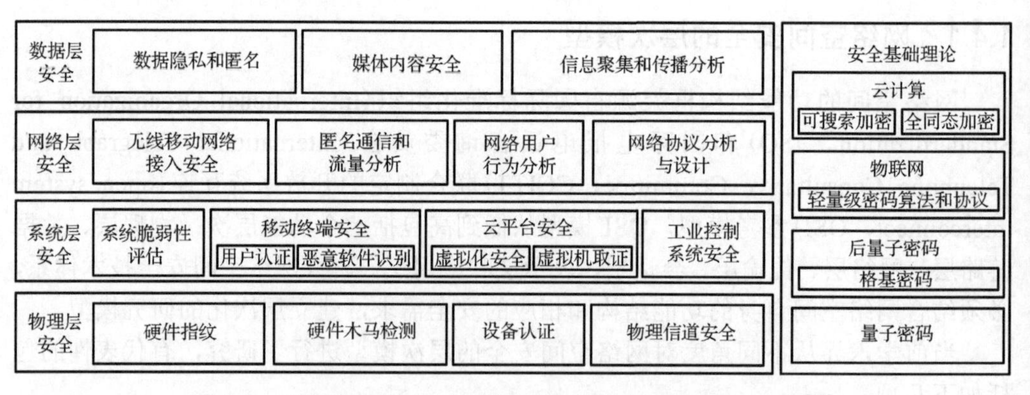

图 1-3 “四横一纵”安全研究层次体系及代表性研究方向[10]

上海交通大学李建华教授等[19]从网络空间安全一级学科建设角度从发，总结了网络空间安全主要研究方向的层次关系模型，如图 1-4 所示。其中网络空间安全基础研究为其他方向的研究提供了理论、架构和方法学指导；系统安全和网络安全则分别保证了网络空间单元计算系统安全和网络连接自身及网络传输信息安全；应用安全主要保证网络空间大型应用系统的安全；而密码学及其应用为系统安全、网络安全和应用安全提供密码机制。

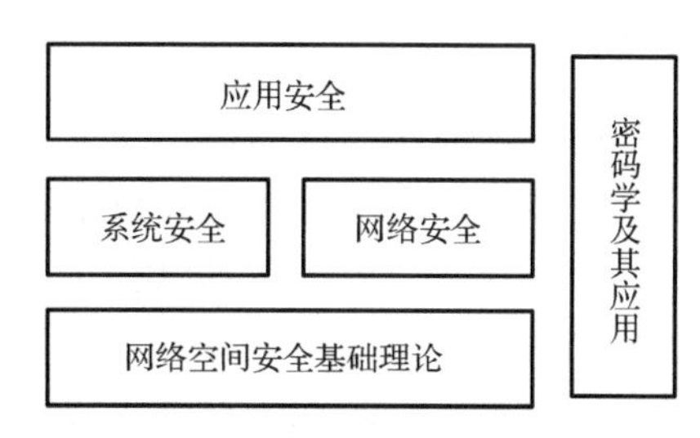

图 1-4　网络空间安全主要研究方向关系图[19]

武汉大学的张焕国教授[9]等从信息论的角度认为网络空间存在更加突出的信息安全问题，其核心内涵仍是信息安全，除了涉及物理设备安全这一物质基础之外，还应包含数据、内容、行为等外在形式的安全，因此从信息系统的角度将信息系统安全划分为设备安全、数据安全、内容安全、行为安全四个层次；同时指出信息系统的硬件系统安全和操作系统安全是信息系统安全的基础，而密码和网络安全等技术是关键；因此，要从信息系统的硬件和软件的底层做起，从整体上综合采取措施，才能比较有效地确保信息系统安全。

显然，以上研究由于关注的角度不同，对网络空间安全具体的层次划分也不尽相同。从发展趋势来看，随着信息技术的持续变革推进，网络空间的泛在性、智慧化特征更加明显，网络空间安全面临更大范围、更多维度、更深层次的挑战。一方面新的信息技术、新型网络形态和新兴应用服务不断给网络空间安全带来新的威胁。例如，移动通信“伪基站”导致的诈骗事件暴露了物理接入安全面临的新威胁；移动互联网及智能终端的广泛普及，使得网络接入安全和应用服务安全问题凸显；云计算、大数据技术在为网络应用服务带来革命性变化的同时，给数据安全问题带来了新的挑战。另一方面网络攻击的途径、手段、获利模式也随着网络空间人-机-物三元世界的深度融合而不断演化，许多安全威胁并不局限于特定层面，而具有明显的跨层次扩展特性。正如一个软件应用既会由于软件自身存在漏洞、缺陷而带来系统安全问题，也会由于其使用而引发应用安全问题，像一些合规的手机定位软件和内置用户信息收集功能的 APP 应用，在使用时会面临用户隐私信息泄露的风险；僵尸网络的根源在于系统存在安全漏洞，攻击的途径是利用漏洞劫持控制用户主机，这属于典型的系统安全范畴，但攻击者在控制大量主机后，不仅可用于实施拒绝服务攻击，还可用于推送恶意广告、传播有害信息等，从而引发网络空间的内容安全问题。总之，新的网络空间安全威胁层出不穷、交叉嵌套，安全技术体系也随之不断复杂变化。

本节综合学术界当前网络空间安全层次的研究成果，按物理层、系统层、网络层、数据层和应用层共五个层面对相关的安全需求及代表性技术进行描述。

1. 物理层安全

物理层安全为网络空间提供安全的构建实体，是网络空间安全的物质基础。物理层安全主要包括：①保障物理设备硬件实体的可靠性，主要涉及物理设备的生存性技术、容错技术、容灾技术以及冗余备份技术等；②抵御来自物理层面的恶意攻击和木马注入，主要涉及硬件木马检测与识别、侧信道攻击防御、硬件信任基准以及可信定制技术等；③保障物理设备电磁安全，一是降低物理设备自身电磁辐射带来的泄密风险，主要涉及电磁隔离技术、电磁防护技术等；二是防范对方电磁干扰破坏己方物理设备、物理传输通道的可靠性和可用性，主要涉及干扰屏蔽、干扰控制和电子攻击、电子支援技术等。

当前，随着无线通信技术的广泛应用，从无线物理层入手解决无线通信信号的传输安全问题引起了研究者的关注，诸如无线物理层接入认证、基于无线信道特征的安全通信等技术正在成为研究热点。

2. 系统层安全

系统层位于物理层之上，是网络空间互连互通、互操作和执行各类服务应用的平台实体。系统层安全主要面向保障网络信息系统的可靠性、可用性和可控性，涉及内外两方面内容：一是针对系统内部的安全性提升，主要涉及系统安全体系结构设计、系统及软件脆弱性分析、漏洞挖掘与修补、软件的可信建模与运行监控等技术；二是针对系统外部黑客攻击的安全防御，包括抵御安全漏洞恶意利用、恶意软件/远程木马/病毒注入攻击、系统非法控制、系统资源消耗等攻击手段，主要涉及系统安全风险评估、入侵检测、入侵防护、应急响应、系统恢复等技术和相应的安全防护策略。

随着移动互联网、虚拟化等一批新兴技术的快速发展，系统层安全问题已经逐步渗透到云计算、移动互联网、物联网、工控系统、嵌入式系统、智能计算等多个应用领域，由此引发的涉及移动智能终端、云计算平台以及工业控制系统等方面的系统安全防护技术成为目前研究的热点。

3. 网络层安全

网络空间人-机-物三元实体间通过泛在互连的网络进行信息交换，网络层为实体间的数据交换和传送提供可靠的通信架构和协议支持。网络层安全的目标是保障负责连接网络空间实体的中间网络的自身安全性；其中网络协议作为网络空间的神经系统，其安全性是保障网络空间泛在互连和正常运转的基石。网络协议多种多样，不同网域、不同的网络功能层面都有相应的网络协议支持，例如，面向互联网、移动通信网、物联网、工控网分别有专属的网络协议，针对同一网域的不同功能层面又分为连接控制协议、路由协议、信令控制协议、应用接口协议等。协议安全的目标是面向不同网域、不同层面的安全需求，设计多样化的安全协议，为增强接入认证、路由传输、数据交换、应用控制等安全机制提供支撑。此外，可以通过多种防护措施来提高网络连接的安全性，以应对来自网络层的安全威胁。例如，通过使用认证、监听、探测、发送冗余数据包以及多径路由等手段来强化网络路由的安全性；采用匿名通信流量分析、网络用户行为分析等技术，实现网络流量的监管与取证等。

当前，网络通信技术体制仍处于变革活跃期，智能移动终端广泛应用带来的丰富的网络接入方式，SDN(software defined networking)技术带来的灵活的网络部署和路由转发模式，以及 5G 技术背景下的下一代层次化、虚拟化、服务化的网络形态和拓扑架构，更是从不同领域为网络层安全带来了新的威胁和挑战。

4. *数据层安全*

数据作为网络空间流动和存储的核心资源，是网络空间中人、机、物等实体的具体映射，对数据的机密性、真实性、完整性、不可否认性、可用性等安全属性提供保护，是网络空间安全的核心内容。数据层安全确保网络空间中各层次间产生、处理、传输和存储的数据资源免受未授权的泄露、冒充、窃取、篡改、抵赖和毁坏。传统的数据安全保护技术涉及数据备份、数据加密保护、完整性检查、数字签名以及身份认证等技术。

当前随着云计算、大数据、虚拟化技术的发展普及，云数据的安全存储、移动终端的数据隐私和数据窃听、物联网应用的隐私泄露、大数据面临的数据混乱与甄别等安全问题逐渐引起人们的关注，相应的数据隐私保护和匿名发布、数据的内在关联分析、网络环境下的媒体数据安全、信息的聚集和传播分析、数据的访问控制等技术成为研究重点。

5. *应用层安全*

应用层安全为网络空间实现可靠、可信的内容和应用服务提供安全保障，主要包括信息内容安全和应用服务安全等方面。随着网络空间向政治、经济、社会、文化、军事等各领域渗透，网络信息的内容安全问题面临重大威胁，诸如垃圾电子邮件泛滥、网络色情和网络暴力等有害信息大量传播，网络恐怖主义肆意活动等问题愈演愈烈，保障网络空间中内容传播的可信性、可控性成为保障网络安全的关键环节，主要涉及内容获取、内容分析与识别、内容管理和控制技术以及内容安全的法律保障等。应用服务安全体现在两方面：一是保护应用服务自身执行安全，即服务进程不受攻击损害，能够防御诸如拒绝服务、权限提升、恶意代码执行等攻击威胁；二是防范应用服务正常执行时可能带来的诸如个人位置、时间、轨迹等隐私信息的泄露风险，如软件正常的定位功能、内置的用户信息(如通讯录、好友链接)收集功能、代码开源服务面临的恶意木马植入等，均存在服务正常运行过程中被恶意利用的可能。

当前随着云计算和移动终端APP应用的普及，应用层安全面临更大的威胁和挑战，基于云应用的木马传播、有害信息传播和移动冒用支付、恶意APP、网络钓鱼等攻击事件层出不穷，云服务安全、移动支付安全、恶意APP检测等应用层安全技术逐渐成为研究热点。

1.4.2　网络空间安全核心技术体系划分

网络空间安全是一门诸多领域知识交叉融合的应用学科，其基础支撑理论涉及以数论、博弈论、信息论、控制论、系统论、密码理论等为代表的基础理论学科知识，基础支撑技术涉及以计算机、网络通信、网络协议、软件工程、密码算法、大数据等为代表的应用学科及相关技术。按照应用领域划分，网络空间安全核心技术体系可归为网络空间防护、网络空间治理、网络空间对抗三大类，如图1-5所示。

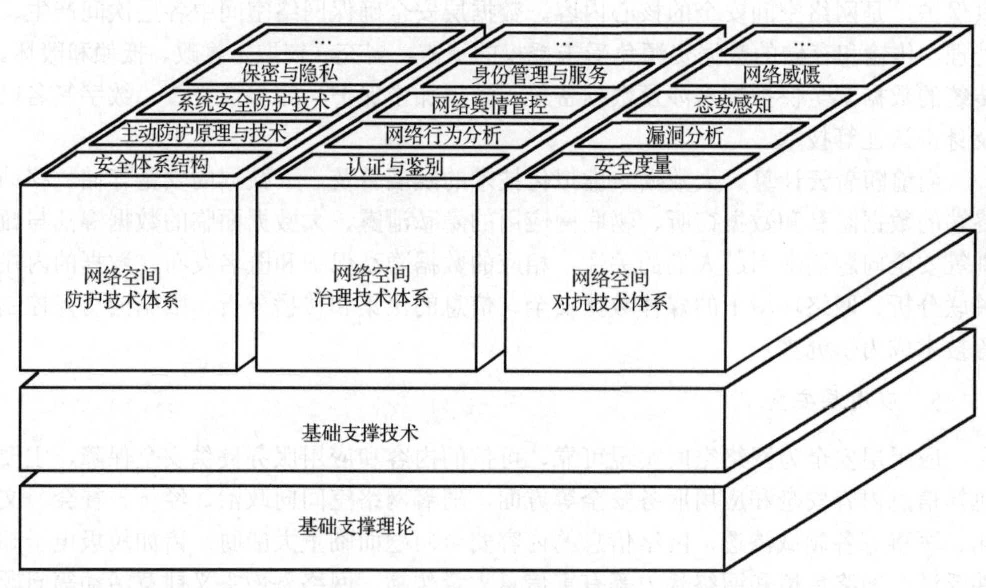

图1-5　网络空间安全技术体系

1. 网络空间防护技术体系

网络空间防护技术体系重点面向网络空间基础设施/信息系统、网络空间数据资源和网络空间虚拟资产建立安全防护能力。

在网络基础设施/信息系统安全防护方面，针对既有网络与系统架构的安全脆弱性，重点研究动态弹性、具备内生安全属性的新型安全体系结构，风险分析、入侵检测、入侵防护、入侵容忍、应急响应、系统恢复等各类安全防御机制，特别是具备主动防御未知漏洞、未知攻击类型等不确定性威胁的新型防御方法；研究面向互联网、电信网、工控网等不同网域和云、网、端不同层次的系统安全防护方法，特别是网络安全协议及路由机制、安全接入及认证机制、面向云服务系统和云数据中心的安全防护策略及方法、互联网环境和离线环境下的工业控制系统安全防护方法、智能终端安全防护方法和多系统、跨平台、跨网络环境下的信息系统安全监管方法及技术等；以及面向网络与系统安全风险评估、安全审查的方法、标准规范及工具等。

在网络数据资源保护方面，面向网络开放融合，特别是移动互联网、云计算、大数据应用环境，研究数据备份、新型密码算法、新型保密通信方法、数据访问控制、数据使用控制、未知窃密木马攻击监测等数据保护技术，涉密信息流转管控、隔离交换、可信销毁及泄密线索智能发现与追踪溯源等涉密信息监管技术，数字签名、数据完整性检查等数据防伪造、防篡改技术，数据脱敏处理、隐私数据刻画与甄别、数据来源隐私保护、数据发布隐私保护、数据应用隐私保护等方法及技术。

在网络虚拟资产保护方面，重点面向互联网+环境研究交易安全、网络版权保护、电子凭证服务等技术，包括电子货币算法及其安全性证明，安全电子支付协议、支付密钥管理、电子支付金融系统安全接入、支付数据安全通信、支付用户和支付终端认证与鉴别等电子支付安全保护技术，支付风险识别与控制、支付过程追溯、违规支付、异常支付、高风险用户识别等支付安全监管技术，网络环境下的多媒体版权保护、版权内容授权管理和取证技术，电子凭证服务系统和电子凭证安全承载技术等。

2. 网络空间治理技术体系

网络空间治理技术体系主要针对网络空间信任体系缺失和网络实体、网络行为、网络舆情管控风险，研究网络实体认证与鉴别、网络行为关联分析与追责、网络舆情管控、网络身份管理与服务等技术，提高网络空间精细治理能力。

网络实体认证与鉴别包括跨网跨域环境下的实体身份认证与鉴别、实体信任评估、信任协商和实体认证与鉴别过程中的隐私和数据保护等技术。网络行为关联分析与追责包括网络主体行为刻画与成像、多维度跨域主体行为关联分析、网络行为趋势分析与异常发现、异常网络行为追踪溯源与安全审计、网络犯罪行为证据固化、网络服务的可信认证与证明、网络服务行为的责任追究与认定等技术，实现网络服务主体行为的可信管控。网络舆情管控包括基于公开信息的精确舆情分析与取证、互联网中大规模多通道舆情信息获取、互联网海量数据舆情分析和热点话题自动发现、不良信息或危安信息的产生、传播、影响、干预机理等，实现舆情态势引导和精确信息管控。网络身份管理与服务技术包括真实身份与网络身份的映射与隐私保护、真实身份的网络核验、多域联合身份管理、身份行为关联分析与追踪等技术，实现精准高效的网络虚拟用户追踪与定位。

3. 网络空间对抗技术体系

网络空间对抗技术体系主要研究威胁态势感知、攻击追踪溯源、网络仿真与效果评估和网络威慑等技术，以提升网络空间战略对抗能力。

威胁态势感知通过对多渠道获取的网络态势数据与威胁信息进行汇聚融合和处理分析，提取网络空间态势构成的关键要素信息，形成对网络空间安全态势的感知与预警能力，主要包括网络空间资源探测、网络资源关联分析、异构多源信息融合分析、威胁态势感知与预警等技术。攻击追踪溯源实现对攻击途径、攻击源头的分析定位，主要包括网络取证、攻击路径溯源、攻击场景还原、攻击目标及意图分析以及攻击追踪隐蔽等技术。网络仿真与效果评估主要研究超大规模网络仿真、网络场景逼真构建、攻防博弈建模与仿真、安全度量与测试评估体系等技术，为网络攻防演练和安全理论实验论证、安全技术测试评估、安全设备检验等提供支持。网络威慑是在应对事关国家安全、经济安全及其他切身利益的重大威胁时，通过积极防御措施向对手施加影响，迫使其取消或终止威胁己方国家利益的行动，从而达到战略威慑对手的目的。

1.5 本章小结

网络空间已经成为继陆、海、空、天之后的第五维战略空间，其安全问题逐渐引起世界各国和全人类的广泛关注。本章首先回顾了网络空间的起源及其概念演进，并进一步归纳了网络空间的特性。然后在综述网络空间安全概念演化的基础上，从自身技术性安全和衍生性安全两方面给出了网络空间安全的定义内涵。接着从行为主体、形成机制和实现形式三个维度对网络空间安全威胁的表现形式进行了划分，并从四方面对造成网络空间安全威胁的主要原因进行了分析。最后基于网络空间自身的层次模型，横向剖析了网络空间在各层面面临的安全威胁及相应的防护技术，并进一步从网络空间防护、治理和对抗三大典型应用领域，对其安全技术体系进行了纵向的划分和描述。

参考文献

[1] Staff J. JOINT PUB 1-02 2001: Department of Defense Dictionary of Military and Associated Terms[M]. Washington, D C: Joint Staff, 2001.

[2] White House. National Strategy to Secure Cyberspace[R]. Washington D C: U.S. Department of Homeland Security, 2003.

[3] The Office of the Secretary of Defense and Joint Staff. National Military Strategy for Cyberspace

Operations[M]. Washington D C: Bibliogov, 2006.

[4] White House. The Comprehensive National Cybersecurity Initiative[R]. Washington D C: White House, 2008.

[5] Deputy Secretary of Defense Memorandum. The Definition of Cyberspace[R]. Washington D C: U.S. Department of Defense, 2008.

[6] Kramer F D, Wentz L K, Starr S H. Cyberpower and National Security[M]. Washington D C: Potomac Books Inc, 2009.

[7] Dod U S. Quadrennial Defense Review Report[R]. Washington, D C: U.S. Department of Defense, 2010.

[8] Stallone M. Don't Forget The Cyber![M]. Newport: Naval War College Press, 2009.

[9] 张焕国, 韩文报, 来学嘉, 等. 网络空间安全综述[J]. 中国科学: 信息科学, 2016, 46(2): 125-164.

[10] 罗军舟, 杨明, 凌振, 等. 网络空间安全体系与关键技术[J]. 中国科学: 信息科学, 2016, 46(8): 939-968.

[11] 惠志斌, 唐涛. 中国网络空间安全发展报告[M]. 北京: 社会科学文献出版社, 2015.

[12] 方滨兴. 从层次角度看网络空间安全技术的覆盖领域[J]. 网络与信息安全学报, 2016, 1(1): 2-7.

[13] 国家互联网信息办公室. 国家网络空间安全战略报告[R], 北京: 国家互联网信息办公室, 2016.

[14] 欧洲网络与信息安全局. 国家网络空间安全战略：制定和实施的实践指南[EB/OL]. https://www.enisa.europa.eu/activities/Resilience-and-CIIP/national-cyber-security-strategies-ncsss/nationalcyber-security-strategies-an-implementation-guide. 2013.

[15] 美国国家标准技术研究院. 增强关键基础设施网络空间安全框架[EB/OL]. http://www.nist.gov/cyberframework/upload/ cybersecurity- framework-021214-final.pdf. 2014.

[16] National Security Agency. National Information Systems Security Glossary, NSTISSI 4009[R]. Fort Meade, MD: National security Agency, 2000.

[17] 惠志斌. 全球网络空间信息安全战略研究[M]. 上海: 上海世界图书出版公司, 2013.

[18] 百度百科. 网络恐怖主义[EB/OL]. http://wapbaike.baidu.com. 2015.

[19] 李建华, 邱卫东, 孟魁, 等. 网络空间安全一级学科内涵建设和人才培养思考[J]. 信息安全研究, 2015, 1(2): 149-154.

第 2 章　网络防御技术起源及演进

根据第 1 章对网络空间安全的相关概念及威胁成因的系统阐述，可以总结网络空间安全问题的根源在于两方面：一是网络空间自身的脆弱性；二是外部发起的威胁和破坏行为。相应地，网络防御技术是为应对网络空间安全问题的两个根源而提出的：一是避免信息系统内部脆弱性被恶意利用；二是检测、预测并消除外来威胁。本章简述网络防御技术的起源及演进，探究推动网络防御技术的主要因素，从不同角度梳理其演进脉络，进而聚焦技术演进路线——从被动防御到主动防御，重点阐述被动防御和主动防御的相关概念和典型技术。

2.1　概　　述

网络(空间)防御技术源于网络空间安全问题。据第 1 章阐述的关于网络空间安全问题的成因及分类，主要包括信息安全、系统安全和应用安全等。网络防御也主要面向信息系统、基础设施、计算机网络等研究对象展开。据文献[1]所述，网络空间防御(cyberspace defense，CyD)是指信息确保(information assurance，IA)[2]、计算机网络防御(computer network defense，CND)[3]和关键基础设施防护(critical infrastructure protection，CIP)[4]采取的相关措施，使被防护对象具备阻止和检测攻击者否认或操纵信息或基础设施的能力，并进而对攻击行为做出应急响应。信息确保是指确保信息和信息系统的可用性、完整性、真实性、保密性和抗抵赖性的措施，包括利用防护、检测以及响应等能力确保信息系统的可恢复性，典型的代表技术包括加密机制、数字签名机制、数据完整性机制、实体认证机制等。计算机网络防御是指为抵御、监控、分析、检测计算机网络中的未授权活动而采取的行动。未授权活动是对计算机网络、信息系统及其内容进行破坏、毁灭、降低服务质量、漏洞利用、访问、窃取信息等，早期典型的防御技术代表包括防火墙、访问控制列表、入侵检测系统等。关键基础设施防护是指一个区域或国家的关键基础设施对发生严重事件的预案和响应。

网络空间安全的主流防御方法从不同技术角度大体可分为三类：一类侧重于信息保护，集中在系统本身的加固防护上，主要技术手段有加解密技术、数据鉴别技术、防火墙技术、访问控制技术等，它们在确保网络系统的正常访问通道、鉴别合法用户身份和权限管理以及机密数据信息等安全方面发挥了重要作用；另一类基于入侵检测、威胁感知、病毒查杀、沙盒执行、系统修补与恢复的联动式防御，其具有层次化、智能化的特点，侧重于针对已知的各种攻击方法采用特征扫描、模式匹配、数据综合分析等技术手段进行动态的监测与联动报警，并结合人工或自动的应急响应来封堵或消除攻击威胁。上述两类方法属于传统的网络系统安全防御方法，对于一个被防护对象而言属于附加式的外部安全防护，即防护的方法与被防护对象自身结构与功能的设计和实现基本是相互独立的。这一方面是亡羊补牢式的渐进式安全防护技术发展的必由之路，可以较好地适应网络系统安全建设与部署的工程化需要，另一方面也的确在防御已知的固化模式的攻击方面达到了很好的应用效果，但在防御未公开系统漏洞攻击、复杂多变的多模式联合攻击以及内部攻击等方面效果不佳，事实上这也正是传统网络安全防御方法的软肋，当前每一轮重量级未知漏洞的曝光和典型 APT 攻击事件的披露都充分说明了这一点。

第三类防御方法是从目标系统自身设计实现的角度来引入内在的安全属性。近年来，安全界深刻地认识到漏洞和后门是网络安全威胁的核心问题，因而在系统结构设计、操作系统设计、编译器设计等方面引入了一些安全机制，如代码和数据相分离的哈佛系统结构、操作系统的内存地址随机化、基于编译方法的堆栈保护随机化 Cookie 等，相对传统的附加式外部防御方法而言，该类方法属于系统内生式安全防御，对于增加攻击者利用漏洞的难度有着很好的效果。众所周知，当前针对微软操作系统和 Office 系列软件漏洞利用的难度相当大，即使可以利用，其攻击的通用性和成功率也很低。不过这种内生式的安全防御方法只是在特定操作系统和编译器内部得到应用，基本都是针对主流的缓冲区溢出型漏洞采取的专门措施，其面向网络系统完整设计安全的理论基础还没有建立，方法论还不成体系，但是可以预期，这种内生式的主动防御将是网络安全防御方法发展的重要方向。

由以上分析可知，传统网络空间安全防御重在对目标系统的外部安全加固和针对已知威胁的检测发现与消除，但没有解决造成网络安全问题的漏洞和后门等根本性问题，近些年来尽管研究人员在漏洞发掘和后门检测方面开展了大量有成效的研究工作，但距离杜绝漏洞和根除后门的理想安全目标还有非常大的差距，如何提出系统化的设计安全创新理论与方法来构建网络及其内部的各类计算系统，最大限度地降低漏洞的成功利用率与抑制后门的可控性，成为网络空间安全主动防御技术发展的重要方向。本章后续内容也将围绕网络空间主动防御技术展开讨论。本章后续内容将探讨网络防御技术的演进历程，包括网络防御技术发展的动力以及演进路线，进而聚焦到能够应对未知威胁的演进路线上，从被动防御到主动防御，分别展开讨论。

2.2　网络防御技术的演进历程

2.2.1　网络防御技术的发展动力

推动网络防御技术发展主要有两方面：技术要素和非技术要素。前者主要是将创新技术、算法、方法、架构等一并引入网络空间防御中，从而推动防御技术的演进；后者是政府、大型公司、组织或团体等越来越重视网络安全问题，通过政策、经济支持等机制推动网络防御技术的演进，尤其是创新型防御技术的研究。

从技术层面来看，创新技术始终推动着网络空间防御技术的演进和革新。例如，早期模式匹配算法的进步会迅速被应用到基于特征学习的入侵检测中，提高攻击的检测精度；可编程硬件技术的出现也被广泛应用于中间盒子(middlebox)，以开发出兼具灵活可重构能力和处理速率的防御系统。近年来，人工智能、云计算、大数据等创新技术的发展为网络空间防御技术演进、架构革新带来了新的发展契机。从演进的角度来看，人工智能、深度学习等创新算法被引入网络空间防御产品中，形成了大量智能化的防御系统，有代表性的技术是360公司的QVM(Qihoo support vector machine)人工智能引擎。它采用人工智能算法——支持向量机，具备自学习、自进化能力，无需频繁升级特征库。除此之外，阿里云、腾讯等基于人工智能和大数据构建智慧安全，目前，人工智能技术的进步已经被广泛应用到业务安全、主机安全、数据安全、移动安全等方面，形成智能身份鉴定、威胁情报分析、异常流量监测、网络攻击溯源、人机行为识别、垃圾过滤等技术应用。从革新的角度来看，各种革命式的防御架构，如移动目标防御、网络空间拟态防御等被提出，通过改变目标系统的静态性、确定性和单一性，引入动态性、随机性、异构性，成倍地增加攻击者的攻击成本，以改变网络空间领域长期存在的攻防不对称现状。

从非技术层面来看，网络空间是继陆、海、空、天之后的第五维空间，网络空间已成为大国博弈的新战场，世界主要国家为抢占网络空间制高点，已经开始积极部署网络空间安全战略及网络战部队，大力推动网络空间防御的发展。在全球范围内，以美国为代表的世界网络技术强国提出了“改变网络攻防游戏规则”的全新网络防御思路，并有计划地部署了一系列相关研究。例如，美国积极转变防御理念，以主动防范未知漏洞或威胁为目标，以大幅度增加网络攻击风险和代价为手段，着力增强网络防御的灵活适应性与动态自主性，大力寻求“改变游戏规则”的新技术，以理论和技术的革命性创新确保美国在网络攻防能力方面的压倒性优势，在网络与信息技术研究与发展计划(The Networking and Information Technology Research and Development Program，NITRD)的协调下，制定了一系列战略规划、计划和行动纲领，开展顶层设计。例如，美国科学技术委员会发布了《可信定制网络空间：联邦网络空间安全研发战略规划》[5]，将“移动目标防御(moving target defense，MTD)、定制可信空间、内生安全性和网络经济刺激”确定为“改变游戏规则”的革命性防御技术。随后，俄、英、法、印、日、德、韩等国纷纷跟进，将网络防御上升为国家战略层面，全面推进相关制度创设、力量创建和技术创新，试图在塑造全球网络空间新格局进程中抢占有利位置。尤其是斯诺登事件后，网络空间安全问题成为全球共同关注的焦点，各国制定了发展网络空间安全技术的研究计划和政策，加强网络安全体系建设，试图在新一轮的网络空间安全技术革命中抢占有利位置，重塑全球网络新格局进程中赢得话语权。欧盟网络与信息安全局(European Union Agency for Network and Information Security，ENISA)发布的欧盟成员国网络安全战略报告强调要采取主动策略应对日益增多的网络安全威胁。日本安全操作中心 (Japanese Security Operating Center，JSOC)于 2015 年发布的国家网络安全战略报告中也指出：要采取更为积极主动的防御策略应对网络攻击。2014 年，我国政府成立网络空间安全小组，对于正在崛起的中国而言，彰显了我国对网络安全的重视。相关部门正在将网络安全发展战略落到实处，切实加强我国网络安全防御体系研究。网络空间安全已被列入国家"十三五"重点研发计划优先启动的专项任务，相关指南逐年公布，以推进网络防御等网络安全技术的有序发展。

2.2.2　网络防御技术的演进路线

伴随着网络攻击技术的进步，网络安全防御技术也不断演进，从形态上经历了软件到软硬件结合，从部署模式经历单点防御到全网联动防御、单层防御到多层协同防护，从技术上经历被动防御到主动防御。

1. 从软件到软硬件结合

从形态上，早期的网络防御技术以软件系统为主，如传统防火墙是部署于终端与网络之间的软件系统，其核心是包过滤技术，审查出入终端的数据，阻断恶意访问的行为。

随着网络应用的增加，应用场景发生了变化。安全客户的主题逐渐从单台设备到由多台设备组成的局部网络，例如，企业网需要为整个网络提供安全防御能力，也就是在企业网出口部署防御系统，对网络带宽提出了更高的要求。这意味着网络防御系统要能够以非常高的速率处理数据。为了满足这种需要，逐渐出现了基于 ASIC、FPGA、网络处理器等的网络防御系统，实现数据包的线速转发。但是从执行速度的角度来看，这些系统也是基于软件的解决方案，它需要在很大程度上依赖于软件的性能，但是由于采用了专门用于处理数据层面任务的硬件引擎，从而减轻了 CPU 的负担，总体上是一种软硬件结合的方法。

长期以来网络空间的研究主流集中在网包(packet)的转发(forwarding)上，其中交换(switching)和路由(routing)是核心功能。当今，以交换机和路由器为主建立的网络连接和拓扑已经构成相当完善的信息基础设施。而交换和路由也仅能审查网络栈三层以下的网络协议，而对于三层以上的协议的分析处理功能严重不足，因此，网络体系架构上缺乏安全基因。为了弥补这一缺陷，随着用户对网络安全和隐私方面的需求、网络服务差异化提供的呼声、智能化提升网络综合品质的要求，"中间设备”作为不同于网络核心功能的存在而生。Sherry 等[6]发表于 SIGCOMM 2012 的文献指出，在实际网络环境中，网络中间设备与网络交换设备在数量上旗鼓相当。

以交换机和路由器为代表的网络转发设备，根据包头(header)信息对网包逐个加以处理，主要承担将网包接力送达的简单任务。因其处理功能通常基于网包，只需关注包头中的目的标识(地址、端口等)，所以只需要掌握与相邻转发设备相关的转发策略。相对于网络转发设备，网络中间设备的任务繁杂得多，包括网包转发之外的各种处理，既有对载荷(payload)的关注，如入侵监控和病毒清除，也有对网包的处理，如 NAT(network address translation)修改包头、VPN(virtual private network)加密网包，还有防火墙、负载均衡和流量控制等。

综上，从设备形态上，以网络防御系统为代表的中间设备是目前主流的网络防御系统。但是这些设备大多基于专用硬件的产品，处理能力强大，成本也居高不下，同时造成网络僵化从而难以适应流量需求变化。近年来，随着云计算、软件定义网络、网络功能虚拟化等技术的发展，网络防御系统从形态上也出现了新的趋势。2013 年，ACM CoNEXT 首次组织了 HotMiddlebox[7]，将中间设备作为一个热门主题专门加以研讨，这是全球网络界发起集中攻关的重要里程碑。由于各种中间设备发展不均衡，相关研究一直以来也较为分散，长期未能形成统一的技术体系。将中间设备的高级处理功能迁移到可以通过虚拟化实现共享的通用硬件平台上，使之成为由软件定义的网络服务，实现按照需求在适当时间和位置的部署，也符合网络功能虚拟化(network functions virtualization，NFV)的大趋势。

2. 从单点防御到全网智能联动

在早期，不同的应用场景其网络边界比较清晰，例如，企业网、园区网、校园网等均具有明确的边界，即所谓的“内外网有别”。网络防御技术主要倚重个别设备、单一技术的单点防御，例如，在企业网出入口部署一套 DMZ(demilitarized zone)防火墙设备，在非安全系统(互联网)与安全系统(内网)之间构筑缓冲区，也称为隔离区。随着网络空间的演化，单点防御的应用场景逐渐发生变化，主要表现为如下两方面。

第一，云计算、软件定义网络、网络功能虚拟化等技术的兴起打破了传统清晰的网络边界，导致单点防御无法满足需求。近年来，云计算作为一种新兴计算模式，它以资源虚拟化极大地提高了 IT 投资的资源利用率，以冗余存储用户数据提供高可靠服务，以海量服务有效摊销投资成本。根据中国信息通信研究院发布的《2016 年云计算白皮书》，企业、政府、学校等逐渐抛弃自建 IT 基础设施而转向云数据中心。在未来，大多数企业会将更多的应用迁移到云端，并且 55%以上的企业表明目前至少有 20%以上的应用是构建在云兼容架构上的，可以快速转移到云端。然而，云计算技术采用的虚拟化技术、SDN(software defined network)

技术、大二层技术等，要求具备资源的动态按需扩展、主机漂移、多租户等能力，打破了传统内外网的部署格局，使得网络边界趋于模糊。传统的单点防御技术依赖的“一夫当关，万夫莫开”的应用场景逐渐消失，单点防御也逐渐无法适应新的发展趋势。

第二，网络攻击技术进入高级阶段，导致单点防御易被穿透。网络攻击技术呈现复杂化、智能化、复合化等趋势。例如，高级持续性威胁(advanced persistent threat，APT)利用先进的攻击手段对特定目标进行长期持续性网络攻击，其高级性主要体现在APT在发动攻击前需要对攻击对象的业务流程和目标系统等进行精确的收集，在收集过程中，此攻击会主动挖掘被攻击对象相关组件的漏洞，并利用0-day漏洞发动攻击。另一影响广泛的攻击是僵尸网络，其利用在全球范围内控制的大规模“肉鸡”向目标发动攻击，通过单点防御很难进行有效抵御。

综上，为应对云计算导致的边界模糊、网络攻击的高级进化等挑战，网络防御技术需要从倚重个别设备、单一技术的单点防御逐步向多点联动的立体化安全防御发展，从网络边缘的孤立防护为主向“云+端”一体的协同纵深方向发展，由大规模端应用感知信息，云中负责收集汇聚数据并利用大数据技术获取精确的态势感知。

3. 自适应纵深防御体系的演进

随着网络攻击技术日趋复杂，一次成功的攻击往往涉及多个步骤、多种协议漏洞的综合利用，如APT攻击。典型的案例是Stuxnet[8]利用西门子工控系统中的未知漏洞攻击伊朗核工业基础设施，是多种攻击方式的组合，攻击复杂程度超出所有安全分析人员的预期。作为安全领域的标志性事件，表明网络攻击已经演化为一个持续性的复杂过程，仅分析单一数据来源或对某一协议设防的思路已无法有效分析现有的网络威胁。2015年Gartner针对持续性攻击的特点，提出了自适应的防御架构，预测、防御、检测、响应四大阶段智能集成联动，应对持续性高级威胁[9]。其中“防御”是指一系列策略集和传统安全技术的综合利用，如防火墙、IPS(intrusion prevention system)、防病毒等，缩小被攻击面，提升攻击门槛，转变防御策略，即从“应急响应”转变为“持续响应”。“检测”是针对防御手段的不足，通过网络中的日志、安全事件，或通过流量的深度行为去建模发现潜在的攻击威胁，进而采取相应措施。“响应”是指根据检测结果积极响应，如更新安全策略、系统打补丁等，与此同时，通过审计数据或其他记录进行溯源，追溯问题根源，便于取证。“预测”是指从外部发现攻击者的破坏行为，整理出信息、情报，进而做出预判，并把发现的威胁进行签名添加到内部系统中，达到预先防护的效果，完成系统的一次循环。

Gartner仅提出了一种防御思想，并没有具体的解决方案。随后，各个网络安全厂商提出各自的自适应防御方案。我们认为，自适应防御架构不再局限于协议栈的某一逻辑层或某种协议的漏洞防御，而是协同利用网络协议栈多个层次的大量协议产生的日志和行为数据，进行综合的指纹学习，智能化地形成威胁情报(threat intelligence)，驱动预测、防御、检测和响应的闭环运行。

4. 从被动防御到主动防御

一直以来，网络空间中的防御技术都是附加到目标系统之上的，通过检测攻击行为、分析系统日志、梳理攻击特征，并利用已掌握的特征集合对网络攻击进行防御。典型的代表技术有访问控制列表、防火墙、入侵检测系统等，称这些防御技术为被动式防御(关于被动式防御技术的概念的详细描述参见 2.3 节)。由于对已知威胁的精确防御效果，被动式防御占据了大量的市场，对提升网络安全等级发挥了重要作用。

但是，对于未知威胁，依赖特征的被动式防御无法有效应对，因为未知威胁的特征或行为是不确定的。那么，被动式防御主导下的攻防对抗往往演变为亡羊补牢式的疲于应对。只有基于未知威胁的攻击已经发生，甚至已造成破坏，才能分析其行为，进而给出应对方案，例如，前面提到的震网病毒是通过一系列未知漏洞的综合利用，而真正被发现已经是被感染几年之后且破坏已经发生。为了更好地抵御未知威胁，近年来研究人员逐渐转向不依赖先验知识的主动防御技术。该类技术思路或者通过缩小、主动迁移目标对象的攻击面，造成攻击者的知识积累难以持续，或者通过动态性、异构性和冗余性改变系统构造，构筑不确定性的系统，造成攻击者无法持续探知，或者通过树立可信的参照物主动发现攻击者的可疑行为。这些技术试图从整体上提高攻击者的攻击门槛和攻击成本，扭转易攻难守的不平衡格局。典型的技术有移动目标防御、网络空间拟态防御(cyberspace mimic defense，CMD)[10]、可信计算等。

总体来看，防御技术是跟随网络攻击技术而演进的，形态和部署模式的变化均是防御技术外在表现形式的体现，唯有技术的革新方能引领防御技术的发展，一方面，其发展受益于新型技术的进步，人工智能、大数据、云计算等推动着传统防御技术的变革；另一方面，网络攻击技术的快速更新也推动着网络防御的演进。因此，本章后续内容将聚焦讨论被动防御和主动防御技术的概念和典型技术。

2.3 被动防御技术简析

2.3.1 基本概念

在军事领域，被动防御和主动防御概念最早可追溯到 20 世纪 30 年代，作为军事用语被广泛讨论远早于 20 世纪 80 年代出现的“网络空间”一词。美国国防部在军事上给出了被动防御的定义：为降低敌方活动导致损害的概率或最小化损害的影响程度而采取的措施[11]。该定义隐含的一层意思是敌方破坏活动发生后而采取的降低破坏程度的补救措施，换言之被动防御是一种“事后”行为。

通常，人们会将该定义从字面上生搬硬套到网络空间安全领域，提出了网络空间被动防御技术的术语。而文献[12]则从被动防御的形态出发给出了另一角度的定义：一种附加到目标对象体系结构之上的提供保护或威胁分析能力的系统。它强调的是被动防御是一种外在的、附加的手段或方法。当威胁或攻击绕过目标系统固有的防御机制后，“附加”的被动防御机制可以发挥作用。

本节结合上述定义，从技术特性的角度探讨被动防御的概念。本质上，被动防御技术是一种依赖于攻击先验知识的安全加固技术。一方面，它面向已知特征的威胁，基于特征库精确匹配，进而发现可疑行为。例如，基于威胁签名的检测技术通过静态地构建已知威胁的签名或特征库。因此，这些特征库建立在威胁已经发生的基础之上，从原理上解释了为什么被动防御是一种“事后”行为。另一方面，被动防御是一种安全加固技术，并非系统内生或内置的，例如，操作系统暴露漏洞后通过打补丁技术加固有问题的组件。当前，被动防御典型的技术有防火墙、反恶意软件、入侵防御系统、反病毒、入侵检测系统以及类似的其他传统安全系统。

总之，被动防御通过人工分析出已知恶意行为的特征码，并基于特征匹配机制持续地检测、监控或阻断已知威胁的技术。该技术对已发现的威胁体进行分析，从中提取特征码，构建特征库，将目标程序或对象与威胁特征库进行逐一比对，判断目标是否感染，实现被防御目标的持续监控、恶意行为的及时阻断。该方法的优点是能够准确地发现恶意代码并对其进行定点清除，因此广泛应用于各行业的信息系统防御中并发挥了重要作用。综上，我们总结被动防御技术具有如下特性。

(1) 后验性：根据被动防御技术的特点可知，其主要面向已知威胁，也就是说，都是在遭受攻击之后才发现新的病毒、木马等威胁，然后有针对性地提取新型威胁的特征码，再把特征码更新到特征库中。这一过程需要一定的时间，在此之前，由于威胁的特征码尚未添加到杀毒软件病毒库中，防御系统会将该威胁视为正常文件或行为，所以，被动防御技术具有滞后性的特点，属于亡羊补牢式的策略。

(2) 特异性(点防御)：被动防御技术一般遵循“威胁感知，认知决策，问题移除”的防御模式。对未知的安全威胁除了限制条件下的加密措施之外，几乎不设防。这种模式类似于脊椎动物的特异性免疫机理。生物的特异性抗体只有在受到抗原的反复刺激后才能形成，当同种抗原再次入侵机体时方能实施特异性清除。被动防御相对于被防御目标属于后天获得性免疫，每种被动防御技术只针对某种或某些特定的攻击有效，我们借助生物免疫原理称之为特异性防御。特异性防御只能产生点防御效果。与之相对应，生物系统的非特异性免疫具有“除了不伤及自身外通杀任何入侵抗原”的能力，产生的是“面防御”效果。

随着攻击技术的演进，越来越多的攻击可以绕过传统被动防御系统，进而对目标系统发动攻击。因此，被动防御技术逐渐引入一些主动策略，例如，智能防火墙将人工智能技术引入到防火墙中，动态发现恶意行为；异常流量检测技术通过建立基于流量正常的网络或行为的基准轮廓，任何偏离正常基线的活动都被认为是异常事件，从而发现未知的疑似威胁，并能够跟随外部环境更新构建的模型。在该趋势下，被动与主动之间的界限也逐渐模糊。

2.3.2　典型技术

1. 入侵检测

入侵指未经授权蓄意尝试访问信息、篡改信息，使系统不可靠或不能使用，是试图破坏资源的完整性、机密性及可用性的行为集合，包括尝试性闯入、伪装攻击、安全控制系统渗透、泄露、拒绝服务、恶意使用六种类型。对应地，入侵检测则是通过收集操作系统、系统程序、应用程序、网络包等信息，发现系统中违背安全策略或危及系统安全的行为。因此，入侵检测需要解决两个基本问题：一是如何精准地提取具有描述行为的特征数据；二是如何通过产生的特征数据，对网络行为进行准确的性质判断，即是入侵行为还是合法行为。

具有入侵检测功能的系统称为入侵检测系统(intrusion detection system，IDS)。入侵检测系统是网络安全的一个重要组成部分，通过收集并分析计算机或网络各个方面的信息识别可能的安全漏洞或网络异常，起到检测和预警的作用。换句话说，入侵检测系统是对网络或系统机密性(confidentiality)、完整性(integrity)或可用性(availability)的一种折中检测活动。

Anderson 是最早提出通过识别异常行为检测入侵的研究人员之一[13]。Anderson 提出了一种将威胁分为外部穿透、内部穿透和不法行为的模型，并使用该分类器开发出一款安全监管系统，用于检测用户行为异常。外部穿透定义为由未授权用户发起的入侵行为；内部穿透是那些授权访问但使用未授权数据的行为；不法行为被定义为误用被授权访问的系统和数据。

Denning[14]提出一种思想——假设计算机/网络用户的行为可以被自动模仿，则入侵行为可以被检测到。换句话说，被监控实体的行为模型可以由入侵检测系统创建，实体后续的行为可以与该模型对比验证。该模型将明显偏离正常模式的行为判决为异常。

经过详细调查研究，Axelsson[15]提出了一种典型入侵检测系统的通用模型，其系统架构如图 2-1 所示，实箭头线表示数据/控制流，而虚箭头线表示系统对入侵活动的响应。入侵检测系统的通用结构模型包括如下模块。

(1) 审计数据收集：该模块处于数据收集阶段。入侵检测算法采用该阶段收集的数据发现跟踪可疑活动。数据源可能是主机/网络行为日志、基于应用的日志等。

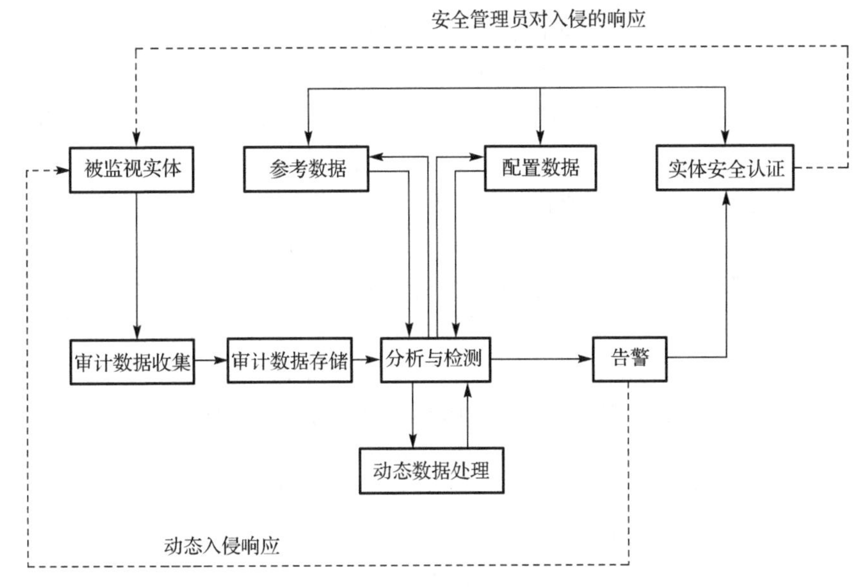

图 2-1　通用入侵检测系统结构

(2) 审计数据存储：典型的入侵检测系统存储审计数据用于后续的引用，通常会存储很长时间。因此，通常会积累海量数据信息。减少审计数据(降低数据空间维数)是设计入侵检测系统面临的主要问题之一。

(3) 分析与检测：该处理模块是入侵检测系统的核心。在这里执行检测可疑活动的算法。检测入侵的算法分为三类：误用检测、异常检测和混合检测。

(4) 配置数据：配置数据模块是入侵检测系统最灵敏的部分。它包含与系统本身密切相关的信息，如收集审计数据的时间和方式、对入侵行为的响应等。

(5) 参考数据：参考数据模块存储已知入侵签名的信息(误用检测)或者正常行为轮廓(异常检测)。当获得系统新的知识时，参考数据将被更新。

(6) 动态数据处理：该处理单元必须频繁地存储中间结果，如部分完成的入侵签名等信息。

(7) 告警：系统的告警模块掌握了入侵检测系统的所有输出。输出可能是一个对入侵活动的自动响应或者将可疑活动警告给系统安全管理员。

2. 防火墙

防火墙是指隔离在本地网络与外界网络之间的一道防御系统，是这一类防范措施的总称。通常由软件和硬件设备组合而成，用于隔离内部网和外部网之间、专用网与公共网之间风险区域与安全区的连接，从而保护内部网免受非法用户的入侵，增强内部网络自身的安全性。

在信息网络中，防火墙是一种非常有效的网络安全模型，位于内部网络与外部网络之间，出于安全性方面的考虑，进出内部网络的所有通信均要经过防火墙。防火墙可以监控进出网络的流量，决定哪些内部服务可以被外界访问，外界的哪些人可以访问内部服务以及哪些外部服务可以被内部人员访问；仅让核准了的信息(授权的数据)进入，同时抵制对内部网构成威胁的数据，从而防止对知识、事实、数据或能力非授权使用、误用、篡改或拒绝。因此，作为网络安全中的一项关键安全技术，防火墙技术在网络安全体系结构中扮演着非常重要的角色。

防火墙最早来源于古代构筑于木质结构房屋周围、用于防止火势蔓延的屏障。对应到计算机网络中，也有这样一种屏障，用于保护内部敏感数据，抵御外来的威胁，这种屏障亦称为防火墙。防火墙实质上是一种隔离控制技术，其核心思想是在不安全的网络环境构造一种相对安全的内部网络环境。从理论上讲，防火墙用来防止外部网络中的各类危险传播到某个受保护网内；从逻辑上讲，防火墙是分离器、限制器和分析器，它要求所有进出网络的数据流都必须有安全策略和计划的确认和授权，并将内外网络在逻辑上分离；从物理角度看，防火墙通常是一组硬件设备和软件的多种组合，是一种保护装置；从技术角度而言，防火墙集成了访问控制技术，在某个机构的内部网络和外部不安全的网络之间设置障碍，阻止对信息资源的非法访问。当然，防火墙不只是用于某个内部网络与互联网的隔离，也可用于企业内部网络中的部门网络之间，从而保证了各部门网络的安全。

因此，防火墙是设置在不同网络或网络安全域之间的一系列部件的组合。通常情况下，内部网络被认为是安全和可信赖的(可控)，而外部网被认为是不安全和不可信赖的(不可控)。防火墙是建立在内外网络边界上的过滤封锁机制，位于可信网络和不可信网络的边界，如图 2-2 所示，它被设计为只运行专用的访问控制软件的设备，可以对经过的分组进行包分类，然后按照用户配置的安全策略决定分组能否通过，来控制两个不同安全策略的网络之间的互访。显然防火墙是不同网络之间信息流通过的唯一出入口，双向通信必须通过防火墙，只允许本身安全策略授权的通信信息通过，同时其自身不会影响信息的流通。

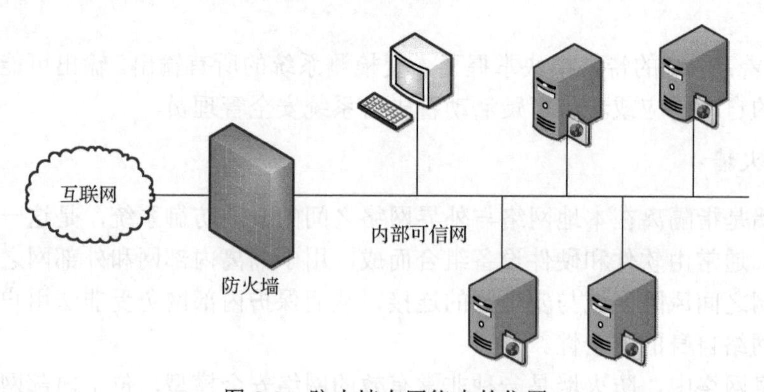

图 2-2 防火墙在网络中的位置

一个防火墙系统通常需要具备以下功能。

1) 网络流量监控与过滤

检查和监控网络上的流量是防火墙最基本的安全功能，其可以在网络协议栈的各个层次进行网络流量的检查与控制，涉及网络层面的包分组过滤、传输层的电路级代理和应用层的应用级代理。

2) 防止外部对内部网络信息的获取

防火墙将用户网络按照功能和安全级别划分为不同的子网，通过防火墙进行访问控制。可以根据需要配置成不同保护级别，从而阻止来自不明入侵者的通信，防止外部用户非法使用内部网的资源；可以关闭不使用的端口，禁止特定端口的流出通信，防止内部网络的敏感数据被窃取，禁止来自特殊站点的访问；阻止特定端口的数据，防止一些脆弱或不安全的协议与服务；还可以通过监测、限制、更改跨越防火墙的数据流，尽可能地对外部屏蔽网络内部的信息、结构和运行状况，以此实现对内部网络的安全保护，防止外部对内部网络信息的非法获取。

3) 管理进出网络的访问行为

作为单一的网络接入点，所有进出信息都必须通过防火墙，因此防火墙可以对进出网络访问的信息进行统一管控，控制可信任网络与不可信任网络之间的通信内容来保证信息的安全，这也是防火墙最基本也是最重要的功能。同时可以完整地记录网络访问情况，对网络进行监控，一旦发生入侵或是遭到破坏，就可以通过日志进行审计和查询，并产生报警。此外，利用防火墙可以对内部网络进行划分和集中管理，可以实现对重点网段的隔离，强化网络安全策略。

此外，随着防火墙功能的逐渐强大，防火墙也渐渐融合了一些设备的功能，如网络地址转换(network address translation，NAT)、网络流量的记录与审计、网络行为的简单检测与告警、计费等功能。

3. 漏洞扫描技术

漏洞是指在硬件、软件、协议实现或系统安全策略上存在缺陷，攻击者能够利用这些缺陷。它会成为入侵者侵入系统和植入恶意软件的入口，影响系统用户的切身利益。漏洞通常与目标系统的操作系统版本、软件版本以及服务设置密切相关。常见的漏洞包括缓冲区溢出漏洞、跨站脚本漏洞(cross site scripting，XSS)、SQL注入漏洞、数据库漏洞以及 Web 应用漏洞等。由于种种原因，漏洞的存在不可避免，一旦某些较严重的漏洞被攻击者发现，就有可能被其利用，在未授权的情况下访问或破坏目标信息系统。先于攻击者发现并及时修补漏洞可有效减少来自网络的威胁。一般来说，漏洞具有如下特性。

(1) 必然性：漏洞对于信息系统或软件是客观存在、不可避免的，其根本原因在于系统或软件在实现过程中存在无法预知的非正常问题，具体因素包括编程代码疏忽、软件安全机制规划出错等。由于信息系统或软件的天然脆弱性，所以漏洞也是必然存在的。

(2)长期性：随着信息系统或软件的投入使用，已有的漏洞会随着用户的使用暴露出来。当系统或软件开发商推出补丁修正漏洞时，可能导致程序出现新的安全漏洞。因此，在系统或软件的整个使用过程中，总是会出现旧漏洞被修复，而新漏洞不断出现的问题。因此，可以说漏洞在系统中的存在是长期性的。

(3)危害性：漏洞的存在容易对计算机系统造成损害。攻击者可以利用计算机系统或软件的漏洞进行攻击行动，使运行有漏洞的系统或软件的计算机用户的资料、数据被篡改或破坏，造成隐私泄露或经济损失。总之，漏洞的危害性是客观存在的。

漏洞扫描是指对目标系统进行检测、扫描，及时发现已知行为或特征的漏洞。漏洞扫描的结果实际上就是系统安全性能的一个评估，它指出了哪些攻击是可能的，因此是通用安全方案的重要组成部分。

目前，漏洞扫描从底层技术来划分可以分为基于网络的扫描和基于主机的扫描两种类型。基于网络的漏洞扫描器就是通过网络来扫描远程目标系统中的漏洞。例如，利用低版本的 DNS Bind 漏洞，攻击者能够获取 root 权限，侵入系统或者攻击者能够在远程目标系统中执行恶意代码。使用基于网络的漏洞扫描工具能够监测到这些低版本的 DNS Bind 是否在运行。一般来说，基于网络的漏洞扫描工具可以看作一种漏洞信息收集工具，它根据不同漏洞的特性构造网络数据包，发给网络中的一个或多个目标服务器，以判断某个特定的漏洞是否存在。

基于主机的漏洞扫描器扫描目标系统漏洞的原理与基于网络的漏洞扫描器类似，但是两者的体系结构不同。基于主机的漏洞扫描器通常在目标系统上安装了一个代理(agent)或者是服务(service)，以便能够访问所有的文件与进程，这也使得基于主机的漏洞扫描器能够扫描更多的漏洞。现在流行的基于主机的漏洞扫描器在每个目标系统上都有代理，以便向中央服务器反馈信息，中央服务器通过远程控制台进行管理。

对于扫描发现的漏洞，开发者及时开发系统更新，并通过补丁的形式修复漏洞。

2.4　主动防御技术简析

2.4.1　基本概念

传统网络空间安全防御重在对目标系统的外部安全加固和针对已知威胁的检测发现与消除。尽管近些年来研究人员在漏洞发掘和后门检测方面开展了大量卓有成效的研究工作，但距离杜绝漏洞和根除后门的理想安全目标还有非常大的差距。学术界和工业界都已意识到传统静态防御或联动式防御在对抗高强度网络攻击(如APT 攻击)方面十分被动。为改变这种局面，西方发达国家相继启动了若干力图“改变游戏规则”的基于主动防御的研究计划(如美国的移动目标防御(moving target defense，MTD)、内生安全(designed-in security))[5]等，通过增加信息系统或网络内在的动态性、随机性、冗余性主动应对外部攻击，试图使攻击方对目标系统的认知优势或掌握的可利用资源在时间和空间上无法持续有效，最终达到探测信息难以积累、攻击模式难以复制、攻击效果难以重现、攻击手段难以继承的目的，从而显著增加攻击者成本，扭转网络空间“易攻难守”的战略格局。

根据《美国国防部军事及相关术语词典》[8]的解释，在军事上，主动防御是指“使用有限的进攻行动和反击手段阻止敌方夺取某一区域或阵地”。后来，美国军方和部分研究机构将美国军事上的主动防御直接用于网络空间。鉴于其原始定义中的反击因素(本质上也是一种网络攻击行为)，这一网络空间的主动防御概念一直饱受争议，未能形成统一的定义。

美国研究机构 SANS 在文献[12]中采用较谨慎的态度，将网络空间主动防御定义为：防御者对网络内部的威胁进行监测、响应、学习，并将分析结果反作用到威胁本身的过程。文献[12]将主动防御策略限定于网络内部，避免将军事上主动防御包含的“反击”策略引入网络空间中。美国阿贡国家实验室的风险和基础设施科学中心 CORA(Cyber Operations，Analysis and Research)部门[16]将主动防御定义为：使系统或运营商能够预测攻击者行为的技术，而不是待攻击事件发生后进行被动响应。据该机构调研，虽然主动防御通常被描述为包含“攻击反制(hack-back)”的措施，但从设计目标上来讲，许多主动防御技术均将“弹性”作为其核心要素。“弹性”通常是指在面对未知变化时信息系统的可靠性和性能保证机制。

综合上述定义，作者认为，网络空间主动防御期望实现对网络攻击达成“事前”的防御效果，不依赖于攻击代码和攻击行为特征的感知，也不是建立在实时消除漏洞、堵塞后门、清除病毒木马等传统防护技术的基础上，而是以提供运行环境的动态性、冗余性、异构性等技术手段改变系统的静态性、确定性和相似性，以最大限度地减少漏洞等的成功利用率，破坏或扰乱后门等的可控性，阻断或干扰攻击的可达性，从而显著增加攻击难度和成本。因此，主动防御具有如下几个特性：首先，在行为上具有主动意识，对一切威胁采取预先的措施，积极应对，甚至采取反制措施，典型代表是积极防御；其次，不依赖威胁的先验知识，或者引入动态性、多样性等技术手段，或内置可信参照物，增强目标系统的可信度，典型的有移动目标防御、可信计算等；最后，具有内生的安全机制而不是附加、加壳式安全加固技术，典型的技术代表是拟态防御技术。

近些年来，学术界和产业界已深刻地认识到未知漏洞后门等是网络安全威胁最为核心的问题之一，因而在系统结构设计、操作系统设计、编译器设计等方面引入了一些安全机制，如代码和数据相分离的哈佛系统结构[17]、操作系统的内存地址随机化、指令随机化、内核数据随机化等，相对于传统的附加式外部防御方法而言，均属于系统内置或内生式的主动防御，对增加攻击者利用漏洞后门的难度有很好的效果。众所周知，当前针对微软 Windows 7 以后的操作系统和 Office 系列软件漏洞利用的难度相当大，攻击的效用和可靠性也很低。不过，这种针对主流的缓冲区溢出型漏洞采取的内生式主动防御实践还非常初级，其面向目标对象设计安全的完整理论基础尚未建立，方法论也还不成体系。但是从近些年来的发展势头看，实现一个具有主动防御功能的网络(物理)系统的思路已经初露端倪。作者认为，为降低目标对象脆弱性的被利用概率，增加系统健壮性，主动防御在系统设计上应当着重考虑以下几方面。

(1)适应性(adaptability)设计：适应性是指系统为应对外部事件而动态地修改配置或运行参数的重构能力[18]。首先，要求设计人员在系统开发阶段预先规划针对外部事件的执行路径，或者建立系统的故障模式。其次，在系统运行阶段，建立基于机器学习的外部事件感知模式，并能适时触发其自适应重构机制。相关表现形式包括资源的按需缩放、删除或添加系统多样性(diversity)(参见第 5 章)、减小攻击表面(attack surface)[19]等。2014 年，信息技术研究与顾问咨询公司 Gartner 认为，设计自适应安全架构(adaptive security architecture)是应对未知漏洞高级攻击的下一代安全体系[9]。2016 年，该公司又将“自适应安全架构”列为本年度需要关注的十大战略性技术[20]。

(2)冗余性(redundancy)设计：冗余性设计通常被认为是提高系统健壮性或柔韧性的重要手段之一。例如，基因冗余性(gene redundancy)[21]增强了物种适应环境的能力。在可靠性工程学中，冗余性设计一直以来都是保护关键子系统或组件的有效手段[22]。信息论针对冗余编码在提高编码健壮性方面给出了理论证明[23]。网络系统的冗余性是指为同一网络功能部署多份资源，实现在主系统资源失效时能将服务及时转移到其他备份资源上的功能。冗余也是主动防御最鲜明的技术特征，是多样性或多元性、动态性或随机性等运作机制的实现前提。现有的主动防御策略中，例如，移动目标防御、定制可信网络空间等均将资源冗余化作为其核心要素，以便能极大地提高目标系统的整体弹性能力。

(3)容错(fault-tolerance)设计：容错是系统容忍故障以实现可靠性的方法[24]。在网络系统设计中，容错通常被分为三类：硬件容错、软件容错和系统容错。硬件容错包括通信信道、处理器、内存、供电等方面的冗余化。软件容错包括结构化设计、异常处理机制、错误校验机制、多模运行与裁决机制等。系统容错则是有部件级的异构冗余和多模裁决机制以补偿由于随机性物理故障或设计错误而导致的运行错误。

(4)减灾(mitigation)机制设计：减灾系统是指具备自动响应故障，或支持人工应对故障的能力。当故障或攻击发生时，减灾策略是指建立规范的流程或者执行方案以指导系统或管理员应对故障。常见的形式包括自动系统检疫与隔离、冗余信道激活，甚至攻击反制策略。

(5) 可生存性 (survivability) 设计：在生态学中，可生存性是指在面对洪水、疾病、战争或气候等未知物理条件变化时，生命体相较于同类更能成功地生存的能力[25]。在工程学中，可生存性是指系统、子系统、设备、进程或程序在自然或人为干扰期间仍能够继续发挥其功能的能力。在网络空间中，网络可生存性是指系统在 (未知) 攻击、故障或事故存在的情况下，仍能确保其使命完成的能力[26]，可生存性被认为是弹性 (resilience) 的一个子集[27]。作者认为，可生存性应当成为主动防御系统的一个重要衡量指标，在受到已知和未知攻击时，尽可能使目标对象保持系统正常运维指标的能力，或平滑降级以维持相应等级的服务。

(6) 可恢复性 (recoverability) 设计：可恢复性是指在服务中断时，网络系统能够提供快速和有效恢复操作的策略。具体手段包括热备份组件的自动倒换、冷备份组件的动态嵌入、故障组件的诊断、清洗与恢复等。

事实上，在网络空间主动防御概念出现之前，上述 6 种设计思路已经不同程度地被应用于网络防御技术研究和系统设计中，只是尚未形成体系化的主动防御理论[9]。

随着网络攻击技术的进步，越来越多的攻击方法可以绕过传统的被动防御体系，进而对目标系统发动攻击。因此，被动防御技术领域也逐渐引入了一些主动防御策略，如各大厂商推出的智能防火墙，又称下一代防火墙[8,28,29]，将人工智能技术引入防火墙中，试图主动发现恶意行为；异常流量检测技术[30]通过建立网络或行为流量的“正常”基准轮廓，任何偏离正常基线的活动都会被认为是异常事件，从而发现未知的疑似威胁，并能够跟随外部环境更新构建模型。近十年来，为改变现有攻防代价或成本严重失衡的现状，主动防御策略研究与实践正逐渐受到关注，以研发“改变游戏规则”的技术为目标，国内外学术界提出了各类新型的主动防御思想或技术，如智能沙箱、蜜罐/蜜网、入侵容忍系统，特别是移动目标防御、定制可信网络空间等技术引起了工业界的高度关注。

根据技术思路、出现时间等不同，我们将这些技术大致分为两代。第一代是积极感知安全风险的主动防御，仍以被动防御技术中获取先验知识、隔离等策略为前提，但是引入了主动意识，这包括主动认知自身安全脆弱性、主动获取先验知识、主动隔离攻击威胁。该技术主要侧重于从策略上提升主动防御能力，并不真正从网络系统本身的设计机制、运行机制改善安全环境。代表性技术包括漏洞检测、沙箱隔离、蜜罐诱捕。但是这类防御技术的不足是并未从根本上改变被动防御技术“疲于奔命”式应对安全威胁的现状，主要解决“已知 (风险及途径) 的未知 (具体威胁形式和时机) 威胁”，无法应对“未知的未知威胁”。例如，蜜罐诱捕通过构筑伪装的业务主动引诱攻击者，从而捕获其行为，但是“构筑伪装的业务”这一策略本身即表明蜜罐已知该业务存在被攻击的风险，只是对具体威胁形式未知。

第二代是系统内部设计安全机制的主动防御，主要包括三方面：首先，在系统功能结构层面引入异构冗余机制，通过多样化冗余备份保障系统在部分受到攻击时仍可正常提供服务，增强入侵容忍能力；其次，从网络、平台、运行环境、软件、数据等层面分别引入动态化技术，动态改变系统固有的外在特征属性，加大攻击者发现和利用漏洞的难度，增强系统抵御风险的弹性；最后，在系统功能结构层面引入可信参照物，建立系统访问、系统执行上下文间的信任机制，增强网络空间系统运行的可信度。代表性研究或技术包括攻击遮蔽技术、弹性系统/网络、可信计算等。其技术特点是突破了传统以获取攻击者先验知识为前提和外部加壳式的防御方法，建立以系统自身安全机制为主导的内生式防御能力。通过在技术层面植入多样化、动态化基因和信任机制，提高自我识别风险、抵御风险和后天获得性免疫能力。不足之处是尚未形成体系化的防御理论指导实践，需要针对具体层面的具体需求，通过具体技术增强内在的安全能力，属于“点防御”技术，不具备对外部入侵的“通杀”能力。

另外，近年来，我国学者提出了基于系统架构的内生融合式防御技术，通过创新系统架构技术赋予系统、组件或构件等具备对未知漏洞和后门的“通杀”能力(面防御)，并具备结合各种特异性“点防御”的能力，构筑点面融合式防御技术，彻底改造网络与信息系统在安全方面固有的静态性、相似性和确定性等基因缺陷，全面植入异构性、冗余性、动态性等安全基因，让网络防御环境和行为变得不可预测，使目标对象的防御能力获得超非线性的增强。典型的代表是网络空间拟态防御技术，它采用动态异构冗余构造，将功能等价、结构不同的执行体根据一定的安全策略组合起来，并由判决器实现冗余执行体的交叉验证，从而屏蔽少数不一致输出，具备容忍部分执行体被攻击的能力。通过动态化地变迁异构多样的执行体空间，使得攻击链环节难以维系，攻击经验难以继承，大幅度降低未知漏洞、后门等的可利用性，非线性地提高网络攻击的难度与代价，打破网络空间“易攻难守”的基本格局。关于网络空间拟态防御技术的介绍，读者可参考本书第 8 章或文献[10]。

通过对上述典型的主动防御的技术思路进行分析，我们总结了主动防御技术的典型思路，具体如下。

(1)多样化：多样性的概念来源于生物多样性理论，通过生物种群的多样性、遗传(基因)多样性和生态系统多样性，抵御外部生存环境不确定变化导致的风险。研究人员将多样性引入网络空间，以保证网络空间服务功能或网元、终端抵抗恶意攻击的能力。因此，如何将生物种群的多样性机制导入网络空间防御体系，正逐渐成为学术界和产业界安全研究人员关注的热点问题。通过防御对象的多样化设计和实现，将一个难以预知或探测规律的目标呈现给攻击者，使得攻击者难以实现所期望的蓄意行为，从而保证了目标系统的安全。

(2)动态化：动态性是指系统随时间变化的一种属性，在资源冗余(或时间冗余)

配置条件下，通过动态地改变系统组成结构或运行机制，给攻击者制造不确定的防御场景；通过随机化地使用系统冗余组件或可重构、可重组、虚拟化的场景，提高防御行为或部署的不确定性；结合多样化或多元化的动态化，尽可能地增加基于协同攻击的实现复杂性。动态化可从机制上彻底改变静态系统防护的脆弱性，即使无法完全抵御所有的攻击，或者无法使所有攻击失效，也可以通过系统重构等来提高系统的柔韧性或弹性，或者降低攻击成果的可持续利用性。

(3) 随机化：随机性是动态性的一种特殊形式。它通过无目的地变换目标系统的某些属性，向攻击者呈现一个不断变化的攻击面，从而使攻击者无法通过某一漏洞持续有效地组织大规模攻击，大幅提高攻击者的攻击成本。

(4) 冗余：冗余是指增加额外的资源配置以避免单一实体存在的故障或被攻击风险。冗余是可靠性理论中容忍故障、提高系统可用性的主要手段之一。典型的冗余是主备用结构设计，在主系统发生故障或遭受攻击而宕机后，备用系统启动以代替主系统工作。但是，如果主备系统仅是相同系统的副本，那么无法应用到抗攻击设计中，因为攻击者可以使用同一漏洞逐个将其他系统副本攻破，形成瀑布式攻击效果。因此，在抗攻击的设计中，冗余系统需要与多样化机制、动态化机制等结合使用。

(5) 伪装：伪装的思想来源于生物界，生物通过变化模仿其他生物或外部环境，以保护自身免受攻击。在网络空间领域，伪装是以迷惑攻击者为目的，以获得攻击者的行为特征或者避免攻击者探测目标系统的行为特征。一种典型的伪装技术是蜜罐，它通过模拟正常的网络业务，设置陷阱，以捕获攻击者的特征或行为，以备后续对其进行分析或取证；另一种是利用动态、冗余等特性，建立一种不确定的系统结构，构筑防御迷雾，使得攻击者无法对目标系统形成有效的探测或持续的攻击。

(6) 隔离：隔离是将两个实体进行物理的或逻辑的分离，使得两者相互独立，不受彼此影响。在网络空间中，隔离的目的是多样的，例如，虚拟化技术是为了提高宿主机资源的利用率，但同时构造了隔离的虚拟环境。安全领域隔离的典型应用是沙盘或沙箱技术，它利用虚拟隔离技术构筑了一个独立的环境，任何可疑的目标程序可以在沙箱环境中运行而不影响执行环境或其他程序。

本章后续将介绍一些典型的具有主动防御策略的安全技术或设计思路。

2.4.2　典型技术

1. 沙箱技术

目前，网络环境中包含大量的木马、病毒、流氓和间谍软件等，虽然用户可以通过安装防火墙、杀毒软件等工具减小被入侵的风险，但这些安全防护措施难以有效保证信息系统的安全，需要一种技术在不影响用户使用的同时，将风险软件与信息系统隔离，彼此运行，相互不受影响。沙箱(sandbox)是借助逻辑隔离机制制造一个可执行环境，使风险软件隔离于此环境中运行。在运行的过程中它可以限制应用程序的访问权限，监视其运行过程，从而一定程度上保护系统资源。沙箱是主动隔离技术的典型应用，其详细论述参见第 3 章内容。

2. 蜜罐技术

网络防御的目的首先是保护网络、计算机系统、应用和数据等目标系统，其次是在攻击到达时可以有效捕获攻击者的行为特征，以备分析或取证。蜜罐技术即通过伪装正常业务，设置陷阱，将攻击者引入伪装蜜罐中，在保护正常业务的同时实现了对攻击行为的记录，及时发现未知攻击行为及特征。蜜罐技术是伪装、隔离等主动防御思路的综合利用。关于蜜罐技术的详细描述请参见第 4 章内容。

3. 入侵容忍

入侵容忍是传统入侵检测、多样、冗余、隔离等技术的综合利用。它的前端是入侵检测系统，后端部署了多个具有相同功能的执行体。当入侵检测系统发现可疑威胁后，将其转发到后端的冗余执行体中处理，并将多个数据结果经过一个判决器裁决输出，例如，基于大数判决输出多数一致的结果，进而屏蔽少数不一致结果(可能是恶意执行体的篡改输出)。该机制可以容忍一定数量的执行体被恶意感染，提高系统的安全性。关于入侵容忍的详细论述参见第 5 章内容。

4. 可信计算

可信计算是在系统内置可信参照物的典型应用，指在网络信息系统中采用基于硬件安全模块的可信计算平台(由信任根、硬件平台、操作系统和应用系统组成)。可信计算是一种主动防御思路，其目的是提供一个稳定的物理安全和管理安全的环境，而不是采用攻击检测、漏洞扫描、补丁修复等被动式的防御模式。在可信计算环境下，通过加载带有特殊加密密钥的硬件模块(除该硬件，系统中的其他部分无法直接访问该加密密钥)，计算机系统的其他软硬件便可以基于该硬件模块构建可信链以确保计算机以期望的方式运行。关于可信计算的简析请参考第 6 章。

5. 移动目标防御

移动目标防御(MTD)是为了解决网络攻防中防守方的严重不对称性而提出的。MTD 通过自动改变一个或多个系统属性，使系统攻击表面对攻击者而言不可预测，致力于构建一种动态的、异构的、不确定的网络来增加攻击者的攻击难度，意在通过增加系统的随机性或减少系统的可预测性来对抗同类攻击。MTD 通过有效降低系统的确定性、相似性和静态性来显著增加攻击成本。具体而言，MTD 不再单纯依靠安全系统本身的复杂度进行目标保护，而是充分利用目标所处的时间、空间和物理环境复杂性进行保护，旨在显著增加攻击难度。MTD 包括 IP 地址可变、端口可变、路由和 IP 安全协议(IPSeC)信道可变、网络和主机身份的随机性、执行代码的随机性、地址空间的随机性、指令集合的随机性、数据的随机性等。关于移动目标防御的详细论述参见第 7 章内容。

6. 拟态安全防御

网络空间拟态防御在技术层面上表现为信息系统的一种体系架构和运作机制，能够实现应用服务提供、可靠性保障、系统安全防御功能“三位一体”的功能。其内生的安全增益对架构内未知漏洞后门或病毒木马等，能提供不依赖先验知识和传统主被动防护手段的非特异性“面防御”功能。基于这种技术架构设计的软硬件实体，如模块、部件、装置、系统、平台或网络等，可以在网络空间形成基于目标对象漏洞后门的“已知的未知风险”或“未知的未知威胁”的防护能力。但是，拟态防御并不能解决网络空间所有的安全问题，也不企图完全独立地构建任何安全防护体系，更不阻碍现有技术成果和未来新兴技术的继承或接纳，期望利用内生的点面融合防御机制和已有的成熟安全技术，使网络空间防御模式与能力获得根本性转变和提高。关于拟态防御的简析请参考第 8 章。

2.5 本章小结

本章介绍了网络防御技术的起源及演进。首先，介绍了网络(空间)防御技术的基本概念、起源(源于网络安全问题)，以及网络防御技术落后于网络攻击的现状；其次，我们开始讨论推动网络防御技术向前发展的动力，并总结了技术的演进路线；最后，以技术变革为线索，简析了传统被动防御技术的现状与不足，进而详述了主动防御技术的概念、发展历史、技术思路、典型技术等。

随着云计算、大数据等技术的发展，从形态或部署结构上，网络防御技术将向云迁移，借助于云资源的弹性提供和大数据挖掘分析技术，构筑更智能的、软件定义的“云端一体”安全防御和态势感知云服务。从技术革新角度来讲，网络防御技术将向智能化、主动化方向发展。以不依赖先验知识、事先预防、主动变化等为特征的主动防御代表了网络防御技术发展前沿，实现积极的态势感知、智能威胁预测、实时攻击诱捕、精确追踪溯源以及不确定的目标系统构建等主动防御能力将是网络空间防御技术的研究热点。一旦取得突破，对攻方，将产生非对称攻击能力；对守方，将产生革命性防御能力。本书后续章节将逐一介绍现有主流的主动防御技术。

参考文献

[1] Fandom. Cyber defense[EB/OL]. http://itlaw.wikia.com/wiki/Cyber-defense. 2016.

[2] Fandom. Information assurance[EB/OL]. http://itlaw.wikia.com/wiki/Information_assurance. 2016.

[3] United States Government Accountability Office (GAO). Defense Department Cyber Efforts: DoD Faces Challenges in its Cyber Activities 16 (GAO-11-75) [R]. Washington D C, 2011.

[4] Fandom. Critical infrastructure protection[EB/OL]. http://itlaw.wikia.com/wiki/Critical_infrastructure_protection. 2016.

[5] White House. Trustworthy cyberspace - Strategic plan for the federal cybersecurity research and development program[EB/OL]. https://www.whitehouse.gov/sites/default/files/microsites/ostp/fed_cybersecurity_rd_strategic_plan_2011.pdf. 2011.

[6] Sherry J, Hasan S, Scott C, et al. Making middleboxes someone else's problem: Network processing as a cloud service[C]// Processings of ACM SIGCOMM, Helsinki, 2012: 1-12.

[7] ACM Committee. ACM CoNEXT 2013 workshop on hot topics in middleboxes and network function virtualization (HotMiddlebox) [EB/OL]. http://conferences.sigcomm.org/co-next/2013/workshops/HotMiddlebox/ index.html. 2013.

[8] Wikipedia. Stuxnet[EB/OL]. https://en.wikipedia.org/wiki/Stuxnet. 2017.

[9] Gartner. Designing an adaptive security architecture for protection from advanced attacks[EB/OL]. https://www.gartner.com/doc/2665515/designing-adaptive-security-architecture-protection. 2014.

[10] 邬江兴. 网络空间拟态防御研究[J].信息安全学报, 2016, 1(4): 1-10.

[11] United States Department of Defense. Department of Defense dictionary of military and associated terms[EB/OL]. https://uscrow.org/downloads/Military%20SOP%20Manual/Dictionary%20of%20Military%20and%20Associated%20Terms%20JP1_02%20DOD.pdf. 2017.

[12] Sans. The sliding scale of cyber security[EB/OL]. https://www.sans.org/reading-room/whitepapers/analyst/sliding-scale-cyber-security-36240. 2016.

[13] Anderson J P, Washington F. Computer Security Threat Monitoring and Surveillance[R]. Philadelphia: University of Pennsylvania, 1980.

[14] Denning D E. An intrusion-detection model[J]. IEEE Transactions on Software Engineering, 1987, 13(11): 222-232.

[15] Axelsson S. Research in Intrusion-detection Systems: A survey[R]. Goteborg: Department of Computer Engineering, Chalmers University of Technology, 1998.

[16] Argonne National Laboratory. Cyber operations, analysis and research[EB/OL]. https://coar.risc.anl.gov. 2017.

[17] Wikipedia. Harvard architecture[EB/OL]. https://en.wikipedia.org/wiki/Harvard_architecture. 2018.

[18] Wikipedia. Adaptation（computer science）[EB/OL]. https://en.wikipedia.org/wiki/Adaptation_%28computer_science%29. 2018.

[19] Pratyusa M. An attack surface metric[EB/OL]. https://reports-archive.adm.cs.cmu.edu/anon/2008/CMU-CS-08-152.pdf. 2008.

[20] Gartner. Gartner identifies the top 10 strategic technology trends for 2016[EB/OL]. http://www.gartner.com/newsroom/id/3143521. 2016.

[21] Wikipedia. Gene redundancy[EB/OL]. https://en.wikipedia.org/wiki/Gene_redundancy. 2017.

[22] Wikipedia. Redundancy（engineering）[EB/OL]. https://en.wikipedia.org/wiki/Redundancy_%28engineering%29. 2017.

[23] Wikipedia. Redundancy（information theory）[EB/OL]. https://en.wikipedia.org/wiki/Redundancy_%28information_theory%29. 2017.

[24] Avizienis A. Fault-tolerant systems[J]. IEEE Transactions on Computers, 1976, 25(12): 1304-1312.

[25] Wikipedia. Survivability[EB/OL]. https://en.wikipedia.org/wiki/Survivability. 2017.

[26] Ellison R J, Fisher D A, Linger R C, et al. Survivable Network Systems: An Emerging Discipline[R]. Carnegie-Mellon Software Engineering Institute Technical Report CMU/SEI-97-TR-013, 1997.

[27] Mohammad A J, Hutchison D, Sterbenz J P G. Poster: Towards quantifying metrics for resilient and survivable networks[C]// 14th IEEE International Conference on Network Protocols（ICNP 2006）, Santa Barbara, 2006.

[28] Cisco. 下一代防火墙[EB/OL]. http://www.cisco.com/c/zh_cn/products/security/firewalls/index.html. 2014.

[29] Hillstone. 山石网科智能防火墙[EB/OL]. http://www.hillstonenet.com.cn/product/iNGFW. 2018.

[30] Mahoney M V, Chan P K. PHAD: Packet header anomaly detection for identifying hostile network traffic[J]. Florida Institute of Technology Technical Report CS-2001-04, 2001: 1-17.

第3章　沙箱技术

沙箱是起源于20世纪90年代的一种主动防御方法，不同于传统的基于静态分析和动态分析的恶意代码防御思路，它可以通过采用诸如虚拟化等技术构造一个隔离的运行环境，并且为其中运行的程序实体提供基本的计算资源抽象，通过对目标程序进行监测分析，准确发现程序中潜藏的非法代码、病毒攻击等，进而达到保护系统安全的目的。由于沙箱可以将恶意程序的所有操作都限制在一个完全封闭的计算环境中，并同时记录可疑程序运行过程的所有操作，所以沙箱的防护性能广受安全企业和安全专家的青睐。本章首先介绍沙箱技术的概念及特征，然后介绍沙箱的典型架构及主要技术，最后介绍沙箱的典型应用并做出总结。

3.1　沙箱技术概述

3.1.1　沙箱技术概念

1. 概念

沙箱技术源于软件错误隔离技术(software-based fault isolation，SFI)。SFI是一种利用软件手段限制不可信模块对软件造成危害的技术，其主要思想是隔离，即通过将不可信模块与软件系统隔离来保证软件的鲁棒性。为了应对复杂攻击，研究者基于SFI构建隔离的环境用于解析和执行不可信模块，限制其潜在的恶意行为，并达到分析其行为特征和安全防护的目的，这种技术称为沙箱。

沙箱通常是指一个严格受控和高度隔离的程序运行环境[1]，沙箱系统中应用程序所访问的资源都受到严格的控制和记录。根据访问控制的思路，沙箱系统的实现途径可以分为两类：基于虚拟机的沙箱和基于规则的沙箱。其中基于虚拟机的沙箱可为不可信资源提供虚拟化的运行环境，使不可信资源的解析执行不会对宿主造成影响，360隔离沙箱虚拟化技术就是其代表应用[2]；而基于规则的沙箱技术则通过拦截系统调用，监视程序行为，然后根据用户定义的策略来控制和限制程序对计算机资源的使用，如改写注册表、读写磁盘等[3]，TRON系统[4]就是其典型应用。

2. 沙箱的用途

沙箱有两个主要用途：保护系统和监测分析程序。

1)保护系统

保护系统主要体现在将恶意程序限制在沙箱中运行，由于沙箱具有隔离性，恶意程序在沙箱中造成的危害不会影响到沙箱隔离环境之外的用户系统部分。

2)监测分析程序

监测分析程序主要体现在对运行于沙箱系统中的程序进行行为监测，从而判断该程序是否为恶意程序。当沙箱技术被用于分析目标程序时，程序被分成若干进程上下文，监测系统根据上下文环境对程序的行为进行监测并做出最终判断，监测系统通常具有人工智能的特性，如使用贝叶斯、马尔可夫链等机器学习理论进行分析[5]。

3. 沙箱的特征

沙箱具有以下特征。

(1)沙箱具有拦截的特征，也就是说，沙箱可以拦截非法的系统调用。沙箱拦截什么样的系统调用是目前的研究热点，并可以扩展出沙箱的规则定义、规则存储、规则查询等问题研究。

(2)沙箱具有回溯的特征。由于沙箱撤离的时候不应该对系统造成任何干扰或者修改，即系统在运行沙箱之前的状态和运行沙箱之后的状态应该是一致的，所以沙箱应该具有回溯的特征。例如，当应用程序在沙箱中运行时，可能会对系统的一些文件进行修改或者删除等操作，完成操作之后，系统中原始的数据可能会遭到修改或者丢失。利用沙箱的回溯功能可以将数据还原到运行沙箱之前的状态。

3.1.2 沙箱技术的发展及分类

沙箱技术起源于 Hydra 系统[6]，经过几十年的发展，当前沙箱技术有很多分支，从计算机体系结构的角度出发，沙箱的实现架构分为三种：应用层沙箱、内核层沙箱和混合型沙箱。应用层沙箱主要部署于操作系统的应用层，内核层沙箱位于操作系统的内核层，混合型沙箱介于操作系统的应用层和内核层之间。

应用层沙箱系统运行在操作系统的用户层，该类沙箱可以分成应用程序沙箱和语言类沙箱。其中应用程序沙箱主要通过重定向系统服务来实现沙箱的基本隔离功能。最早的应用程序沙箱用于保证二进制代码的安全。McCamant 等[7]设计了首个保障二进制代码安全的 Pittsfield 系统，该系统采用的指令对齐和掩码技术可以保证程序的数据访问和控制流转移在可控的范围内。在该技术的基础上，研究人员举一反三，逐步将其推广到其他类型的应用程序上。例如，CWSandbox[8]利用动态分析、DLL 注入和 API Hook 技术设计了一种软件监狱(software jail)，可以将包含恶意代码的程序放到一个可控的虚拟环境中运行，通过 API Hook 截获程序所加载的所有系统调用，把这些记录集中起来进行分析，进而防止恶意代码对程序产生危害。Google 公司推出的应用于浏览器的沙箱产品 NativeClient(NaCl)[9] 本质上是一个双层的沙箱，内层沙箱在指令层限制不可信程序的控制流，外层沙箱在浏览器调用层监视验证不可信程序的系统调用行为。Adobe 公司也在 Flash 中加入了沙箱机制 Shockwave Flash[10]。Shockwave Flash 可以将视频文件置于独立的容器中，限制不可信视频流对应用程序的影响。除了应用程序沙箱外，另外一种广泛使用的应用层沙箱是语言类沙箱。语言类沙箱可以将相应的脚本程序运行于语言虚拟机中，实现沙箱的功能。最典型语言类沙箱是 Java 沙箱，其可以将比特码程序运行于 Java 虚拟机中，解决 Java 程序被恶意程序侵犯以及由于 Bug 而导致的系统崩溃问题。Python 语言、JavaScript 语言也有类似的机制实现沙箱的功能。

内核层沙箱驻留在内核的地址空间中，可以方便地借助硬件级别的保护机制来实现安全隔离。在早期的 Linux 系统中，Linux 利用 Chroot 来实现系统的安全目标。但是由于 Chroot 机制无法防止特权用户的蓄意篡改，所以研究者设计了 Capability 机制来解决上述问题。2000 年后，在美国国家安全局的主持下，Linux 内核层加入了 SELinux 机制[11]，该机制可以将安全策略插入到操作系统的内核中，从而限制内核的部分行为(inode、task)。除了 Linux 之外，Windows 系统也在尝试加入沙箱系统，在 Windows 7 Beta 中曾设计过一种沙箱机制[12]，其功能接近于在开发 Longhorn 系统时的 Alpha/White Box。该沙箱在内部禁止应用程序对底层文件系统、硬件抽象层(hardware abstraction layer，HAL)以及完全内存地址直接访问的同时，管理所有对外请求，任何恶意行为都将被立刻终止。

混合型沙箱是结合了应用层和内核层沙箱技术的沙箱系统。在该类沙箱中，内核层提供了操作系统的隔离支持及相关的执行机制，系统的剩余部分都在应用层实现。早期的混合型沙箱主要是过滤型架构，基于该架构的代表沙箱有 Subterfugue[13]、MAPbox[14]、Consh[15]、Janus[16]等。该架构可以通过过滤系统内核层和用户层间的信息流，达到限制沙箱内恶意程序危害的效果。但该类沙箱的设计十分复杂，实际使用过程中很容易出错[17]。因此，研究者提出了委托型沙箱，应用程序通过代理向内核请求敏感资源，用户向代理指定安全策略，以限制沙箱内应用程序的资源访问请求，基于该架构的代表沙箱有 OSTIA[18]、APPARMOR[19]、Systrace[20]、Etrace[21]。

3.1.3 沙箱技术的优缺点

与其他主动防御技术相比，沙箱防御技术不必花费大量时间辨别与分析一些具体的恶意代码，而是将可疑代码或实体限制或隔离在逻辑空间，因此，沙箱防御技术能在安全与高效之间达到平衡。同时，通过预先定义的处理机制，沙箱系统能够较迅速地在检测到恶意程序后采取一定的防范措施，做出相应的清理恢复工作。

沙箱系统的缺点在于其只监控常见的操作系统应用程序接口，这使得一些特制的恶意代码可以轻易地绕过此类沙箱系统，从而攻击本地或者宿主计算环境。此外，现有的沙箱系统本身的功能模块较多，代码量较大，这给沙箱系统的易维护性、安全性和稳定性也带来一定的挑战。

3.2　沙箱的典型结构

目前，根据访问控制的思路，沙箱可以分为基于虚拟化的沙箱和基于规则的沙箱。以下将分别介绍这两种沙箱的典型实现结构。

3.2.1　基于虚拟机的沙箱典型结构

基于虚拟机的沙箱为不可信资源提供虚拟化的运行环境，在保证不可信资源原有功能的同时提供安全防护，使不可信资源的解析执行不会对宿主造成影响。基于虚拟机的沙箱具有回溯功能，需要记录机制把相关操作记录下来，当用户需要恢复到相应的时间点时，沙箱能够将所有这些操作撤销，回溯到该时间点。根据虚拟化层次不同，基于虚拟化的沙箱分为两类，即系统级别的沙箱和容器级别的沙箱。系统级别的沙箱采用硬件层虚拟化技术为不可信资源提供完整的操作环境，相关研究包括WindowBox[22]、VMware[23]、VirtualBox[24]、QEMU[25]等；容器级别的沙箱相对于基于硬件层虚拟化的系统级沙箱，采用了更为轻量级的虚拟化技术，在操作系统和应用程序之间增加了虚拟化层，实现了用户空间资源的虚拟化，主要研究包括 Solaris Zones[26]、Virtuozzo Containers[27]、FreeVPS[28]等。基于虚拟机的沙箱典型架构如图 3-1 所示。

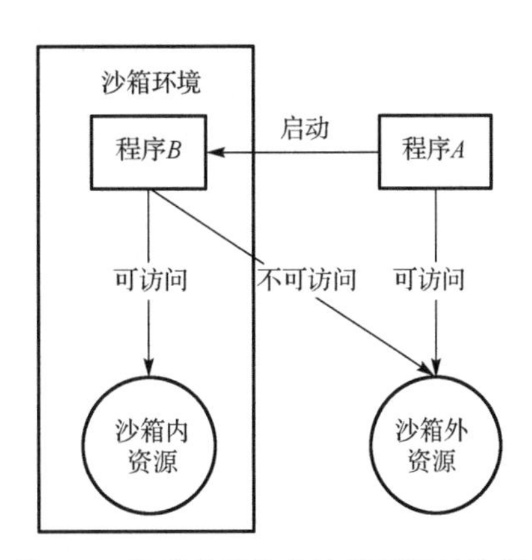

图 3-1　基于虚拟机的沙箱系统结构图

3.2.2　基于规则的沙箱典型结构

基于规则的沙箱使用访问控制规则限制程序的行为，使用程序监控器将监控到的行为经过转换提交给访问控制规则引擎，并由访问控制规则引擎判断是否允许程序的系统资源使用请求。基于规则的沙箱具有拦截的特征，其相关研究包括 TRON[4]、AppArmor[19]等。图 3-2 表示一个典型的基于规则的沙箱系统结构图，主要由数据收集器、检测器和反馈系统三部分组成。数据收集器主要收集应用程序运行过程中的原始数据，之后将收集到的原始数据交给检测器进行处理；检测器收到原始数据后进行去冗余、查询规则集等处理操作，检测器将检测结果传输到反馈系统；反馈系统在收到检测器的决议信息后，根据决议信息执行处理操作，并将结果反馈给数据收集器。

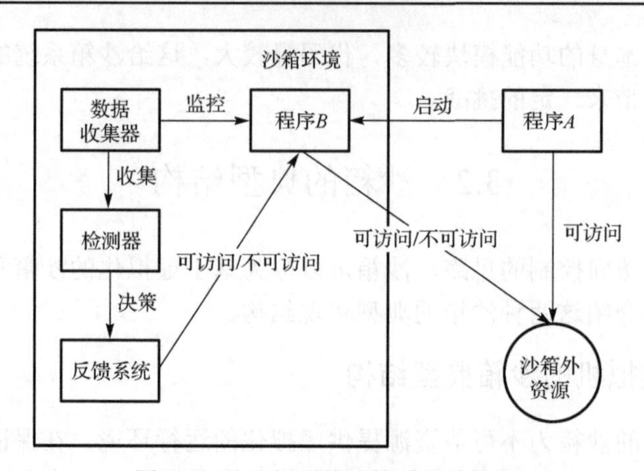

图 3-2　基于规则的沙箱系统结构图

1. 数据收集器

数据收集器的主要功能是收集应用程序的原始数据信息，常用的数据收集信息分为用户态收集器和内核态收集器两部分，用户态收集器主要收集函数执行的 API 信息，内核态收集器主要收集应用程序执行过程中的系统调用、应用程序的名称、应用程序所属的用户信息、应用程序当前占用的内存大小信息、应用程序当前占用的 CPU 比例、应用程序的执行路径、应用程序操作的文件名称等信息。具体收集信息因沙箱种类而异，但是收集的信息均属于应用程序的特性信息。

2. 检测器

检测器主要根据数据收集器收集到的原始数据信息，利用恶意行为检测技术，在预先设定的规则集中进行查询、裁决。当收到数据收集器传递来的规则信息后，会在检测器内部查询出该规则对应的处理动作，之后将处理动作传递给反馈系统。规则集按照复杂程度可以分为以下三类。

1) 简单型规则

简单型规则一般是 Yes/No 型，即根据 Yes/No 规则确定当前应用程序的操作是否执行。数据收集器传递过来的原始数据信息一般只具有一个特征，特征的存储比较简单，可以采用单链表的形式进行存储，也可以采用哈希表的形式进行存储。简单型规则处理不同应用程序的动作是一致的，并没有对不同的程序进行区分。

由于简单型规则结构比较单一，依据此类型规则开发的沙箱系统将规则集固定在沙箱中，其用户可修改性较差。例如，Linux 的 Capability 机制就是一种简单型规则。

2) 单一型规则

单一型规则是在简单型规则的基础上改进的，它的每一条规则都具有多个特征，并不像简单型规则那样只有一个特征，单一型规则的每一个规则都是一个特征集合，例如，规则 S={程序名；用户 ID；组 ID；系统调用号；CPU 占用率；内存占用率；执行路径；决议结果}，该规则 S 中包括 8 个特征，当检测器收到数据收集器发送来的数据时，只有当数据中的信息和该 S 规则前面的 7 个特征值全部相同时，该 S 规则的决议结果才会发送给反馈系统。

依据单一型规则构建的沙箱系统功能比较强大，沙箱中的每一个规则对于不同应用程序的处理动作都是不一致的，且用户可以动态地添加自己所需要的规则。

3) 复杂型规则

复杂型规则的每一个执行动作往往需要多个单一型规则进行综合处理，所以在接收数据收集器采集的数据信息时往往需要记录数据的信息，因为一条信息并不能触发复杂型规则的一条动作，需要若干数据信息到来之后才能触发复杂型规则的相应动作。因此，依据复杂型规则而构建的沙箱系统往往处理起来比较复杂，一方面数据收集器采集的数据信息需要暂存处理，另一方面这种沙箱系统可以和人工智能的相关知识结合而产生更高级别的沙箱系统。

3. 反馈系统

反馈系统主要根据重定向技术进行设计。当检测器进行特征匹配后，将处理的决议结果传递给反馈系统，反馈系统根据该决议对系统调用函数进行相应的重定向工作。

3.2.3 基于虚拟机的沙箱和基于规则的沙箱异同点

基于虚拟机的沙箱和基于规则的沙箱都可以有效地对系统资源进行保护，可以降低恶意程序对系统的威胁。两者不同之处在于，基于规则的沙箱不需要对系统资源进行复制，避免了冗余资源对系统性能的影响；而基于虚拟机的沙箱可以通过构造虚拟环境，保证宿主机系统安全，避免了规则设置漏洞对系统安全的威胁。

3.3 沙箱的主要技术

沙箱的关键技术主要包含三方面：虚拟化技术、恶意行为检测技术和重定向技术。其中基于虚拟机的沙箱主要采用虚拟化技术和恶意行为检测技术；基于规则的沙箱主要采用重定向技术和恶意行为检测技术。本节将分别对各种技术进行具体介绍。

3.3.1 虚拟化技术

虚拟化(virtualization)是一种资源管理技术，可以将计算机的各种实体资源

(CPU、内存、磁盘空间、网络适配器等)予以抽象、转换后呈现出来，打破了实体结构间不可切割的障碍，进行更好的组合应用。通俗地说，虚拟化就是把物理资源转变为逻辑上可以管理的资源，以打破物理结构之间的壁垒。虚拟化对象是各种各样的资源，即将应用程序及其下层组件从支撑它们的硬件中抽象出来，将网络的管理控制与数据平面的转发与交换进行有效分离并提供支持资源的逻辑化视图。虚拟化是一种过程，即将原本运行在宿主环境的计算机系统或组件运行在虚拟的环境中，并且不受资源的实现、地理位置、物理包装和底层资源的物理配置的限制。虚拟化技术的绝妙之处在于经过虚拟化后的逻辑资源对用户隐藏了不必要的细节，终端用户在信息化应用中感觉不到物理设备的差异、物理距离的远近及物理数量的多少。

目前，从可虚拟化资源的角度出发，虚拟化技术可以分为三类，分别为基础设施虚拟化、系统虚拟化和软件虚拟化。其中软件虚拟化是基于虚拟机的沙箱技术的基础，其主要针对软件进行虚拟化设计，目前业内公认的软件虚拟化技术主要包括应用和高级语言虚拟化。

应用虚拟化将应用程序与操作系统解耦合，为应用程序提供了一个虚拟的运行环境。当用户需要使用某款软件时，应用虚拟化服务器可以实时地将用户所需的程序组件推送到客户端的应用虚拟化环境。当用户完成操作关闭应用程序后，所做的更改和数据将被上传到服务器集中管理。这样用户将不再局限于单一的客户端，可以在不同终端上使用自己的应用。

高级语言虚拟化解决的是可执行程序在不同体系结构计算机间的迁移问题。在高级语言虚拟化中由高级语言编写的程序被编译成标准的中间指令，这些中间指令在解释执行或动态翻译环境中被执行，因而可以运行在不同体系结构的计算机之上，例如，被广泛应用的 Java 虚拟机技术通过解除底层的系统平台(包含硬件与操作系统)与顶层可执行代码之间的耦合来实现代码的跨平台执行。

基于虚拟机的沙箱技术和虚拟化技术的本质区别在于：虚拟化技术是通过模拟 CPU 指令系统、内存管理系统、操作系统、API 调用系统等操作而形成的一个纯粹的虚拟环境，程序所有的操作都是在虚拟系统中完成的。基于虚拟机的沙箱基于虚拟化技术构建一种隔离环境，运用记录机制把相关操作记录下来，当用户需要恢复到相应的时间点时，沙箱能够将所有这些操作撤销，回溯到该时间点。基于虚拟机的沙箱本质上只是编写相应的驱动程序，然后通过加载编译好的驱动目标码的方式完成目标操作。

3.3.2 恶意行为检测技术

恶意行为检测技术是沙箱的重要组成部分，其分析过程可分为行为分析和恶意检测两个步骤。其中，行为分析包含行为信息捕获和对程序行为建模两个步骤。行为信息捕获是指捕获未知软件和系统的交互信息或者未知软件自身的相关信息，如源代码、汇编码等，按捕获的信息来源不同分为静态分析和动态分析两种类型。对程序行为建模是指用特定的模型来表示程序行为，其目的是在后续的恶意判定过程中，可以依据模型间的差别来做出恶意软件的判定，或是变种检测。恶意软件的检测是恶意软件研究领域的重点问题，其主要是利用特征信息进行匹配判定。恶意检测方法可以分为特征码检测法和行为监测法。

1. 特征码检测法

特征码检测法是通过采集恶意软件样本，提取其特征码，检测时将特征码与检测样本相比较，判断是否有样本片段与此特征码吻合，此技术是当前应用最广泛的恶意软件检测方法。但特征码检测法只能检测已知威胁，对于未知威胁则无能为力。

2. 行为监测法

行为监测法是利用行为特征对目标程序进行分析。当程序运行时，对其进行监视，如果发现恶意特征行为则报警。该方法可以识别未知威胁，但存在误报率高、实现困难等缺陷。

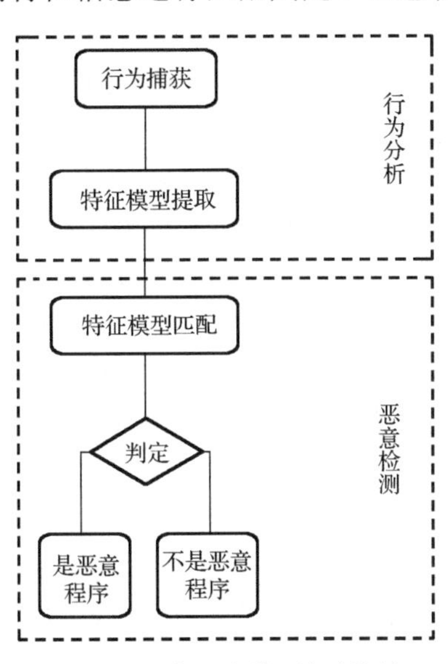

图 3-3　恶意行为检测机制框架

恶意行为检测机制框架如图 3-3 所示。

3.3.3　重定向技术

重定向技术是一种可以将各种访问请求以及请求中的参数重新定位转移到其他请求或参数的技术，例如，网页的重定向、域名的重定向以及路由选择的重定向都是重定向技术的典型应用。重定向可以帮助程序实现自己期望的功能，该技术有很多优点，以网页和域名的重定向为例，可以对用户经常用的而且容易出错的网站采用网页的重定向技术，这样就给访问者提供了很大的方便。

在基于规则的沙箱系统中，系统可以使用相关的重定向技术把对文件的不可靠操作重定向到系统的某一特殊文件内，即相当于限制了程序的操作，以此保护系统文件数据的安全。

Hook 技术就是一种典型的重定向技术，其本质就是劫持函数调用，它可以用于网络攻击和网络防御[29]。根据实施位置不同，它可以分为应用层 Hook 技术和内核层 Hook 技术。

应用层 Hook 技术主要包含两种：消息 Hook[30]和 API Hook[8]。其中消息 Hook

是指在消息到达应用程序之前被截获并响应，由此来改变程序原本的行为[30]，而API Hook 是在程序进行某些系统调用时，让程序转而调用其他函数，改变程序的行为。通常实现 API Hook 的方式有两种，第一种是通过覆盖代码来实现，其原理是：在内存中对要拦截的 API 函数进行定位以获得它的内存地址，然后用 CPU 的一条 JUMP 指令覆盖此函数的开始几个字节。这样当线程调用被拦截的函数 API 时，跳转指令会跳转到替代函数。另一种方式是通过修改模块导入段来实施 API Hook。通常，一个模块的导入段包含了一个符号表，其中列出了该模块从各个 DLL 中导入的符号。当该模块调用一个导入的函数时，线程会先从模块的导入表中得到相应的导入函数的地址，然后跳转到这个地址[8]。

内核层 Hook 技术有很多种。通过借助不同的 Hook 手段，管理员就能 Hook 不同层次上的系统函数，Hook 的层次越深，最终的安全性越高。常见的 Hook 技术有 IDT Hook、SSDT Hook、IRP Hook 和 Inline Hook。其中 IDT Hook 通常将系统中断描述符表(interrupt descriptor table)中的中断服务例程函数地址改写成处理函数地址，进而在收到中断请求时，系统可以进入当前中断的函数中，以此完成 Hook 操作。SSDT Hook 通过修改系统服务描述符表(system service descriptor table)中的服务函数地址，以此完成 Hook 操作。IRP Hook 是在内核层处理 IRP(I/O request packet)请求时在派遣函数中进行处理的 Hook 操作。比较特殊的是 Inline Hook，它可以在应用层实现，也可以在内核层实现，其原理是通过硬编码的方式向内核 API 的内存空间写入跳转语句，这样，只要内核 API 被调用，程序就会跳转到目标函数中[31]。

截取函数调用后，基于规则的沙箱系统会执行两种操作——干预操作和限制操作，以完成重定向操作。

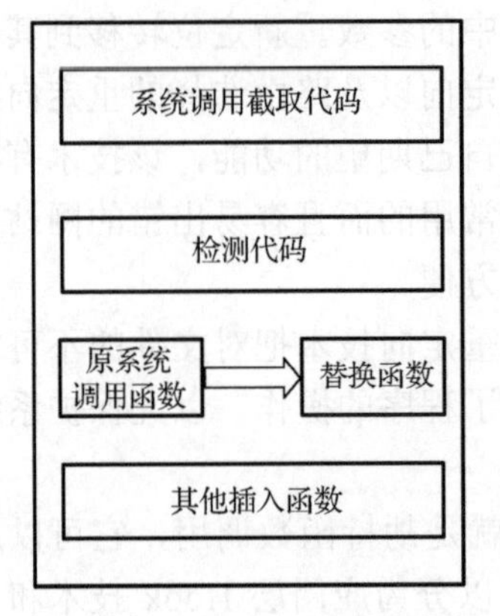

图 3-4　系统调用替换函数的框架图

1. 干预操作

干预操作是指对系统调用或者 API 函数进行修改替换的操作，该行为可以使系统调用或者 API 函数执行操作不是系统的默认函数，而是修改之后的替换函数。以系统调用为例，如图 3-4 所示，当系统函数调用时，干预操作利用替换函数替换原系统调用函数。替换函数根据实际需要，既可以调用其他系统调用，也可以不调用。

2. 限制操作

使用限制操作时，基于规则的沙箱中的程序可以根据决议结果允许操作或者禁止操作。通常，沙箱会为应用程序设置一些权限，当沙箱中的程序化运行过程中想要执行权限外的操作时，操作将会被禁止，从而保护主机资源。常用的限制操作有以下几种。

第一种限制操作是人工限制操作。该类操作需要用户(或管理员)来指定程序的访问控制信息，该方法需要用户对程序有深刻的理解，因此，对于一些运行环境较为固定且简单的小程序，这种方法可以很好地限制程序功能并保护系统。但是，当程序的功能比较复杂时，这种方式很难保证其限制效果。

第二种限制操作是使用有限状态机描述和归纳出恶意程序的行为特性，然后对该类行为特征进行限制的操作。该类方法可以很好地保证沙箱的安全性能，但对沙箱的开发者有一定的要求，并且考虑到目前程序的复杂性，很难开发出一个较通用的系统。

第三种限制操作是根据程序类型构造相应的访问控制表(access control list，ACL)，进而达到限制程序的目的。通常不同应用类型的程序具有不同的系统访问特性，因此，通过对程序进行分类，按类别设置不同的 ACL，可以限制不同类型的程序。但是这类方法可能将不同功能的应用程序归纳到同一类，进而生成错误的沙箱规则。

3.4 典 型 应 用

3.4.1 Chrome 沙箱

谷歌公司旗下的 Chrome 浏览器[32]是一个经典的沙箱应用，其基本原理如图 3-5 所示。

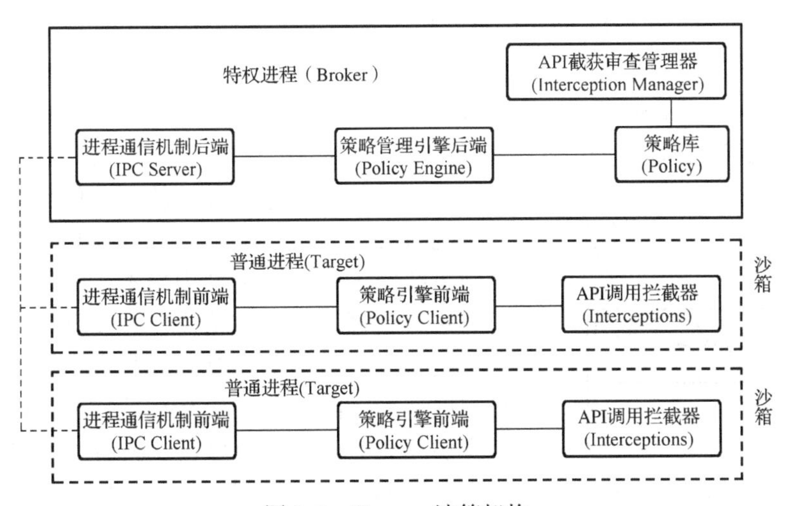

图 3-5 Chrome 沙箱架构

Chrome 沙箱由一个主进程(Broker)和一些子进程(Target)组成。Broker 主进程负责整个浏览器进程的基本管理、资源调度等高级功能，而每一个 Target 子进程代表用户打开的标签页。Target 子进程的沙箱保护机制是通过操作系统的静态程序链接库实现的。

Broker 主进程的主要职责如下。

(1)为每一个 Target 子进程确定访问互联网资源的策略。

(2)创建 Target 子进程。

(3)为所有被沙箱机制保护的 Target 子进程提供一个整体的策略访问库。

(4)监控每一个 Target 子进程的特权操作。

(5)提供基本的进程间通信机制，这个机制是 Broker 主进程和 Target 子进程之间通信的桥梁。

(6)代表每一个可信的 Target 子进程执行特权操作。

Target 子进程维护所有将在沙箱中允许的代码，其主要职责如下。

(1)所有代码沙箱化。

(2)维护 Broker 主进程和 Target 子进程间的通信机制。

(3)维护沙箱的策略引擎前端。

(4)API 调用拦截。

在Chrome沙箱中，一旦用户打开一个标签页，Broker主进程就会创建一个Target子进程，用户可以在 Target 子进程中创建的页面下访问网络。一旦 Target 子进程崩溃，由于其处于沙箱环境中，Broker 主进程不会受到其影响，整个 Chrome 浏览器仍可以正常工作。

3.4.2　Java 沙箱

Java 的沙箱模型[33]是 Java 体系结构的重要组成部分，它既可以保护用户免受网络中恶意程序的侵犯，同时避免程序由于 Bug 而导致系统崩溃。基本的 Java 沙箱模型包括四部分：类装载器、类文件校验器、Java 虚拟机和 Java API 安全管理器。用户可以利用类装载器和 Java API 安全管理器来创建个性化的安全策略。

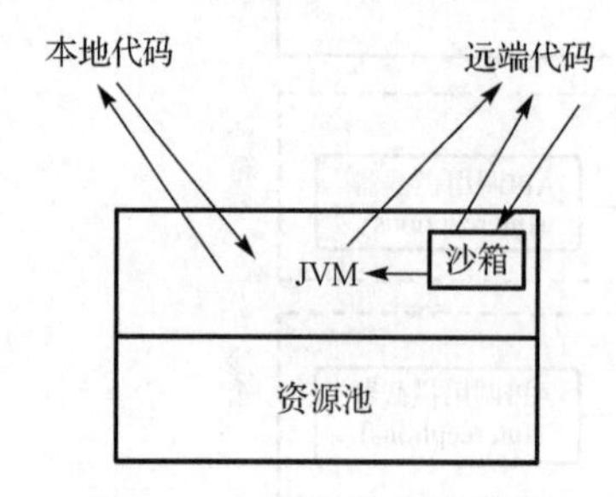

图 3-6　Java 沙箱工作机制

图 3-6 表示的是 Java 沙箱的工作机制，当本地代码向 Java 虚拟机(Java virtual machine，JVM)请求访问系统资源时，JVM 会根据本地代码的安全等级对其进行处理。经过沙箱认证的代码可以自由地访问系统资源，而那些没有认证的代码就只能访问沙箱中内部的有限资源。在 Java 沙箱中，用户可以自定义沙箱边界，程序员可以以灵活的方式按照实际需求自行制定安全机制，阻止具有危险的访问，如对本地硬盘读写、创建新进程、连接动态链接库等。

在 Java 沙箱中，类装载器对于维护整体安全性起着至关重要的作用，它是 Java 沙箱的第一道防线。它通过为每一个装载的类提供不同的命名空间，防止恶意代码影响正常代码。每一个被装载的类只有一个命名空间，只有在同一个命名空间内的类才可以直接进行交互，也就是说，由不同类装载器装载的类彼此感觉不到对方的存在，无法直接交互。Java 的类装载器被连接在一个父-子(parent-child)的关系链中。当装载类时，按照优先级对关系链进行委派。例如，当一个网络类装载器请求装载一个 Java.lang.Float 类时，它首先把这个请求发送给上一级类装载器，如果上一级返回已装载，则网络装载器不会装载这个 Java.lang.Float，否则它会装载 Java.lang.Float。以此类推，类装载器收到请求后，它也会先把请求发送到上一级标准扩展类装载器，这样一层一层地上传，直至优先级最高的启动类装载器。如果有类装载器找到了 Java.lang.Integer，则此级别以下的类装载器都不能再装载 Java.lang.Float。此时如果用户自己写了一个 Java.lang.Float(也许是恶意代码)，并试图取代核心库的 Java.lang.Integer，则该操作不可能实现，这是因为用户自己写的 Java.lang.Float 类无法被下层的类装载器装载。这样就有效阻止了不可靠的类替代原有信任的类。

类文件校验器也是Java沙箱模型的重要组成部分，它除了对字节码进行验证外，还可以增强程序的健壮性，类文件检验器的检验工作有四项，并分四次进行。第一次检验在类被装载时进行，主要检查类文件的内部结构，以保证其可以被安全地编译。第二次和第三次检验在连接过程中进行，类文件检验器确认类遵从 Java 编程语言的语义及其字节码的完整性。第四次检验在动态链接的过程中进行，类文件检验器确认被引用的类、字段以及方法确实存在。

最后，为了防止虚拟机的内在存储结构被破坏，Java 虚拟机的设计规范没有指定内存数据的布局方式，即用户需要根据自己的需求去决定数据结构。但该机制只对字节码指令集有效，对于本地方法的 Java 调用并没有限定，这导致 Java 沙箱无法保护本地方法。针对该问题，Java 安全管理器中包含了一个方法判断程序的安全等级，进而确定该程序是否具有装载动态链接库的权限。

3.4.3 Linux 沙箱

Linux 操作系统集成了部分沙箱功能[34]，其主要利用强制访问控制(mandatory access control)实现，以最小权限原则(principle of least privilege)为基础，在 Linux 核心中使用 Linux 安全模块(Linux security modules)。在 Linux 中，所有非管理代码将会在沙箱系统中运行，沙箱从内部禁止应用程序对底层文件系统、硬件抽象层以及完全内存地址的直接访问，而应用程序所有对外部应用程序、文件和协议的请求都将被操作系统管理，任何恶意行为都将被立刻中止[35]。

Linux 综合利用 Chroot 和 Capability 来实现系统的安全目标。其中 Chroot 针对正在运作的软件进程和其子进程进行操作。任何由 Chroot 设置根目录的程序，不能够对这个指定根目录之外的文件进行访问动作。但在 Chroot 机制的设计中，并不包括特权用户(root)的蓄意篡改。例如，在 Chroot 下运行的程序可能会通过第二次 Chroot 来获得足够权限，从而逃出 Chroot 的限制。在 Linux 沙箱中，Linux Capability 可以解决上述错误授权问题，Capability 可以细化 root 的特权，以避免错误授权问题。以 ping 程序来说，它需要使用 root 特权才能运行 raw_sockets；如果有了 Capability 机制，由于该程序只需要一个 CAP_NET_RAW 的 Capability 即可运行，那么根据最小权限原则，该程序运行时可以丢弃所有多余的 Capability，以防止被误用或攻击。所以，Capability 机制可以将 root 特权进行很好的细粒度划分，内核 2.6.18 版本支持 30 多种不同的 Capability。

自从 Linux 2.6.23 版本之后，SecComp(secure computing)是 Linux 内核所支持的一种简洁的沙箱机制。SecComp 是 Andrea Arcangeli 在 2005 年设计的，其目的是解决网格计算中的安全问题。它能使一个进程进入一种“安全”运行模式，该模式下的进程只具备 4 种系统调用(system calls)权限，即 read()、write()、exit()和 sigreturn()，否则进程会被终止。

最后，还有一些衍生的 Linux 沙箱系统，以 Android 应用沙箱[36](Android application sandbox)为例，Android 应用沙箱是在 Android 系统中对应用行为进行动态分析的环境，其主要起到隔离应用和保护系统的作用，Android 沙箱的层次结构如图 3-7 所示。

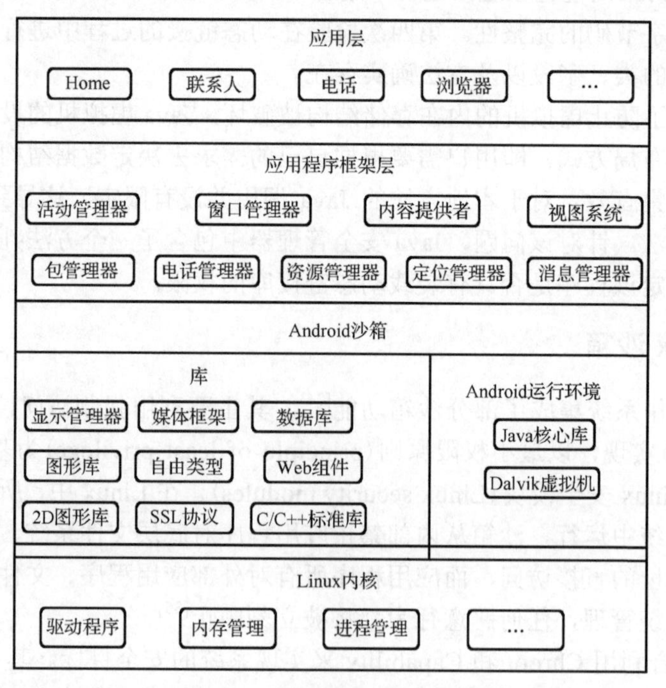

图 3-7　Android 沙箱层次结构

Android沙箱基于Cydia Substrate的Hook框架进行设计，主要利用Android系统进程的注入和Java中的反射机制来实现对Android应用行为的监视和记录。在Android系统中，Zygote是一个十分重要的进程，注入了Zygote就相当于对系统的每个进程都进行了注入。基于Cydia Substrate的Hook框架可以通过注入系统进程Zygote来实现对系统本身应用程序编程接口(application programming interface，API)的Hook。Cydia Substrate为Android系统上的Hook提供了接口，利用其提供的接口，可通过Java反射机制定位Android应用中的各种各样的API，实现对多种API的Hook，并最终完成重定向操作：拦截其调用地址，将其地址指向一段自定义代码的地址，然后执行自定义的代码，最后回调系统的API，完成整个调用过程，如图3-8所示。

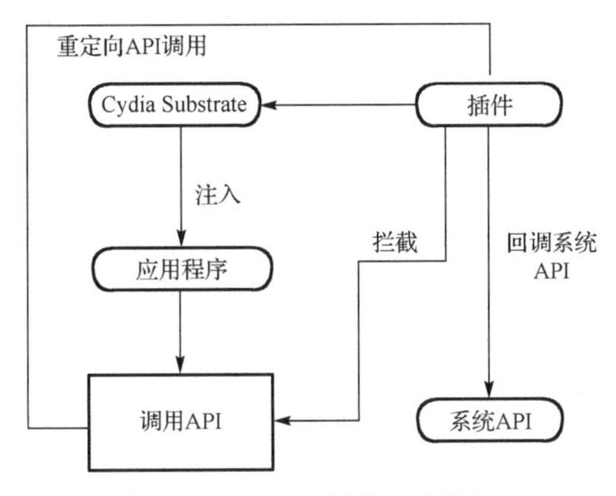

图3-8　Android沙箱工作机制

3.4.4 Ether沙箱

Ether[37]是美国佐治亚理工大学的研究人员设计开发的基于硬件虚拟化(Intel-VT)的沙箱系统。Intel-VT是Intel运用虚拟化技术中的一个指令集，是CPU的硬件虚拟化技术，VT可以同时提升虚拟化效率和虚拟机的安全性，在x86平台上的VT技术一般称为VT-x，而在Itanium平台上的VT技术称为VT-i。

Ether沙箱以Intel-VT技术为基础进行设计，其通过扩展x86指令集，向Intel处理器添加了一系列辅助虚拟化的指令，这些指令实现了沙箱的功能。Intel-VT技术能够执行两种处理器模式，分别是VMX(virtual-machine extensions)根模式与VMX非根模式。这两种模式可以相互转换，从VMX根模式转换到VMX非根模式的操作称为VM Entry，从VMX非根模式转换到VMX根模式的操作称为VM Exit，通常，VMX模式可以通过VMXON指令激活，并使处理器处在根操作模式下。当处理器处于根操作模式下时，通过执行VMLAUNCH和VMRESUME指令，使处理器能够进入非根操作模式，VMX 转换过程如图 3-9 所示。处于 VMX 模式的 CPU 指令可以正常执行，而处于非 VMX 模式的 CPU 指令在运行时会受到限制，触发 VM Exit，由 VM Exit 代替正常行为。也就是说，Intel-VT 技术会使得无害指令可以直接在主机 CPU 上运行，只有敏感指令才会退出 VM，进行模拟操作。

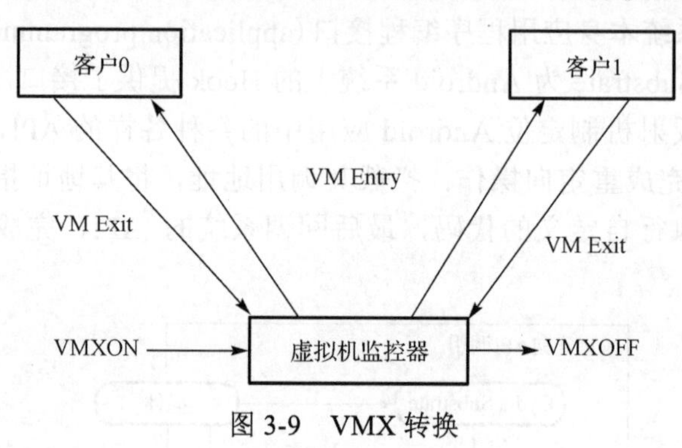

图 3-9　VMX 转换

基于 Intel-VT 技术，Ether 沙箱利用 Xen 虚拟机监视器（virtual-machine monitors，VMM）进行设计，其中 Xen（Ether hypervisor component）运行在 VMX 根模式下，客户操作系统（Ether userspace component）运行在 VMX 非根模式下。Ether 系统架构如图 3-10 所示。

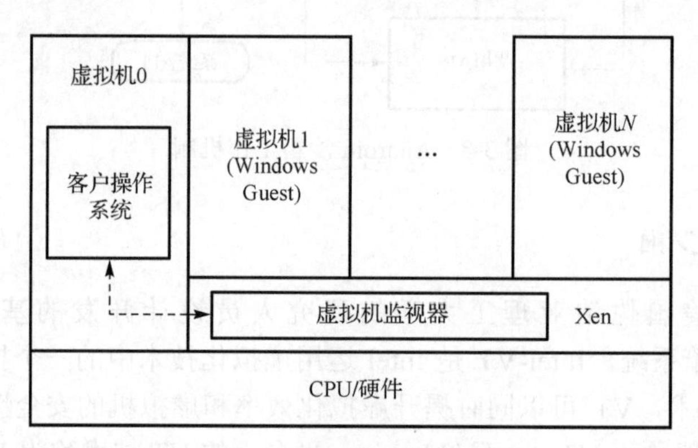

图 3-10　Ether 系统架构

Ether 沙箱工作流程如下。

(1) Xen 执行 VMXON 进入 VMX 根模式。

(2) 通过 VM Entry，Xen 就可以进入 VM 的客户操作系统中（VMM 通过 VMLAUNCH 和 VMRESUME 来触发 VM Entry，并通过 VM Exit 重新获得控制权）。

(3) VM Exit 将控制权转移到由 Xen 定义的入口点（Xen 可以采取适当的动作来触发 VM Exit，然后使用一个 VM Entry 就可以返回 VM 中）。

(4) Xen 通过 VMXOFF 指令关闭自身并退出 VMX 操作。

Ether 没有在客户操作系统里设置任何代理，监控进程的指令执行依赖于 Ether 的虚拟机监视器层，它的特权级别要比客户操作系统的特权级别高。为了监控恶意进程指令的执行，Ether 在每条指令后面设置调试异常标志。当恶意进程的指令执行时，系统会引发调试异常，控制权从虚拟机切换到 Ether，Ether 会执行记录指令操作并设置下一次调试异常标志。

3.4.5 OSTIA 沙箱

OSTIA 沙箱[18]也是一种著名的沙箱产品，其结构如图 3-11 所示，它主要由三部分组成：内核库(kernel space)、仿真库(emulation library)和代理(agent)。

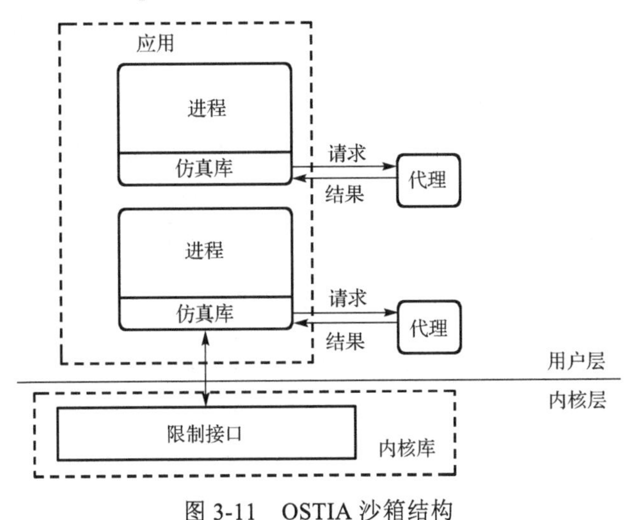

图 3-11 OSTIA 沙箱结构

内核库主要包含沙箱系统的限制接口，其部署于沙箱的内核层，主要用于强制实施硬编码策略，禁止所有直接对敏感资源访问的操作(如 open、socket)，其核心在于利用回调机制重定向系统调用，并将该调用转换为对代理的请求。仿真库部署于沙箱的应用层，主要利用 ELF 二进制加载器加载目标程序，保证目标程序的每一个进程都会被执行，并将每个访问敏感资源的进程转换为向代理发送的 IPC 请求。代理部分部署在沙箱的应用层，其主要包含沙箱的策略库，负责接受受限程序的请求、读取策略文件、制定沙箱的策略决策、判断受限沙箱程序的安全等级等。

3.5 本 章 小 结

沙箱技术可以建立一个操作受限的应用程序执行环境，将不受信任的程序放到沙箱中运行来限制其对系统可能造成的破坏。但伴随着网络攻击技术的快速发展，沙箱技术本身还有很多地方需要改进。

(1)提高沙箱的可移植性。当前，操作系统种类繁多，且具有不同的内核，一种沙箱难以适应各种操作系统的内核，如何优化沙箱系统的机制，提高其适用范围是未来的研究重点。

(2)提高沙箱的自适应能力。目前网络中的恶意软件更新速度非常快，人工对沙箱规则库进行更新难以有效应对沙箱的现实需求，其规则集很可能滞后。未来如何在沙箱的架构中加入智能学习系统，自动化地更新规则集合能够改进现有沙箱系统性能。

(3)多维度的程序行为监控技术。针对沙箱防护，攻击者也在研究相应的逃逸技术。如果恶意软件的隐蔽性和针对性比较强，如 APT 攻击，仅从监控到的系统调用信息中获得的程序行为信息难以完全推理得到恶意程序的真正目的。因此，研究多维度的程序行为监控技术，从不同维度的程序执行信息中获得程序可能的行为，是改进沙箱防御能力的重要方向。

(4)访问控制机制的协同。沙箱通常会组合运用多种访问控制机制。如果访问控制机制之间存在矛盾或错误，会造成沙箱逃逸的风险，因此，如何保证多种访问控制机制的一致性，也是研究人员关注的技术方向之一。

参考文献

[1] 谢燕江. 一种基于轻量级虚拟化的沙箱机制[D]. 长沙：湖南大学, 2012.

[2] 360. 360 安全卫士[EB/OL]. http://www.360.cn/weishi/index. html?source=homepage&r=bd. 2016.

[3] 百度百科. 沙箱[EB/OL]. http://baike. baidu. com/item/沙箱. 2016.

[4] Berman A, Bourassa V, Selberg E. TRON: Process-specific file protection for the UNIX operating system[C]// Proceedings of USENIX Winter, Manhatten, 1995: 165-175.

[5] Geier E. Use sandboxing to protect your PC[J]. PC World, 2012, 30(4): 84.

[6] Wulf W, Cohen E, Corwin W, et al. HYDRA: The kernel of a multiprocessor operating system[J]. Communications of the ACM, 1974, 17(6): 337-345.

[7] McCamant S, Morrisett G. Evaluating SFI for a CISC architecture[C]//Proceedings of the 1st USENIX Security Symposium, Vancouver, 1991: 209-224.

[8] Willems C, Holz T, Freiling F. Toward automated dynamic malware analysis using CWSandbox[J]. IEEE Security & Privacy, 2007, 5(2): 32-39.

[9] Yee B, Sehr D, Dardyk G, et al. Native client: A sandbox for portable, untrusted x86 native code[C]// IEEE Symposium on Security and Privacy, 2010, 53(1): 91-99.

[10] Adobe. Shockwave[EB/OL]. http: //www. adobe. com/shockwave. 2017.

[11] 程龙, 杨小虎. Linux 系统内核的沙箱模块实现[J]. 计算机应用, 2004, 24(1): 79-81.

[12] Wikipedia. Windows 7[EB/OL]. https: //en. wikipedia. org/wiki/Windows_7. 2017.

[13] MNIS. Subterfuge: Strace meets expect[EB/OL]. http: //subterfugue. org. 2017.

[14] Acharya A, Raje M. MAPbox: Using parameterized behavior classes to confine untrusted applications[C]// Proceedings of the 9th USENIX Security Symposium, 2000.

[15] Alexandrov A, Kmiec P, Schauser K. Consh: A confined execution environment for Internet computations[C]// Proceedings of the 7th USENIX Security Symposium, 1998.

[16] DMST. Architecture study: Janus - a practical tool for application sandboxing[EB/OL]. https://www.dmst.aueb.gr/dds/pubs/conf/2001-Freenix-Sandbox/html/sandbox32final.html. 2017.

[17] Garfinkel T. Traps and pitfalls: Practical problems in system call interposition based security tools[C]// Proceedings of the Network and Distributed Systems Security Symposium, 2003.

[18] Garfinkel T, Pfaff B, Rosenblum M. Ostia: A delegating architecture for secure system call interposition[C]// Proceedings of Network and Distributed System Security, 2003: 187-201.

[19] 刘军卫. Linux Security Framework: Apparmor 机制介绍[EB/OL]. http://blog.csdn.net/ustc_dylan/article/details/7944955. 2017.

[20] Provos N. Improving host security with system call policies[EB/OL]. http://www.citi. umich. edu/u/provos/papers/systrace. pdf. 2018.

[21] Jain K, Sekar R. Uset level infrastructure for system call interposition: A platform for intrusion detectionand confinement[C]// Proceedings of the Network & Distributed Systems Security Symposium, 2000.

[22] Balfanz D, Simon D. Windowbox: A simple security model for the connected desktop[C]// Proceedings of the 4th USENIX Windows Systems Symposium, Washington, 2000: 3-48.

[23] Sugerman J, Venkitachalam G, Lim B H. Virtualizing I/O devices on VMware workstation'8 hosted virtual machine monitor[C]// Proceedings of USENIX Annual Technical Conference, Boston, Massachusetts, 2001: 1-14.

[24] Watson J. Virtualbox: Bits and bytes masquerading as machines[J]. Linux Journal, 2008, 26: 30-38.

[25] Bellard F. QEMU: A fast and portable dynamic translator[C]// USENIX Annual Technical Conference, Anaheim CA, 2005: 41-46.

[26] Price D, Tucker A. Solaris zones: Operating system support for consolidating commercial workloads[C]// Usenix Conference on System Administration, 2004: 241-254.

[27] Parallels Inc. Virtuozzo containers[EB/OL]. http://www.parallels.com/au/products/pvc46. 2017.

[28] Gate. Positive Software Corporation. Free virtual private server solution[EB/OL]. http://www.gate.com/virtual～servers.

[29] 舒敬荣, 朱安国, 齐善明. HOOK API 时代码注入方法和函数重定向技术研究[J]. 计算机应用与软件, 2009, 26(5): 107-110.

[30] 孙鑫. VC++深入详解[M]. 北京: 电子工业出版社, 2012: 302-304.

[31] 苏雪丽, 马金鑫, 袁丁. 基于 Detours 的文件操作监控方案[J]. 计算机应用, 2013, 30(12):

3423-3426.

[32] Reis C, Barth A, Pizano C. Browser security: Lessons from Google Chrome[J]. Communications of the ACM, 2010, 52(8): 45-49.

[33] Java Community Process. Java's security architecture[EB/OL]. http://www.JAVAworld.com/JAVAworld/jw-08-hood.html. 2018.

[34] Yee B, Sehr D, Dardyk G, et al. Native client: A sandbox for portable, untrusted x86 native code[C]//The 30th IEEE Symposium on Security and Privacy, 2009: 79-93.

[35] McCarty B. Selinux: Nsa's Open Source Security Enhanced Linux[M]. New York: O'Reilly, 2005.

[36] Blasing T, Batyuk L, Schmidt A D, et al. An android application sandbox system for suspicious software detection[C]//Proceedings of the 5th IEEE International Conference on Malicious and Unwanted Software, 2010: 55-62.

[37] Dinaburg A, Royal P, Sharif M, et al. Ether: Malware analysis via hardware virtualization extensions[C]//ACM Conference on Computer and Communications Security, Alexandria, 2008: 51-62.

第4章 蜜罐技术

蜜罐(honeypot)是起源于20世纪90年代的一种主动防御方法，它借鉴了狩猎过程中最古老却很有效的布设陷阱机制，通过部署一套模拟真实网络系统但其实并无业务用途的安全资源，诱使入侵者对其进行非法使用，进而在预设的环境中对入侵行为进行捕获、检测和分析，准确掌握入侵者的攻击途径、方法、过程及工具，并将获得的知识用于防护真实网络系统，从而达到防御入侵攻击威胁、保护己方网络安全的目的。蜜罐技术具有很强的漏洞威胁检测能力，且能够有效地识别未知类型的入侵攻击，因而一直以来受到安全企业和安全专家的青睐，广泛应用于恶意代码检测与样本捕获、入侵检测与攻击特征提取、网络攻击取证、僵尸网络追踪等方面。

4.1 概 述

4.1.1 蜜罐的起源及发展历程

蜜罐技术诞生于20世纪80年代末的网络安全管理实践活动中，其概念最早出现在1989年美国加州大学伯克利分校的天文学家Stoll所著的*The Cuckoo's Egg*一书中，该书讲述的是一位公司的网络管理员如何利用蜜罐技术来发现并追踪一起商业间谍案的故事，这被认为是蜜罐技术的雏形，也因此催生了一门新兴学科——计算机跟踪分析学(computer forensics)。随后AT&T研究院安全专家Cheswick首次从技术角度对蜜罐进行了专门分析，自此蜜罐技术作为一种主动性防御思路，开始被网络管理员广泛采用，其通过欺骗入侵者来达到追踪的目的。

直到1998年之前，蜜罐技术还只是一种在网络管理员间流行的计算机系统安全防御思路或实用方法，其技术本身并无多大发展。蜜罐技术真正开始发展始于1998年，计算机安全知名专家Cohen在深入总结自然界存在的欺骗实例、人类战争中的欺骗技巧和案例，以及欺骗的认知学等基础上，分析了欺骗的本质，从理论层次给出了信息对抗领域中欺骗技术的框架和模型[1]，为蜜罐技术概念的发展奠定了理论基础。此后蜜罐技术受到安全研究人员的广泛关注，也很快出现了一些专门用于欺骗入侵者的蜜罐软件工具，包括Cohen开发的DTK(deception tool kit)、Provos开发的Honeyd等，同时出现了如KFSensor、Specter等一些商用蜜罐产品。这些早期的蜜罐以虚拟蜜罐为主，即利用蜜罐工具构造虚拟的、存在漏洞的操作系统和网络服务，对入侵攻击进行诱骗并做出回应，以实现对攻击行为的监控和分析功能，其部署简便，但由于蜜罐构造相对简单，也存在交互程度低、收集到的攻击信息有限、易被入侵者识破等不足。

1999 年，Spitzner 等安全研究人员提出并倡导蜜网(honeynet)技术，成立了非营利性研究组织——蜜网项目组(The Honeynet Project)，以期系统性地解决蜜罐技术存在的不足。蜜网是由多个蜜罐系统加上防火墙、入侵防御、系统行为记录、自动报警与数据分析等辅助机制组成的网络体系结构。1999～2001 年，蜜网项目组针对蜜网技术开展了一系列的原理验证实验，提出了第一代蜜网架构[2]，该架构为入侵者提供了更为丰富的交互环境，可在高度可控的网络中诱骗入侵攻击行为，捕捉更多的攻击方工具、方法、策略等信息，还能检测捕获当时未知的攻击类型。由于第一代蜜网中应用了路由器，入侵者可以通过路由跳数的减少等方法来检测蜜罐的存在。针对这一缺陷，2001～2003 年项目组经过进一步研究提出了第二代蜜网架构[3]，通过应用 Honeywall 技术加大入侵者识别和攻陷蜜罐的难度，提高了蜜网的安全性。2005 年 5 月，蜜网项目组发布标志第三代蜜网架构的新版 Honeywall Roo 和数据捕获工具 Sebek 3.0，蜜网技术得到进一步完善。同时，为了适应更大范围安全威胁监测的需求，蜜网项目组在 2003 年开始引入分布式蜜罐(distributed honeypot)与分布式蜜网(distributed honeynet)的技术概念，并于 2005 年开发完成 Kanga 分布式蜜网系统，能够将各个分支团队部署蜜网的捕获数据进行汇总分析，有效克服传统蜜罐监测范围窄的缺陷，成为目前安全业界采用蜜罐技术构建互联网安全威胁监测体系的普遍部署模式，如蜜网项目组的 Kanga 及其后继 GDH 系统、巴西分布式蜜罐系统、欧洲电信的 Leurre.com 与 SGNET 系统、中国 Matrix 分布式蜜罐[4]等。为适应蜜罐系统在互联网和业务网络中的分布式大量部署，2003 年 Spitzner 更是首次提出了蜜罐系统部署的新型模式——蜜场(honeyfarm)[5]，基于该部署模式实现网络威胁预警与分析的系统包括 Collapsar、Potemkin 和 Icarus 等。蜜罐技术发展历程如图 4-1 所示。

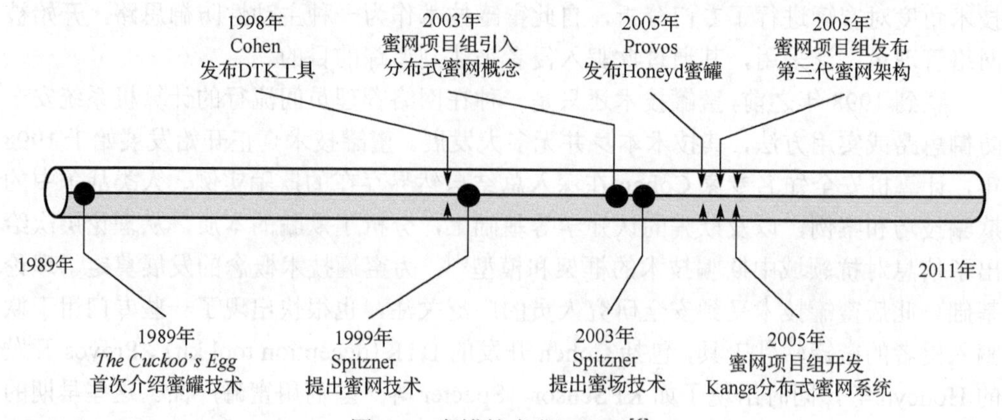

图 4-1 蜜罐技术发展历程[6]

4.1.2 蜜罐的定义与安全价值

蜜网项目创始人 Spitzner 对蜜罐技术给出的权威定义是：它是一种安全资源，其价值在于被扫描、攻击和攻陷。这意味着蜜罐就是专门为吸引网络入侵者而设计的一个故意包含漏洞但被严密监控的诱骗系统，是用于诱捕入侵者的一个陷阱，本质上是一种对入侵者进行欺骗的技术。无论如何对蜜罐进行配置，所要做的就是使整个蜜罐系统处于被扫描、被攻击的状态，也只有在受到入侵者探测、监听、攻击，甚至最后被攻陷的时候，蜜罐才能显示出它真正的作用。任何带有欺骗、诱捕性质的网络、主机和服务等都可以看成一个蜜罐，它通过模拟系统的服务和特征来拖延入侵者的时间，浪费其攻击精力，或者故意暴露漏洞来诱骗入侵者，从而转移入侵者对真实网络、主机或服务的视线，给入侵者提供一个容易攻击的目标，其表面上看很脆弱、易受攻击，实际上不包含任何敏感数据，没有合法用户和通信，能够让入侵者在其中暴露无遗。蜜罐系统本身不具有有价值的真实数据，不对外提供服务，因此任何经过蜜罐的流量都可以被认为是可疑行为，任何连接行为都可能是一次恶意探测或攻击，这是蜜罐的工作基础。

与防火墙、入侵检测等防护技术不同，蜜罐本身并不直接提高网络或信息系统的安全，但它通过严密监控出入蜜罐的流量，一方面利用预设措施检测发现攻击活动并及时做出预警，另一方面通过日志功能记录蜜罐与入侵者的交互过程，收集入侵者的攻击工具、方法、策略及样本特征等信息，为防范、破解新出现的攻击类型积累经验，尽早掌握网络攻防的主动权，最终达到保护自身网络或信息系统的目的。因此，蜜罐并不是代替防火墙、入侵检测系统以及其他常规侦听系统而独立开展网络防御工作的工具，其价值要通过和这些传统的安全工具相互配合来实现，蜜罐只是整个安全防御体系的一部分，更是对现有的安全防御工具的一种补充。图 4-2 是蜜罐系统的基本构成方案。

蜜罐作为一种备受青睐的主动防御技术，其能力可以表述为三方面。

(1) 网络伪装能力。网络伪装是蜜罐最基本的技术。蜜罐的价值就在于被入侵者探测、攻击甚至攻陷，因此蜜罐系统通常利用 IP 地址欺骗、模拟服务端口、模拟系统漏洞及应用程序漏洞、流量仿真、系统动态配置、伪造文件和数据、端口重定向等技术模拟出各种漏洞、文件及服务等，尽可能地将更多的入侵者吸引到蜜罐之中，减少其对实际系统的安全威胁。

(2) 数据诱捕能力。对于进入蜜罐的所有网络访问及活动，蜜罐将通过日志记录等形式，尽可能全地获取和保存与安全威胁相关的原始数据，包括网络连接记录、进出数据流量、访问行为及系统响应数据、恶意代码样本等，从而精细掌握入侵者从进入蜜罐到离开蜜罐期内的所有活动过程及行为信息，并针对入侵攻击威胁开展审计和取证。

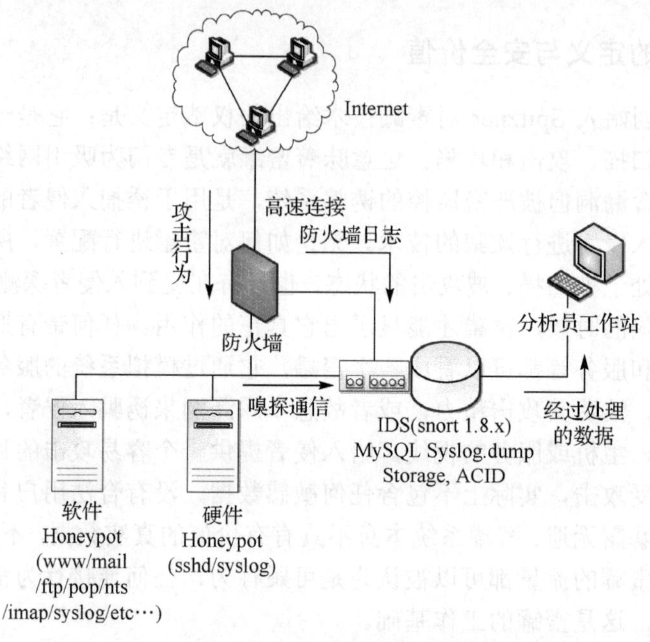

图 4-2　蜜罐系统的基本构成

(3) 威胁数据分析能力。主要是针对蜜罐捕获的安全威胁原始数据进行分析，首先是感知安全威胁的存在并监视其变化态势，进而了解入侵者所使用的攻击工具、攻击方法，追溯入侵者的来源，推测入侵者的意图和动机，从而让防御者能够清晰地了解自身面临的安全威胁，通过技术和管理手段来增强对实际系统的安全防护能力，必要时通过法律手段追究入侵攻击者的责任。

英国电信安全技术首席经理 Schnerier 在 *Secrests and Lies* 中将网络安全防御分为三方面：防护、检测、响应。蜜罐技术的安全价值也可以从这几方面得到体现。

(1) 防护。与其他传统防护思路和手段不同，蜜罐设计的初衷和目的就是通过诱骗手段掩护真正的防御目标，其自身提供的防护功能较弱，并不能事实上也并不期望阻止那些试图进入系统的攻击者，但蜜罐可以通过诱骗耗费入侵者的时间和资源，并利用入侵者攻入系统时所留下的痕迹进行各方面的记录和分析，从而达到防止或减缓对真正系统和资源进行攻击的目的。从这个意义而言，蜜罐的诱骗机制也是一种有效的主动防护策略。

(2) 检测。蜜罐的检测机制与入侵检测等机制有明显的不同，入侵检测通常面对的是海量正常业务流量与稀疏攻击流量混杂的网络环境，且入侵者为躲避入侵检测系统，经常会将入侵攻击行为伪装成正常业务过程，导致入侵检测系统很难准确无误地检测出攻击行为，极易出现较高的漏报率和误报率。蜜罐的强大检测能力源自两方面：一是蜜罐并不提供真实业务服务，因而所有进出蜜罐的流量都可以被认为是可疑的攻击行为，这就大大简化了攻击检测的环境，特别有利于提高攻击检测效能；二是蜜罐并非基于已知攻击特征库或协议分析机制进行攻击检测，而是通过记录和分析所有与蜜罐交互的可疑行为来实现检测功能，因而既不需要网络安全人员常态化地维护、更新攻击特征数据库或修订检测引擎，也可以实现对新的或未知的攻击行为的检测，有效解决入侵检测系统对新型攻击行为的漏报问题。这一点被认为是蜜罐系统的最大优势之一。

(3) 响应。蜜罐检测到攻击入侵后，可以对入侵进行一定的响应，包括：模拟真实系统可能产生的响应以引诱入侵者实施进一步的攻击动作；向网络管理人员发出入侵预警，以便管理人员适时调整防火墙和入侵检测系统的配置策略以保护真实网络或信息系统等。如前所述，蜜罐会记录所有与之交互的可疑行为，因而可以通过脱机方式来分析获取入侵者的攻击方式、入侵策略等，一方面有效解决提供产品服务的系统难以对攻击行为进行回溯分析的问题，另一方面为安全专家提供一个学习研究各种攻击的平台，例如，全程观察入侵者的行为，直至整个网络或信息系统被攻陷，特别是监视网络系统被攻陷之后入侵者的行为，如与其他攻击者之间的通信方式、通信通道，以及可能上传的后门工具包等，这些信息对于提升己方网络安全防护能力具有重要的研究意义和现实价值。

综上所述，蜜罐可以通过较少的资源配置收集大量有价值的入侵攻击信息，并解决对新的或未知攻击类型的检测问题，具有使用简单、部署成本低、防护的精准性和效率都比较高等优点，但蜜罐也存在一些缺点，并不能完全取代其他安全机制，其缺点如下。

(1) 蜜罐的数据收集具有局限性。它只有在入侵者向其发起攻击的时候才能发挥作用，如果没有入侵者进入蜜罐，或者虽然入侵者进入了蜜罐所在的网络并攻击了某些系统，但这些系统并不在蜜罐布设范围之内，则蜜罐会对这些入侵行为一无所知，也无法获得任何有价值的信息。

(2) 蜜罐存在指纹识别问题。蜜罐毕竟是一个模拟真实服务的虚假系统，很容易存在一些预期特征或行为，这些特征或行为有可能被入侵者识破。而一旦入侵者识别出所进入的系统为蜜罐，就会避免与其进行交互，从而使蜜罐失去价值。

(3) 给使用者带来风险。蜜罐如果使用不当或被识破，很可能给使用者带来风险。例如，入侵者识破蜜罐后，可能会在蜜罐没有发觉的情况下，潜入蜜罐所在的网络或信息系统，以蜜罐作为跳板，攻击蜜罐所在的网络或系统。不同的蜜罐带有不同的风险，通常而言，蜜罐越简单，附带的风险就越小，仅仅提供服务模拟的蜜罐，即使被攻陷也很难扩散风险，而那些具备真实操作系统的蜜罐，由于具有很多真实系统的特性，在被攻陷并识破后则很可能会被入侵者加以利用，成为入侵真实网络或信息系统的工具或跳板。

4.1.3 蜜罐的分类

自从计算机系统的安全问题受到关注以来，安全研究专家就一直致力于各种蜜罐工具的研发，根据不同的标准，蜜罐可以分为不同的类型。

1. 基于交互程度进行分类

按照这种方式，蜜罐可以分为低交互型蜜罐、中交互型蜜罐和高交互型蜜罐，如图 4-3 所示。

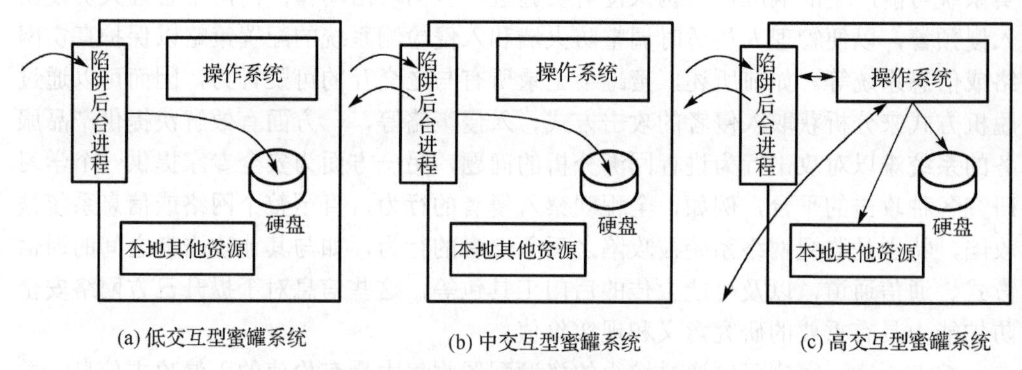

图 4-3　不同交互程度的蜜罐系统示意图

低交互型蜜罐是指入侵者与操作系统之间的交互程度较低的蜜罐系统，其主要通过模拟操作系统和服务来实现蜜罐功能，通常不会将操作系统的所有服务和端口都对外开放，仅开放少量的服务和端口，通过特定端口监听来记录进入系统的数据包，检测和监视非法扫描和连接。由于低交互型蜜罐只是简单模拟一些服务，因而结构简单，部署较为容易。当然也由于其交互性能低，为入侵者所展示的攻击弱点和攻击对象都是对某种系统和服务的模拟，它所能够收集到的攻击信息非常有限，而且容易被技术高超的入侵者通过指纹识别等技术予以识破，从而不再对蜜罐进行访问和攻击。

中交互型蜜罐指入侵者与操作系统之间的交互程度介于低交互型蜜罐和高交互型蜜罐之间，它能模拟操作系统更多的服务，使得蜜罐看起来更加真实，对入侵者而言更像是一个真实系统，蜜罐和入侵者之间有了更多的交互信息，同时可以从入侵者的攻击行为中获取更多的信息。当然由于蜜罐复杂度的提高，随之而来的就是风险性增加和部署较为困难等缺点。

高交互型蜜罐是指入侵者与操作系统之间的交互程度较高的蜜罐系统，它是一个比较复杂的解决方案，通常必须由真实的操作系统来构建，提供真实的系统和服务。高交互型蜜罐通常会开放大量的服务及端口，甚至会将全部服务都开放。这类蜜罐的优点是它开放了众多真实或近乎真实的服务，很容易吸引到更多的入侵者，从而收集到更多更全面的攻击信息，特别有利于了解和掌握新的或未知的攻击类型。当然它的高度开放性也会为与它相关的真实网络或系统带来很大的安全隐患，一旦被攻击者攻陷和识破，则很可能会成为入侵者攻击网络内其他主机的工具，同时这类蜜罐配置和维护代价较高，部署也较为困难。

2. 基于实现方式进行分类

按照蜜罐的实现方式，可以将其划分为物理蜜罐和虚拟蜜罐两类。

物理蜜罐是指运行在一台或多台拥有独立 IP 和真实操作系统的物理机器上的蜜罐，它提供部分甚至完全真实的网络服务来吸引入侵攻击。物理蜜罐通常都是高交互型蜜罐，其优点与高交互型蜜罐相似，缺点是安装和维护成本较高，且为了吸引更多入侵者的注意，往往需要配置尽可能多的 IP 地址，这对物理蜜罐而言也是一个挑战。

虚拟蜜罐是指在利用虚拟技术模拟出来的计算机上安装的蜜罐。虚拟蜜罐可以根据需求的不同配置成高交互型蜜罐或者低交互型蜜罐。虚拟蜜罐占用的资源少，一台计算机可以部署若干虚拟蜜罐，且根据需求的不同每个蜜罐也可以不相同，如提供的服务和端口、IP 地址的个数等。虚拟蜜罐的好处是安装方便快捷，成本较低，被攻陷后可以快速还原为初始状态，对于研究人员来说这无疑是最好的选择，当然要想设计一个高交互型的虚拟蜜罐，在技术实现层面会面临诸多挑战。

3. 基于应用目的进行分类

根据应用目的不同，蜜罐可以分为研究型蜜罐和产品型蜜罐两类。

研究型蜜罐本质上是供网络安全机构和安全研究人员监视、学习和研究攻击者行为及攻击信息的一种工具，其目的不是增强特定网络或系统的安全性，而是尽可能地开放网络以吸引各类威胁，尽量多地搜集入侵行为和恶意攻击的信息，进而通过分析研究找到能够应对这些威胁的方式和策略。研究型蜜罐的安全价值主要体现在通过不断地获取和分析攻击者信息，为发现系统漏洞、发现新的或未知的攻击类型、掌握分布式拒绝服务攻击的方式途径、更新入侵检测数据库等提供支持。

产品型蜜罐是指安全厂商开发的商用型蜜罐，目的是作为诱饵把入侵攻击者尽可能长时间地“捆绑”在蜜罐上，在取证网络犯罪的同时，为实际网络的安全防护赢得时间，改善实际网络的安全防护措施。产品型蜜罐一般应用于企业等商业组织中，它可以检测商业组织网络中存在的威胁，只有检测到可疑行为才会进行诱骗并对攻击者做出针对性的响应，减轻组织网络受到的攻击威胁，降低企业网络的安全风险。

4. 基于配置规模进行分类

根据蜜罐的配置规模，可将其分为单机蜜罐、蜜网系统、蜜场系统。

单机蜜罐顾名思义是基于单台主机来独立实现蜜罐功能，其通过模拟与真实系统相同的操作系统或服务，并提供一些漏洞和虚假信息来达到保护目标主机的目的。单机蜜罐一般都是针对特定用途的专用蜜罐，如防范垃圾邮件的Antispam honeypot、捕捉各种自动攻击代码的Worm honeypot等。

蜜网是由多个能够收集和交换信息的蜜罐以及防火墙、入侵检测系统等综合构成的用于诱捕入侵者的系统，是一种高交互研究型蜜罐系统，它提供真实的操作系统或服务，与入侵者之间的交互程度较高，通过多个蜜罐主机、防火墙、入侵检测系统的协同工作收集入侵者的全部攻击信息，监视入侵者的攻击工具、攻击方式等，实现对入侵攻击的诱捕和攻击数据的分析利用功能。

蜜场的概念于2003年由蜜网项目创始人Spitzner首次提出，是为构建网络安全威胁监测体系而提供的一种新型蜜罐系统部署模式，主要用于直接防护大规模分布式业务网络，解决分布式部署蜜罐系统所带来的大量的硬件设备、IP地址资源开销以及运维成本问题。

4.2 蜜罐的关键技术机制

蜜罐的基本思想就是利用欺骗手段将入侵者引诱至并不真正提供业务服务功能的模拟网络系统之中，进而通过捕获和分析入侵攻击数据掌握攻击类型及其行为特征，达到主动防御的目的。为实现这一点，蜜罐需要解决四个关键问题：一是如何构建既能够引诱入侵者又能让其感觉“真实”且难以发现破绽的欺骗环境；二是吸引到入侵者后，如何诱使其全面展示攻击手段，从而尽可能丰富地获取与攻击相关的安全威胁原始数据；三是拿到安全威胁原始数据后，如何分析挖掘入侵者所采用的策略、手段、工具等信息，有效实现威胁感知、追踪定位、攻击特征提取和对新的未知攻击的快速发现功能；四是如何保证蜜罐自身的安全性，特别是确保蜜罐不被攻击者所利用，成为其攻击真实网络系统的跳板。

4.2.1 欺骗环境构建机制

蜜罐的价值只有在被探测、被攻击时才能得以体现，没有欺骗功能就不能引来入侵者，蜜罐也就失去了价值，因此构建欺骗环境是蜜罐实现其安全价值的首要机制。蜜罐思想自提出以来，其欺骗机制一直随着网络技术的发展和网络攻防对抗的变化向两个层面发生演进：一是欺骗技术本身从简单的模拟服务端口、模拟系统漏洞向更高级、更复杂的仿真业务流量、仿真网络系统状态变化而发展；二是构建欺骗环境的方法从模拟仿真的实现方式向基于真实系统搭建的方式演进，从而大大增强了蜜罐与入侵者的交互程度，有利于捕获更为丰富的安全威胁数据。

1. 欺骗技术

1) 模拟服务端口

扫描和连接非工作的服务端口，进而利用已知的系统或服务漏洞实施攻击行为，是入侵者发动网络攻击的常用手法，由此模拟类似的服务端口，进而对所有进入这些端口的访问连接行为进行侦听、监测也是蜜罐最原始的手段。当然由于这种简单模拟非工作端口的方法无法提供进一步的交互，所以捕获的威胁数据信息有限。

2) IP 地址欺骗

早期的 IP 地址欺骗通常利用网卡的多 IP 分配技术来增加入侵者的搜索空间及相应的工作量。随着虚拟机技术的发展，可以通过虚拟机技术建立大范围的虚拟 IP 网段，在增加欺骗效果的同时进一步降低了成本代价；甚至在受到探测扫描时，能够回应发送 ARP 数据包来模拟不存在的服务主机，达到 IP 诱骗的目的，典型技术如 ARP 地址欺骗等。

3) 模拟应用服务和系统漏洞

通过模拟网络协议、网络服务、网络应用或者特定的系统漏洞，容易让入侵者感觉更加真实，并提供更加充分的交互环境，从而让蜜罐能够捕捉到更丰富的攻击威胁数据，让防御者清晰地了解攻击意图、途径和方法。例如，利用 IIS 漏洞可以构建一个模拟 Microsoft IIS Web 服务器的蜜罐，模拟该程序的一些特定功能或行为，对任意 HTTP 连接进行 Web 服务器响应，从而提供一种高度逼真的 IIS Web 交互环境，获取相应的入侵攻击信息。

4) 流量仿真

流量仿真技术主要是为了应对攻击者在入侵后采用流量分析工具对系统进行真伪判断。目前仿真流量可以采用实时或重现的方式动态复制真正的网络流量，也可以通过远程伪造的方式模拟真实网络流量，让入侵者发现和利用这些流量，进而引导展开交互行为。

5) 网络动态配置

完全静止的网络配置及运行状态不符合常理，很容易被入侵者观测识破，通过对网络配置和服务状态进行动态化处理，例如，不定期地启动、关闭、重启网络服务和对网络服务的配置作一些调整，模拟系统或网络服务可能出现的一些常态性变化，有利于增强蜜罐的欺骗性。

6) 蜜罐主机

主机是早期蜜罐技术捕获威胁数据的主要场所，基于蜜罐主机可以捕获几乎所有的入侵信息。随着虚拟技术的广泛应用，蜜罐主机上基于虚拟机模拟的真实系统可以同时运行多个不同网络界面的操作系统，提供的网络环境更加真实和丰富；同时在入侵攻击时不会影响真实主机的系统运行和安全，从而增强了蜜罐系统的健壮性。

7）蜜标数据

除了构建诸如系统、网络服务和应用程序等欺骗环境之外，还可以通过具有高度伪装性和诱骗性的数据内容或信息资源，如一个伪造的身份ID、邮件地址、数据库表项、Word或Excel文档等多种形态的数据资源来吸引入侵者进行未授权使用[7]，达到欺骗目的，这些数据资源称为蜜标。当入侵者从环境中窃取信息资源时，蜜标数据也被窃取，之后一旦入侵者在现实场景中使用这些蜜标数据，防御方就可以检测并追溯这次实际攻击行为。

2. 欺骗环境的构建方法

1）基于模拟仿真实现

该方式通过模拟仿真方法构建一个伪装的欺骗系统环境来吸引入侵攻击，并在一个安全可控的环境中对安全威胁数据进行记录，这种伪装的欺骗环境可以是模拟的非工作服务端口、系统漏洞和网络应用等服务。早期的蜜罐工具DTK和LaBrea通过绑定到指定端口上的网络服务软件实现方式模拟网络服务攻击目标；蜜罐工具Honeyd、Nepenthes和Dionaea则通过模拟网络协议栈的方式提供仿真度更好的网络服务漏洞攻击环境，以吸引网络扫描探测与渗透攻击等安全威胁，从而能够捕获更为丰富多样的安全威胁数据；Glastopf/GlastopfNG、SPAMPot、Kojoney、Kippo蜜罐则都是完全通过程序模拟的方式分别构建Web站点、SMTP Open Relay和弱口令配置的SSH服务以吸引互联网上的攻击；PhoneyC蜜罐模拟实现浏览器软件，对检测页面进行解析、脚本提取和执行，从中发现恶意页面。由于是以模拟方式实现各种服务、程序，所以这种欺骗环境模拟构建的方式只能为攻击方提供受限的交互程度，对于攻击未知漏洞的网络渗透攻击与恶意代码，无法为其提供它们在网络服务交互过程中所预期的响应，因而无法进一步触发漏洞利用与恶意代码感染过程，也就不具备捕获这些新型安全威胁的能力。

2）基于真实系统搭建

该方式可以构建出一个具有良好诱骗性的蜜罐欺骗环境，并为入侵者提供高交互程度，从而能够捕获更为丰富多样的安全威胁数据。HoneyBow就是一种采用真实系统构建的高交互型蜜罐，与Nepenthes等采用模拟服务方式的蜜罐工具软件相比，HoneyBow拥有捕获恶意代码更具全面性、能够捕获未知样本的优势。Argos蜜罐则基于x86系统仿真器Qemu构建，能够对上层真实的Guest操作系统实施指令插装与监控，通过扩展动态污点分析（extended dynamic taint analysis，EDTA）技术跟踪运行时刻接收到的网络数据，并从中识别出它们的非法使用，检测出网络渗透攻击，并进而支持自动化的攻击特征提取。虽然 HoneyBow 与 Argos 蜜罐的具体实现中都使用了虚拟化或系统仿真技术，但欺骗环境的构建仍使用了完整的真实操作系统及上层应用程序，因此仍然属于高交互式蜜罐的范畴。此外，GHH 和 HIHAT 采用真实 Web 应用程序为模板搭建欺骗环境；Capture-HPC 蜜罐使用真实操作系统及浏览器构建客户端环境对待检测页面进行访问，从中检测出含有渗透攻击脚本的恶意页面，以同样的方式构建的高交互型客户端蜜罐还有 HoneyMonkey[8]、SpyProxy[9]等。

4.2.2 威胁数据捕获机制

通过构建欺骗环境吸引到入侵者的探测与攻击行为之后，获取入侵者连接网络记录、原始数据包、系统行为数据、恶意代码样本等威胁数据就成为蜜罐的后续目标。根据对应威胁数据捕获的位置不同，威胁数据捕获可以分为三种方式。

1. 基于主机的威胁数据捕获方式

蜜罐中记录信息的方式如图 4-4 所示。显然基于主机蜜罐系统可以捕获几乎所有的入侵信息，如网络连接、远程命令、日志记录、应用进程等，为后续威胁数据分析提供丰富的数据资源。这些信息通过蜜罐收集后，通常可以放置在一个隐藏的分区中进行本地存储，但这样做存在以下问题：①本地存储空间有限且捕获的数据不能被及时处理，存在存储资源被耗尽甚至出现系统不受监控的风险；②本地存储日志数据易被攻击者发现而删除，或通过修改而制“假”。因此，近年来远程存储蜜罐记录信息成为更受关注的解决方案，可利用系统对外接口(如串/并行接口、USB 接口、网络接口等)，通过隐蔽的通信方式将连续产生的数据存储到远程服务器。例如，开源工具 Sebek[10]即可在不被攻击者发现的前提下通过内核模块对系统行为数据及攻击行为进行捕获，并通过一个对攻击者隐蔽的通信信道传送到蜜网网关上的 Sebek 服务器端，捕捉攻击者在蜜罐主机上的行为。

2. 基于网络的威胁数据捕获方式

鉴于基于主机的威胁数据捕获方式易被探测和“破坏”，因而出现了基于网络的威胁数据捕获方式。其将数据捕获机制设于蜜罐之外，以一种不可见的方式执行，捕获的数据只能被分析而无法更改，且这种捕获机制很难被探测和被终止，因此更加安全。如图 4-5 所示，基于网络的威胁数据捕获方式通常将蜜罐布设在拥有防火墙、IDS 等防御工具的网络中，可以综合获得防火墙日志、入侵检测系统日志以及蜜罐主机的系统日志。其中 IDS 可以记录所有包括有效负载的数据报信息，所以蜜罐可以清晰地记录攻击者的每一步行为，同时由于日志记录工作在蜜罐之外进行，所以即使在蜜罐被攻陷的情况下也不会丢失日志记录信息。此外，图中的防火墙不仅将蜜罐与其他产品系统隔离，还允许用户控制所有通过蜜罐的业务，因此可以通过配置防火墙来记录特定的数据，甚至为攻击者提供足够多的连接进行工具的存储，同时防止他们利用蜜罐执行其他攻击行为。而蜜罐主机除了提供自身日志记录外，还可以采用内核级捕获工具将收集到的数据隐蔽地传输至指定服务器。

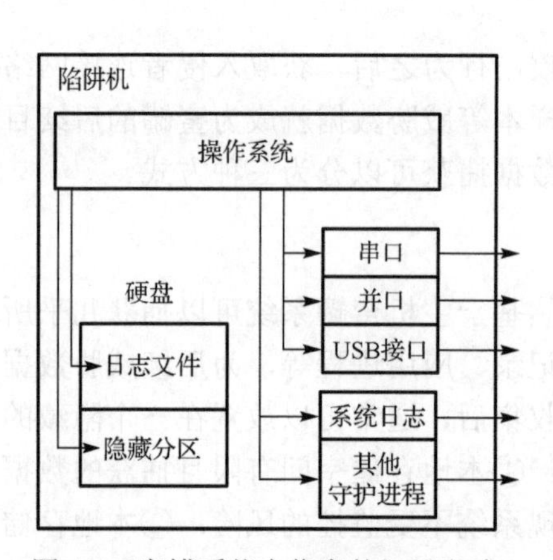

图 4-4　蜜罐系统中信息的记录方式

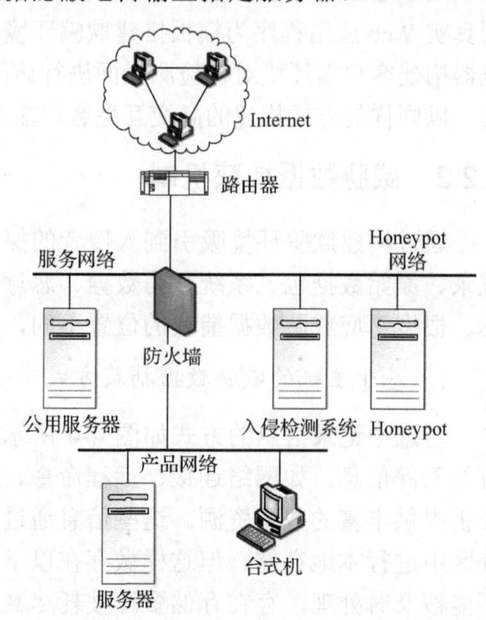

图 4-5　蜜罐在网络中的部署方式

基于网络的威胁数据捕获方式因其更为安全、高效而得到广泛应用，典型的如蜜罐网络 Honeynet、欧盟 FP6 计划的 NoAH 项目中的 SweetBait 系统[11]、Matrix 分布式蜜网中的 HoneyBow 蜜罐系统等。

3. *主动方式的威胁数据捕获方式*

显然，上述两种威胁数据捕获方式均是“守株待兔”，被动地等待入侵者进入系统，然后实施数据捕获，并不会通过主动查询、检测第三方等手段来获取威胁数据。为提高蜜罐效率，必要时可通过主动问询第三方服务的方式来获取个人、IP 地址或潜在攻击者的信息，收集更多有价值的数据。当然这种方式很容易暴露蜜罐捕获攻击行为的意图，被攻击者察觉而离开，因此并不常用。

4.2.3　威胁数据分析机制

尽管蜜罐能够捕获较为丰富的威胁数据，但其价值最终体现在对捕获数据的分析利用上。通过对蜜罐系统捕获的数据从网络数据流、系统日志、攻击工具、入侵场景等多个层次进行分析，利用可视化、统计分析、机器学习和数据挖掘等方法以及其他领域中处理数据信息的一些成熟的理论研究攻击行为，可有效识别攻击的工具、策略、动机，监测追踪特定类型的入侵攻击行为，以及提取未知攻击的样本特征等。根据目的和用途不同，蜜罐的威胁数据分析机制大体可分为三方面。

1. 面向网络攻击行为的威胁数据分析

实证分析可视为最基础的威胁数据分析机制，其通过对捕获数据进行统计汇总给出安全威胁的基本统计特性，获得入侵者所采用的攻击策略和相应工具的特征信息[12]。可视化分析技术[13]可以进一步直观地展示捕获安全威胁的整体态势，并对捕获的网络数据包进行动态展示，揭示其中可能包含的异常事件，从而有效地帮助安全研究人员理解和处理捕获的大量威胁数据。此外，信息处理领域中的PCA (principal component analysis)[14]、聚类[15]以及数据关联[16]等方法均可用来进行威胁数据分析，从而识别共性攻击模式，重构攻击过程场景，更好地分析和解释威胁数据蕴含的攻击行为。

此外，还可以利用一些信息分析工具进行辅助的数据分析。典型的如 Swatch 工具能够有效监视 IP Tables 及 Snort 日志文件，并通过匹配配置文件中的相关特征对入侵攻击进行报警；Walleye 工具可以提供基于 Web 方式的数据辅助分析接口，对网络连接和进程进行视图展示，从而辅助安全人员快速有效地理解所发生的攻击行为。蜜网项目组第三代蜜网体系架构综合采用了 Hflow、Walleye 等工具，可以有效地提供安全威胁辅助分析接口和实现网络与系统行为监控数据汇总聚合，因此对应的辅助数据分析功能也更为全面和丰富[17]。随着分布式蜜罐与分布式蜜网系统的大规模部署，对大量安全威胁数据进行深入分析与态势感知愈显重要，提升安全威胁数据分析机制的自动化能力也成为新的研究热点。

2. 面向特定攻击追踪的威胁数据分析

以僵尸网络(botnet)为例，众所周知，僵尸网络已成为网络安全的主要威胁之一。蜜罐技术可以有效捕获互联网中主动传播的僵尸程序，然后对其进行监控分析[18]，通过多角度捕获数据的关联分析揭示僵尸网络的一些行为结构特性[19]和现象特征[20]；利用所获得的连接僵尸网络命令与控制服务器的相关信息对僵尸网络进行追踪，在取得足够多的信息之后可进一步采取 Sinkhole、关停、接管等主动遏制手段。蜜网项目组针对僵尸网络中垃圾邮件泛滥的安全威胁，利用超过 5000 位网站管理员自愿安装的蜜罐软件监控超过 25 万个垃圾邮件诱骗地址，对收集邮件地址并发送垃圾邮件的行为进行了大规模的追踪分析[21]，取得了较好的遏制效果。

3. 面向网络攻击特征提取的威胁数据分析

蜜罐系统捕获到的安全威胁数据具有范围广、纯度高、数据量小等诸多优势，同时能够有效地监测网络探测与渗透攻击、蠕虫等普遍化的安全威胁，因此适合作为网络攻击特征提取的数据来源。如图 4-6 所示，蜜罐系统通过对网络流量进行规则匹配和模式生成，从而提取、生成新的攻击特征，并与已有的特征集进行聚合，形成更新后的攻击特征库，并为 IDS 等防御工具的检测引擎提供支持。

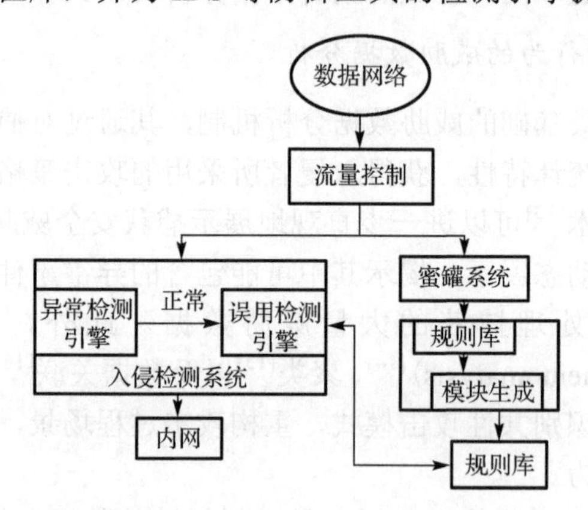

图 4-6　网络攻击特征提取示意图

最长公共子串(longest common subsequence，LCS)匹配[22]方法最早应用于网络攻击特征的自动化提取研究中，其与相同目标端口保存网络的连接记录进行一对一匹配，若超出最小长度阈值的公共子串，则提取、生成新的攻击特征，并融合、更新形成新的攻击特征库。但这种方法没有利用到应用层协议的语义信息。在随后的 Nemean 系统[23]中进一步提出了具有语义感知能力的攻击特征提取方法，充分挖掘对应的语义信息，并引入聚类方法生成有限状态机的语义敏感特征，形成攻击特征规则格式，通过源自虚拟蜜罐和 Windows 2000 Server 物理蜜罐原始数据包的实验验证，取得了较好的实际应用效果。此外，在 SweetBait/Argos 蜜罐进行攻击特征自动提取处理的过程中，加入了动态污点分析(dynamic taint analysis，DTA)技术，同时支持最长公共子串算法与渗透攻击关键字符串检测算法，在实现攻击特征更加简练、精确提取的同时，也能够实现多态化网络攻击的有效对抗。在 HoneyCyber 系统[24]中更是采用了 PCA 分析方法，在 double-honeynet 部署架构下对捕获的多态网络蠕虫流入/流出会话数据进行处理，实现了对多态蠕虫不同实例中的显著数据的自动化特征提取，并通过人工多态化处理的蠕虫实验进行验证，取得了较好的提取效果。

4.2.4　反蜜罐技术对抗机制

在利用蜜罐技术实现威胁数据捕获分析的同时，蜜罐自身的安全性尤为重要。如何在提升蜜罐技术诱捕能力的同时避免被攻击者所识别和利用，是反蜜罐技术对抗的核心问题。可以从网络攻防两方面进行理解：一是反蜜罐技术在不断发展，从对抗蜜罐技术的角度出发，对蜜罐进行识别与绕过甚至是移除，实现进一步“不留痕迹”的入侵攻击，是入侵者利用反蜜罐技术实现攻击的目标；二是从蜜罐系统自身安全出发实现对入侵者的行为控制，在不暴露蜜罐“身份”的同时，进一步诱骗、吸引其下一步行为和企图，是防御者对抗反蜜罐技术、提升自身安全的重要举措。

自蜜罐技术广泛应用以来，对其识别、移除及绕过等反蜜罐技术就同步得到诸多的关注与研究。Honeypot Hunted[25]是第一个公开的反蜜罐软件，该软件用于应对蜜罐对垃圾邮件发送者造成的威胁，尝试在互联网开放代理服务器中识别伪装的蜜罐主机，从而避免垃圾邮件发送者落入蜜罐的圈套。同时一系列对抗蜜罐技术的机制和方法层出不穷，如从网络层面进行蜜罐技术的检测识别[26]，从系统层面上进行蜜罐技术的检测识别[27]，从网络的构建与维护过程进行蜜罐技术的检测识别[28,29]等。典型技术如针对当时主流的第二代蜜网中的 Sebek 系统行为监控工具、Honeyd 虚拟蜜罐与 VMware 虚拟机环境提出了蜜罐识别与检测技术[30]；针对 Sebek 行为监控组件提出的识别与移除 Sebek 的技术方法[31]等。

为了应对入侵者所引入的反蜜罐技术，蜜罐研究社区也在不断进行技术博弈与对抗。数据控制可以称为最早进行的反蜜罐技术对抗，其能够有效控制入侵者的攻击行为，保障系统自身的安全性，这是蜜罐进行安全风险控制的基础。蜜罐系统本身不具有有价值的真实数据，任何对蜜罐系统的连接访问行为都可以认为是一次恶意探测或攻击，这是蜜罐的工作基础；即为了捕获安全威胁数据，蜜罐系统允许所有进入其系统的访问和连接，但其对外出的访问却要进行严格控制，因为这些非正常的对外访问连接很有可能是攻击者利用被攻破了的蜜罐对其他真实系统的攻击行为。此时，对其简单的阻断则会引起入侵者的怀疑而令其放弃与蜜罐的进一步交互，通常的做法是利用防火墙的连接控制限制内外连接次数的同时，采用路由器的访问控制功能实现对外连接网络数据包的修改，造成数据包正常发出却不能收到的假象。近年来，随着反蜜罐技术的不断进步，更具隐蔽性的攻击监控技术不断被提出，系统行为监控技术从原先的内核层向更低层的虚拟层转移。例如，在 Xen 虚拟层中构建 Xebek 以替代 Sebek 工具，克服 Sebek 行为监控组件易被识别与移除的缺陷[32]；在 Qemu 开源虚拟机中增加任意指定系统调用或应用层函数上的断点监控机制，从而更加灵活地提取各类系统行为记录与运行结果信息[33]等。

4.3 蜜罐的典型产品

4.3.1 蜜罐工具软件的演化

蜜罐技术自出现以来，作为一种部署简便而又具备主动防御能力的安全方案始终受到安全研究人员和安全厂商的青睐，其技术随着网络安全威胁热点的变化而不断升级演进，相应地持续推动了蜜罐工具软件的进化。

早期的网络威胁主要来自于网络服务中存在的安全漏洞或配置弱点，因此早期设计的蜜罐工具软件也主要针对网络服务攻击而设计，例如，最早的蜜罐工具 DTK 就绑定在系统的未用端口上，对任何连接该端口的入侵者提供欺骗性的网络服务。LaBrea 蜜罐软件工具通过 TCP 实现了一种 Tarpit 服务，通过延长无效连接的持续时间减缓网络扫描探测与蠕虫传播的速度[34]。Google 安全工程师 Provos 在开发 Honeyd 虚拟蜜罐框架性开源软件时，首次在网络协议栈层面引入蜜罐系统模拟机制，并采用可以集成各种应用服务的灵活框架结构，使得 Honeyd 具备按不同需求定制操作系统类型与应用服务的能力，成为蜜罐工具软件发展的一个里程碑。Nepenthes 蜜罐工具软件在继承 Honeyd 网络协议栈模拟机制与框架结构的同时，重点模拟网络服务中存在安全漏洞的部分并采用 Shellcode 启发式识别与仿真执行技术[35]，实现了可大规模部署的恶意代码样本采集功能，大大提高了对互联网上主动传播恶意代码的捕获效率。蜜罐软件 Dionaea[36]通过内嵌 Python 脚本代码实现对漏洞服务的模拟，同时支持 IPv6 与 TLS 协议，尽管其自身模拟的应用层服务与漏洞环境有限，但灵活的框架结构可以集成添加更多的应用服务支持，因此取代 Nepenthes 成为目前最先进、体系结构最优化的新一代恶意代码样本捕获蜜罐软件。

除了通用性网络服务安全威胁之外，来自 Web、SMTP、SSH 等互联网常见应用面临的安全威胁日益受到安全专家的关注。GHH(Google hack honeypot)[37]是最早针对 Web 应用攻击威胁研究并开发的 Web 应用专用蜜罐，可以实现对如 Web 垃圾邮件、命令注入、网页篡改、植入僵尸程序等恶意入侵攻击的识别和监视。HIHAT(high interaction honeypot analysis toolkit)[38]则是通过将任意 PHP 应用程序转换为高交互型蜜罐来获取恶意 Web 访问请求，实现对入侵 PHP 应用程序行为的监测分析。无论 GHH 还是 HIHAT，以及其他早期的 Web 应用服务蜜罐，都只是以原有的 Web 应用程序作为模板进行伪装，通过设置漏洞来诱骗攻击者，这种方法的缺陷是存在滞后性，特别是对于利用新出现漏洞的新型安全威胁，往往需要重新编写或转换 Web 应用模板。Glastopf[39]通过模拟入侵者期望获得的相应结果，触发入侵者进一步的恶意请求，有效地克服了基于模板方法存在的缺陷。GlastopfNG[40]在 Glastopf 的基础上进行重新设计与开发，添加了灵活框架性结构和可扩展模块机制，实现了对诸如远程文件包含、SQL 注入攻击、跨站脚本攻击等多种 Web 应用攻击的诱骗监测，成为目前最有效的 Web 应用蜜罐软件。此外，为解决应用层面临的安全威胁，还涌现出一系列其他的专用服务型蜜罐软件，包括用于发现分析互联网上垃圾邮件威胁的 SMTP 邮件服务蜜罐 SPAMPot[41]、模拟 SSH 网络服务进程诱骗捕捉口令暴力破解行为信息的 SSH 网络服务蜜罐 Kojoney[42]和 Kippo[43]等。

近年来，随着网络攻防技术的不断演化发展，以浏览器与插件为目标的客户端渗透攻击逐渐成为主流威胁，随之也演化出一系列客户端蜜罐工具软件，如支持在 Windows 虚拟机环境中运行 IE、Firefox 等浏览器，并利用内核系统状态变化来检测客户端渗透攻击的高交互式客户端蜜罐框架 Capture.HPC[44]；采用浏览器仿真与 JavaScript 动态分析技术对抗恶意网页脚本，并在新版本中已配置客户端蜜罐 PhoneyC[45]，具备 HeapSpray 堆散射攻击检测能力。

4.3.2　典型蜜罐工具介绍

根据蜜罐所能提供的交互程度以及面向的服务不同，可以将目前常见的蜜罐工具软件进行简单的分类，如表 4-1 所示。

表 4-1　常用蜜罐工具分类

分类	低交互型蜜罐	高交互型蜜罐
服务器端蜜罐	DTK LaBrea Honeyd Nepenthes Dionaea	HoneyBow Argos
应用层蜜罐	Glastopf GlastopfNG SPAMPot Kojoney Kippo	GHH HIHAT
客户端蜜罐	PhoneyC	Capture-HPC HoneyMonkey SpyProxy

下面针对其中一些典型的蜜罐工具进行介绍。

1. DTK

欺骗工具包(deception toolkit，DTK)是由 Fred Cohen 于 1998 年开发的一种免费的蜜罐工具，也是最早的低交互型蜜罐之一。DTK 本身并不产生虚拟蜜罐，但当其绑定至机器的未用端口时就可以对任意想探测该端口的入侵者提供欺骗性服务。DTK 通过模拟具有可攻击弱点的系统与入侵者进行交互，但由于 DTK 仅仅监听输入并产生看起来正常的应答，在此过程中对攻击行为进行记录，因此所产生的应答非常有限，属于低交互型蜜罐工具。DTK 是用 Perl 和 C 两种语言编写的，可以虚拟任何服务，并可方便地利用其中的功能模块直接模仿许多服务程序。

2. LaBrea

LaBrea 是由 Tom Liston 开发的一种免费蜜罐，因其可以创建 tarpit 服务而闻名。

LaBrea tarpit 即所谓的“黏着蜜罐”，其 tarpit 服务通过使 TCP 连接非常缓慢或完全停止进程减缓网络扫描探测与蠕虫传播的速度。当在网络上运行 LaBrea 工具时，它会利用 ARP 技术发现空闲可用的 IP 地址，并代替其应答连接访问，一旦建立相应的连接，LaBrea 就可以尽量长时间地黏住对方，使建立的连接进入一种无法再取得任何进展的状态，有效消耗入侵者的网络资源。

3. Honeyd

Honeyd 是一个开放源码的产品型蜜罐，由 Google 著名的安全工程师 Neils Provos 创建，运行在 UNIX 系统上，可以同时模仿多种不同的操作系统和上千种不同的计算机。Honeyd 引入了在网络协议栈层面上模拟各种类型蜜罐系统的方法；支持在“协议栈指纹特征”上伪装成指定的操作系统版本，对入侵者利用 NMap 等工具实施主动指纹识别进行欺骗；同时支持模拟构建虚拟网络拓扑结构，并以插件方式提供对各种应用层网络服务的模拟响应。利用 Honeyd 软件，安全人员可以很容易地按照需求定制出一个包含指定操作系统类型与应用服务的蜜罐系统，用于蠕虫检测、垃圾邮件监测等。由于 Honeyd 最早在网络协议栈层面进行蜜罐系统模拟，以及采用了可集成各种应用层服务蜜罐的灵活框架结构，使其在蜜罐工具软件发展过程中具有举足轻重的地位。

本质上，Honeyd 作为一个虚拟蜜罐的框架，可以把数百个乃至成千上万个虚拟蜜罐与相对应的网络集成在一起。在一般情况下，管理员可以将现有网络上未使用的 IP 地址与 Honeyd 模拟出的主机绑定。对于每一个被模拟出的计算机，管理员可以编写相应的脚本来模拟计算机的网络行为，使蜜罐更加逼近于真实情况。例如，管理员可以利用 Honeyd 来模拟出一个虚拟 Web 服务器，服务器看似正在运行 Linux 和监听 80 端口；管理员也可以在另一个 IP 地址上建立一个类似 Windows 网络栈的虚拟蜜罐，它上面所有的 TCP 端口都打开似乎正在运行相应的服务。

如图 4-7 所示，Honeyd 体系由以下几个组件构成：配置数据库(configuration database)、中央包分配器(packet dispatcher)、协议处理器、个性化引擎(personality engine)和可选路由构件(routing)。体系结构显示出 Honeyd 由一个中央包分配器接收所有感兴趣的网络流量，基于配置数据库，创建不同的服务进程处理流量(ICMP、TCP、UDP)，发送的数据包被个性化引擎修改，以匹配实际使用的操作系统。

三个重要特征决定了 Honeyd 的整体行为。

(1)对方只能从网络中与 Honeyd 交互，这使得入侵者即使响应了模拟服务也无法获得访问权。Honeyd 可以模拟 TCP、UDP、ICMP 等服务：其中 ICMP 协议处理器支持大多数 ICMP 请求。在默认情况下，所有的 Honeypot 支持对 echo requests 和 process destination unreachable 消息的应答；对其他消息的响应决定于配置的个性特征。对于 TCP 和 UDP，Honeyd 框架能建立到任意服务的连接。

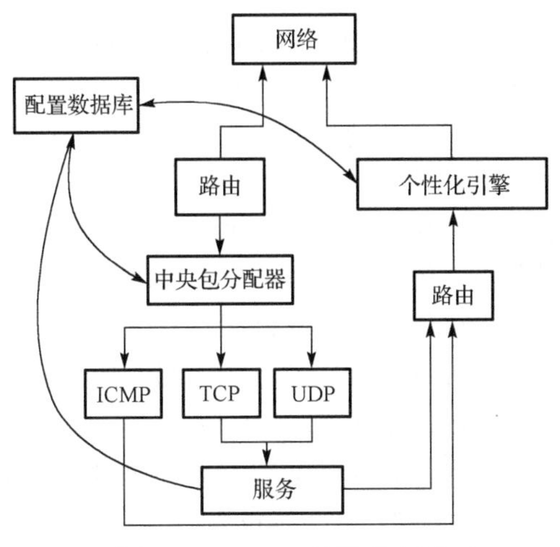

图 4-7 Honeyd 结构示意图

(2)给定配置的 IP 数量，Honeyd 可以模拟出等量的虚拟主机。Honeyd 可以同时处理多 IP 地址上的虚拟蜜罐，模拟任何路由拓扑结构，配置等待时间和丢包率等；根据简单的配置文件 Honeyd 可以实现对虚拟主机的任何服务的任意配置，它甚至可以作为其他主机的代理。

(3)通过改变每个输出数据包与配置的操作系统特征欺骗指纹识别工具。Honeyd 通过反转指纹识别工具的数据库来实现对指纹识别工具的欺骗效果，当蜜罐需要发送一个网络数据包时，Honeyd 会修改数据包，匹配对应数据库中配置的操作系统指纹，从而提供更为逼真的欺骗环境。

总体而言，Honeyd 是一种检测非法入侵行为的有效工具，其主要通过对那些没有使用的 IP 地址进行监控来达到检测入侵攻击的目的。只要建立相应的攻击连接，Honeyd 就会通过 ARP 欺骗和模拟真实的系统或服务与入侵者进行交互。与大部分低交互型蜜罐只能对那些具有被监听的模拟服务的端口进行攻击检测不同，无论端口上是否有被监听的服务，Honeyd 都可以检测并记录该端口上的连接行为。此外，Honeyd 支持记录数据的远程传递，可以将统计的数据发送到一个远程分析工作站上，通过 Honeydstats 分析软件接收数据包级的日志记录并分析其中的内容，从而解决大量蜜罐部署时日志记录管理的问题，进一步提高 Honeyd 的数据分析能力。

4. Nepenthes

Nepenthes 是由 Paul Baecher 和 Markus Koetter 等联合开发的自动搜集恶意软件的蜜罐工具；整个系统用 C++编写完成并且开放源代码，最初版本发布于 2006 年，到 2008 年 2 月已经更新至 Nepenthes 0.2.2 版本。Nepenthes 实现为 Linux 下的守护进程，目前支持在 Debian、SuSE、Fedora Core、Mac OS X、BSD 等多类操作系统下运行。

Nepenthes 的主要思想是通过模拟已知漏洞来吸引自动传播的恶意代码的攻击，然后在记录攻击过程的同时收集恶意代码。它继承了 Honeyd 的网络协议栈模拟机制与框架性结构，针对互联网上主动传播恶意代码的监测需求，实现了可供大规模部署的恶意代码样本采集工具。与之前蜜罐系统尝试模拟整个网络服务交互过程不同，Nepenthes 的基本设计原则是只模拟网络服务中存在安全漏洞的部分，使用“Shellcode 启发式识别”和“仿真执行技术”来发现针对网络服务安全漏洞的渗透攻击，从中提取主动传播恶意代码的下载链接，并进一步捕获样本。这种机制使其较其他已有蜜罐工具而言，对自动化传播恶意代码的捕获更为高效。

Nepenthes 基于一个灵活的、模块化的设计，其核心是处理网络接口、协调其他模块的运行，系统实现的主要功能被分配到了各个模块，这样既方便了程序员阅读 Nepenthes 源码，也使得改进 Nepenthes 变得更加容易。Nepenthes 的源代码只存在于两个文件夹中，内核部分在 nepenthes-core 文件夹，而模块部分在 modules 文件夹。其中，Nepenthes 有五个主要模块。

(1) 漏洞模拟模块。该模块是 Nepenthes 平台的主要部分，它并不是模拟整个系统或服务，而是高效地模拟一个漏洞服务的必要部分，诱骗攻击者尝试利用模拟的漏洞(如 MS04-011[46]、MS03-026[47]、MS02-039[48]等)，这使得 Nepenthes 对处理资源和内存的要求不高，也为伸缩性体系结构和大规模部署提供了可能。

(2) Shellcode 解析模块。其主要是解析漏洞模块受到的攻击负载，提取有效的链接地址，并对提取的 URL 描述进行 Shellcode 解码；进一步应用模式检测操作，还可检测漏洞利用代码中常见的函数，分析重构从远程位置下载的恶意软件。

(3) 下载模块。其主要作用是先从 Shellcode 解析模块获取有效的链接地址，然后用对应的协议远程下载恶意代码。这些链接可以是 HTTP 或 FTP 的 URL，也可以是 TFTP 或其他协议，或者仅仅是这些模块产生的内部描述。通过下载 Shellcode 传播的某些恶意软件样本，Nepenthes 还可以向入侵者提供一个仿真的 Shell 返回(进行 Shell 交互)，从而下载相应的恶意软件。

(4) 提交模块。其主要作用是将下载的恶意代码保存在文件和数据库中，或者远程提交到反病毒厂商的服务器中。

(5) 日志模块。用于记录模拟过程的有关信息，并帮助从收集到的数据中得到入侵攻击的概貌，为之后分析攻击过程提供依据。

显然，前四个模块之间隐藏着一种相互传递的关系，而日志模块将这个传递的过程记录了下来，作为分析攻击者行为的依据。当然，Nepenthes 还需要加上一些提供简单辅助功能的模块，如端口监听模块、IP 地理位置查询模块、Shell 模拟模块、嗅探模块等。其工作流程如图 4-8 所示。

Nepenthes 支持分布式的部署，利用其中的提交模块很容易建立一个分层级的分布式结构用于捕获恶意代码，如图 4-9 所示。在局域网中，一个本地 Nepenthes

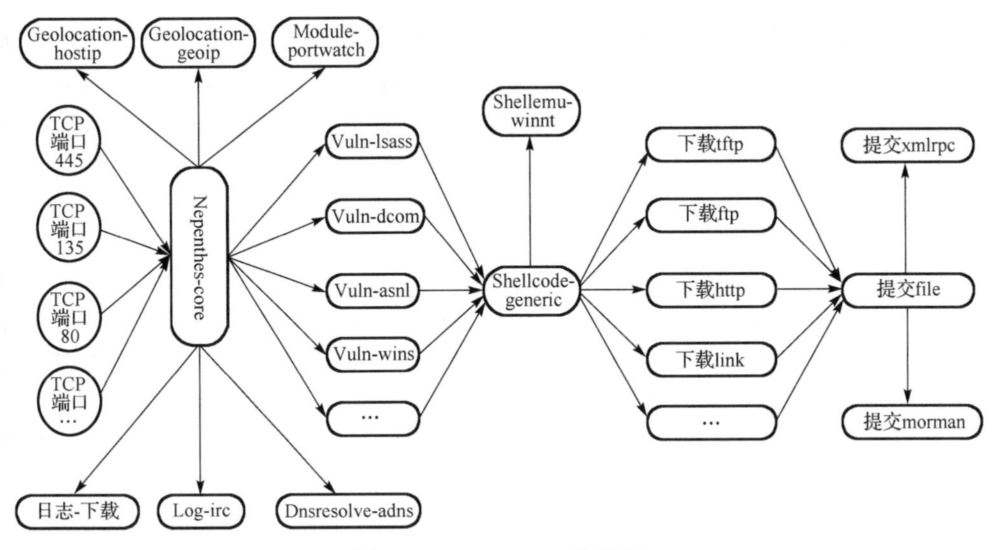

图 4-8　Nepenthes 工作流程

传感器负责收集可能存在的恶意流量信息，传感器把收集到的信息存储在本地数据库中，并把所有信息转发到另一个 Nepenthes 传感器。多级的分布式结构可以支持将每一级收集到的信息发送至更高级别的传感器，实现不同网络范围信息的高效收集和汇聚。同时借助 VPN 隧道，流量可以从一个局域网重选路由到远程 Nepenthes 传感器，实现网络攻击检测的灵活设置功能，从而简化部署与维护。

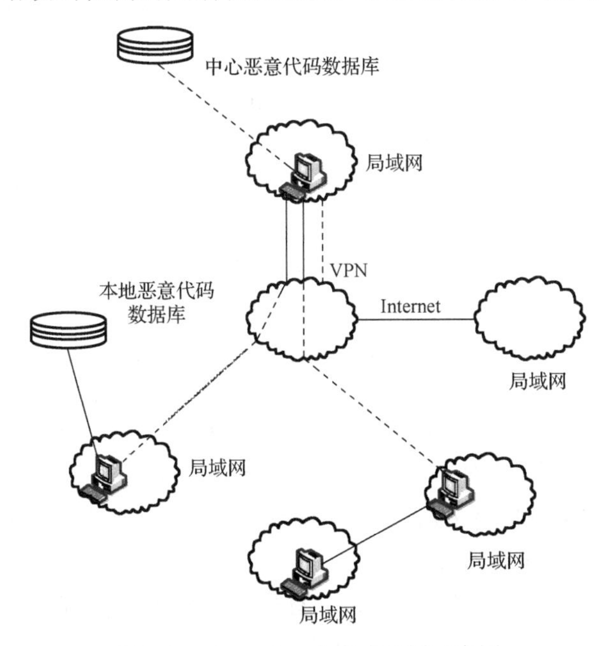

图 4-9　Nepenthes 分布式部署示意图

Nepenthes 作为 Mwcollect.org[49]主要的开源恶意代码捕获器，得到了广泛的认可和应用。在 Nepenthes 工具基础上，Mwcollect.org 已构建了恶意代码收集联盟，吸引了较多的反病毒厂商、研究团队参与该联盟。此外，Nepenthes 工具也被德国蜜网项目组、JHU、ShadowSever.org 团队等应用于对僵尸网络的捕获和分析。

5. Dionaea

Dionaea 低交互型蜜罐是 Honeynet Project 的开源项目，始于 Google Summer of Code 2009，是 Nepenthes 项目的后续。Dionaea 是一款安装配置简单、具有较强恶意攻击捕获能力和扩展能力的蜜罐系统，它支持分布式部署，可以很方便地通过大范围部署提高对网络恶意攻击的监测能力。Dionaea 的设计目的就是诱捕恶意攻击，获取恶意攻击会话与恶意代码程序样本。通过模拟常见漏洞的服务捕获对服务的攻击数据，记录攻击源和目标 IP、端口、协议类型等信息以及完整的网络会话过程，自动分析其中可能包含的 Shellcode 及其中的函数调用和下载文件，并获取相应的恶意程序。它为攻击者展示的攻击弱点和攻击对象都不是真正的产品系统，而是对各种系统及其提供服务的模拟，因此安装和配置相对简单，且几乎没有安全风险。同时 Dionaea 采用内嵌 Python 脚本代码实现对漏洞服务的模拟，支持 IPv6 与传输层安全(transport layer security，TLS)协议，尽管其自身模拟的应用层服务与漏洞环境有限，但灵活的框架结构可以集成添加更多的应用服务支持，因此已取代 Nepenthes 成为目前最先进、体系结构最优化的新一代恶意代码样本捕获蜜罐软件。

Dionaea 运行在 Linux 上，其开放 Internet 上常见服务的默认端口，当存在外来连接时，模拟正常服务并响应反馈，记录出入网络的数据流。捕获的网络数据流由检测模块检测后按类别进行处理，若存在 Shellcode 则进行仿真执行，程序会自动下载 Shellcode 中指定下载或后续攻击命令指定下载的恶意文件。从捕获数据到下载恶意文件整个流程都将被保存至数据库中，留待分析或提交至第三方分析机构。其整体结构与工作机制如图 4-10 所示。

Dionaea 支持模拟的协议类型和服务包括 SMB、HTTP、FTP、TFTP、MSSQL、MySQL、SIP(VoIP)。按默认配置启动蜜罐，程序会自动获取网络接口 IP 地址，并在 IPv4 和 IPv6 上同时开启监听服务。服务开放的端口有 TCP 端口，对应有 Web 服务 80、443 端口，FTP 服务 21 端口，MSSQL 的 1433 端口，MySQL 的 3306 端口，支持 SMB 的 445 端口，RPC 和 DCOM 服务使用的 135 端口，Wins 服务 42 端口，UDP 端口有 VoIP 业务使用的会话发起协议(session initiation protocol，SIP)对应的 5060 端口和 TFTP 服务 69 端口。新的服务可以通过编写 Python 脚本的方式添加到蜜罐中，具有很强的扩展性。

对于模拟服务的监听连接，Dionaea 直接获取外来连接数据，然后根据模拟服务的实现机制向外返回数据；从模拟服务未支持端口收到的连接包则会先被记录，

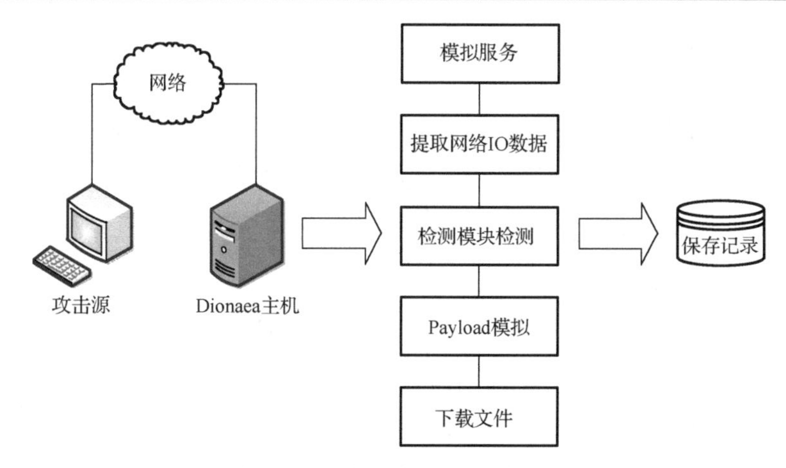

图 4-10　整体结构与工作机制

然后丢弃。获取的外来数据可以提交给检测模块，以检测同时有关此连接的信息，例如，源 IP、目的 IP、源端口、目的端口、协议类型等会被记录到数据库中，以方便开展分析和统计。外来数据提交到检测模块后，若检测到 Shellcode，则放到程序自带的虚拟机中进行仿真执行。检测和仿真引擎采用 libemu，同样是由 Honeynet Project 开发的 x86 下 Shellcode 检测和仿真程序库。它采用 GetPC 启发式模式来检测数据流中是否有 Shellcode，发现后在虚拟机中运行代码，并记录 API 调用和参数，对于多级 Shellcode 同样可以仿真。Dionaea 蜜罐会自动检测 Shellcode 中的文件下载地址或黑客指定的下载地址，并尝试下载文件。其中 HTTP 下载利用 CURL 模块，而 FTP 下载和 TFTP 下载利用的是程序自带的 ftp.py 和 tftp.py 这两个 Python 脚本。

Dionaea 利用 XMPP 服务提交日志，实现分布式部署和应用功能。首先在 Dionaea 配置文件的 Handlers 结构中开启 XMPP 提交功能，在 XMPP 提交配置选项部分填写提交参数，同时在中心服务器安装 XMPP 服务程序、中心数据库，并运行将 XMPP 服务收到的数据记录到数据库脚本。具体应用流程如图 4-11 所示，每个 Dionaea 节点将捕获的攻击信息或下载的恶意文件发送到 XMPP 服务器，Dionaea 源码包提供的 Python 脚本 pg_backend.py 可以提取 XMPP 记录的信息，并将这些信息存储到数据库中，XMPP 服务和数据库安装在同一台主机上，数据库默认使用 PostgreSQL，安装好后用源码包中的 pg_schema.sql 文件完成建表操作，这样分布式蜜罐捕获的信息就集中到 PostgreSQL 数据库中，并且可以通过 PgAdmin 等管理工具或 Web 方式进行查看。

6. HoneyBow

HoneyBow 是一种采用真实系统构建的高交互型蜜罐。与 Nepenthes、Dionaea 等模拟存在漏洞的网络服务不同，HoneyBow 使用真实的存在安全漏洞的服务来诱

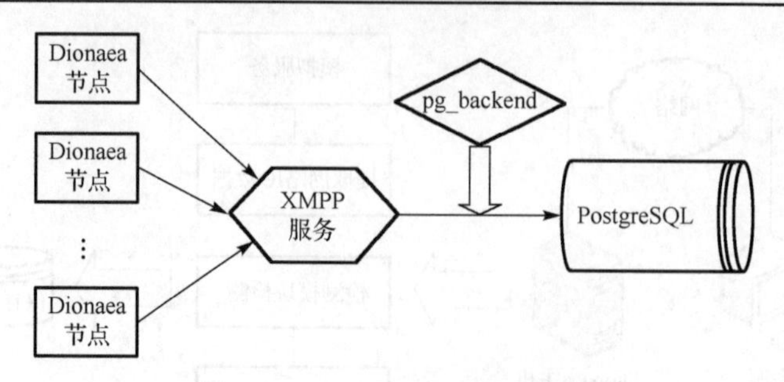

图 4-11　XMPP 日志提交流程

骗恶意代码感染。其首先在一个蜜网环境中部署一个或多个高交互型蜜罐，并根据恶意代码捕获需求定制这些蜜罐系统的补丁等级、所安装的网络服务和已知安全漏洞等，然后在蜜罐系统及其宿主操作系统上安装 HoneyBow 恶意代码捕获器组件，这样即可通过文件系统监控和交叉对比方法来自动获取感染高交互型蜜罐的恶意代码样本，包括通过攻击未知安全漏洞感染蜜罐的 0-day 恶意代码。HoneyBow 恶意代码捕获器同时支持蜜网研究领域中传统蜜网(traditional honeynet)与虚拟蜜网(virtual honeynet)这两种高交互型蜜罐的部署方式。如图 4-12 所示，HoneyBow 恶意代码捕获器由以下 3 个组件构成：MwWatcher、MwFetcher 和 MwSubmitter。

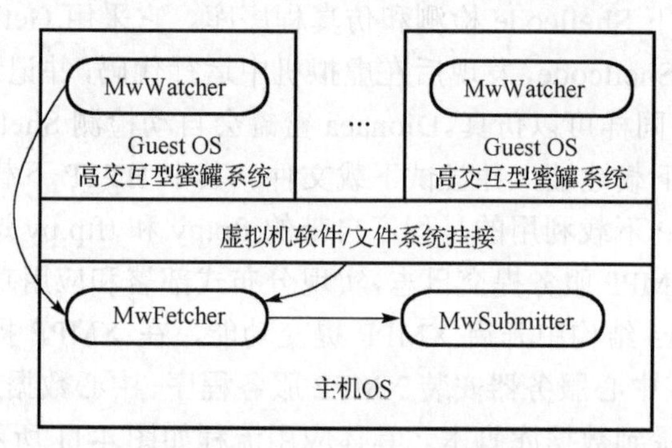

图 4-12　HoneyBow 恶意代码捕获器的组成结构

MwWatcher 和 MwFetcher 是 HoneyBow 中实现恶意代码捕获的两个关键模块，具有不同的威胁数据捕获思路：MwWatcher 通过实时监控蜜罐中文件系统的变化来发现和捕获恶意代码样本，MwFetcher 通过交叉对比受感染的蜜罐文件系统列表和之前保存的干净文件系统列表间的差异提取可疑的恶意代码样本。MwWatcher 在高交互型蜜罐系统中安装运行，当互联网上传播的恶意代码攻击高交互型蜜罐系统上存在安全漏洞的网络服务时，在大多数情况下，恶意代码样本将会被传播并保存在蜜罐主机的文件系统中，MwWatcher 将通过截获文件系统调用，实时捕获新建的或修改的恶意代码样本文件。MwFetcher 则借鉴了在 Rootkit 检测领域中经典的交叉视图对比方法，但与后者在同一时间选择底层和高层文件系统视图进行对比的方法不同，MwFetcher 选取感染前和感染后不同时间点上的底层文件系统视图进行差异对比，通过差异对比 MwFetcher 能够完备地获取这段时间内感染蜜罐文件系统的恶意代码，包括对高层文件系统隐藏的 Rootkit。

MwSubmitter 是将 MwWatcher 和 MwFetcher 捕获的恶意代码样本提交到恶意代码收集服务器的提交程序，其作为客户端通过 Socket 连接恶意代码收集服务器，提交恶意代码每次捕获的实例和新的(未捕获过的)恶意代码样本。

与 Nepenthes 恶意代码捕获器相比，HoneyBow 对攻击未知安全漏洞的 0-day 恶意代码和下载类恶意代码下载并执行的二次注入代码样本具有较强的捕获能力，更加适用于计算机应急响应部门和反病毒厂商，执行大规模恶意代码爆发监测、恶意代码新变种的样本捕获等任务。而且 HoneyBow 采用真实安全漏洞捕获恶意代码，无需调查安全漏洞的内部机制以及进行相应的漏洞模拟，对部署方的技术水平要求较低，维护工作量小，适于满足恶意代码捕获的不同范围需求。

7. GHH

Google 入侵蜜罐(Google hacking honeypot，GHH)[50]是一种为应对被称为“搜索引擎黑客”的新型恶意网络攻击，由 Google 团队研发的新型 Web 应用服务蜜罐，它旨在对那些使用搜索引擎作为黑客工具的攻击者进行侦察。

众所周知，Google 搜索引擎可以搜索大量信息，其索引已经超过 80 亿页，且每天都在增长。但是伴随着 Google 搜索的发展，配置错误和易受攻击的 Web 应用程序数量也在快速增加，这些不安全的应用服务结合 Google 搜索引擎的强大功能，使得恶意用户可以轻松地实施网络攻击。GHH 就是打击该类威胁的一种工具，其针对利用 Google 黑客技术扫描 Web 安全漏洞并实施 Web 应用程序攻击的行为进行诱骗和日志记录，有效发现命令注入、Web 垃圾邮件、博客垃圾评论注入、网页篡改、植入僵尸程序、搭建钓鱼站点等各种攻击事件。其基本结构如图 4-13 所示。

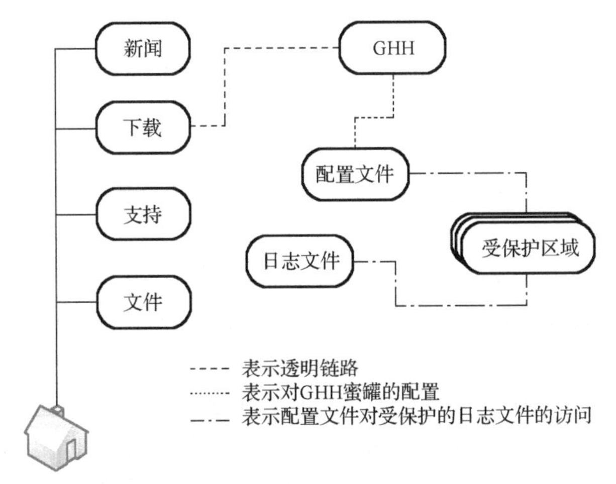

图 4-13　GHH 部署示意图

GHH 通常将自己模拟成一个脆弱的 Web 应用程序，其中包含许多看似有漏洞的 Web 应用程序或者其他错误配置，并让自己能够被搜索引擎索引到。一旦 GHH 出现在搜索引擎的索引里，它将出现在查询的结构中，进而通过连接配置文件和对应的日志文件收集、记录有关主机信息，涉及 IP 地址、引用信息和用户代理等。进一步通过使用日志文件中收集的信息，管理员可以了解有关攻击者对其站点进行侦察的更多信息。

此外，为了防止在 GHH 上妨碍正常访问者并产生误报，GHH 构建了一条透明链路，这条透明链路无法被浏览检测到，但是可以在搜索引擎抓取索引站点时被发现，同时这条透明链路可以减少误报并避免蜜罐指纹的出现。

8. Kojoney 和 Kippo 蜜罐

Kojoney SSH 是2008年发布的一款采用 Python 语言开发的低交互型 SSH(secure shell，安全外壳协议)蜜罐。其通过模拟 SSH 服务诱骗入侵者连接和访问该服务端口，同时记录入侵者的口令猜测记录和攻击源 IP 地址；一旦攻击者猜测成功预先设定的用户口令，Kojoney 就可以进一步对入侵者发送的 Shell 命令返回预先设定的响应，而只有 curl 和 wget 命令会触发 Kojoney 真实地下载攻击者所需的文件(通常是各种攻击工具)，并保存到指定目录下以供进一步分析。

Kippo 则是受 Kojoney 的启发，于 2009 年开源发布的一款 SSH 蜜罐软件。其使用 Python 语言开发编写，并能够运行于 Linux、UNIX 和 Windows 操作系统平台。Kippo 通过模拟 SSH 网络服务进程记录每次 SSH 口令暴力破解所尝试使用的用户名与口令，并在口令猜测成功之后为入侵者提供模拟的 Shell 执行环境，同时对攻击源 IP 地址、使用的 SSH 客户端类型、输入的控制命令以及下载的攻击工具文件进行捕获与记录。Kippo 具有发现并监测 SSH 口令暴力破解以及进一步控制攻击行为的能力，可以有效地发现大量针对网络中 SSH 服务的攻击行为。

与 Kojoney 蜜罐不同的是，Kippo 进一步提供了更加真实的 Shell 交互环境，如支持对一个文件系统目录的完全伪装，允许攻击者增加或者删除其中的文件，包含一些伪装的文件内容，如/etc/passwd 和/etc/shadow 等攻击者感兴趣的文件；以 UML(user made Linux)兼容格式记录 Shell 会话日志，并提供辅助工具逼真地还原攻击过程；同时引入欺骗和愚弄攻击者的智能响应机制。正是由于具有这些特性，Kippo 又被称为一种中等交互级别的 SSH 蜜罐软件。

Kippo 蜜罐的具体处理流程框架如图 4-14 所示；除了通过 data 目录下 userdb.txt 定制 SSH 模拟服务外，同样也可以利用 utils 目录下的 createfs.ps 脚本工具模拟文件系统。其捕获的日志除了保存在本地 log 目录之外，还可以通过 Kippo 源码目录下的 dblog/mysql.py 导入 MySQL 数据库中，以供分析人员进一步分析。除此之外，Kippo 也采用了如 Dionaea 蜜罐软件中的 XMPP 日志交换模块，通过 XMPP 提交至一个即时通信聊天室中，利用 Dionaea 蜜罐中的 pg_backend.py 可以从即时通信聊天室中对各个 Kippo 蜜罐报告的日志记录进行解析，并注入集中的 PostgreSQL 数据库，从而可以在集中的 Web 界面进行展示和分析。

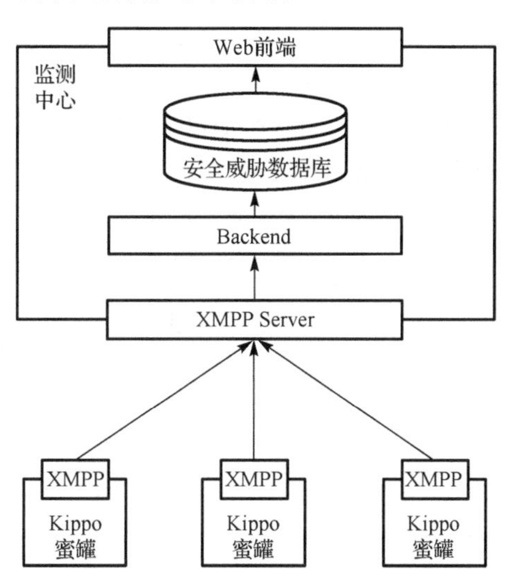

图 4-14 Kippo 蜜罐分布式部署结构

9. Capture-HPC

Capture-HPC 是一个高交互型的客户端蜜罐框架(项目网站：http://capture-hpc.sourceforge.net)，其遵循通用公共许可证(GUN general public license，GPL)条款免费发布，可以直接下载安装(详见 http://capture-hpc.sourceforge. net/index.php?n=Main.Installation)。

Capture-HPC 支持在 Windows 虚拟机环境中运行 IE、Firefox 等浏览器，其基本思想是使用专用虚拟机与恶意服务器通信，并通过内核中的系统状态变化监控机制来检测浏览器当前访问的网页中是否包含客户端渗透攻击代码，从而识别出恶意服务器。这种变化可以是产生了新的进程，也可以是出现了其他网络活动。一旦检测到系统存在状态变化，就意味着 Capture-HPC 与恶意服务发生交互，其对应的 URL 即被标识为入侵攻击行为。

Capture-HPC 基本结构如图 4-15 所示，该系统基于客户端/服务器结构：一个 Capture-HPC 服务器可以控制多个 Capture-HPC 客户端，对应的客户端可以在本地主机上运行，也可以部署在远程站点，因此整体部署方案是弹性的，可以根据需要灵活地增加更多的客户端蜜罐。其服务器通过建立在 7070 端口上的简单连接与客户端进行通信，实现启动、停止客户端等控制，并向它们发送被检索的 URL 连接信息，同时基于这个连接发送状态信息，以及它们与 Web 恶意服务器交互的分类信息。其客户端通过监视文件系统和进程列表的变化来检测系统所受到的威胁。当一个新的进程被创建时，可以通过排除列表来忽略正常操作所产生的特定类型事件，如向Web浏览器缓存中写特定的文件等行为。此外，客户端可以自动控制IE访问网站，使得高交互型蜜罐能够自动爬行搜索；一旦识别出一个恶意网站，Capture-HPC可以重启特定客户端虚拟机，恢复纯净状态，进而使用该虚拟机搜索其他恶意网站。同时相关事件的所有信息被发送至Capture-HPC服务器，通过这些集中的日志文件，服务器端可以准确掌握所有搜索连接被恶意访问的情况，同时可以搜集服务分类和访问恶意网站时发生的状态改变等威胁信息。

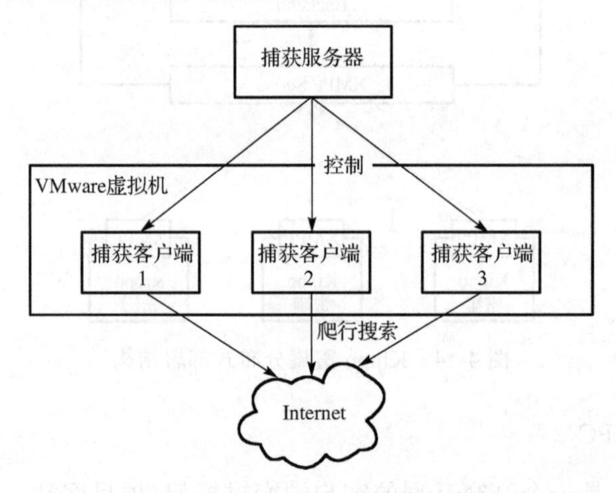

图 4-15　Capture-HPC 结构示意图

4.4　蜜罐应用部署结构发展

随着网络安全威胁不断发展变化，防御者对安全威胁的监测范围越来越大，监测程度越来越深，如何扩展应用蜜罐技术，特别是将各类技术有机结合，实现在公共互联网或大规模业务网络中的部署应用，成为蜜罐技术研究与工程实践的关注重点，由此逐步衍生出蜜网、分布式蜜罐、分布式蜜网和蜜场等部署结构框架。

4.4.1　蜜网系统

蜜网(honeynet)这一概念最早由蜜网项目组(The Honeynet Project)提出，目的在于为系统可控地部署多种类型蜜罐提供基础体系结构支持。从蜜网技术性验证的第一代蜜网架构(Gen Ⅰ)到经过发展逐渐成熟和完善的第二代蜜网架构(GenⅡ)，目前蜜网技术已经步入完整、易部署、易维护的Gen Ⅲ架构。

图 4-16 显示了蜜网的基本结构，其由多种类型的蜜罐系统构成网络，并通过蜜

网网关(honeywall)桥接外部网络，这就意味着蜜网内各蜜罐系统与外部网络之间的所有流量交互都将通过蜜网网关，从而可以基于蜜网网关实现对安全威胁数据的捕获和对入侵攻击的有效控制。通过桥接的方式，蜜网可以实现不对外提供 IP 地址，同时密网网关技术可以实现不对经过的网络流量进行 TTL 递减，从而克服传统基于路由连接时蜜罐系统易被识别和攻陷的缺点，也便于安全研究人员对蜜网网关进行管理控制，以及对蜜网网关上捕获和汇集的安全威胁数据进行分析。蜜网结构除了可以部署各类蜜罐工具软件外，还可以直接在蜜网中设置真实系统作为高度欺骗性的蜜罐，从而可以为入侵者提供更充分的交互空间，帮助安全研究人员捕获更加全面和丰富的威胁数据。

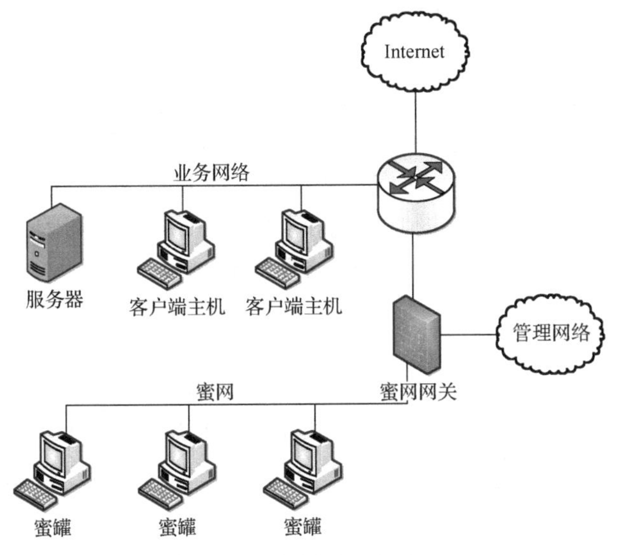

图 4-16　蜜网的基本结构

详细了解蜜网的工作机理，可以参考蜜网项目组发布的一系列 *Know Your Enemy* 研究性文章，这些文件逐步论证了攻击者如何识别有漏洞的系统并对其发起入侵，同时详细描述了蜜网的工作方式。

4.4.2　分布式蜜罐/蜜网

分布式蜜罐/蜜网(distributed honeypot/honeynet)技术最早由蜜网项目组于 2003 年提出，以适应更大范围的安全威胁监测需求，目前已成为安全业界采用蜜罐技术构建互联网安全威胁监测体系的普遍部署模式。基于该部署模式实现网络威胁预警与分析的系统有：蜜网项目组的 Kanga 及其后继 GDH 系统、巴西分布式蜜罐系统、欧洲电信的 Leurre.com 与 SGNET 系统、中国 Matrix 分布式蜜罐等。

不同的分布式蜜罐/蜜网系统在组织架构、资源要求、蜜罐技术设置等方面存在较大的差异。欧洲电信的Leurre.com分布式蜜罐系统采用资源要求较低的低成本硬件，结合Honeyd虚拟蜜罐技术，该配置模式更为经济、易于维护和部署安全，使得Leurre.com系统能够以自愿加盟的方式在世界五大洲的28个国家部署70个节点，从而通过聚类分析、数据挖掘等方法发现更为广泛的安全威胁根源。随后欧洲电信将Leurre.com系统升级改造为SGNET，以分布式方式部署添加了Script Gen功能特性的Honeyd虚拟蜜罐，进一步提升蜜罐系统为入侵者提供的交互程度。巴西CERT的分布式蜜罐系统以合作加盟方式在国内部署了近30个节点，以实现国家互联网的安全预警。GDH分布式蜜网系统基于VMware虚拟化技术集成Nepenthes、Kojoney等各类高、低交互型蜜罐，采用分支团队合作加盟方式部署了11个节点，有效地克服了依赖单一Honeyd虚拟蜜罐框架仅能提供有限交互环境的缺陷。2005年，清华大学诸葛建伟团队开始部署Matrix中国分布式蜜网系统，利用CNCERT/CC全国分支机构的硬件与网络资源条件，在集成Nepenthes等低交互型蜜罐的同时，自主开发实现了HoneyBow高交互型蜜罐，3年多的时间在31个省市区完成了近50个节点的部署，运营的短短8个月的时间里就捕获了约80万次恶意代码感染，提取到近10万个不同的恶意代码样本，同时发现和监测了3290个不同的IRC僵尸网络，并对IRC僵尸网络行为模式进行了细致的调查分析。

4.4.3　蜜场系统

蜜场(honey farm)是由Spitzner首次提出的一种蜜罐系统部署的新型模式，为构建网络安全威胁监测体系提供了一种不同的部署结构模式，也为蜜罐技术用于直接防护大规模分布式业务网络提供了一条可行的途径。如图4-17所示的蜜场技术部署

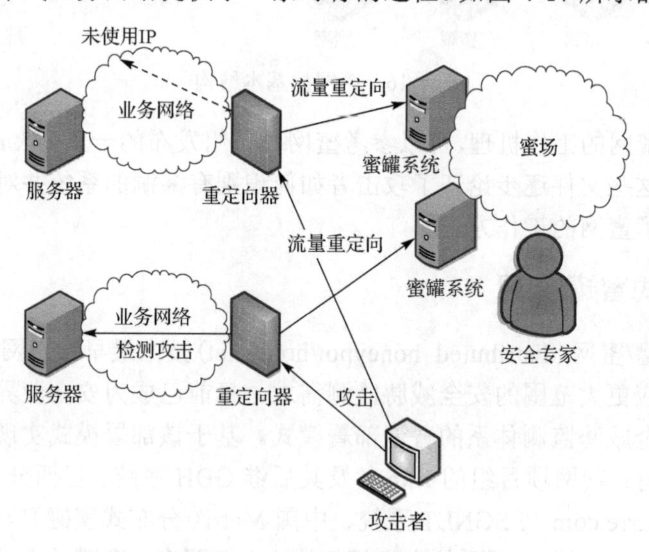

图4-17　蜜场技术概念示意图

模式中，蜜罐系统集中部署在一个由安全专家负责维护管理的、可控的欺骗环境网络中，基于业务网络中的轻量级重定向器实现对网络流量和网络攻击的重定向迁移，通过与蜜罐系统的充分交互更加深入地分析这些安全威胁。蜜场技术框架中，实现难点在于重定向网络攻击会话的透明性以及蜜场环境对于分析大量网络攻击连接的可扩展性。

基于该部署模式实现网络威胁预警与分析的系统有Collapsar、Potemkin和Icarus等。Jiang 等基于蜜场技术概念实现了 Collapsar 系统，并通过真实捕获的攻击事件案例验证了系统的有效性与实用性。陆腾飞等通过引入具有高度透明性的网络会话重定向与迁移技术，构建了主动式网络安全防护系统 Icarus，该系统部署模式有效提升了蜜场环境的可扩展性。为了缓解蜜场环境中大规模监控安全威胁与更深入地捕获威胁数据之间的矛盾，Potemkin 蜜场原型系统利用虚拟化技术、最大限度的内存共享机制和资源延迟绑定策略，能够同时虚拟出超过 64000 个蜜罐系统，有效提升了蜜场环境的可扩展性。

4.5 本 章 小 结

蜜罐技术作为一种主动式网络安全防御技术，具有部署灵活简单、攻击发现漏报率与误报率低、防御效率高和可以发现未知攻击等优点，其不仅可以作为独立的网络安全工具使用，还可以与防火墙、入侵检测系统等协同使用、优势互补，达到更佳的安全防护效果。在蜜罐技术发展的近 20 年中，其一直伴随着网络安全威胁的变化不断地完善和演进；结合在不同应用领域呈现的不足，蜜罐技术未来的发展方向将包括以下方面。

(1) 增加蜜罐模拟系统服务的能力。现有的蜜罐技术可以模仿部分系统功能或服务，但模仿的真实性、完整性与真实系统还存在较大差距，如何利用和发展虚拟仿真技术更好地增加蜜罐模拟系统服务的能力，营造更丰富的攻击交互场景，捕获更全面的安全威胁数据，是蜜罐技术未来发展需要解决的关键问题。

(2) 加强蜜罐与更多操作系统的兼容性。随着信息技术的发展，网络设备和信息系统所采用的操作系统呈多样化发展态势，而大部分蜜罐系统只能在特定的系统上进行操作，增强蜜罐技术对多样化操作系统的兼容性，提升蜜罐技术的跨平台工作能力，成为安全专家亟待研究的内容。

(3) 提高蜜罐技术交互程度。一个高价值的蜜罐体现在其能够让入侵者毫无保留地展示出攻击手法、攻击过程及所用的攻击工具，因而持续摸索总结网络攻击的特点与规律，并借鉴人类行为学、社会工程学等方法，不断研究适用于各类系统、不同业务的仿真交互技术，尽量延长交互时间，加深交互程度，更高效地洞察入侵者的意图和攻击手法，是蜜罐技术发展的永恒话题。

(4)深度记录攻击行为。当前的蜜罐技术通常只记录入侵者的攻击行为，对入侵者攻陷系统后的所作所为关注较少。增强蜜罐自身的安全防护能力，提升蜜罐对入侵者事中和事后攻击行为的全程记录能力，也是蜜罐技术需重点解决的问题。

参 考 文 献

[1] Cohen F, Lambert D, Preston C, et al. A framework for deception[M]// National Security Issues in Science, Law, and Technology. Boca Raton: CRC Press, 2001.

[2] Spitzner L. Know Your Enemy: Honeynets[R]. Honeynet Project, 2005.

[3] Spitzner L. Know Your Enemy: GenⅡ Honeynets[R]. Honeynet Project, 2005.

[4] Zhou Y L, ZhuGe J W, Xu N, et al. Matrix: A distributed honeynet and its applications[C]// Proceedings of the 20th Annual FIRST Conference (FIRST 2008), British Columbia, 2008.

[5] Symantec. 蜜场[EB/OL]. http://www.symantec. com/connect/articlesPaoneypot-farms. 2017.

[6] 诸葛建伟, 唐勇, 韩心慧, 等. 蜜罐技术研究与应用进展[J]. 软件学报, 2013, 24(4): 825-842.

[7] Symantec. 蜜标数据[EB/OL]. http://www.symantec.com/connect/articles/honeytokens-other-honeypot. 2017.

[8] Wang Y M, Beck D, Jiang X, et al. Automated Web patrol with strider HoneyMonkeys：Finding Web sites that exploit browser vulnerabilities[C]// Proceedings of the Network and Distributed System Security, San Diego, 2006.

[9] Moshchuk A, Bragin T, Deville D, et al. SpyProxy: Execution-based detection of malicious Web content[C]// Proceedings of the 16th USENIX Security, Berkeley, 2007.

[10] Symantec. 开源工具 Sebek[EB/OL]. http://www.symantec.com/connect/articles/sebck-3-tracking-attackers-part-one. 2017.

[11] Portokalidis G, Bos H. SweetBait: Zero-hour worm detection and containment using low and high interaction honeypots[J]. Elsevier Computer Networks (Special Issue on From Intrusion Detection to Self-Protection), 2007, 51(5): 1256-1274.

[12] Kaaniche M, Alata E, Nicomette V, et al. Empirical analysis and statistical modeling of attack processes based on honeypots[C]// Proceedings of the 2006 IEEE/IFIP Int'l Conference on Dependable Systems and Networks, Philadelphia, 2006: 119-124.

[13] Krasser S, Conti G, Grizzard J, et al. Real-time and forensic network data analysis using animated and coordinated visualization[C]// Proceedings of the 2005 IEEE Workshop on Information Assurance United States Military Academy, West Point, 2005.

[14] Almotairi S, Clark A, Mobay G, et al. Characterization of attackers' activities in honeypot traffic using principal component analysis[C]// Proceedings of the 2008 IFIP International Conference on Network and Parallel Computing, Washington D C, 2008: 147-154.

[15] Thonnard O, Dacier M. A framework for attack patterns' discovery in honeynet data[J]. Digital

Investigation, 2008, 5: 128-139.

[16] ZhuGe J W, Han X, Chen Y, et al. Towards high level attack scenario graph through honeynet data correlation analysis[C]// Proceedings of the 7th IEEE Workshop on Information Assurance, West Point, 2006: 215-222.

[17] The Honeynet Project. Know your enemy: Honeywall CDROM roo[C]// Proceedings of the 3rd Generation Technology, The Honeynet Projcot White Papers, 2011.

[18] Freiling F, Holz T, Wicherski G. Botnet tracking: Exploring a root-cause methodology to prevent distributed denim-of-service attacks[C]// Proceedings of the 10th European Symposium on Research in Computer Security, Milan, 2005: 319-335.

[19] Rajab M A, Zarfoss J, Monrose F, et al. A multifaceted approach to understanding the botnet phenomenon[C]// Proceedings of the 6th ACM SIGCOMM Conference on Interact Measurement, New York, 2006: 41-52.

[20] ZhuGe J W, Holz T, Hen X H, et al. Characterizing the IRE-based Botnet Phenomenon[R]. Beijing: Peking University &University of Mannheim, 2007.

[21] Prince M B, Holloway L, Langheinrich E, et al. Understanding how spammers steal your e-mail address: An analysis of the first six months of data from project honeypot[C]// Proceedings of the 2nd Conference on Email and Anti-Spare, 2005.

[22] Kreibich C, Crowcroft J. Honeycomb: Creating intrusion detection signatures using honeypots[C]// ACM SIGCOMM Computer Communication Review, 2004, 34(1): 51-56.

[23] Yegneswaran V, Giffin J T, Barford P, et al. An architecture for generating semantics-aware signatures[C]// Proceedings of the USENIX Security Symposium, Berkeley, 2005: 97-112.

[24] Mohammed M, Chan H A, Ventura N, et al. An automated signature generation approach for polymorphic worms using principal component analysis[J]. Information Security Research , 2011, 1(1): 45-52.

[25] Krawetz N. Anti-honeypot technology[J]. IEEE Security & Privacy, 2004, 2(1): 76-79.

[26] Oudot L, Holz T. Defeating Honeypots: Network Issues, Part l & Part 2[R]. Symantec, 2011.

[27] Holz T, Raynal F. Defeating Honeypots: System Issues, Part l & Part 2[R]. Symantec, 2011.

[28] Zou C C, Cunningham R. Honeypot-aware advanced botnet construction and maintenance[C]// Proceedings of the 2006 International Conference on Dependable Systems and Networks, Philadelphia, 2006: 199-208.

[29] Wang P, Wu L, Cunningham R, et al. Honeypot detection in advanced botnet attacks[J]. International Journal of Information and Computer Security, 2010, 4(1): 30-51.

[30] Corey J. Advanced honeypot identification and exploitation[J]. Phrack, 2004, 11(63): 9.

[31] Dornseif M, Holz T, Klian C. NoSEBrEak-Attacking honeypots[C]// Proceedings of the 5th Annual IEEE SMC Information Assurance Workshop, 2004: 123-129.

[32] Quynh N, Takefuji Y. Towards an invisible honeypot monitoring system[J]. Information Security and Privacy, Berlin, 2006: 111-122.

[33] Song C, Hay B, ZhuGe J W. Know your tools: Qebek-conceal the monitoring[C]// The Honeynet Project in Proceedings of 6th IEEE Information Assurance Workshop, 2015.

[34] Liston L. Welcome to My Tarpit: The Tactical and Strategic Use of Labrea[R]. Dshield. org White Paper, 2011.

[35] Nepenthes Development Team. Libemu-x86 Shellcode detection[R]. 2011.

[36] Nepenthes Development Team. Dionaea[R]. 2011.

[37] Riden J, Mcgeehan R, Engert B, et al. Know your enemy: Web application threats, using honeypots to learn about HTTP-based attacks[R]. The Honeynet Project White Paper, 2011.

[38] Muter M, Freiling F, Holz T, et al. A Generic Toolkit for Converting Web Applications into High-interaction Honeypots[R]. Mannheim: University of Mannheim, 2008: 280.

[39] Rist L, Vetsch S, Kogin M, et al. Know Your Tools: Glastopf-A Dynamic, Low-interaction Web Application Honeypot[R]. The Honeynet Project White Paper, 2011.

[40] Vetsch S. GlastopfNG-A Web Attack Honeypot[M]. Saar brücken: VDM Verlag, 2010.

[41] Guo J Q, ZhuGe J W, Sun D H. Spampot: A spam capture system based on distributed honeypot[J]. Journal of Computer Research & Development, 2014, 51(5): 1071-1080.

[42] Keane J C K. Using kojoney open source low interaction honeypot to develop defensive strategies and fingerprint post compromise attacker behavior[J]. HITB Magazine, 2010, 1(3): 4-14.

[43] Kippo committee. Kippo-SSH Honeypot[EB/OL]. http://code.google.com/p/kippo. 2011.

[44] Seifert C, Steenson R, Holz T, et al. Know Your Enemy: Malicious Web Servers[R]. The Honeynet Project White Paper, 2011.

[45] 陈志杰, 宋程昱, 韩心慧, 等. 基于脚本 Opcode 动态插装的 Heapspray 型网页木马检测方法[C]// 第 2 届信息安全漏洞分析与风险评估会议（VARA 2009）, 北京, 2009.

[46] Microsoft. 模拟漏洞 MS04-011[EB/OL]. http://www.microsoft.com/china/techNET/security/bulletin/ms04-011. mspx. 2018.

[47] Microsoft. 模拟漏洞 MS03-026[EB/OL]. http://www.microsoft.com/china/SECURITY/BULLETINS/MS03-026. mspx. 2018.

[48] Microsoft. 模拟漏洞 MS02-039[EB/OL]. http://www.microsoft.com/technet/security/bulletin/MS02-039.mspx. 2018.

[49] Microsoft. Mwcollect[EB/OL]. http://code.mwcollect.org. 2018.

[50] GHH. Google 入侵蜜罐[EB/OL]. http://ghh.sourceforge.net/index.php. 2017.

第5章　入侵容忍

入侵容忍的概念最早出现于20世纪80年代，是公认的第三代网络安全技术，与杀毒软件、防火墙、入侵检测等安全技术不同，入侵容忍允许系统存在脆弱性和安全风险，强调的是在已经遭受成功攻击条件下系统的生存能力，即被入侵后如何屏蔽和遏制入侵行为，确保系统核心功能的正常运行。在实际应用时，入侵容忍技术可以和其他防御技术结合起来，传统防御技术用于检测、阻止攻击和修复漏洞，而入侵容忍系统用于在入侵发生后通过自我诊断和重构确保系统功能的正常运行。

5.1　概　　述

5.1.1　概念及原理

通过前面章节可以了解到，无论以防火墙为代表的第一代安全防护技术，还是以入侵检测为代表的第二代安全防护技术都是从系统“加固”或者“扫描”的角度增强网络信息系统的安全性，但事实证明，由于漏洞和后门不可避免，攻击者总能找到新的漏洞，采取新的手段侵入系统，这些网络防御思路和方法无法应对日益复杂的网络攻击。

受容错思想的启迪，1985年以Fraga和Powell等为代表的研究人员提出“入侵容忍(intrusion tolerance)”的概念，并指出入侵容忍是“假定系统中存在未知的或未处理的漏洞，即使被入侵或者感染病毒，系统仍然能最低限度地继续提供服务”。入侵容忍改变了传统的以隔离、检测、响应和恢复为主要手段的防御思路，首先承认系统中存在未知或未修复的漏洞与缺陷，使用具有容侵能力的技术机制使得攻击者利用这些漏洞或者缺陷对系统进行入侵后，系统能够在可容忍的限度内持续提供正常或者降级服务，而不对系统的服务造成“宕机性”或“中断性”影响。

入侵容忍的基本思想可以借助AVI故障模型(attack，vulnerability，intrusion composite fault model)进行说明，如图5-1所示[1]。AVI故障模型将系统从遭受攻击到最终失效的过程抽象为事件序列：攻击+漏洞→入侵→故障→错误→失效。其中，失效指系统无法提供预期服务或所提供服务与预期服务存在偏差；错误是指引起导致系统失效的系统状态；故障指导致错误的确定或潜在原因。为了将传统容错技术运用到入侵容忍中，需要将任何恶意攻击、入侵和系统自身的安全漏洞都抽象为系统故障。在AVI模型中将故障划分为两类：一类是系统固有的安全漏洞，指在系统设计、实现或配置过程中引入的漏洞或缺陷，是系统被入侵的必要条件和内因，具体表现包括弱口令、缓冲区溢出漏洞等，在图 5-1 中统一表示为漏洞；另一类是恶意攻击，指攻击者利用漏洞或安全缺陷对系统实施的攻击行为，如木马、病毒和蠕虫等，恶意攻击是系统被入侵的外因，在图 5-1 中标记为攻击。

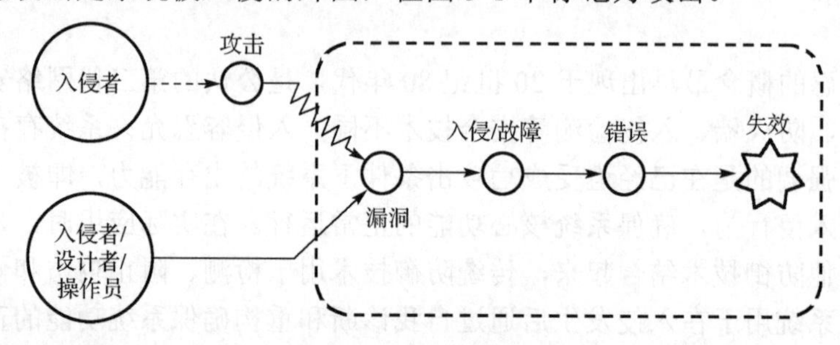

图 5-1　AVI 故障模型

依据 AVI 模型可以对攻击过程的各个环节进行阻断，防止系统因为攻击而失效。例如，传统的攻击阻止、漏洞修复和入侵阻止等防御思路和方法阻断攻击过程、避免入侵故障发生的原理如图 5-2 所示。

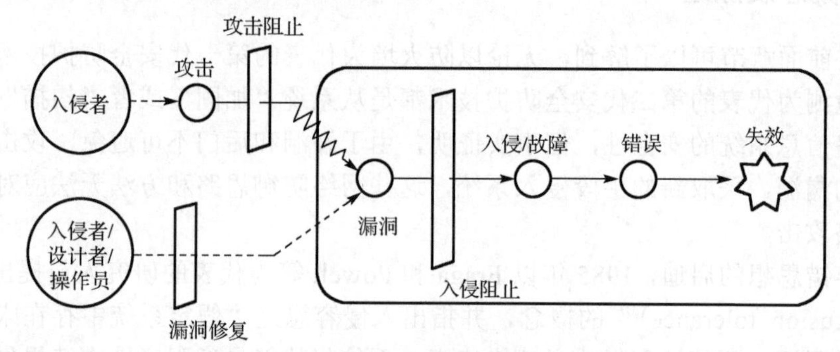

图 5-2　传统防御技术思想示意图

在实际中，攻击阻止、漏洞修复和入侵阻止等传统防御方法都无法达到理想的阻断攻击效果，入侵故障的发生不可避免，即传统防御方法无法阻止系统失效的发生。入侵容忍则假定攻击者利用系统漏洞入侵系统并引发入侵故障，随后可能会导致系统内部出现错误，但只要在错误引发系统失效之前触发容忍机制来避免失效，仍然可以持续对外提供正常或降级的服务。从上述过程可以看出，入侵容忍的本质是容忍入侵导致的错误，而非阻止入侵，如图 5-3 所示。

入侵容忍系统依据容忍的实现机理分为以下两类。

(1) 基于攻击屏蔽的入侵容忍系统。这类系统在设计时就已经充分考虑系统在遭到入侵时可能发生的情况，其通过预先采取措施，使得系统在遭到入侵时能够成功地屏蔽入侵，让人感觉入侵“并未发生”。基于攻击屏蔽的入侵容忍不要求系统能够

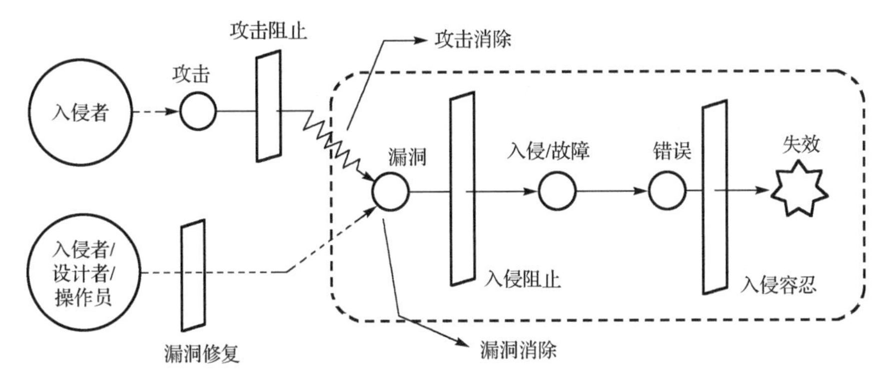

图 5-3 入侵容忍思想示意图

检测到入侵，同时，在入侵发生后也不要求系统对入侵做出响应，完全依靠系统设计时所预先采取的防护措施。由于在设计时就需要采用秘密共享、拜占庭协商、多方计算、服务的自动切换、系统自清洗等一些较为复杂的措施，而且系统多采用分布式的结构，所以该类入侵容忍系统的设计与维护成本往往较高。但由于其对入侵的容忍不依赖于入侵检测系统，对入侵的容忍效率一般较高，因此也成为当前入侵容忍系统发展的主流。

(2) 基于攻击响应的入侵容忍系统。这类系统最大的特点就是需要通过入侵的检测和响应来实现入侵容忍。当入侵发生时，基于攻击响应的入侵容忍系统首先通过其入侵检测系统检测并识别入侵，然后根据具体的入侵行为以及系统在入侵状态下的具体情况选择合适的安全措施，如进程清除、拒绝服务请求、资源重分配、系统重构等来清除或遏制入侵行为。因为基于攻击响应的入侵容忍系统不对系统结构作较大调整，只是通过增加入侵检测系统和进程清除、资源重分配等一些常见安全措施来实现入侵容忍功能，所以其设计和维护成本一般较低。但其对入侵检测系统的依赖性，导致其对入侵的容忍成功率相对较低。

下面通过介绍入侵容忍系统的状态转移模型来进一步说明入侵容忍系统的工作过程，如图 5-4 所示，该状态转移模型可以表示入侵容忍系统在特定攻击场景和给定系统配置条件下的动态行为。正常情况下系统应该处于 G 状态(good state，工作良好状态)，若系统没有漏洞(理想情况)，则该状态可以一直保持下去；当发现新的漏洞后，系统进入 V 状态(vulnerable state，脆弱状态)，若在漏洞被利用之前发现它并修复，则系统仍然可以返回 G 状态。

当系统的漏洞被攻击者成功利用并实施攻击(成功入侵)时，系统处于 A 状态(active attack state，被攻击状态)。最好的情况下，系统能够容错，即系统存在备份，从而使系统服务不受攻击的影响，此时会进入 MC 状态(masked compromised state，可屏蔽攻击状态)，并最终通过透明的恢复处理返回 G 状态；最坏的情况下，入侵容忍策略不能识别攻击及进行有效防御，进入 UC 状态(undetected compromised state，无法检测的损害状态)，此时系统提供的服务没有任何保证。当攻击行为被确

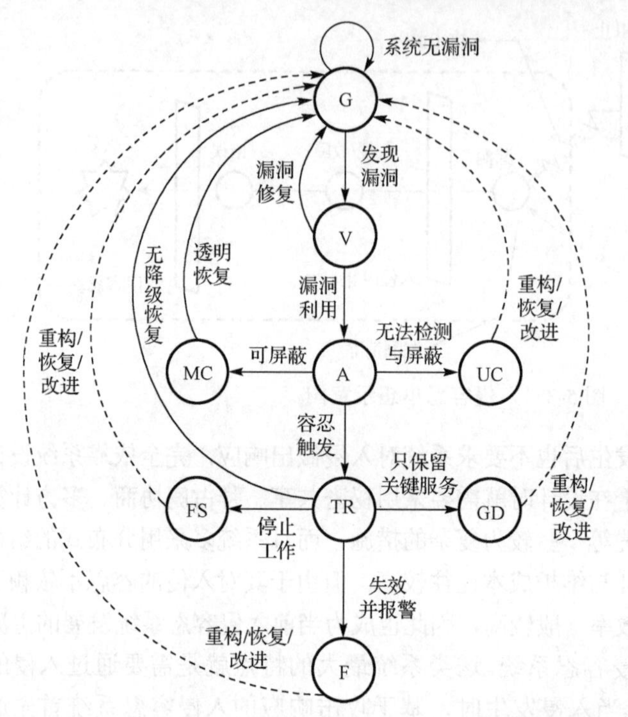

图 5-4　入侵容忍系统状态转移模型

认后系统即进入 TR 状态(triage state，容忍机制触发状态)，此状态将尝试恢复和限制攻击对系统造成的损害，理想情况下，系统能提供一些策略消除攻击的影响，使系统回到 G 状态，但是在某些情况下立即进行系统恢复工作是不允许的，此时系统应能够限制攻击损害的影响范围，并尽可能保证关键服务的正常运行。根据保护目的不同，系统将进入不同的状态：如果是为了避免外部的拒绝服务攻击，系统需要进入 GD 状态(graceful degradation state，降级服务状态)，在保证提供一些关键服务的前提下关闭其他服务；如果目的是保护数据机密性或者完整性，则系统进入 FS 状态(fail-secure state，安全停止状态)，停止提供服务。如果以上所有的策略都失败了，则系统进入 F 状态(failed state，失效状态)。图中虚线表示 UC、FS、GD 及 F 状态要回到 G 状态，必须通过人工干预，执行“恢复/重构/改进”操作。

最后选取一种代表性的入侵容忍技术——分片-复制-分散(fragmentation, replication and scattering，FRS)技术，通过对其原理进行简要分析和说明来了解入侵容忍技术的特点，如图 5-5 所示。

FRS 技术主要用于敏感数据的存储，防止入侵对数据安全性的威胁。“分片”指将加密后的敏感数据分割成多个数据块，每个数据块只包含全部数据的一部分，入侵者获取一块信息并不能得到全部信息，可以保证数据的机密性；“复制”操作指将所有数据块复制若干份，使得即使某些块被修改或毁坏，只要所有数据块的冗余备

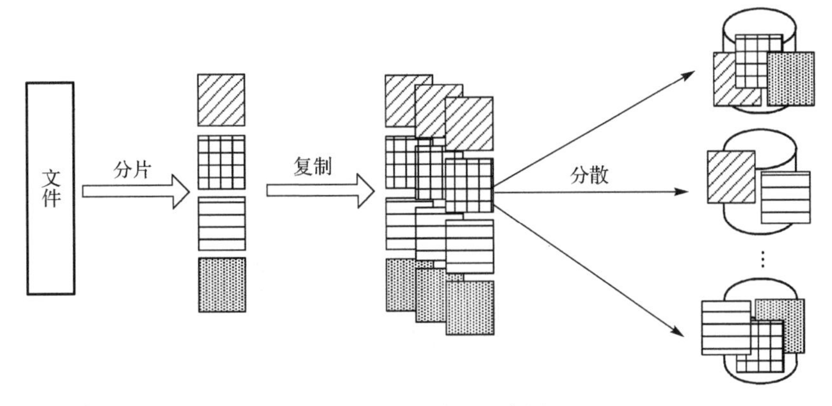

图 5-5 FRS 原理示意图

份有一份没有被修改或损坏，就不会影响数据最终的重构，可以保证数据的完整性和可用性；“分散”操作指将复制处理后的数据块保存到不同的数据存储节点，使得单次入侵只能访问若干孤立的数据块。可以看出，FRS 技术具有入侵容忍的特点，即该文件系统的部分数据被入侵者窃取、更改或破坏的情况下也不会破坏敏感数据的机密性、完整性和可用性。

需要注意的是，入侵容忍技术不是万能的，但相比传统的防火墙、入侵检测与阻止等防御技术，入侵容忍技术提高了系统的生存能力，为解决系统被入侵条件下对外仍能提供正常工作状态或服务问题提供了重要支撑。另外，入侵容忍并不是要取代传统的防御技术及方法，而是需要与传统防御技术相结合，共同确保将关键数据或系统服务的安全性能维持在一个用户可接受的水平。

5.1.2 发展历程

入侵容忍技术的思想源于容错技术，容错技术通过开发和管理冗余，使得系统内部在发生错误时利用冗余部件来屏蔽错误，避免演变为系统失效，从而达到维持系统工作在所需安全级别的目的。入侵容忍技术来源于容错技术，借鉴了容错技术的许多思想和技术来屏蔽入侵导致的系统内部错误，维持系统的正常运行。引起容错系统内部错误的因素通常都是随机的和非恶意的，但入侵行为具有一定的随机性，更具有一定的智能性、恶意性，如果我们直接将容错系统中的冗余方法应用到入侵容忍系统中来阻止网络入侵，则很有可能达不到预期的容忍效果。因此，相比容错技术，入侵容忍技术更注重多样化的冗余机制，以避免所有冗余部件被恶意攻击者同时攻破。

入侵容忍技术的发展经历了起步、快速发展和广泛应用三个阶段，其中比较有代表性的里程碑成果有 FRS 技术、SITAR 架构、SCIT 架构和 MAFTIA 中间件架构等，入侵容忍技术发展历程中的关键节点如图 5-6 所示。

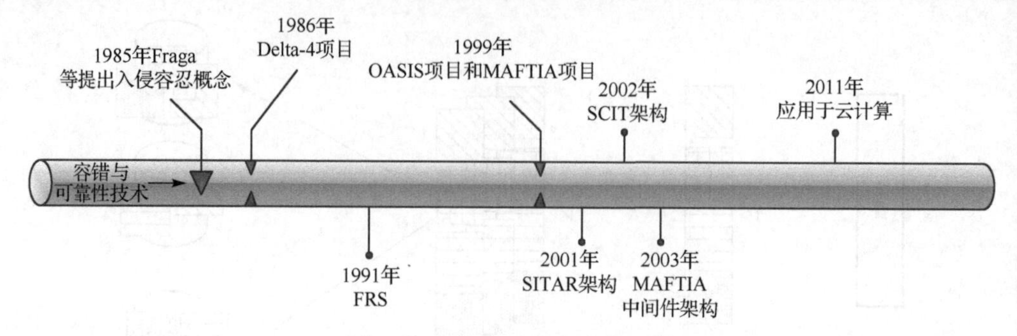

图 5-6 入侵容忍技术发展历程

起步阶段。20 世纪 80 年代中后期互联网的发展还处于起步阶段，网络安全问题也远不像今天这样严峻，因此，1985 年 Fraga 等学者提出入侵容忍的概念后并未立即引起业界的重视。这期间入侵容忍相关的研究工作主要体现在欧洲的 Delta-4 项目成果中，Delta-4 项目旨在通过容错和容侵提高分布式系统的安全性和可靠性。

快速发展阶段。至 20 世纪 90 年代末，网络安全问题日趋严重，人们开始意识到仅靠预防和检测等传统的防御手段已经不能保证关键网络基础设施和信息系统的安全，尤其是对于国防、金融、电力等一些对安全要求非常高的重点应用领域。而入侵容忍能保证在以互联网为主要交互平台的网络环境中，服务器端能在适当降低服务效率的情况下，不间断地为客户端服务。在此情况下，入侵容忍技术开始引起业界的注意，并逐渐成为网络安全领域的一个研究热点，随后催生了大量的研究成果。

例如，美国国防部的 DARPA 资助了 OASIS(Organically Assured and Survivable Information System)计划，目的是在已知或未来信息系统的网络攻击面前保证系统关键服务的可用性。OASIS 计划包含 30 个左右的项目，有关入侵容忍的理论和技术研究的目标可分为三方面：一是利用具有潜在安全缺陷的部件来构建入侵容忍系统；二是表征入侵容忍机制的行为特征；三是对入侵容忍机制进行评估验证。与入侵容忍相关的典型项目如下[2-8]。

(1) ITTC(Intrusion Tolerance via Threshold Cryptography)。ITTC 是由斯坦福大学的 Dan 等开展的研究课题，主要思想是利用秘密共享技术来设计入侵容忍系统，课题的目标是为入侵容忍的应用提供一些工具和基础设施。ITTC 项目开发了一些软件工具，这些软件让需要有效的密钥信息长时间分布到多个服务器节点中，并且这些密钥永远不能在单一的服务节点恢复，这就保证了在少数服务器被占领且这些服务器内的信息被窃取的情况下，不会造成原始密钥信息的泄露。

(2) ITUA(Intrusion Tolerance by Unpredictability and Adaptation)。ITUA 是由 BBN 技术公司、伊利诺伊州立大学、马里兰大学和波音公司联合进行的入侵容忍项

目，其主要设想是利用不可预测性和适应性来设计入侵容忍系统。该项目通过监视系统的状态发现基于多阶段的协同故意攻击，利用先进的冗余管理来产生一种让攻击者无法预测的资源调配和各种复杂响应，使攻击者很难按预设攻击链实施下一步的攻击。此外，ITUA 开发的有关算法还能够容忍拜占庭失效。该项目的创新点在于开发了能容忍故意攻击和多阶段攻击系统(其中攻击类型可以是同一时间发生在不同地方的攻击)，通过适应性解决攻击对系统资源造成的影响，在应用程序和基础程序资源之间采用中间件的形式进行控制，使用不可预见的适应性达到识别故意攻击的目的。

(3) SITAR (Scalable Intrusion Tolerant Architecture for Distributed Service)。SITAR 是由杜克大学开展的一个入侵容忍研究项目，其目标是通过研究容错和入侵容忍的关系来开发入侵容忍模型，并设计入侵容忍系统的体系结构，最后实现一个入侵容忍原型系统并进行相应的实验评估。SITAR 系统中的代理服务器模块采用了资源冗余和多样性技术，每个系统组件均含有入侵检测模块，系统在面临入侵时能够及时对其安全策略、系统资源和服务进行重新配置，从而保证整个系统的安全性和服务的连续性。

(4) COCA (Cornell Online Certification Authority)。COCA 是由康奈尔大学研发的一个认证系统，可以为局域网和 Internet 提供容错和安全的在线认证服务。系统将签名私钥通过秘密共享技术分别存储在 $3f+1$ 个服务器上，并采用秘密共享算法来签发证书，当系统中至多有 f 个服务器发生故障或被入侵时，并不会影响整个系统服务的可用性。另外，COCA 项目还研究了将拜占庭协商技术和主动恢复技术相结合的方法，以此来获得更高的安全性。

2002 年，在美国陆军项目的支持下，Huang 等安全研究人员提出了自清洗入侵容忍(self-cleansing intrusion tolerance，SCIT)机制，通过若干服务器交替在线服务和离线清洗处理来实现入侵容忍的目标，并基于防火墙构建了原型验证系统进行验证。

与此同时，欧洲也启动了 MAFTIA (Malicious and Accidental Fault Tolerance for Internet Applications)项目，系统性地针对入侵容忍的理论和技术开展了相关研究工作。MAFTIA 项目综合使用容错技术、分布式技术和安全策略等多种技术机制，用于构建大规模可靠的分布式应用程序。MAFTIA 项目包含三方面的工作：一是体系架构和概念模型的定义；二是技术机制和协议的设计；三是形式验证和评估。

第一方面工作的目的是定义和开发可以容忍恶意错误的相关概念和体系架构，如定义入侵容忍技术的核心概念集，这个核心集与传统的可靠性有关概念相对应，即前面提到的 AVI 故障模型。其他相关工作包括同步性和拓扑的定义、入侵检测概念的建立、MAFTIA 节点体系架构的定义等。体系架构中定义了各种组件，如受信和非受信组件、本地和分布式组件、操作系统以及运行环境等。

第二方面研究工作是 MAFTIA 项目的重点，包括对 MAFTIA 中间件体系架构和相关协议的开发，如拜占庭一致性协商协议、异步通信协议、多路广播协议等。同时，对基于时控模型的协议也进行了研究，该时控模型主要依赖于一个概念——虫孔，这些子系统通过虫孔来获得一些特权功能以及与其他组件的通信信道，这样可以加强各个子系统的安全性。例如，MAFTIA 的可信实时计算基(trusted timely computing base)就是基于虫孔而设计的，它能够在异步及拜占庭故障的环境下提供各种实时、安全的计算功能。

第三方面研究工作关注形式化 MAFTIA 的核心概念以及验证评估可靠中间件。MAFTIA 已经开发出了针对高安全级别的新模型，并且对模型中涉及的协议也进行了相应的验证和评估。

广泛应用阶段。随着入侵容忍技术研究的深入和成熟，它被人们广泛应用于 Web 服务器、域名服务器、数据库、授权认证、云计算等信息系统和基础设施的安全防护中[9-21]。

5.2　主要技术机制

入侵容忍系统需要采用多种技术机制来保证系统的入侵容忍能力。一般而言，构成入侵容忍系统的技术机制主要包含两方面内容：一是提升系统的错误遮蔽能力，即系统在面对入侵和攻击导致的错误时能够进行屏蔽或消除；二是错误触发机制，即系统在被攻击、入侵或故障发生初期，通过监控系统资源运行与使用情况、检测攻击和及时发现系统故障或错误，并通知有关重配置模块进行处理。具体来说，入侵容忍系统的屏蔽技术主要利用多样化冗余部件同时执行并结合表决机制或拜占庭一致性协商机制来实现，对提供敏感数据存储服务的入侵容忍系统而言，秘密共享机制是其屏蔽技术的主要实现方式；入侵容忍系统的重配置技术的具体表现形式为重构与恢复机制。另外，入侵容忍系统错误触发机制所使用的主要是入侵检测技术，有关该技术的内容参见本书的相关章节或其他参考资料。

5.2.1　多样化冗余机制

多样化冗余技术又称异构冗余技术，在入侵容忍系统的设计中，通常会采用多样化冗余技术增强系统的入侵容忍能力。在容错系统中，通常对关键部件或者组件进行冗余备份，使系统在随机故障发生时仍能够持续工作，增强了系统的可靠性。冗余技术包括两类：同构冗余技术和异构冗余技术，下面分别详细介绍。

1) 同构冗余技术

同构冗余是指人们出于系统可靠性等方面的考虑，人为地对一些关键的系统部件进行重复配置，当系统发生随机故障时，冗余部件可以作为备份及时介入并承担故障部件的工作。同构冗余技术可以有效应对随机性的、偶发性的和非共模故障，但无法应对共模故障(结构、系统或组件以同样的方式失效)引发的系统失效问题。因此，研究人员提出了异构冗余技术，以进一步增强系统的可靠性。

2)异构冗余技术

异构冗余是指冗余部件之间存在差异性，如采用非相似性软硬件(如处理器)、不同硬件设计团队、不同生产商部件、不同软件设计团队、不同的监控程序、不同的编译器和不同的开发语言工具等组合构建具有非相似冗余特性的系统，以降低共模故障发生的概率，提高系统的可靠性。异构冗余技术已广泛应用于航空航天等对可靠性要求较高的场合，例如，Boeing 777、A320 等机型的数字飞行控制计算机系统通过异构冗余设计，大幅提升了系统的可靠性，最小故障时间可达到 9000 小时。

入侵容忍系统中的异构冗余技术介绍如下。

在可靠性理论中，故障的发生具有一定的随机性，且故障发生时可以预料。但对于网络信息系统来说，攻击的发生主要是由信息系统中广泛存在的漏洞和后门造成的，能否攻击成功在很大程度上取决于攻击者的经验和漏洞后门的可利用性，同时，攻击过程具有隐蔽性和智能性，难以用随机过程理论刻画，不能简单地将可靠性理论中的冗余技术应用到入侵容忍系统中。入侵容忍系统中一般采用多样化冗余技术。所谓多样化，既指硬件冗余、软件冗余等多种冗余方法的结合，也指同一种冗余方法中不同冗余部件或实现方式的结合。例如，系统可以同时采用硬件冗余和软件冗余技术，在实现硬件冗余时，可以选用不同的硬件平台，软件冗余则选用不同的操作系统和应用软件。多样化冗余技术可以在很大程度上避免不同冗余部件具有相同的安全漏洞，从而避免入侵者用相同的方法同时入侵多个冗余部件。

入侵容忍系统中常采用的多样化冗余技术有：①操作系统版本多样性[22]，例如，分别安装 Windows、UNIX、Linux、Mac OS 等不同厂商开发的操作系统；②核心服务程序实现版本多样性[23]，核心服务程序选择由不同软件开发小组基于不同的语言和数据结构开发的具有同种功能的软件，如 Web 服务器程序 Apache、IIS 和 Nignx；③空间多样性，在多个不同位置部署服务，异常情况下执行服务的异地切换。

异构程度越高，在设计和开发阶段所需要投入的经济开销越大，因此，在客观条件经济负担的约束下，实际中很难做到多样化组件间的完全不同与独立。但总体而言，刻意采用多样化冗余技术构建的入侵容忍系统，安全性要大大高于采用同构冗余技术构建的入侵容忍系统。

5.2.2 表决机制

表决是指通过对比冗余部件的输出并采取一定的策略来达成一致输出的方法。

表决机制广泛应用于许多对可靠性有严格要求的容错应用系统中，如有毒或易燃易爆材料生产过程的控制系统、航空与铁路等交通基础设施的控制系统、核电站和军事相关的控制系统以及关乎国计民生的基础信息系统等。入侵容忍系统中采用了多样化冗余机制，因此，表决机制自然成为保证入侵容忍功能的有力技术支撑。

N-模冗余是最常用的表决结构，如图 5-7 所示(*N*=3)，多个冗余部件(模块 1、模块 2 及模块 3)同时接收相同的输入，通过相似度比较算法或哈希编码对消息进行形式化转换后，结合表决器来屏蔽少数部件可能出现的错误，提高系统的可靠性。表决器可以有 1 个或多个，增加表决器个数可以提高安全性能，但系统开销和复杂度相应地会增加。表决器将所有冗余模块的输出作为输入，并依据相应的表决算法得到单一输出作为整个表决系统的输出。

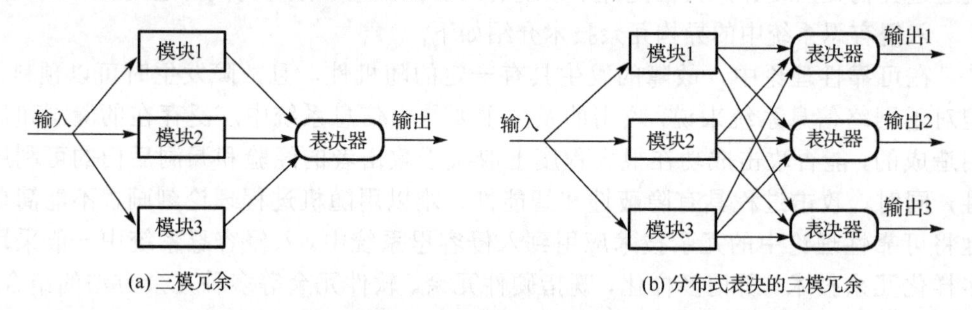

图 5-7　三模冗余单表决器和多表决器示意图

表决算法可以按照不同的标准进行分类，如按照实现方式可以分为软件表决器和硬件表决器两类，按照一致程度进行分类可以分为精确一致表决算法和非精确一致表决算法两类；按照工作环境特点可以分为同步表决算法和异步表决算法两类等。

安全领域常用的表决算法有：完全一致表决算法(只有全部冗余部件输出一致时，表决器才选择其中一个输出作为最终输出，否则输出出错标志)、大数表决算法(对于有 *N* 个冗余模块的系统，若至少$\lfloor (N+1)/2 \rfloor$个模块的输出结果一致，则选择其中的一个输出结果作为最终输出，否则输出相应的出错标志信息)、相对多数一致表决算法(对于有 *N* 个冗余模块的系统，选择相对多数一致的冗余输出结果作为最终表决器输出，*N* 通常取奇数)及结合其他辅助信息的大数表决算法(目的是进一步降低输出错误的概率)等。

入侵容忍系统表决算法的选取依赖于其对安全性的需求，表决结果的正确性取决于安全工作冗余部件的比例[24-27]。一般而言，对冗余模块进行多样化处理并采取多数表决算法可以很好地满足系统对入侵容忍能力的要求。

5.2.3　系统重构与恢复机制

系统重构主要针对面向服务的入侵容忍系统，结合故障或入侵的检测与触发机制，自动使用正确部件替换失效部件，或者当系统面临较高安全风险时，以高安全度系统配置替换较低安全度配置的机制。系统重构其实是一种冗余管理方案，它利用冗余的软硬件资源以及预设的组合方法，在保证系统重构前后服务器状态一致性约束条件下，来实现系统在异常情况下的自恢复。

根据实施时间的不同，系统重构可分为静态重构和动态重构两种。静态重构是指在系统停止运行期间对系统部件进行离线重构；而动态重构则是指在系统运行期间对系统部件进行在线重构，使系统不需要重启或编译即可进行状态转化。常见的重构策略如下。

(1) 冗余部件的重配置，包括冗余部件的创建、删除、转移等操作。

(2) 资源重配置，通过牺牲非关键对象的资源来确保关键对象拥有足够的可使用资源。

(3) 失效-保险配置，当系统不能继续容忍故障或入侵时就关闭系统。

入侵容忍系统通过恢复机制对受黑客入侵修改的系统关键文件，或因计算机病毒修改注册表等而受影响的系统关键文件或部件进行处理，使之重新发挥正常功能[28]。常见的恢复机制有四种，如图 5-8 所示。

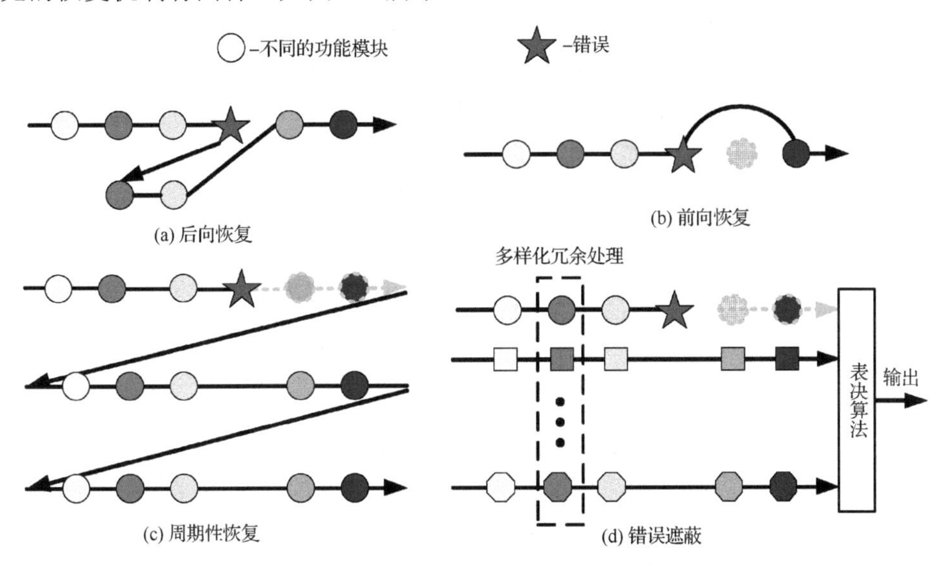

图 5-8　入侵容忍的四种恢复机制示意图

(1) 后向恢复：使系统向后恢复到原始安全状态，如重装操作系统、重新连接 TCP/IP、重新启动系统、重新初始化进程等，后向恢复也可以视为时间冗余的一种具体表现形式。

(2) 前向恢复：使系统向前执行到下一个安全状态，如增加系统安全级别、替换被泄露的密钥、将系统设置为精简操作系统等。

(3) 周期性恢复：定期对重要位置的系统文件、注册表表项，甚至整个系统等进行还原，缩短攻击者可利用的时间或使其植入的后门失效，防止系统老化。

(4) 错误遮蔽：通过对系统重要组件进行多样化冗余处理并进行表决，避免单种类型组件错误导致系统故障，并在后续环节对发生错误的组件进行修复。

5.2.4 拜占庭一致性协商机制

在分布式入侵容忍系统中，若其中一些服务器已经被入侵者控制并扰乱，如何保证此时正常服务器间达成一致？该问题可以由拜占庭一致性协商机制解决，拜占庭一致性协商机制属于协定问题的范畴，协定问题研究一个或多个成员提议了一个值应当是什么后，如何使成员对这个值达成一致。拜占庭一致性协商机制源自拜占庭将军问题，拜占庭将军问题是 Lamport 于 1982 年研究分布式系统容错性时为了便于类比说明而杜撰的一个故事[29]，具体描述如下：

有 N 支拜占庭军队，分散驻扎于敌城之外，每支军队都由一个将军指挥，将军彼此之间通过信使通信。在观察敌人之后来讨论是否要攻打敌城。然而其中 f 个将军可能已被敌方收买，他们不希望忠诚的将军达成一致，因此会想方设法干扰忠诚将军统一行动计划的协商。为了保证所有忠诚将军能够达成一致，且少数的叛徒不能使将军做出错误的计划，将军的协商算法必须满足以下两个基本条件，当两个条件同时满足时，可以保证忠诚将军达成不受叛徒左右的一致决策，如图 5-9 所示。

条件 A：忠诚将军必须基于相同的行动计划做出决策。

条件 B：少数叛徒不能使忠诚将军做出错误决策。

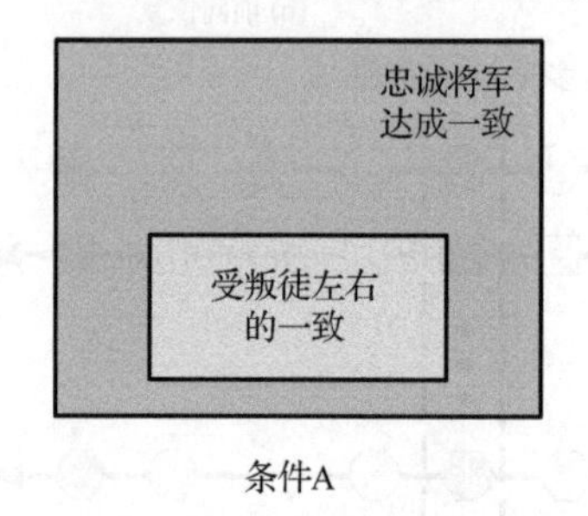

图 5-9　约束条件示意图

条件 B 成立时，条件 A 肯定成立。但条件 B 因“错误决策”不好形式化定义。经过等价描述可得到下面两个称为交互一致性的约束条件。

条件 A′：所有忠诚的将军必须遵守同一个命令。

条件 B′：若发令将军是忠诚的，则每一个忠诚将军遵守发令将军送出的命令。

首先给出口头消息的概念，它满足三个基本条件：①能正确传输；②接收者知道消息是谁发的，但并不知道消息的上一个来源是谁；③若某一节点(如此处的将军)

保持沉默(不发送命令)，则可以被其他节点检测到。Lamport 等研究了 3 个将军之间进行口头消息传递的情景，并证明了用口头消息，叛徒数大于或等于 1/3 时($f \geqslant N/3$)，拜占庭问题不可解。同时，他们还给出一个算法使得叛徒数少于 1/3 时($f < N/3$)拜占庭问题可解。下面分别对 N=3，f=1 的不可解性与 N=4，f=1 的可解性进行分析。

(1)用口头消息，N=3，f=1，拜占庭问题不可解，即无法确保满足交互一致性条件。

如图 5-10 所示情形，共有三种可能。

情形 1：如左侧所示，{发令将军忠诚，将军 1 忠诚，将军 2 是叛徒}。此时不妨设发令将军发给忠诚将军 1 的指令是“进攻”，忠诚将军 1 遵从发令将军的指令，不会违背一致性约束条件。

情形 2：如右侧所示，{发令将军忠诚，将军 1 是叛徒，将军 2 忠诚}。此时不妨设发令将军发给忠诚将军 2 的指令是“撤退”，忠诚将军 2 遵从发令将军的指令，也不会违背一致性约束条件。

情形 3：如中间交集所示，{发令将军是叛徒，将军 1 忠诚，将军 2 忠诚}。此时若发令将军向两个忠诚将军同时发送相同“进攻”或“撤退”指令，两个忠诚将军都会执行相同的指令，并不会违背一致性的约束条件；若如图所示发令将军故意向两个将军同时发送不同的指令，例如给将军 1 发送“进攻”指令，给将军 2 发送“撤退”指令，两个忠诚将军将无法遵守同一个命令，无法确保满足交互一致性条件，即此时拜占庭问题不可解。

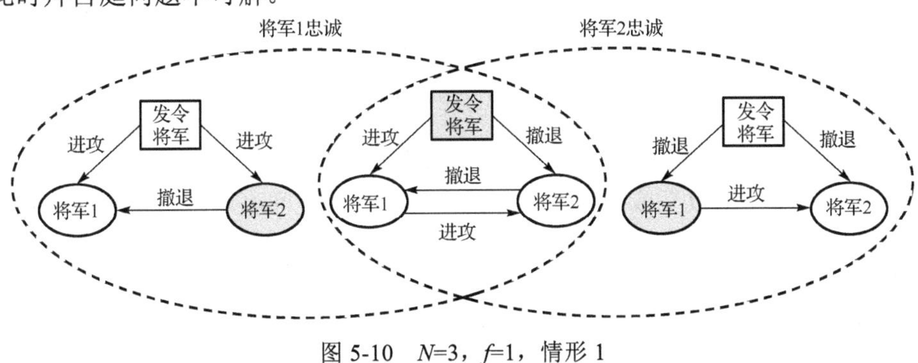

图 5-10 N=3，f=1，情形 1

同样，如图 5-11 所示情形 2，若上述情况中忠诚将军 1 收到的是“撤退”命令，忠诚将军 2 收到的是“进攻”命令，则只需要将两者的编号调换一下，即等价为图 5-10 所述情形，因此也是不可解的。

综上所述，(1)得证。

(2)用口头消息，N=4，f=1，拜占庭问题可解。

存在一个多项式复杂性的算法来解决这一问题，即发令将军把命令发给其他的每一个将军，忠诚将军将收到的发令将军传来的信息传递给其他将军，叛徒则可以向其他将军传递任意消息，最后，每个计算节点依据大数表决得到最终的计划，如图 5-12 所示。

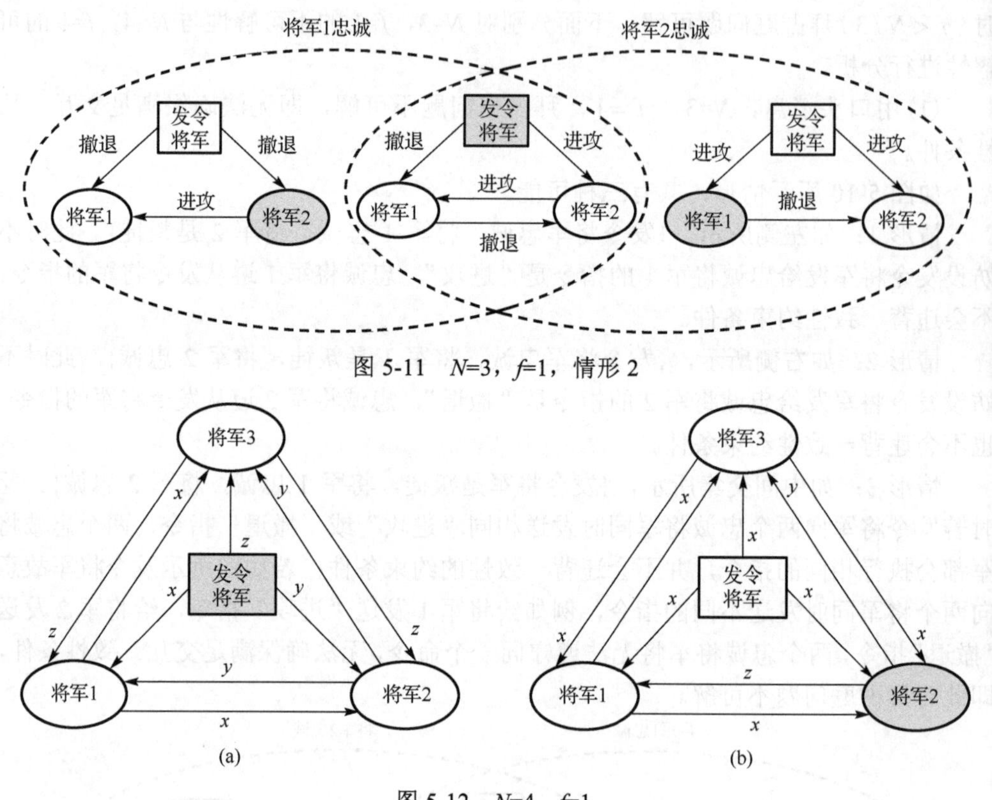

图 5-11　N=3，f=1，情形 2

图 5-12　N=4，f=1

情形 1：如果发令将军是叛徒，他分别发送一个命令{x，y，z}给所有将军，x、y、z 的值分别是“进攻”或“撤退”中的一个，三者之间可以两两相同或不同。依据上面提到的多项式算法分析易知，所有忠诚将军收到信息的集合都是{x，y，z}，多数表决以后所有将军可以达成一致，满足一致性约束条件。

情形 2：如果发令将军忠诚，他发送一个命令 x 给所有将军，若将军 2 是叛徒，当他转告给将军 1 和将军 3 时，命令可能分别变为 z 和 y。但将军 1 收到信息的集合是{x，x，z}，将军 3 收到信息的集合是{x，x，y}，多数表决以后仍都是 x，此时发令的忠诚将军、将军 1 和将军 3 可以达成一致。依据对称性可知，若将军 1 或将军 3 为叛徒，则所有忠诚将军可以达成一致。

综上所述，(2)成立。

拜占庭一致性协商机制通过对服务器组中的各成员进行管理，通过各成员间的信息交互来保持所有正常服务器状态信息一致，容忍恶意服务器传播虚假信息。根据系统所采用的定时模型不同，一致性协商可以分为同步环境下的一致性协商和异步环境下的一致性协商两种。在同步环境下，系统中的各个参与者按照协议预先规定的操作运行，参与者在每一个协议步骤中根据协议规范接收在上一步骤中发送给他的消息，执行规定的计算并将计算结果发送给其他参与者；但在异步环境下，参与者不会按部就班地运行，而是可能在任意时间发送、接收消息或执行计算。

拜占庭一致性协商机制已广泛应用于入侵容忍系统中，如COCA系统就是基于拜占庭一致性协商机制的，其分布式的COCA系统可以保证在少量服务器被入侵者控制的情况下，系统仍然能够提供正确的服务。

5.2.5 秘密共享机制

秘密共享是指将一个秘密在多个参与者中进行分配，并规定只有一些合格的参与者集合才能够恢复初始秘密，而其他所有不合格的参与者集合不能得到有关初始秘密的任何信息[24, 30, 31]。秘密共享机制保障了入侵容忍系统中签名、密钥等敏感信息的安全性，在许多入侵容忍系统中都有使用。例如，ITTC、COCA等项目中就应用了秘密共享机制。

门限密码是秘密共享机制中的重要研究内容，(t, n)门限方案是将敏感信息或加密后的敏感信息M分割成n份，分散存储在n台服务器中，攻击者至少需要攻陷t $(t \leqslant n)$台服务器，并成功获取t份份额，才可能重构M。Shamir和Blakley于1997年分别提出了基于拉格朗日差值及共点超平面的(t, n)门限密码方案，该方案将秘密M均分为n个子份并分发给n个地位平等的参与者，任意大于等于t个数的参与者可以恢复M，而参与者个数少于t时，则无法恢复。此后，Asmuth和Karnin又分别提出了基于中国剩余定理和矩阵乘法原理的秘密共享方案。这些方案的共同特点是设定参与者地位平等，若引入参与者地位的差异，秘密方案又当如何设计？1987年，Ito等将参与者分为合格参与者和非合格参与者两类，并提出了一种基于一般访问结构的秘密共享方案，使得只有非合格参与者才能重构共享秘密。上述方案都有一个缺点，那就是在执行解密操作之后，重构者将一直拥有系统的解密密钥，因此，一旦M被使用过之后，就不再被“秘密共享”了。随后，为了解决这个问题，Herzber等提出了主动秘密共享方案，通过在原有秘密共享方案的基础上添加主动更新策略，通过周期性地更新每个参与者所持有的秘密片段，使恶意参与者持有的旧秘密片段不能用于构建新的共享秘密，可以大幅缩短留给攻击者的攻击时间。门限密码原理如图5-13所示。

(t, n)门限密码的一个传统实现方案的理论基础是组合数学，将密钥文件拆分为C_n^{t-1}，然后将拆分后的所有子密钥全部复制$t-1$份，每个节点存储C_{n-1}^{t-1}份密码。例如，不妨假设文件的密码是一个100位数，那么在$(3, 5)$门限密码方案中，我们将密钥拆分成$C_5^2=10$份，每份密钥都是一个10位数，将这10份密钥编为0～9，

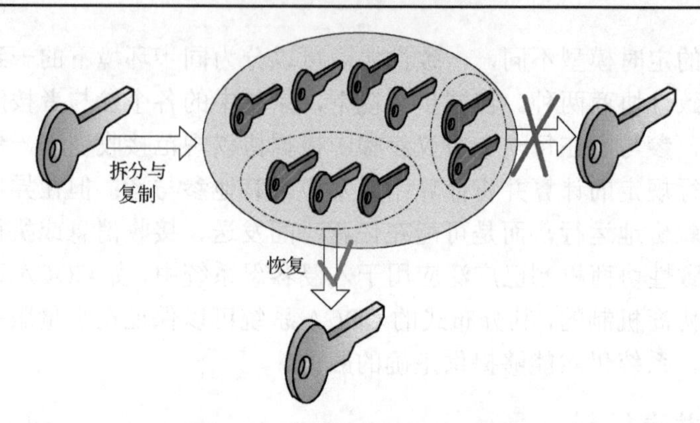

图 5-13　门限密码原理示意图

因每人要持有 $C_4^2=6$ 份密码，所以需要将每份密钥都复制两份，共 30 份，此时划分密钥的分配如图 5-14 所示。

节点1	0	1	2	3	4	5				
节点2	0	1	2				6	7	8	
节点3	0			3	4		6	7		9
节点4		1		3		5	6		8	9
节点5			2		4	5		7	8	9

图 5-14　(3, 5)门限密码划分示例

从图 5-14 可以看出，任意 3 个节点的密钥可以合成完整的密钥，而任意 2 个或 2 个以下数量的密钥则无法恢复出原始密钥。密钥共享与门限密码技术可以在很大程度上提高系统针对破坏数据机密性与完整性入侵的容忍性能。

5.3　典型系统架构

目前，入侵容忍系统架构并没有权威的分类方法，但经过多年的研究和发展，业界提出了比较有代表性的三种典型架构：基于入侵检测的容忍触发架构、算法驱动架构、周期性恢复架构。在三种架构的基础上，研究人员结合具体应用场景提出了不同的实现方案，但总体上来看，相关的技术机制和方法都属于这三种架构的范畴，下面分别进行介绍。

5.3.1　基于入侵检测的容忍触发架构

基于该类架构的入侵容忍系统通过构建多层防御结构来增强容侵能力，而这些

防御结构依赖入侵检测技术来触发相应的容忍机制。知名的项目有 SITAR、DPASA (Designing Protection and Adaptation into a Survivability Architecture) 及 DIT (Dependable Intrusion Tolerance) 等。SITAR 项目旨在保护商用现货 (commercial-of-the shelf，COTS) 服务器的安全性，它通过建立一个对 COTS 服务器透明的保护机制，使得 COTS 服务器不用做任何修改就可以获得入侵容忍能力，整个系统的入侵容忍机制是通过入侵检测触发的。DPASA 项目利用多个防御区域和防护层来抵御外部攻击，主要采用基于网络的入侵检测机制来检测入侵，然后进行入侵容忍处理。DIT 项目的目标是建立一个遭受外部攻击时仍能对外持续提供 Web 服务的系统，主要关心系统的完整性和可用性，系统基于一致性协议来检测异常，然后实施容忍处理。以上三者都是在检测到入侵的基础上利用资源重配置或系统重构等手段进行入侵容忍处理。SITAR 项目提出的架构包含多种入侵检测机制，非常具有代表性，下面对其进行详细分析，简称 SITAR 架构。

SITAR 架构由代理服务器、表决监视器、验收监视器、审计控制器以及自适应重配置模块等五部分组成，如图 5-15 中虚线框所示，代理服务器、表决监视器及验收监视器通常都不止一个。该架构提供三条防御线：客户端输入请求验证(代理服务器)、COTS 服务器响应输出的验收测试(验收监视器)及大数表决(表决监视器)。验收监视器监控 COTS 服务器的行为，并将结果发送给表决监视器，表决监视器通过拜占庭一致性协商机制选举出响应结果并传输给代理服务器。

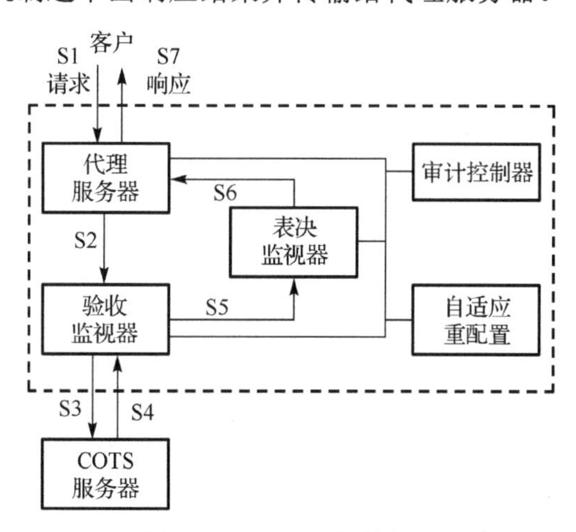

图 5-15 SITAR 架构框图

(1) 代理服务器是 SITAR 架构对外交互的接口，用户只能通过代理服务器发送请求来获取 COTS 服务器相应的 Web 服务，而不能直接访问 COTS 服务器。当收到来自客户端的请求后(S1)，代理服务器依据当前系统的安全态势及策略，将检测合法的请求(S2)通过验收监视器发送到一个或者多个 COTS 服务器(S3)。另外，代理服务器负责将表决监视器发送的响应发送给用户(S6 和 S7)，对于用户而言等同于代理服务器对外提供服务。作为系统对外接口，代理服务器最易受到攻击，每台代理服务器包含入侵检测模块来检测外部攻击，并监控其他代理服务器行为是否正常。当代理服务器检测到攻击或其他代理服务器被攻陷时，会通知自适应重配置模块，后者结合这一消息和其他组件的安全信息决定是否需要对相应的代理服务器进行重构，代理服务器重配置内容包含改变客户访问控制级别、调整冗余程度及增加审计强度等。

(2)验收监视器主要实现验收测试功能，验收测试用于检查某个模块(如 COTS 上的 Web 服务程序或服务器本身)运行结果的合理性，若该模块失效或被攻破，则验收测试会产生异常信息，并将警告信息发送给自适应重配置模块，或将正常的响应结果和测试结果发送到表决监视器(S5)。每个验收监视器都包含入侵检测系统，用来监控系统行为、资源使用率、实际或虚拟内存的大小、磁盘空间、应用程序反应时间等信息，以判定服务器的可信状态，识别部分恶意攻击，并适时通知自适应重配置模块。

(3)表决监视器负责最终确定反馈给客户端的响应结果，常采用大数表决或拜占庭一致性协商机制。表决算法必须具有多级健壮性和动态重构能力，能够容忍一个或多个表决监视器发生故障甚至被攻击者控制。如果每个表决监视器只有一个 COTS 服务器响应作为输入，则所有表决监视器需要通过协商算法来得到最终的响应结果，反之，若每一个表决监视器能够获得所有 COTS 服务器的响应，则不需要协商算法，此时可以利用大数表决算法对所有表决监视器的输出结果进行表决。

另外，表决监视器可以采用以下三种方法为代理服务器提供可靠的响应。第一种方法是指定一个可信表决器作为“代言人”委托向代理服务器反馈所有表决结果；第二种方法是采用动态“代言人”选举确定，该方法可以实现针对不同的请求采用不同的表决监视器“代言人”；第三种方法是所有表决器将各自的表决结果反馈给代理服务器，由代理服务确定最终结果。

(4)审计控制器对代理服务器、验收监视器、表决监视器进行周期性的检测，如检查各组件中受数字签名保护的日志的合法性，审查日志中登录、命令行执行体、文件访问等异常行为，比较组件响应与预期结果的差异等。当发现存在组件故障或系统被攻陷时，生成相应的入侵警报，以触发自适应重配置模块执行重构措施。

(5)自适应重配置模块通过对系统组件的重配置保证系统状态满足相应安全级别的要求。自适应重配置模块接收其他模块的检测结果，依据入侵威胁、容忍目标以及成本性能影响等指标动态生成并执行入侵容忍策略，如当系统判定代理服务器正在遭受攻击时，则将其安全策略修改为“限制部分可疑访问者进入关键服务”等。

从五个组件的功能和基本工作过程来看，SITAR 架构容忍机制的有效发挥离不开入侵检测技术的支持。

5.3.2 算法驱动架构

基于该类架构的入侵容忍系统采用表决算法、门限加密及 FRS 等技术来获得入侵容忍能力。知名的项目有 MAFTIA、PASIS(Perpetually Available and Secure Information System)、ITUA 等。MAFTIA 项目中的系统架构主要基于表决算法和门限密码算法构建通用服务平台，然后在平台上开发具有入侵容忍功能的服务，虽然系统中也集成了入侵检测模块，但其入侵容忍并不完全依赖于入侵检测。PASIS 项目则利用门限密码共享算法对敏感数据进行编码和分布式存储来获得入侵容忍能力。ITUA 项目与 MAFTIA 类似，也是采用加密和一致性协商等入侵容忍算法来获得入侵容忍能力。三者都是通过具有入侵容忍能力的算法，可获取入侵容忍能力，虽然可以结合入侵检测系统来提高系统的针对性容忍能力，但并不是必需的。下面选取 MAFTIA 项目的入侵容忍架构进行分析，如图 5-16 所示，MAFTIA 架构主要包含三部分：底层硬件、系统支持软件和分布式软件(中间件)。

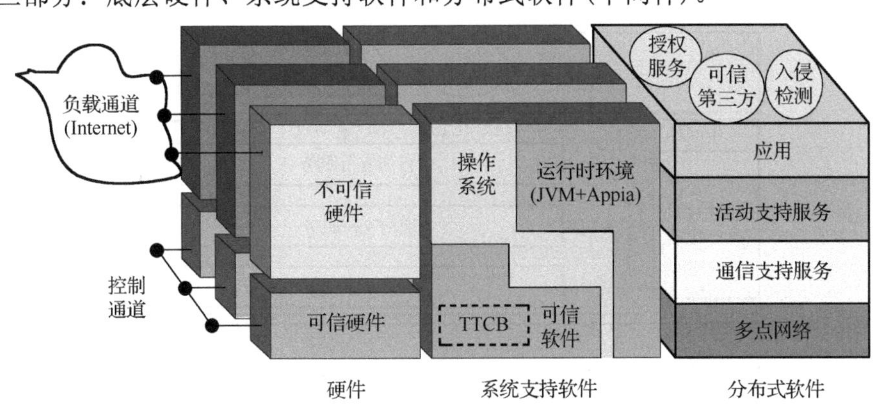

图 5-16 MAFTIA 架构图

(1) 底层硬件是整个架构的物理基础，包含可信硬件和不可信硬件两种类型，大部分底层硬件假定是不可信的，如通用个人计算机或工作站，这些主机通过网络基础设施连接。在基础硬件平台上，通过逐层有选择性地使用入侵容忍算法(如表决算法、拜占庭一致性协商机制和秘密共享算法)来构建可信度逐层增加的系统组件。

(2) 第二层是系统支持软件，包含操作系统、可信软件(此处特指 TTCB，trusted timely computing base)及运行环境。操作系统管理底层硬件并提供各种基本功能和调用接口；可信软件 TTCB 是分布式可信组件，用于给中间件通信和行为协议提供可信的时间和安全服务，并且系统假定 TTCB 模块是不能被攻破的。运行环境扩展了操作系统的能力并且通过提供统一的应用程序接口和框架来隐藏主机操作系统的异构性。

(3) 中间件包含多个层，高层使用入侵容忍机制克服低层的故障。中间件为应用程序提供所需运行平台和接口，其容侵能力也是基于在这些服务程序中实现的有关算法[32]。MAFTIA 中间件各层关系如图 5-17 所示，多点网络层可以提供多点寻址、安全通路和通信管理等功能，使得主机间的通信在可信可控的信道上进行。通信支持服务层实现基本的加密、拜占庭一致性协商、可靠有序的组通信、时钟同步及其他核心服务，本质是保证组件间安全、鲁棒通信的协议。行为支持服务层通过构造块来支持最上层应用参与者的有关行为，如复制管理、管理节点推荐、事务管理、授权、密钥管理等，行为支持服务层依赖于通信支持服务层。左边是故障检测与身份管理模块，故障检测用于评估远程主机的连接性、正确性和本地进程的运行状态，身份管理利用故障信息创建或修改注册身份信息和生成相应的视图（当前活动或可信的成员）。多点网络层、通信支持服务层及行为支持服务层都依赖于故障检测与身份管理模块。为了使用 MAFTIA 架构，应用程序必须基于 MAFTIA 中间件给定的应用程序接口和协议平台进行开发。

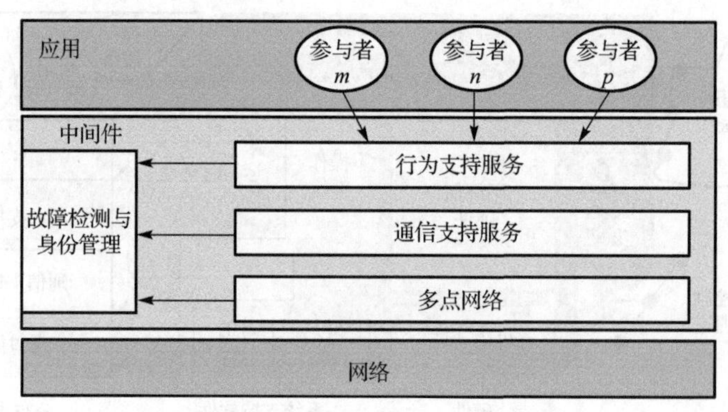

图 5-17　MAFTIA 中间件各层关系图

尽管 MAFTIA 也结合了入侵检测系统的传感器，但它并不聚焦于入侵检测系统的能力，其入侵容忍有三个特点：①通过自上而下的层次化安全服务架构来保护应用；②利用整个软件栈为入侵容忍系统中的本地主机、网络设备及协议、操作系统扩展、组通信协议及其他可信安全服务提供完整的解决方案；③检测功能基于表决算法和秘密共享算法，而表决和秘密共享则通过分布式协议实现，分布式协议的安全性在底层可信硬件和运行环境的作用下得到加强。

5.3.3　周期性恢复架构

基于该类架构的入侵容忍系统通过对服务节点进行周期性清洗与恢复处理来获得入侵容忍能力，只要恢复的周期相对攻击过程快，就可以保证系统始终处于可控状态。这类架构不依赖入侵检测功能，不论服务器是否被入侵，都会周期性地将服务器的状态恢复到“安全的”初始状态。周期性恢复架构的典型代表是 SCIT，它利用一组服务器对外提供相同的服务(可以通过引入多样化机制来提高服务器的入侵容忍能力)，并依据时间片轮转的方式对在线运行后离线的服务器进行清洗处理，使其下次被调度上线运行时还原到安全可信的状态。SCIT 的体系结构如图 5-18 所示，主要包含控制器、可信接口、可信存储和对外提供服务的服务器等部分。

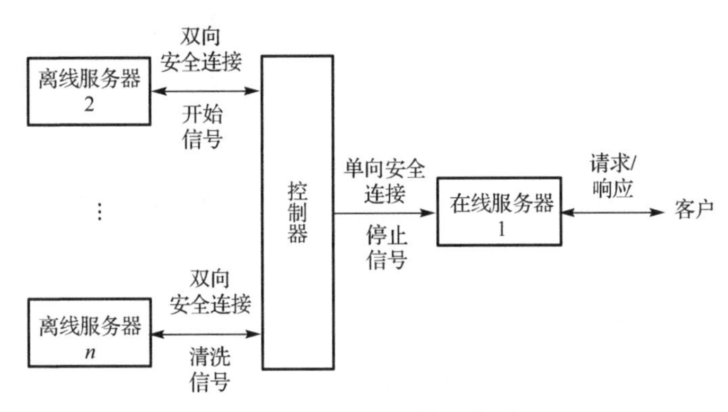

图 5-18 SCIT 架构示意图

(1)控制器是 SCIT 的核心组件，包括复位定时器、轮转算法及各服务器的状态数据等组成部分。控制器管理所有服务器的状态轮转，轮转算法依据服务器的个数、单个服务器清洗所需时间及在线提供服务的服务器个数调整。控制器和所有服务器之间通过可信接口模块连接，控制器与在线服务的服务器之间的接口是单向的，控制器与离线服务器之间的连接是双向的。

(2)服务器端与控制器之间的安全链接包括一个 SCIT 开关组件，可以实现控制器和服务器的隔离，保证控制器安全。

(3)所有服务器可以通过虚拟化技术进行创建、清洗。

因为系统依据时间片轮转的方式进行服务器清洗处理，任何时刻任何一台服务器必处在三个状态之一：离线清洗、在线服务、在线准备。SCIT 服务器运行于在线服务态的持续时间就是它的暴露窗口时间。从实现的角度来看，不需要对服务器节点上的操作系统、服务器程序及应用软件作任何更改，因此，相比 MAFTIA，SCIT 的集成开销是比较低的。

5.4 应用举例

本节选取入侵容忍技术的一个应用场景——具有入侵容忍功能的Web服务系统进行分析和介绍[33]。如图 5-19 所示，系统包括防火墙、代理网络(包含一般代理节点、管理节点和裁决节点)、数据库和 Web 服务器等主要部分。其中，防火墙是基本网络防护模块，与入侵容忍技术配合使用，本身并不涉及入侵容忍技术。下面结合 HTTP 请求与 Web 响应的相关处理过程对其中涉及的入侵容忍技术机制进行分析介绍。

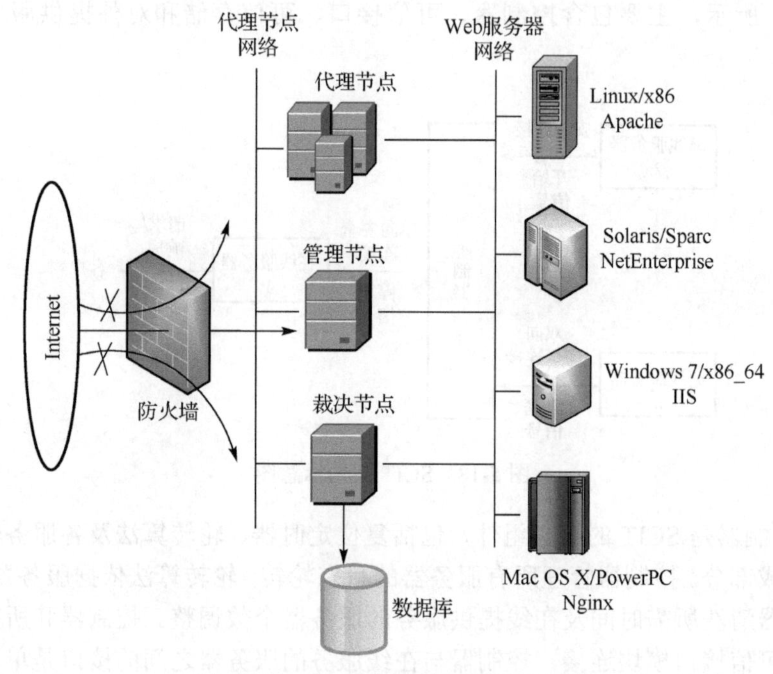

图 5-19　Web 服务器的入侵容忍架构

(1)代理节点和 Web 服务器的冗余及多样化处理。系统包含多个代理节点，所有代理节点都会监控 Web 服务器的运行状态，依据系统告警自适应地选择对外提供服务的 Web。这些代理节点通过协商推选出一个管理节点来对客户请求进行接收、过滤、分发及响应，依据系统告警自适应地选择对外提供服务的 Web 服务器个数等，只有该管理节点对客户端可见，且拥有唯一的公网 IP 地址；同时，也会推选一个不同于管理节点的代理节点作为裁决节点，用于统一控制 Web 服务器对数据库的访问。

为了提高安全性能，所有代理节点要关闭所有不必要的服务及端口，其操作系统的内核要进行特别的安全处理，代理节点之间的通信协议要足够简单。代理节点功能模块组成情况如图 5-20 所示，所有代理节点都包含告警管理功能，用于处理多种不同类型的检测模块(每一种检测技术配备一个相应的监控模块)得到的告警信息，即持续检查和评估其他代理节点和服务器的状态，并记录评估结果，最后实施相应的容忍行为。

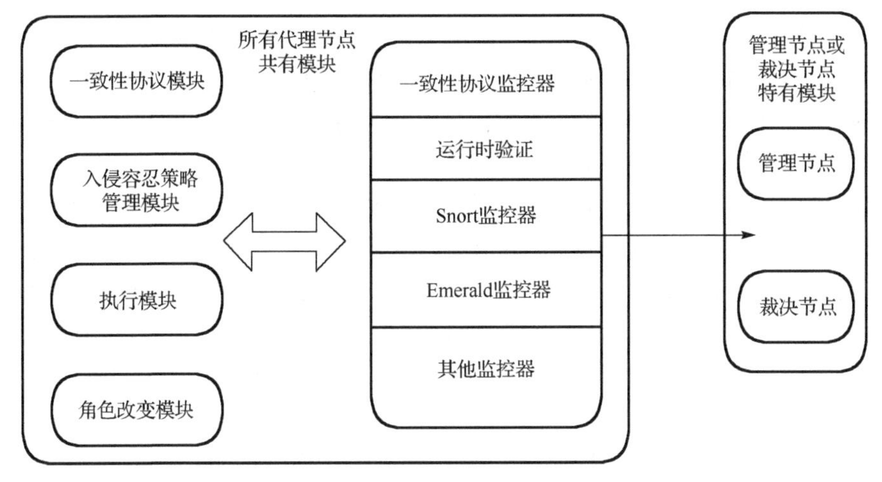

图 5-20 代理节点功能模块示意图

例如，在图 5-21 中，当 Snort 监控器在收到某一系统组件 X 的告警信息后(S1)，它会检测自身存储的关于组件 X 的状态信息(设置为可信、有风险、被攻破三种状态)，如果 X 先前已被标记为“被攻破”状态，则忽略该告警信息，否则在确认该告警信息有效之后 Snort 监控器会将该告警信息广播给其他代理节点上的对应监控模块(S2)，并发送一个请求给一致性协商模块来发起一次让所有代理参加的关于组件 X 是否处于“被攻破”的表决(S3)。如果大多数代理节点认为组件 X 已经被攻破，则发起请求的代理节点会生成一个请求(S4)并发送给入侵容忍策略管理模块用于生成相应的处理方法，然后广播处理方法给其他所有代理节点(S5)。之后所

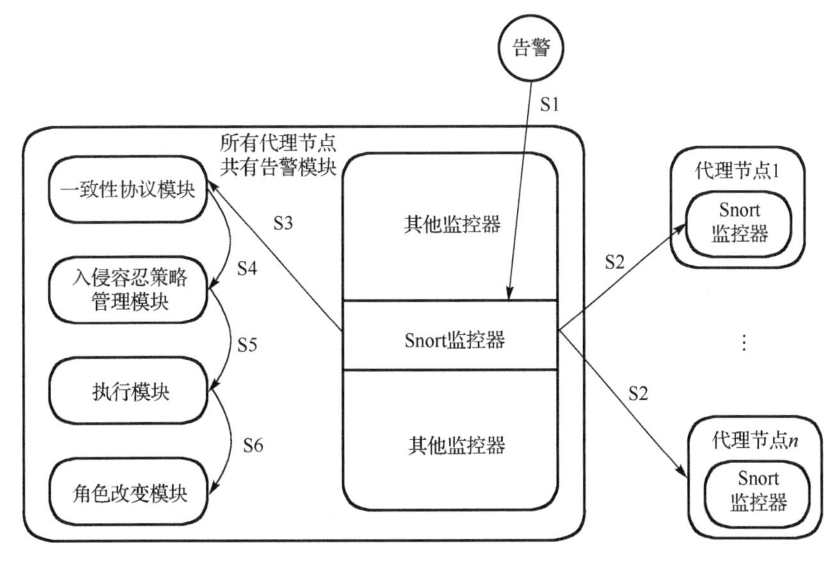

图 5-21 Snort 监控器告警处理过程

有代理节点执行处理方法，例如，当管理节点被表决为“被攻破”时，会重新执行推选方法选出新的管理节点(S6)，并对“被攻破”的节点进行修复处理。

Web 服务器在提供相同服务的前提下，可以在硬件层(如 SPARC、Pentium 及 PowerPC 等)/操作系统层(Sloaris、Windows 及 Linux 等)/应用软件层(Apache、IIS 及 Nginx 等)进行多样化处理，保证即使少数 Web 服务器被攻陷，整个系统仍能正常对外提供服务。另外，为了使 Web 服务性能最小化，系统采用了一种自适应冗余机制。假设全部 Web 服务个数为 N，一定时间段内选取其中 n 个($1 \leqslant n \leqslant N$)服务器作为一个域对外提供服务。$n$ 的取值依赖于攻击的强度，可以随着攻击强度的增加而自适应地增加来提高系统的容侵能力；反之，如果在规定的时间间隔内没有检测到异常，则可以减小 n 的值来降低系统开销。

(2)表决机制和多种检测机制。利用大数表决、入侵检测(误用检测、异常检测及 CRP(challenge response protocol))及代理节点的运行时验证等多种检测手段来检测威胁的发生、代理节点角色的改变及对外服务的 Web 服务器个数调整等。

(3)一致性协商。管理节点接收所有 Web 服务器的响应，并依据其表决方法来回复客户端。每一个代理节点都会监控其他代理服务器和 Web 服务器，然后所有代理一起决定采取什么样的容忍策略来响应告警信息，如调整域的大小、滤除恶意请求及重启被攻陷的代理节点或 Web 服务器等。另外，在数据库访问控制方面，裁决节点也采用一致性协议来管理所有 Web 服务器对数据库的访问，Web 服务器与数据库之间是不允许直接连接的，如图 5-22 所示。

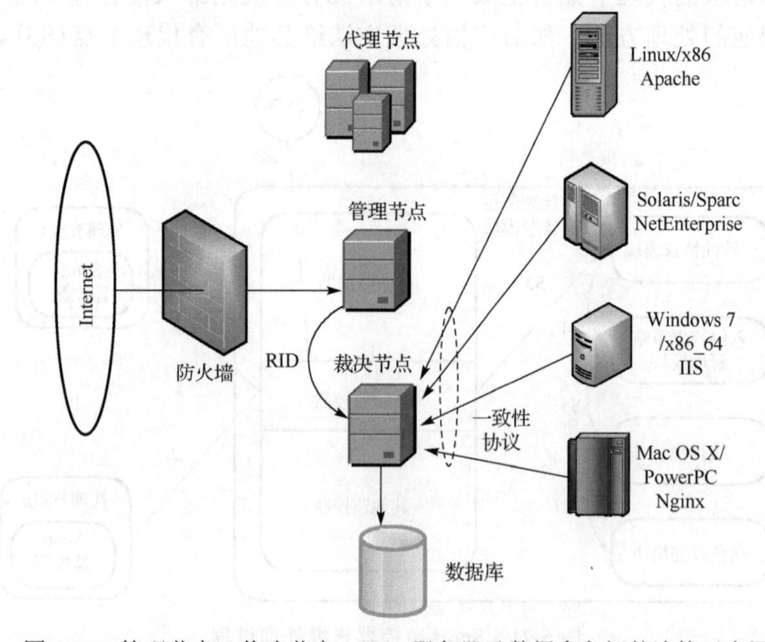

图 5-22　管理节点、裁决节点、Web 服务器及数据库之间的连接示意图

裁决节点是系统的关键组件，如果裁决节点被攻破，则整个系统的安全性也会受到破坏，为了保护裁决节点，通过设计使其对外网不可见。裁决节点首先对所有来自 Web 服务器的 SQL 查询请求进行一致性协商处理，确定大多数 Web 服务器的请求是一致的，并且先前是通过管理节点分发给这些服务器合理 HTTP 请求的响应。为此，裁决节点和管理节点一直处于连接状态，并在一段时间内保存管理节点发送过来的合理 HTTP 请求标记信息(request identifier，RID)。若在该时间段内裁决节点一直没有收到该合理 HTTP 请求对应的 SQL 查询，那么已保存的合理 HTTP 请求标记信息将被删除；若收到 SQL 请求信息，则对比当前查询请求的 RID 和保存的 RID 是否一致，只有比较结果一致才发送 SQL 请求给数据库进行处理。数据库收到请求后将查询结果返回给裁决节点，后者将结果发送到各 Web 服务器，并最终通过管理节点返回客户端。

5.5　本 章 小 结

入侵容忍技术是 21 世纪初网络安全领域比较有代表性的一类主动防御技术，核心是期望系统在受到攻击的条件下确保安全和对外服务的持续性，即系统具备容侵能力，这一思想来自可靠性中的容错思想，因此，入侵容忍系统也尝试将系统的自然故障和攻击故障统一起来，对后续的网络安全防御思路的发展产生了一定的积极影响。但是受科学技术发展水平和条件的限制，入侵容忍技术的发展相对较为缓慢，目前处于低潮期，主要原因作者认为包括以下几方面。

(1) 复杂度。入侵容忍系统需要拜占庭一致性协商机制、入侵检测、秘密共享技术和系统重构技术等多种安全机制，这些安全机制无疑会增加系统的代价和复杂度，如在 SITAR 结构中多个冗余体并行执行并裁决，根据结果进行系统重构，增加了系统的复杂性，降低了效率。

(2) 成本。部分入侵容忍系统的实现基础是多样化执行体，而多样化的执行体需要产业层面的支撑，就目前来看，会大幅提升系统成本，难以获得大规模推广。

(3) 技术问题。入侵容忍主要由一些机制和方法支撑，没有形成系统的、完整的体系，一些核心的问题有待进一步研究，如系统的安全增益问题、安全性能评估问题等。

然而，随着信息技术的不断发展，尤其是开源软件、多样化技术和云计算技术的蓬勃发展，若能使得入侵容忍的物质条件开销大的难题得到克服，则入侵容忍仍是值得后续关注的重要方向。

参 考 文 献

[1] Algirdas A, Jean-Claude L, Brian R, et al. Basic concepts and taxonomy of dependable and secure computing[J]. IEEE Transactions on Dependable and Secure Computing, 2004, 1(1): 11-33.

[2] Deswarte Y, Fabre J, Fray J, et al. SATURNE: A distributed computing system which tolerates faults and intrusions[C]// Workshop on the Future Trends of Distributed Computing Systems in the 1990s, Hong Kong, 1988: 329-338.

[3] Randell B, Fabre J. Fault and intrusion tolerance in object-oriented systems[C]// International Workshop on Object Orientation in Operating System, Palo Alto, 1991.

[4] Blain L, Deswarte Y. Intrusion-tolerant security servers for DELTA-4 (project 2252) [C]// Proceedings of the Annual ESPRIT Conference, 1990: 355.

[5] Tally G, Whitmore B, Sames D, et al. Intrusion tolerant distributed object systems: Project summary[C]// Institute of Electrical and Electronics Engineers Inc., Washington D C, 2003.

[6] Sames D, Matt B, Neibuhr B, et al. Developing a heterogeneous intrusion tolerant CORBA system[C]// IEEE Computer Society, Washington D C, 2002.

[7] Quyen L N, Arun S. A comparison of intrusion-tolerant system architectures[J]. IEEE Security & Privacy, 2011, 9(4): 24-31.

[8] Malkin M, Wu T, Boneh D. Building intrusion tolerant applications[C]// Conference on Usenix Security Symposium, 1999, 1: 6-7.

[9] 艾青. 基于虚拟化恢复的入侵容忍系统研究[D]. 上海: 华东理工大学, 2014.

[10] Heo S, Kim P, Shin Y, et al. A survey on intrusion-tolerant system[J]. Journal of Computing Science and Engineering, 2013, 7(4): 242-250.

[11] Massimo F, Massimiliano R. Intrusion tolerant approach for denial of service attacks to Web Services[C]// First International Conference on Data Compression, Communications and Processing, Palinuro, 2011: 285-292.

[12] Mir I E, Dong S K, Haqiq A. Security modeling and analysis of an intrusion tolerant cloud data center[C]// 2015 the 3rd World Conference on Complex Systems, Marrakech, 2015.

[13] Ye N. Robust intrusion tolerance in information systems[J]. Information Management & Computer Security, 2013, 9(1): 38-43.

[14] Deswarte Y, Powell D. Intrusion tolerance for Internet applications[C]// IEEE International Symposium on Network Computing and Applications, 2004, 156: 35-36.

[15] Zhou W, Chen L. A secure domain name system based on intrusion tolerance[C]// International Conference on Machine Learning and Cybernetics, 2008, 6: 3535-3539.

[16] Jing J, Feng D. Intrusion tolerant CA scheme[J]. Journal of Software, 2002,13(8): 1417-1422.

[17] Correia M, Verissino P, Neves N F. The architecture of a secure group communication system based on intrusion tolerance[C]// International Conference on Distributed Computing System, Mesa, AZ, 2001: 17.

[18] Anjum F. Intrusion tolerance schemes to facilitate mobile e-commerce[C]// IEEE International Conference on Personal Wireless Communications, Hyderabad, 2000: 514-518.

[19] Rathi M, Anjum F, Zbib R, et al. Investigation of intrusion tolerance for COTS middleware[C]// IEEE International Conference on Communications, New York, 2002, 2: 1169-1173.

[20] Umar A, Anjum F, Ghosh A, et al. Intrusion tolerant middleware[C]// DARPA Information Survivability Conference & Exposition II, 2001, 2(4): 242-256.

[21] Liu P, Jajodia S. Multi-phase damage confinement in database systems for intrusion tolerance[C]// IEEE Computer Security Foundations Workshop, 2001, 10(1987): 191-205.

[22] Garcia M, Bessani A N, Gashi I, et al. Analysis of operating system diversity for intrusion tolerance[J]. Software - Practice and Experience, 2014, 44(6): 735-770.

[23] Wang F, Jou F, Gong F, et al. SITAR: A scalable intrusion-tolerant architecture for distributed services[C]// DARPA Information Survivability Conference & Exposition, 2002, 2: 153-155.

[24] 郭渊博, 王超. 容忍入侵方法与应用[M]. 北京: 国防工业出版社, 2010.

[25] Latif-Shabgahi G, Bass J M, Bennett S. A taxonomy for software voting algorithms used in safety-critical systems[J]. IEEE Transactions on Reliability, 2004, 53(3): 319-328.

[26] Parhami B. Voting algorithms[J]. IEEE Transactions on Reliability, 1994, 43(4): 617-629.

[27] Tanaraksiritavorn S, Mishra S. Flexible intrusion tolerant voting architecture[C]// ACM Workshop on Scalable Trusted Computing, 2007: 71-74.

[28] Sousa P, Bessani A N, Correia M, et al. Highly available intrusion-tolerant services with proactive-reactive recovery[J]. IEEE Transactions on Parallel and Distributed Systems, 2010, 21(4): 452-465.

[29] Lamport L, Shostak R, Pease M. The Byzantine general problem[J]. ACM Transactions on Programming Languages and Systems, 1982, 4(3): 382-401.

[30] 顾森. 思考的乐趣：Matrix67 数学笔记[M]. 北京: 人民邮电出版社, 2012.

[31] 秦华旺. 网络入侵容忍的理论及应用技术研究[D]. 南京：南京理工大学, 2009.

[32] Verissimo P E, Neves N F, Cachin C, et al. Intrusion-tolerant middleware: The road to automatic security[J]. IEEE Security & Privacy, 2006, 4(4): 54-62.

[33] Saidane A, Nicomette V, Deswarte Y. The design of a generic intrusion-tolerant architecture for Web servers[J]. IEEE Transactions on Dependable and Secure Computing, 2009, 6(1): 45-58.

第6章 可 信 计 算

可信计算(trusted computing，TC)由国际可信计算组织(Trusted Computing Group，TCG)倡导推动，是指在网络信息系统中采用基于硬件安全模块的可信计算平台(trusted computing platform，TCP)，该平台由信任根、硬件平台、操作系统和应用系统组成，其目的在于提高网络系统的安全性。虽然可信计算是从可信系统(trusted system)演变过来的，但具有特殊含义：在可信计算环境下，通过加载带有特殊加密密钥的硬件模块，计算机系统的其他软硬件便可以基于该硬件模块构建可信链，以确保计算机系统以期望的方式运行。由于可信计算是通过设计内置式安全机制抵御网络攻击，因此是一种主动防御思路，其目的是提供一个稳定的物理安全和管理安全的环境，而不是采用攻击检测、漏洞扫描、补丁修复等机制的被动式防御模式。可信计算是体系化的安全技术，其技术体系主要包括可信硬件、可信软件、可信网络和可信计算应用等。

6.1 可信计算概述

6.1.1 可信计算起源及发展历程

随着攻击工具的复杂化和自动化，漏洞发现的数目急剧增多，使计算机系统面临的安全威胁日趋严重。由于现有计算平台架构的开放性，计算机资源可被用户任意使用，尤其是执行代码可被任意修改，恶意程序很容易被植入到软件系统中。更加严峻的挑战是，基于软件恶意代码的检测方法无法确保检测软件自身的安全性，因而，仅仅依靠软件本身无法确保信息系统的安全性，必须设计基于硬件的安全机制。可信计算便是为克服上述问题而提出的一种防御思路：通过在计算平台中增加具有安全功能的硬件，并以软硬件结合的方式构建可信的计算环境实现安全防护。可信计算环境可以确保该环境中执行的计算过程具有某些特性，如保证其中运行程序和数据的真实性、机密性和可控性等，利用这些特性可以弥补仅靠软件安全防范方式带来的不足，从而更好地应对计算机系统安全面临的问题和挑战。

总体来看，可信计算的发展历程大致可以分为三个阶段。

(1)诞生起步期。1985 年美国国防部制定了世界上第一个《可信计算机系统评价准则》(trusted computer system evaluation criteria，TCSEC)[1]。在 TCSEC 中，第

一次提出了可信计算机(trusted computer，TC)和可信计算基(trusted computing base，TCB)的概念，并把 TCB 作为计算机系统安全的基础。之后，美国国防部又相继发布了“可信网络释义(trusted network interpretation，TNI)”[2]和“可信数据库释义(trusted database interpretation，TDI)”[3]，从而形成了最早的一套相对体系化的可信计算技术文件，标志着可信计算的正式诞生。

(2)快速发展期。1999 年，IBM、Intel、HP、微软等计算机巨头公司联合成立了“可信计算平台联盟(Trusted Computing Platform Alliance，TCPA)”。TCPA 的成立标志着可信计算技术从学术界正式迈入产业界。2003 年 TCPA 改组为可信计算组织[4]，可信计算技术和应用领域进一步扩大。同期，欧洲于 2006 年 1 月启动了名为“开放式可信计算(Open Trusted Computing)”[5]的可信计算研究计划，参加研究的科研机构和工业组织多达几十个，分为 10 个工作组，分别进行总体管理、需求定义与规范、底层接口、操作系统内核、安全服务管理、目标验证与评估、嵌入式控制、应用、实际系统发行、发布与标准化等工作。

(3)发展新阶段。2011 年 12 月，美国科学技术委员会(National Science and Technology Council，NSTC)发布了《可信任网络空间：联邦网络空间安全研究与发展战略计划》(Trustworthy Cyberspace: Strategic Plan for the Federal Cyber Security Research and Development Program)[6]，简称联邦网络空间安全研发战略计划。其中一个研究主题为可信定制空间(tailored trustworthy spaces)：在网络空间建立子空间，对不同类型的交互支持不同安全策略和不同安全服务，在满足网络空间安全的前提下，降低安全方案所付出的代价。

在我国，可信计算发展起步较早，以沈昌祥院士为代表的科学家团队在可信计算理论与关键技术研究方面取得了诸多成果，并逐步形成了一定的产业规模[7]：2000 年 6 月武汉大学和武汉瑞达公司合作开始了可信计算平台的研究，并于 2004 年自主研制出国内第一款可信计算平台；2005 年沈昌祥院士发起成立了“可信计算密码支撑平台标准联合工作组”，对可信计算密码方案进行预研；2006 年，《可信计算平台密码技术方案》和《可信计算密码支撑平台功能与接口规范》两个规范在国家密码管理局的主持下被制定完成；2013 年我国成立了可信计算产业联盟，为可信计算在我国落地和形成安全保障能力奠定了基础；2016 年沈昌祥院士提出“可信 3.0”，旨在构建基于可信计算的主动防御体系[8,9]，标志着可信计算在我国的发展也进入了新的阶段。

6.1.2 可信计算的概念和内涵

1. 可信的定义

虽然可信计算的发展已经有三十多年的历史，然而，从当前国内外文献资料可以看出，不同技术领域的学者对“可信”一词尚有不同的理解和定义。关于“可信”的定义，在英文文献中经常可以看到几个相近的术语，如 trust、trusted、trustworthiness、trustworthy。本质上，这些词语是存在细微差别的，其中，trust 是指 A 对于 B 的一系列属性的信任程度；trusted 是指建立在 A 先前的经验或行为之上认为 A 是可信的、可靠的；trustworthiness 是指对 A 满足一系列属性的度量；trustworthy 是指 A 具有可信赖、可靠的品质[10]。

1985 年，美国国防部制定的《可信计算系统评价准则》中首次提出了可信计算的概念，其采用了 trusted 一词。目前，关于可信计算中“可信”的定义主要有以下几种分类：①国际标准化组织与国际电子技术委员会(International Organization for Standardization/International Electro-technical Commission，ISO/IEC)在 ISO/IEC 15408 标准中定义可信为：参与计算的组件、操作或过程在任意条件下是可预测的，并能够抵御病毒和一定程度的物理干扰[11]；②可信计算组织用实体行为的预期性来定义可信，如果一个实体的行为是以预期的方式符合预期的目标，则该实体是可信的[4]；③IEEE 计算机学会可靠计算技术委员会(IEEE Computer Society Technical Committee on Dependable Computing)认为可信是指：计算机系统所提供的服务是可以证实其是可信赖的，这里的可信赖指的是可靠性、可用性和可维护性；④我国著名的信息安全专家沈昌祥院士团队认为：可信要做到一个实体在实现给定目标时，其行为总是符合预期结果，强调行为结果的可预测性[12-14]。

2. 可信计算的概念和基本思想

从上述可信的几种定义可以看出，可信对应三种不同的上下文：可信赖计算(dependable computing)、安全计算(security computing)和信任计算(trusted computing)。可信赖计算[15]源自早期的容错计算：主要针对元器件、系统和网络，对设计、制造、运行和维修在内的全过程中出现的各种非恶意故障进行故障检测、故障诊断、故障避免和故障容忍，使系统达到高可靠与高可用性；安全计算[16]则侧重于针对系统和网络运行过程中的恶意攻击，与可信赖计算的不同之处在于它针对的故障不同，安全计算主要针对人为的恶意攻击，而可信赖计算针对的是非人为的故障；信任计算源自早期的安全硬件设计，其主要思想是在计算机系统中首先建立信任根，再建立信任链，一级度量认证一级，一级信任一级，把信任关系扩大到整个计算机系统，从而确保计算机系统可信。

广义上的“可信计算”应该包括“可信赖计算”“安全计算”和“信任计算”，而本书的“可信计算”侧重于 TCG 及沈昌祥院士提出的定义，即 trusted computing。

一个典型的可信计算系统由信任根、可信硬件平台、可信操作系统和可信应用系统组成，如图 6-1 所示。

事实上，对于可信计算的理解可以参照人类社会的管理模式。从社会管理学的角度来看，社会稳定需要建立在一定的信任基础上(信任根)，并基于此建立起人与人、不同阶层之间的信任关系(信任链)。在这种机制下，实行国家的管理和各级负责人的考核任用。即由信任根出发，一级考核一级，一级信任一级，并最终形成整个国家管理系统。

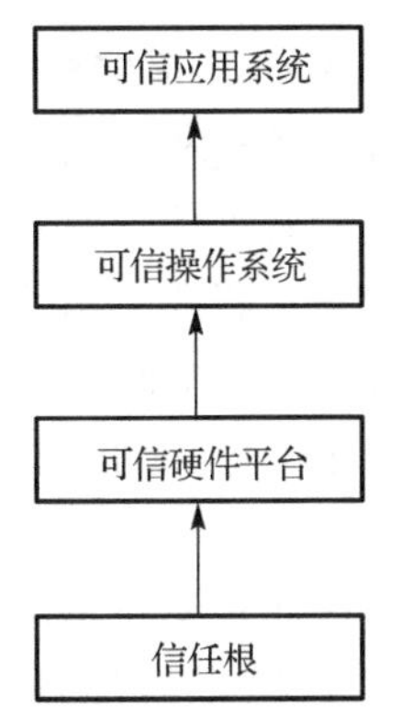

图 6-1 可信计算机系统

6.1.3 可信计算的研究现状

1. 国外研究现状

TCG 在可信计算方面的研究代表了相关领域的发展水平。针对可信计算技术的不同应用场景，TCG 组建了不同的工作组，如云工作组、IoT 工作组、移动工作组、TPM 工作组等。

(1) 云工作组[17]。2013 年 12 月提出了“可信多租户基础设施(trusted multi-tenant infrastructure，TMI)”架构。该架构是一个开放框架，定义了端到端的参考模型，用于指导可信云或共享基础设施的实际部署。TMI 工作组的目标是：①实现标准架构；②共享基础设施；③提供参考模型和实施指导；④确定和解决现有标准中存在的不足。

(2) IoT 工作组[18]。随着物联网技术的突飞猛进，其安全问题变得至关重要。为增强物联网的安全性，IoT 工作组提供了如何使用可信计算保护物联网的指导建议，描述了典型的 IoT 安全性用例，介绍了 TCG 技术如何应用于解决物联网安全问题，利用可信计算提供用于远程设备管理(如安全密钥存储和远程认证)的必要工具。

(3) 移动工作组[19]。包括移动平台工作组(mobile platform work group，MPWG)和可信移动解决方案工作组(trusted mobility solutions，TMS)。MPWG 是技术工作组，负责开发规范和参考文件。TMS 是 TCG 解决方案工作组，负责开发用例、框架和其他参考文档，MPWG 和 TMS 两个工作组经常协作应对移动设备市场不断变化的安全挑战。

(4) TPM 工作组[20]。2016 年 9 月发布了 TPM 2.0 最新版本 01.38，与 TPM 1.2 相比，主要的改变包括：①支持更多的加密和签名机制，而且密钥算法更加灵活；②将密钥划分为三个层级，即平台层级(platform hierarchy)、存储层级(storage hierarchy)、认可层级(endorsement hierarchy)；③支持多个认可密钥(endorsement

key，EK)和存储根密钥(storage root key，SRK)，并支持多种密钥算法；④对密钥和数据的授权方式进行了扩展。

随着可信计算技术的不断成熟，很多芯片厂商都推出了自己的可信平台模块芯片，并将芯片应用到服务器、笔记本电脑和台式 PC 中。例如，HP 公司推出了可信服务器；日本研制出了可信 PDA(personal digital assistant)；2014 年 4 月 8 日，微软公司正式停止对 Windows XP 的服务支持，强推可信的 Windows 8；2014 年 10 月，微软又推出 Windows 10，宣布停止非可信的 Windows 7，Windows 10 不仅是终端可信，而且支持移动终端、服务器、云计算、大数据等全面运行可信版本，强制与硬件 TPM 芯片配置，并支持网上一体化管理。

2. 国内研究现状

沈昌祥院士团队提出可信计算 3.0 构建主动防御体系[21]，标志着我国的可信计算研究步入 3.0 时代。经过长期攻关，可信计算 3.0 目前取得了多项创新成果，可以概括为“自主密码为基础，可控芯片为支柱，双融主板为平台，可信软件为核心，对等网络为纽带，生态应用成体系”。具体包括：平台密码方案创新，提出了可信计算密码模块(trusted computing cryptography module，TCM)，采用 SM 系列国产密码算法，并自主设计了双数字证书认证结构；提出了可信平台控制模块(trusted platform control module，TPCM)，TPCM 作为自主可控的可信节点植入可信根，先于中央处理器(CPU)启动并对基本输入/输出系统(BIOS)进行验证；将可信度量节点内置于可信平台主板中，构成了宿主机 CPU 加可信平台控制模块的双节点，实现信任链在“加电第一时刻”即建立；提出可信基础支撑软件框架，采用“宿主软件系统+可信软件基”的双系统体系结构；提出基于三层三元对等的可信连接框架，提高了网络连接的整体可信性、安全性和可管理性。随着可信计算 3.0 标准体系的逐步完备，相关标准的研制单位已达 40 多家，覆盖芯片、整机、软件和网络连接等相关产业链，授权专利达 40 多项，标准的创新点都做了技术验证，标志着可信计算 3.0 已具备了产业化的基础条件。

6.2　可信计算理论

6.1 节介绍了可信计算的基本概念、发展历程等，可以看出，基于“信任”关系建立的“信任链”是可信计算的基础和核心。本节对“信任”的基础理论和度量问题进行详细探讨，包括信任的属性、信任根的概念以及信任的实现途径，并介绍两种典型的信任度量模型，使读者对信任的度量有一个简单的了解，为后续学习和运用可信计算奠定基础。

6.2.1 信任基础理论

1. 信任的属性

在可信计算之前，“信任”实际上是社会学中的一种概念。在管理学、社会科学、经济学、政治、历史、心理学、信息系统等不同领域，研究者从不同的角度对信任给出了各自的定义。一般认为信任是一个多维的、具有多重属性的概念[22]，典型属性包括[23, 24]如下含义。

(1)信任属于一种二元关系。即信任的主体和客体两个对象之间构成二元关系，并且信任的主体和客体可以是个体，也可以是群体。因此，信任关系可以是一对一、一对多(个体对群体)、多对一(群体对个体)或多对多(群体对群体)的。

(2)信任具有二重性。信任度量的依据既包括信任主体的主观评价，也包括信任主客体双方所处环境的客观因素，因此其既具有主观性又具有客观性。

(3)信任不一定具有对称性。由于二者主观评价标准不同，“A 信任 B”并不意味着“B 信任 A”。

(4)信任具有传递性。这不是严格的，且在传播过程中可能有损失，这是由于不同信任主体的评价标准不一致，导致信任在传输过程中产生损耗。

(5)信任的动态性。即信任与实体所处的环境以及时间等因素密切相关。信任关系并不是固定不变的，随着时间的推移与环境的变化，也会发生变化。

2. 信任根与信任链

信任根是可信计算机系统的基点。TCG 认为一个可信计算机系统必须包含三个信任根：可信度量根(root of trust for measurement，RTM)、可信存储根(root of trust for storage，RTS)和可信报告根(root of trust for report，RTR)。其中，可信度量根是对系统进行可信度量的基点；可信存储根是系统可信性度量值的存储基点；可信报告根是系统向访问客体提供系统可信性状态报告的基点。信任根是信任链的起点，信任链是信任度量模型的实施技术方案，通过此技术，将信任关系从信任根扩展到整个计算机系统以确保可信计算平台可信。TCG 给出的信任链定义如下：

$$\text{CRTM} \rightarrow \text{BIOS} \rightarrow \text{OSLoader} \rightarrow \text{OS} \rightarrow \text{Applications}$$

可信度量根被称为可信度量根核(core root of trust for measurement，CRTM)。以 CRTM 为起点出发，经过 BIOS，到 OSLoader，再到 OS，构成一条信任链。用户根据信任的属性，沿着信任链，一级度量认证一级，一级信任一级，确保整个平台可信。这种链式结构模型最大的优点是实现了可信计算的基本思想，而且与现有的计算机有较好的兼容性，实现简单。信任根是信任链的基础，没有信任根，可信计算就失去了可信的基础，成为“空中楼阁”。这里仅作简单介绍，使读者了解信任链的基本概念和作用。

显然，首先要保证的是信任根的安全与可靠(可信)，并确保信任根的可信性高于其他部件。通常来讲，信任根的可信性由物理保障、技术完善和管理安全等方面的措施共同完成。为了实现简单，在度量信任时候，TCG 在可信 PC 规范中采用了一种简单的信任度量模型[25]。

二值化：认为只存在信任和不信任两种极端情况，而不考虑信任程度的情况。

理想化：认为信任在传递过程中没有损失，即不考虑信任在传递中的损失。

将数据的完整性作为信任值：由于目前信任度量理论和技术均有一定的局限性，尚不能直接度量计算机系统中的可信性，因而对可信的度量采用了度量数据完整性的方法。

TCG 这种简单的度量模型适用场景有限，在 6.2.2 节我们基于现有信任度量模型，选取了两种典型的信任度量理论模型供读者了解学习，便于更深入地理解。

3. 信任的获得方法

信任的获取途径主要有直接和间接两种[7]。

(1)为了测量 A 对 B 的信任度，如果 A 和 B 过去存在交往，则可以通过考察 B 以往的行为确定 A 对 B 的信任度。这类利用直接交往获得的信任值称为直接信任值，如图 6-2(a)所示。

(2)如果 A 和 B 过去不存在任何交往，A 可以通过咨询一个对 B 比较了解的实体 C 来得到 B 的信任值(实体 C 需要与 B 有过直接交往)。这种信任获取方法称为间接信任值，也可以说是 C 向 A 推荐 B 的信任值，如图 6-2(b)所示。当然也存在多级推荐情况，如图 6-2(c)所示，或者共同推荐情况，如图 6-2(d)所示。推荐信任产生了信任链，这与信任的传递属性一致。

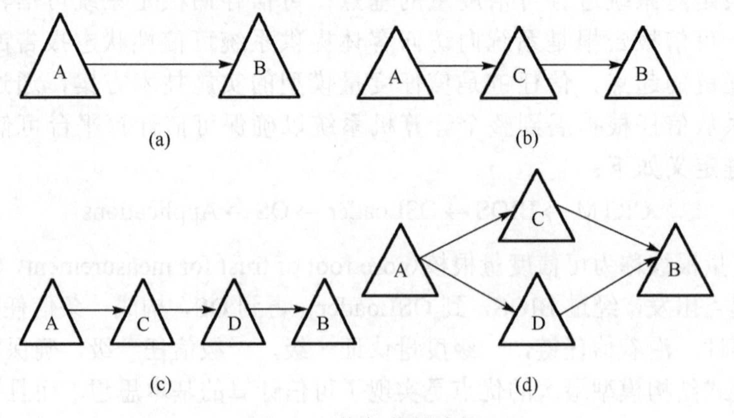

图 6-2　信任获得途径

6.2.2 信任的度量

目前，对信任的度量并没有权威的分类方法，但从国内外学者研究所达成的共识来看，业界主流的度量分类方法有三种：基于概率统计的度量方法、基于模糊数学的度量方法和基于系统完整性的多次度量方法。总体来说，这三种度量方法应用比较广泛。此外，还有基于证据理论的信任度量模型以及基于软件行为的信任度量方法。本节详细介绍前两种方法。

1. 基于概率统计的信任度量方法

从前面的描述可以看出，TCG 对可信的定义强调可信实体的行为与预期保持一致，“保持这种状态”表明信任具有时间连续性和概率统计意义[23]。对象间的不确定性通常是由客观条件或者认知不充分导致的，所以可以用概率统计的方法描述信任理论；而概率的取值范围为[0,1]，恰恰可以表示信任有程度之分的基本属性。同时，一些概率统计方法也可直接用来计算实体之间的信任值。

基于概率统计的信任度量方法用概率值表示实体间的信任度。实体 I 对实体 J 的信任度定义为 $t_{IJ} \in [0,1]$，t_{IJ} 值越大表示实体 I 对实体 J 的信任度越高，0 和 1 两个边界表示两种极端情况，分别代表不信任和完全信任。概率信任值具有两方面的含义：一是表示实体之间的信任程度；二是表示实体之间不信任的程度。依据收集到的数据进行信任度评估(推测)的计算方法主要有加权平均法、Beta 分布计算和狄利克雷分布计算等。

1) 加权平均信任计算方法

现在很多信任系统都采用加权平均法来计算实体之间的信任值，即

$$t_{IJ} = \alpha \cdot [\beta \cdot R_d + (1-\beta)R_r] - \gamma R_i \tag{6-1}$$

式中，I 和 J 代表待计算的实体，t_{IJ} 表示前者对后者的信任值；R_d 为实体 I 和实体 J 之间的直接信任值，可通过两者的直接交往计算得出；R_r 是实体 I 根据其他实体 J 推荐信息计算出的间接信任值；R_i 是两者交互带来的风险值；α、β、γ 分别代表权重系数。

2) 基于 Beta 分布信任计算方法

文献[26]和文献[27]提出了基于 Beta 分布的信任度量方法。Beta 分布通常被用来描述二元事件的发生概率，其概率密度分布函数为

$$f(p \mid m,n) = \frac{p^{m-1}(1-p)^{n-1}}{\int U^{m-1}(1-U)^{n-1}\mathrm{d}U}, \quad m,n > 0 \tag{6-2}$$

式中，p 表示二元事件中的 0 事件或 1 事件发生的可能性；m 和 n 决定了概率密度函数曲线的形状。特殊情况下，当 $m=n=1$ 时，Beta 分布就变成了均匀分布。

文献[26]和文献[27]将 Beta 分布中变量 p 的期望作为实体的信任值，则 p 表示交互结果为 1 的概率，p 的期望为

$$E(p|m,n)=\frac{m}{m+n} \tag{6-3}$$

该方法认为，实体 I 和 J 之间的交互结果只能为 0 或者 1，一次交互结果为 0 表示两个实体不信任，结果为 1 表示信任。r 代表交互结果为 1 的次数，s 代表交互结果为 0 的次数。该方法度量信任值的思想是统计实体在交互过程结果为 0 和 1 的次数，并取 $m=r+1$，$n=s+1$。如果实体 I 和 J 之间共发生了 8 次交互，在 I 看来有 7 次结果为 1，只有 1 次结果为 0，则对 I 而言与 J 的交互结果为 1 的概率 p 的概率密度分布为 $f(p|(7+1),(1+1))=f(p|8,2)$，$p$ 的期望值为 $E(p|8,2)=0.8$，即 I 认为 J 的信任值为 0.8。这可以理解为 I 认为未来与 J 的交互结果为 1 的可能性是 0.8。

实际上，对于某一未知的实体 J，实体 I 自身可能没有足够的直接经验，因此需要借助来源于其他实体的间接交互结果。为此，实体 I 首先向临近的实体 k 查询其对 J 的评价(假设其临近实体的集合为 N_i)，获得形式为 $<r_{kj},s_{kj}>$ 的评价，r_{kj} 表示实体 I 通过临近实体 k 获得的其与实体 J 交互结果为 1 的次数，s_{kj} 表示实体 I 通过临近实体 k 获得的其与实体 J 交互结果为 0 的次数。实体 I 要将自身的直接经验与来自多个邻近实体的评价按照如下公式融合

$$R_{ij}=r_{ij}+\sum_{k\in N_i}r_{kj} \tag{6-4}$$

$$S_{ij}=s_{ij}+\sum_{k\in N_i}s_{kj} \tag{6-5}$$

式中，r_{ij} 表示实体 I 根据直接经验认为与实体 J 交互结果为 1 的次数；s_{ij} 表示实体 I 根据直接经验认为与实体 J 交互结果为 0 的次数；R_{ij} 表示实体 I 通过直接经验和临近实体集合 N_i 与实体 J 交互结果为 1 的次数；S_{ij} 表示实体 I 通过直接经验和临近实体集合 N_i 与实体 J 交互结果为 0 的次数。令 $m=R_{ij}+1$ 和 $n=S_{ij}+1$，然后根据式(6-3)可计算实体 I 和 J 之间的信任值。

基于 Beta 分布的信任计算方法只适用于二元评价结果的情况，在多元评价结果的情况下，可以使用狄利克雷分布建模，具体可参考文献[28]，这里不再赘述。

2. 基于模糊数学的信任度量方法

由信任的属性可知信任具有主观性，可信与不可信之间并没有明确的界限，因此非常适合用模糊数学来描述。模糊关系是模糊数学中的重要组成部分，正好可以体现信任是一种二元关系的基本属性[29, 30]，基于此建立了一种基于模糊关系的信任模型，简要描述如下。

通常存在一种表达，如实体 I 说实体 J 80%可信，实体 J 比 J' 更可信等，这表明信任具有不同的级别或者有信任度的存在，这也体现了信任的基本属性。在模糊集合理论中，一个模糊集合与其隶属函数是完全等价的。在可信计算中，定义模糊直接信任关系如下。

E 为所有实体集合，DT 为 $E\times E$ 的模糊集，其隶属函数为[7]

$$\mu_{\mathrm{DT}}: E\times E \to [0,1], (e_I, e_J) \mapsto \mu_{\mathrm{DT}}(e_I, e_J) \tag{6-6}$$

式中，$\mu_{\mathrm{DT}}(e_I, e_J)$ 为实体 I 信任 J 的直接信任度。

DT 为从 E 到 E 的模糊直接信任关系，记为 $E \xrightarrow{\mathrm{DT}} E$，其和 μ_{DT} 等价。

模糊直接信任关系的描述对象为 $E\times E$ 域中的实体对 (e_I, e_J)，这体现了信任是一种二元关系的基本属性。模糊直接信任关系的隶属度 $\mu_{\mathrm{DT}}(e_I, e_J)$ 体现了信任的可度量属性。$\mathrm{DT}(e_I, e_k)$ 不一定等于 $\mathrm{DT}(e_J, e_k)$，这体现了信任的主观性。$\mathrm{DT}(e_I, e_J)$ 与 $\mathrm{DT}(e_J, e_I)$ 不一定相等，这体现了信任关系的非对称性。$\mathrm{DT}(e_I, e_k)$、$\mathrm{DT}(e_I, e_J)$、$\mathrm{DT}(e_J, e_k)$ 之间没有直接关系，这体现了信任的非传递性。

假设一个系统里有三个实体，即 $E=\{e_1, e_2, e_3\}$，$E\times E$ 的一个模糊直接信任关系 DT 的隶属函数为

$$\mathrm{DT} = \frac{\mathrm{dt}_{e_1e_2}}{(e_1,e_1)} + \frac{\mathrm{dt}_{e_2e_1}}{(e_2,e_1)} + \frac{\mathrm{dt}_{e_3e_1}}{(e_3,e_1)} + \frac{\mathrm{dt}_{e_2e_2}}{(e_2,e_2)} + \frac{\mathrm{dt}_{e_3e_2}}{(e_3,e_2)} + \frac{\mathrm{dt}_{e_3e_3}}{(e_3,e_3)}$$
$$\frac{1.0}{(e_1,e_1)} + \frac{0.9}{(e_2,e_1)} + \frac{0.9}{(e_3,e_1)} + \frac{1.0}{(e_2,e_2)} + \frac{0.8}{(e_3,e_2)} + \frac{0.5}{(e_3,e_3)} \tag{6-7}$$

式中，分子 $\mathrm{dt}_{e_Ie_J} = \mathrm{DT}(e_I, e_J)$ 表示实体 I 信任实体 J 的信任程度。前三项分子较大，表明三个实体都比较信任实体 1；由于实体 1 不信任实体 2，实体 1 和实体 2 不信任实体 3，所以 $\mathrm{dt}_{12} = \mathrm{dt}_{13} = \mathrm{dt}_{23} = 0$；$\mathrm{dt}_{33} = 0.5$ 表明实体 3 对于自己不是很信任。

模糊直接信任关系具有方向性，可以用模糊图的有向性表示，这也体现了信任的非对称性。模糊图在模糊聚类分析中有较多的应用。本实例的模糊图如图 6-3 所示。

模糊矩阵可以表示为

$$\begin{pmatrix} 1.0 & 0 & 0 \\ 0.9 & 1.0 & 0 \\ 0.9 & 0.8 & 0.5 \end{pmatrix}$$

模糊矩阵便于模糊计算。

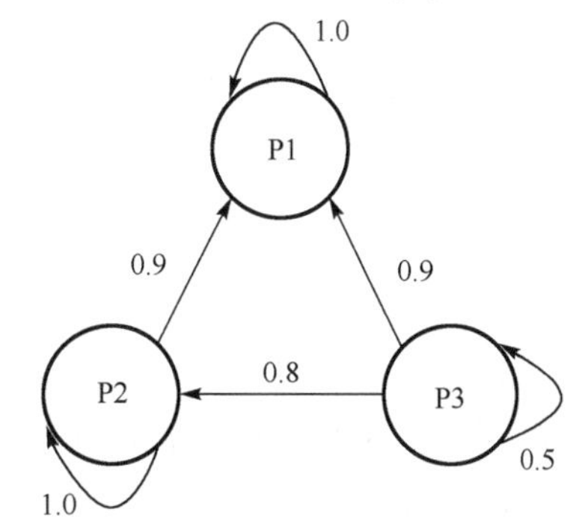

图 6-3 实例的模糊图

实体 I 信任实体 J 的直接信任度（dt_{IJ}）取决于实体 I 与实体 J 的直接历史交互记录。如果 I 觉得在过去一段时间内与 J 有多次成功的交互，只有较少次失败的交互，那么实体 I 信任实体 J 的信任度就较高，反之则较低。

假设在过去一段时间内，I 认为与 J 有 p 次成功的交互，有 q 次失败的交互，则模糊直接信任关系隶属函数的定义为

$$\mathrm{dt}_{IJ} = \mathrm{DT}(e_I, e_J) = \frac{p}{p+q}, \quad p+q>0 \tag{6-8}$$

如果交互次数太少，依据上面的公式来进行决策是否信任对方也会出错。例如，单凭一次交互是否成功就决定信任对方就不太合理，因为一次交互具有一定的偶然性，而信任度需要考察一段时间内对方实体多次交互的表现情况。将上述隶属函数修改为

$$\mathrm{dt}_{IJ} = \begin{cases} 0.5+(p-q)/(2T_I), & p+q \leqslant T_I \\ p/(p+q), & p+q > T_I \end{cases}, \quad T_I > 0 \tag{6-9}$$

式中，T_I 为交互次数阈值，每个实体的阈值不尽相同，由实体自行设定。随着新的交互的发生，成功或失败的交易次数会发生变化，信任度也会发生变化，这体现了信任的动态性。

6.3　可信计算技术

6.2 节介绍的可信计算基础理论是可信计算的基础，可信计算技术是可信计算基础理论的具体实现。下面对可信计算的技术体系进行介绍。

6.3.1　可信计算平台

可信计算平台是可信计算技术的核心。可信计算平台是一种能够提供可信计算服务并确保系统可靠性的计算机软硬件实体。可信计算平台实现可信计算的基本思想是利用可信平台模块(trusted platform module，TPM)建立信任根，然后把该信任根作为信任的起点，在可信软件的协助下建立一条信任链。通过信任链，系统将底层可靠的信任关系扩展至整个系统，从而确保整个计算机系统可信。

1. 功能原理

为实现可信目标，可信计算平台至少应具备三个最基本的功能：安全存储，认证机制，以及平台完整性度量、存储和报告。

1)安全存储

安全存储的目的是确保敏感数据的完整性与机密性。考虑到 TPM 具有防篡改的安全特性，且自身安全性能较高，因此可以将敏感数据存储在 TPM 内部，但由于 TPM 内部的存储空间极其有限，因此难以满足过多数据存储的需求。为解决该问题，TCG 提出了一种利用加密机制来扩展安全存储容量的方法，具体实现机制为

存储封装与解封装。封装可理解为一种增强的加密存储方法，其基本思想是选择一组特定的PCR(platform configuration register)，然后对这些寄存器的值以及需要封装的秘密消息进行非对称加密。封装的流程如图6-4所示，具体流程包括以下三个步骤。

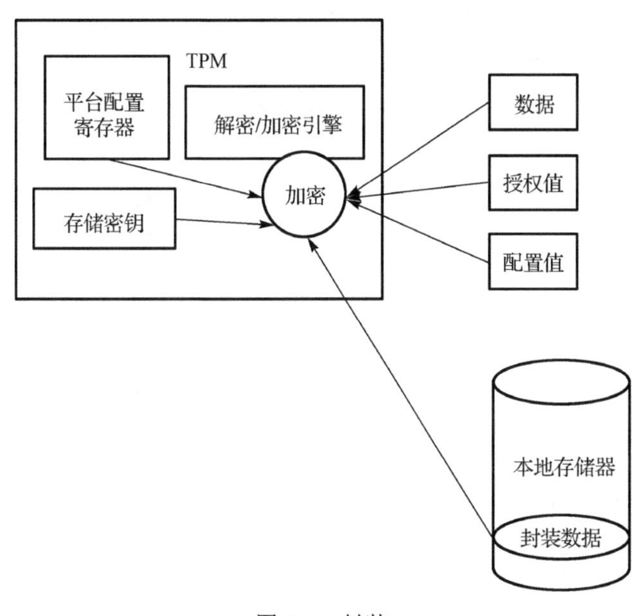

图6-4 封装

(1)输入部分：包括被封装的秘密数据(如对称密钥)、授权值和选择的PCR配置值。

(2)若授权值正确，则TPM利用存储密钥对被封装的秘密数据和PCR值进行非对称加密生成封装密文块，否则无法完成封装。

(3)封装完成后将封装密文块存储在TPM外部的本地普通存储器设备中。

与封装相对应的是解封装，如图6-5所示。解封装的本质是有条件的解密过程，获取被封装的秘密消息的流程如下。

(1)将对应的封装密文块从本地普通存储器装载到TPM内部。

(2)在输入正确的授权值情况下利用存储密钥对其解密。

(3)判断可信平台当前状态的PCR值是否与封装密文块中的PCR一致。如果一致，则用户能够获取被封装的秘密消息，即解封装成功；否则拒绝输出被封装的秘密消息，即解封装失败。

封装与解封装一般应用在一些安全级别较高的场景。

(1)数据安全增强：针对数据的安全系数要求比较高的情况，可利用封装技术来增强数据安全性。首先对该数据用对称密钥进行加密，然后在平台某种特定的状态

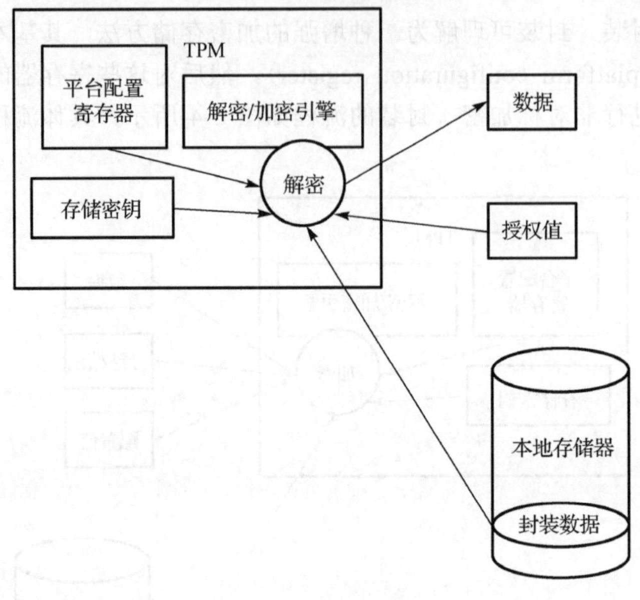

图 6-5　解封装

下对该对称密钥进行封装。当且仅当平台满足封装时的状态，解封装才能成功，进而获取对称密钥对数据解密。由于解密需要在安全平台的特定状态下才可完成，这实际上将数据与平台状态关联起来，从而提高了数据的安全性。

(2) 密钥防盗窃：由于密钥是非常敏感的信息，所以确保其安全是密钥管理的关键环节。封装技术可有效保证密钥在使用期间的安全性，防止被窃取。首先在计算平台安全的状态下对密钥进行封装，在使用密钥的时候，需要对密钥解封装，若此时平台处于不安全状态，则当前状态与封装时的平台状态不一致，解封装必然失败，便不会输出密钥明文；否则说明平台处在安全状态，因此密钥也是安全的。

(3) 安全启动：指在平台启动过程中，对每个启动组件进行运行前的安全性检查，如果满足安全需求，则启动继续进行；如果发现异常，则终止启动或发出警告。通过封装技术可实现平台的安全启动。首先将安全平台的每个启动阶段的状态进行封装，在以后的每次启动过程中，对每个启动阶段进行解封装，如果解封装成功，证明当前的状态是安全的，再启动下一组件，否则终止启动(或异常警告)。

2) 认证机制

可信计算平台证明机制是用于确保来自主机的信息是否准确的过程。利用可信计算平台证明机制可以实现对网络通信实体的身份认证。TCG 的平台证明机制包括三个层次。

(1) 平台身份可信性证明：平台的身份可信性证明是证明平台拥有一个合法

TPM的过程，因为平台与TPM是一一对应的关系，TPM与背书密钥(endorsement key，EK)是一一对应关系，即可以推出平台与EK一一对应。因此，证明平台身份的可信性，最终需要证明嵌入到平台中的TPM是否拥有一个合法的EK。

(2)平台行为可信性证明：平台行为可信性证明是指通过使用平台相关的证书或这些证书的子集来提供证据，证明平台行为是可以被信任的。

(3)平台状态可信性证明：平台状态可信性证明是指提供一组平台完整性度量数据，并证明该度量数据是可信的过程。这一过程通过使用TPM中的身份证明密钥(attestation identity key，AIK)对一组PCR值进行数字签名，然后结合存储度量日志和完整性参考值进行校验来实现。

3)平台完整性度量、存储和报告

可信计算平台完整性度量、存储和报告的基本原理是允许可信计算平台进入任何可能的状态(包括不安全状态)，但是必须确保该平台不能对其是否进入或退出了这种状态进行隐瞒、假报以及修改，即不可以提供任何虚假的状态。完整性度量就是收集当前平台的运行状态，可理解为信任链建立过程。度量过程是对影响平台完整性的组件进行度量，获得该平台组件的度量值，然后将度量值存储到存储设备中，将该度量值的摘要通过TPM_extend命令扩展到对应的PCR中。度量的起点是可信度量根，由于起点没有受到度量，所以假设可信度量根是安全可信的。

通常将一次度量过程称为一个度量事件，度量事件的结果称为度量事件结构，每个度量事件结构包含两部分：①被度量值——嵌入式数据或程序代码的特征值(存储到存储度量日志中)；②度量摘要值——被度量值的散列(通过扩展的方式存储到TPM对应的PCR中)。

被度量值和度量摘要值分别以不同的方式存储在不同的存储空间中。如图6-6所示，对于每一个度量事件，当前具有执行控制权的组件首先对即将运行的下一组件进行度量，生成度量事件结构，然后将被度量值存放在存储度量日志中，最后将摘要值扩展到PCR中。

除了将度量摘要存储到PCR中，完整性存储还需将被度量组件的历史记录(包括特征和对应的序列)存储到存储度量日志中。存储度量日志主要是为外部实体判断平台的状态提供相应的历史记录，外部实体可通过比对参考校验值与存储度量日志中对应的值来判断组件的安全性和完整性。

完整性报告是指平台向外部实体提供平台或部分部件的完整性度量值。TPM本身并不能判断存储的度量值所对应的组件是否安全、完整，它只是负责可靠地计算并把计算结果报告给外部实体。组件是否安全需要外部实体通过验证度量存储日志和参考校验值来确定。此时的完整性报告使用AIK对其进行签名，以鉴别该完整性报告是否来自于一个可信平台。图6-7所示为可信计算平台完整性报告模型。

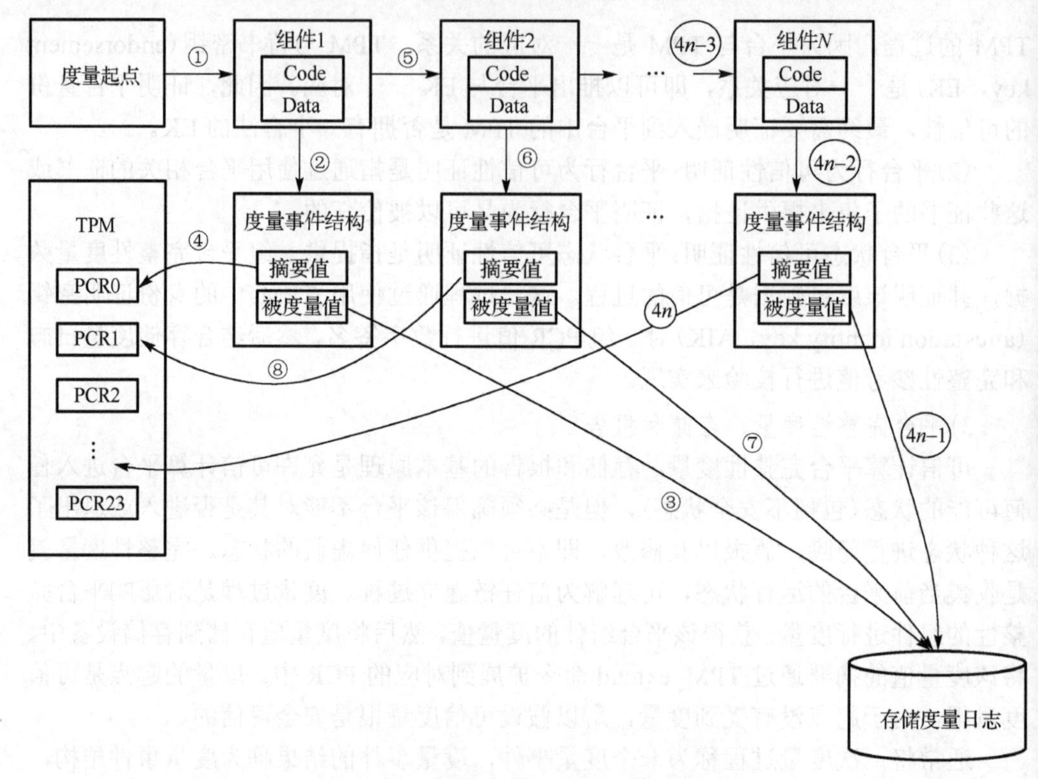

图 6-6　可信计算平台完整性度量和存储

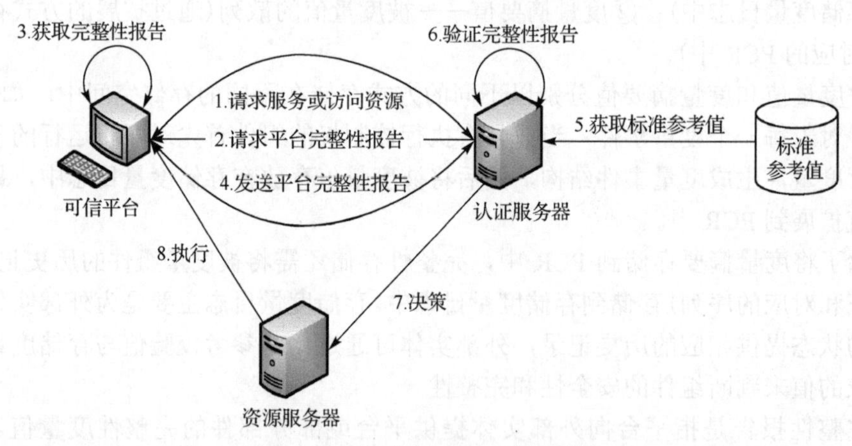

图 6-7　可信计算平台完整性报告模型

2. 体系结构

一个典型的可信计算平台上的体系结构主要由以下三层组成：可信平台模块、可信软件栈(TCG software stack，TSS)和应用程序，如图 6-8 所示。

可信平台模块(含 TPM 设备驱动)运行于核心模式，可信软件栈和应用程序运行于用户模式。TPM 是整个可信计算平台的硬件可信根，是平台可信的起点，其内部封装了可信计算平台所需要的大部分安全服务功能，用来为平台提供基本的安全服务；TSS 是连接计算机应用程序与硬件 TPM 的软件系统，可信计算平台的应用程序通过TSS接口调用TPM功能[31, 32]。可信计算平台体系结构的大体运行机制为：TPM 加载 TPM 驱动程序，通过 TPM 驱动接口与上层的 TSS 进行交互，TSS 为顶层的应用程序提供 TSP(TSS service provider)接口，因此，顶层的应用通过调用 TSP 接口与 TSS 交互，而 TSS 则向下通过指令的方式实现 TPM 的功能。

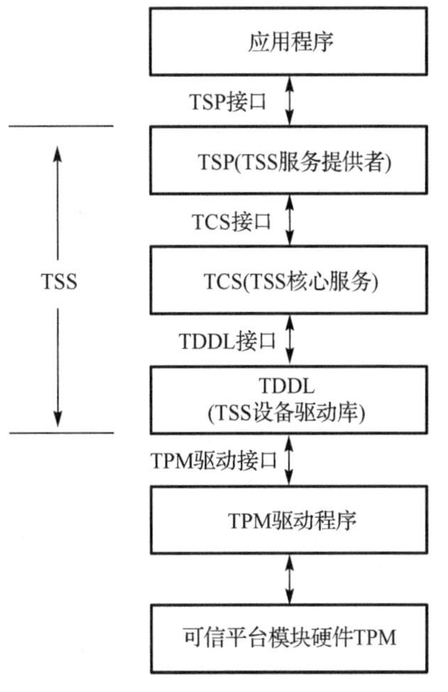

图 6-8　可信计算平台体系结构

3. 可信平台模块

与普通计算机相比，可信计算机最大的特点就是在主板上嵌入了一个安全模块——TPM。在 TPM 的内部封装了可信计算平台所需要的大部分安全服务功能，用来为平台提供基本的安全服务。同时，TPM 是整个可信计算平台的硬件可信根，是平台可信的起点。作为平台的硬件可信根，TPM 受到了严格的保护：具有物理上的防攻击、防篡改和防探测能力，保证 TPM 自身以及内部数据不被非法攻击。

1) TPM 功能组件体系结构

图 6-9 给出了 TPM 功能组件体系结构图。I/O 部件负责总线协议的编码与译码，并且与其他各个部件进行通信；密码协处理器用于实现加密、解密、签名以及签名验证；HMAC 引擎实现 HMAC 的计算；SHA-1 引擎实现 Hash 计算功能；非易失性存储器主要用于存储嵌入式操作系统及其文件系统，以及密钥、证书、标识等重要数据；密钥生成部件用于产生 RSA 密钥对；随机数发生器是 TPM 内置的随机源；电源检测部件管理 TPM 的电源状态和平台的电源状态；执行引擎包含 CPU 和嵌入式软件，通过软件的运行来执行接收到的命令；易失性存储器是 TPM 的内部工作存储器。

2) TPM 特征

TPM 利用其特性在所在平台的配合下创建可信度量根、可信存储根和可信报告根。在 TCG 系统中，可信根是无条件被信任的，系统并不检测可信根的行为，因此，可信根的可信性是系统是否可信的关键。

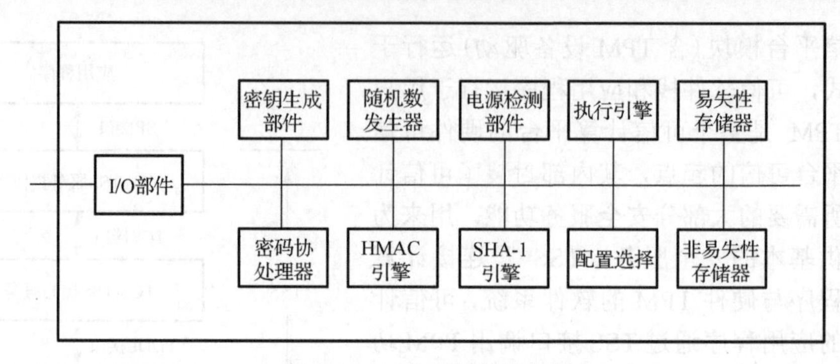

图 6-9　TPM 功能组件结构

可信度量根是度量的初始根，是平台启动过程中最先执行的代码，对任何用户定义的平台配置进行度量。如果 RTM 不安全，后续所有度量的可信性就无从谈起。在 PC 中，RTM 为固化在 BIOS 芯片中最先运行的那部分代码。由于禁止对这部分代码进行修改或刷新，所以 RTM 是无条件可信的。如图 6-10 所示，在平台启动后，RTM 的可信性通过“信任传递”过程，依次经过 RTM、OSLoader、OS 和 Application，将这种信任关系扩展到整个平台环境中，从而实现整个平台的可信。“信任传递”的基本原理是：当前拥有控制权的可信代码在将控制权移交之前，先对后续代码进行度量，并把度量值通过完整性存储保存起来，然后启动运行后续执行代码并移交控制权，依次执行该过程，从而将可信关系传递到整个平台环境。

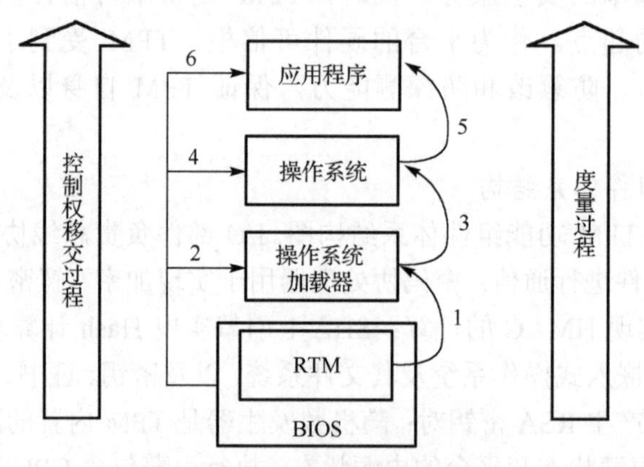

图 6-10　信任传递模式

可信存储根：可信存储根是实现可信存储的基础，一般指存储根密钥(SRK)。RTS 负责保护所有委托给 TPM 的密钥和数据。出于安全和性价比考虑，可信计算平台将 SRK 存储在 TPM 的非易失性存储器中，从物理上确保存储根密钥的安全，进而确保存储根密钥的可信性。

可信报告根：可信报告根是实现可信完整性报告的基础，一般指认可密钥 EK。RTR 具有唯一性，负责建立平台身份，实现平台身份证明和完整性报告，保护报告值并且提供完整性报告的验证功能。

在可信计算信任链机制中，RTM 主要负责平台的完整性度量工作，并将度量结果生成报告发送给 RTS，RTS 提供安全可信的存储空间，当用户要求验证身份合法性时，RTR 把度量信息加密后发送给验证方。RTM、RTR 和 RTS 协同工作，通过度量平台的完整性、完整性报告的安全存储以及完整性的验证来证明可信平台是按照期望的方式运行的[32]。

4. 可信软件栈

TCG 可信软件栈(TSS)简称可信软件栈，它位于 TPM 和应用程序之间，为应用程序提供可信平台模块的接口。TSS 从结构上可分为三层，如图 6-8 所示，自下而上分别为 TSS 设备驱动库(trusted device driver library，TDDL)、TSS 核心服务(TSS core service，TCS)和 TSS 服务提供者(TSP)。TSS 的主要功能是：①为应用程序提供使用 TPM 功能的软件接口；②统一调度和管理 TPM 硬件资源；③将来自于应用程序的结构化命令流转化为适当的字节序列，从而屏蔽不同应用程序请求命令的差异[33]。

1) TDDL

TDDL 位于 TCS 和 TPM 设备驱动程序之间，其主要功能是提供可信软件栈与 TPM 设备驱动进行交互的 API 库。TDDL 接口具有如下优点。

(1) 保证不同实现形式的 TSS 可与任何 TPM 进行通信。

(2) 为 TPM 应用提供接口，且接口与操作系统无关。

(3) 允许 TPM 供应商提供软件 TPM 仿真器作为用户模式组件。

2) TCS

TCS 层主要用于管理和调度 TPM 硬件资源，当应用程序通过 TSP 接口申请调用 TPM 功能的时候，TCS 负责向 TPM 申请内存、权限等[34]。TCS 不仅可提供 TPM 存储、管理以及保护密钥的功能，还可提供如审计管理、密钥和证书管理、度量事件管理、上下文管理和参数块生成等功能服务。应用程序通过 TCS 提供的接口可以非常直接、简便地调用 TPM 的相应功能。

3) TSP

TSP 的主要功能是为可信平台系统上层的应用程序提供丰富的面向对象接口，还可提供上下文管理和密码功能等服务，使得上层应用程序能够更加直接、方便地利用 TPM 提供的功能来构建平台所需的各类安全特性。

5. 可信计算测评

可信计算测评主要包括：可信计算安全机制分析和可信计算相关产品的评估认证。

1)可信计算安全机制分析

目前，可信计算安全机制分析普遍采用理论化、形式化的方法分析和验证可信计算领域的抽象协议与运行机制的各类安全性质。研究人员通常采用模型检验和定理证明两类方法，分析和验证 TPM/TCM 的授权协议、DAA 协议、PCR 扩展机制和可信计算平台的信任链构建机制等机密性、认证性、匿名性和各类其他安全性质。

(1)基于模型检验的分析。

模型检验方法将目标系统刻画为有限状态迁移系统，将系统应满足的目标性质刻画为逻辑学中的逻辑描述，并采用自动化手段检查目标系统的每条轨迹是否都满足目标性质[35]。模型检验的主要优点包括两方面：第一，可以完全自动化，只要用户给定检测目标系统和性质的逻辑描述，模型检验方法就可以自动完成所有检验工作；第二，模型检验可以在模型层面较为直观地给出目标漏洞，如果检测所使用的建模方法比较合理，则该目标漏洞有可能转化为一个实际的安全漏洞。该方法的缺点是只能处理有限状态系统，由于协议等检测目标的潜在行为状态通常是无限的，因而模型检验方法注定是一种不完全的方法。随着检测目标系统规模的增加，其状态数目急剧增加，模型检验方法也往往很快面临状态爆炸问题。

使用模型检验分析方法分析协议时，首先要清晰地描述协议本身，去除协议描述的二义性，为协议建模做好准备；然后设定有关密码学算法和协议攻击者等的前提假设，利用模型检测工具的建模语言分析目标和性质；最后运行工具，得到并分析检验结果。

(2)基于定理证明的分析。

除了模型检验外，国内外学者还基于信念逻辑①、安全系统逻辑和应用 Pi 演算等方法对授权协议、信任链和 DAA 协议等可信计算安全机制进行了分析。由于信念逻辑等方法一般考虑分析目标的所有行为，并且验证它们行为正确所满足的条件，因此该类方法一般称为定理证明类分析方法[36]。由于定理证明采用的是严密的逻辑分析方法，其最大优势在于分析的可靠性，即一个安全性质一旦被证明，则其(在定理证明系统设定的模型中)确实是成立的。但是，定理证明类分析方法只用于证明协议的安全性质，不擅长发现对象的缺陷，其在自动化程度方面无法与模型检验方法相比。

目前，基于定理证明的可信计算安全机制分析技术还处于起步阶段[37, 38]，存在以下局限性：首先，当前可信计算环境构建方法和相关安全技术不断推陈出新，分析工作还无法跟上技术发展的步伐；其次，对可信计算技术实际运用中的一些具体问题(如远程证明协议、TNC 协议与安全信道协议的结合)的安全性分析还没有取得

① 模态逻辑是逻辑学中的一个重要分支，它是自然语言中有关模态部分的数理模型。目前，模态逻辑已经被广泛用于人工智能的知识表示以及计算机科学的其他领域。信念逻辑是一类特殊的模态逻辑。信念逻辑研究自然语言中由信念模态词(如“我相信”)构成的模态命题以及这些命题之间的逻辑关系。

令人信服的研究成果；最后，对直接匿名证明协议和可信虚拟平台等较为复杂的分析对象，现有的形式化描述方法与安全属性定义还不成熟，各类分析方法，尤其是定理证明类方法在可信计算领域的运用还有待商讨。

2) 可信计算评估

相对于形式化分析，安全评估是一种更为全面的验证工作。安全评估在考虑规范和产品自身安全性的基础上，重点关注规范和产品的制定或产生过程。TCG 已经推出了可信计算安全评估文档，用于 TPM 和 TNC 的认证工作，基于这些文档可以对安全评估的正确性和合理性做进一步的检验。

(1) 评估标准。

TCG 产品的评估主要依据通用准则(common criteria，CC)。CC 的核心理念是引入安全工程思想，即通过评估目标的设计、开发与使用全过程实施安全工程来确保安全性。CC 评估准则总体上分为安全功能要求和安全保障要求两个相对独立的部分，并为安全保障要求设定了 7 个评估保障级别。除了安全功能和保障要求外，CC 还要求权威机构针对特定类型的产品制定满足特定用户需求、抽象层次较高、与具体评估目标无关的安全要求，称为保护轮廓(protection profile，PP)。给定一个或多个 PP，产品厂商可以撰写自身产品所能够满足的具体安全要求，称为安全目标(security target，ST)。评估机构可以一次评估 PP 和 ST，最终完成对目标产品的评估。目前，TCG 已经在规范体系概览中明确规定了安全评估的目的、实施环境、实施流程以及认证的关系。

(2) TPM 和 TNC 认证。

以安全评估结果作为主要依据，参考合规性测试等内容，TCG 已经开展了可信平台模块和可信网络连接的认证工作。TPM 认证的主要依据包含以下两方面。①合规性测试。TCG 自行开发了 TPM 合规性测试软件，并认可产品厂商基于该软件的自行测试结果。②安全评估。TCG 自行开发了针对个人计算机平台的 TPM 保护轮廓，允许厂商组织进行 CC 评估保障四级及四级以下的安全评估。

目前，德国英飞凌科技公司(Infineon Technologies)的 SLB9635TT1.2 型 TPM 是唯一得到 TCG 认证的安全芯片产品，其遵循的 TPM 的标准版本为 v1.2r103。

TNC 认证的主要依据包含以下两方面：①合规性测试，TCG 自行开发了 TNC 合规性测试软件，并认可产品厂商基于该软件的自行测试结果；②互操作性测试，TCG 的 TNC 合规性子工作组每年进行 1～2 次互操作性测试活动，厂商可以参加活动开展测试。

目前美国的 Juniper 网络公司和德国汉诺威应用技术大学等开发的 IC4500 综合访问控制套件、EX4200 交换机和 StrongSwan 等 7 款 TNC 相关产品得到了 TCG 认证。这些产品实现了 TNC 规范中的各种接口，一般作为 TNC 体系的一个部件接受测试。

6.3.2 可信网络连接

由于网络连接的泛在化，导致安全风险以及威胁的泛在，仅保证终端计算环境可信是远远不够的，需要把可信扩展到整个网络层面，使得网络成为一个可信的计算环境。网络活动可划分为网络连接、网络传输和网络资源共享三个环节。因此，要形成可信的网络环境，需确保这三个环节的可信性。网络传输的可信性可以通过密码技术很好地解决，因而 TCG 主要研究了 TNC，以实现网络的可信接入。2004 年 5 月 TCG 成立了可信网络连接分组(trusted network connection sub group，TNC-SG)，主要负责研究及制定可信网络连接框架[39]及相关标准[40]。

TNC 架构实际上是一个可信网络安全技术体系，该架构通过管理和整合现有网络安全产品和网络安全子系统，结合可信网络的接入控制机制、网络内部信息的保护机制以及信息加密传输机制等，实现网络整体安全防护能力的全面提高。TNC 架构如图 6-11 所示，主要包括三个实体、三个层次以及一些接口组件。与传统的网络接入层相比，该架构增加了完整性度量层和完整性评估层，通过这两个层次实现对接入平台的完整性验证和身份验证。

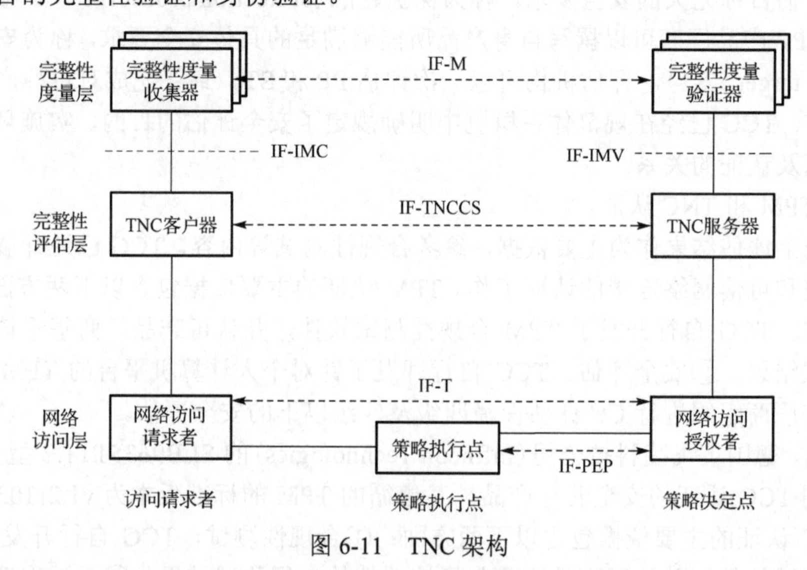

图 6-11　TNC 架构

架构中的三个实体分别是：访问请求者(access requestor，AR)、策略执行点(policy enforcement point，PEP)和策略决定点(policy decision point，PDP)。其中，AR 发出访问请求的同时，收集平台完整性可信信息，并发送给 PDP，申请建立网络连接；PDP 根据本地安全策略对 AR 的访问请求进行决策判定，判定依据包括 AR 的身份与 AR 的平台完整性状态，判定结果可以是允许、禁止或隔离；PEP 控制对被保护网络的访问，执行 PDP 的访问控制决策。

AR包括三个组件，分别是网络访问请求者(network access requestor，NAR)、TNC 客户端(TNC client，TNCC)和完整性度量收集器(integrity measurement collector，IMC)。其中，NAR发出访问请求，申请建立网络连接，在一个AR中可以有多个NAR；TNC客户端收集完整性度量收集器的完整性测量信息，同时测量和报告平台和IMC自身的完整性信息；IMC测量AR中各个组件的完整性，在一个AR上可以有多个不同的IMC。

PDP包括三个组件：网络访问授权者(network access authority，NAA)、可信网络连接服务器(trusted network connection server，TNCS)和完整性度量验证器(integrity measurement verifier，IMV)NAA对AR的网络访问请求进行决策。NAA可以咨询上层的TNCS来决定AR的完整性状态是否与PDP的安全策略一致，从而决定AR的访问请求是否被允许；TNCS负责与TNCC之间的通信，收集来自IMV的决策，形成一个全局的访问决策传递给NAA；IMV将IMC传递过来的AR各个部件的完整性测量信息进行验证，并给出访问决策意见。

架构中的三个层次分别是网络访问层、完整性评估层与完整性度量层。网络访问层支持传统的网络连接技术；完整性评估层负责平台的认证，并评估AR的完整性；完整性度量层负责收集和校验AR的完整性相关信息。

在TNC架构中，为了实现实体之间的互操作，需要制定实体之间的接口，自底向上包括IF-PEP[40]、IF-T[41]、IF-TNCCS[42]、IF-IMC[43]、IF-IMV[44]和IF-M[45]。目前各个接口的定义都已经公布，接口与协议的定义非常详细，有的甚至给出了编程语言与操作系统的绑定。

(1) IF-PEP为PDP和PEP之间的接口，维护PDP和PEP之间的信息传输。

(2) IF-T维护AR和PDP之间的信息传输，并对上层接口协议提供封装，针对EAP方法和TLS分别制定了规范。

(3) IF-TNCCS是TNCC和TNCS之间的接口，定义了TNCC与TNCS之间传递信息的协议。

(4) IF-IMC是TNCC与各个IMC组件之间的接口，定义了TNCC与IMC之间传递信息的协议。

(5) IF-IMV是TNCS与各个IMV组件之间的接口，定义了TNCS与IMV之间传递信息的协议。

(6) IF-M是IMC与IMV之间的接口，定义了IMC与IMV之间传递信息的协议。

在TNC架构中，平台的完整性状态直接决定终端是否被允许访问网络。如果终端由于某些原因不符合相关安全策略，TNC架构还提供了终端修补措施。在修补阶段，终端连接的是隔离区域。TNC并没有强制要求终端具有可信平台，但是如果有，TNC还针对可信平台的相关特性提供了相应的接口。具有可信平台与修补功能的TNC架构如图6-12所示。修补层由配置和修补应用程序(provisioning & remediation application，PRA）、配置和修补资源（provisioning & remediation resource，PRR）两个实体组成。其中，PRA 可作为 AR 的一个组成部分，向 IMC 提供某种类型的完整性信息；PRR 作为修补更新资源，能够对 AR 上的某些组件进行更新，使其通过完整性检查。平台可信服务接口（platform trust services，IF-PTS）将可信软件栈（trusted software stack，TSS）的相关功能进行封装，向 AR 的各个组件提供可信平台的功能，包括密钥存储、非对称加/解密、随机数、平台身份和平台完整性报告等。完整性度量日志将平台中组件的度量信息保存下来。

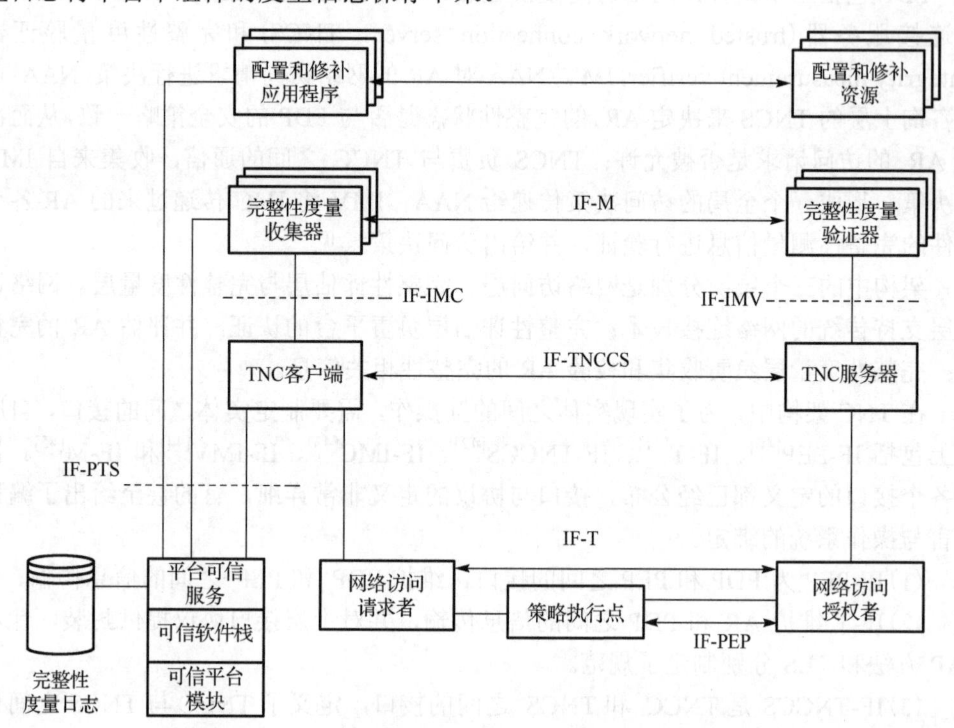

图 6-12　带有可信平台模块和修补功能的 TNC 架构

1. TNC 基本流程

下面以 TNC 1.4 为例对 TNC 基本流程进行说明，如图 6-13 所示。

步骤 0：TNC 客户端和 TNC 服务器需要对每一个完整性度量收集器和完整性度量验证器进行初始化。

步骤 1：当有网络连接请求被触发时，NAR 在数据链路层和网络层向 PEP 发送一个连接请求。

步骤 2：收到来自 NAR 的网络连接请求之后，PEP 向 NAA 发送一个网络访问决策请求。这里假定 NAA 已经完成用户认证、平台认证和完整性检查的相关配置。

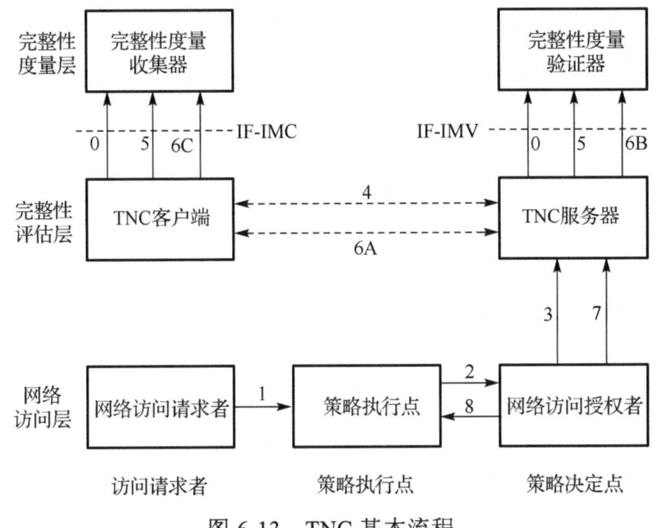

图 6-13　TNC 基本流程

步骤 3：假定 NAR 和 NAA 之间的用户认证成功完成，然后 NAA 向 TNCS 通告连接请求。

步骤 4：通过 TNCS 对 TNCC 进行平台验证。

步骤 5：假定 TNCC 和 TNCS 之间的平台验证已经成功完成。TNCS 通过 IF-IMV 接口通告 IMV 新的连接请求已经发生，需要进行完整性验证。类似地，TNCC 通过 IF-IMV 接口通告 IMC 新的连接请求已经发生，需要准备完整性相关信息。IMC 通过 IF-IMC 向 TNCC 返回 IF-M 消息。

步骤 6A：TNCC 和 TNCS 交换与完整性验证相关的各种信息，这些信息通过 NAR、PEP 和 NAA 进行转发，直到 AR 的完整性状态达到 TNCS 的要求。

步骤 6B：TNCS 将每个 IMC 信息通过 IF-IMV 接口发送给对应的 IMV。IMV 对 IMC 信息进行分析。如果 IMV 需要与 IMC 交换更多的信息，它将通过 IF-IMV 接口向 TNCS 发送信息。如果 IMV 已经对 IMC 的完整性信息作出判断，它通过 IF-IMV 接口将结果发送给 TNCS。

步骤 6C：类似地，TNCC 也要通过 IF-IMV 接口转发来自 TNCS 的信息给相应的 IMC，并将来自 IMC 的信息发送给 TNCS。

步骤 7：当 TNCS 完成与 TNCC 的完整性检查握手之后，它发送 TNCS 推荐操作给 NAA。

步骤 8：NAA 将网络访问决策发送给 PEP 进行实施。NAA 也必须向 TNCS 通告它最后的网络访问决定，这个决定也将会发送给 TNCC。PEP 执行 NAA 的决策，本次网络连接过程结束。

上述流程不包含完整性验证没有通过的情况。如果完整性验证没有通过，则 AR

可以通过 PRA 来访问 PRR，对相关组件进行更新和修复，然后再次执行上述流程。另外，需要指出的是，更新和修复的过程可能会重复多次，直到通过完整性验证。

2. TNC 的支撑技术

TNC 架构中也采用了一些其他技术来支撑上层的可信计算机制，这些技术主要包括网络访问技术、消息传输技术以及用户身份认证技术等。

TNC 所采用的网络访问技术主要包括 802.1X、虚拟专用网(virtual private network，VPN)和点对点协议(point-to-point protocol，PPP)。其中，802.1X 是目前应用最为广泛的网络接入协议，可为局域网提供基于端口的访问控制，对网络连接进行控制；VPN 利用 Internet 密钥交换协议 IKE 和 IPSec 协议、安全套接层(security sockets layer，SSL)或者传输层安全(transport layer security，TLS)构建安全隧道，以此保证数据传输的安全；PPP 是点对点连接中传输多种协议数据报的标准方法。

由于需要在多个实体的多个组件中传递消息，所以消息的安全传输技术至关重要。可扩展认证协议(extensible authentication protocol，EAP)广泛应用于 802.1X 架构中。EAP 不仅可以传输认证信息，而且通过 EAP 方法还可以传递终端完整性度量信息。HTTP 和 HTTPS 适用于传输应用程序相关的信息。TLS 可以传递完整性报告和完整性检查的消息握手。

在网络访问控制的用户身份认证中，TNC 并没有强制使用任何协议，但是可以利用现有的 RADIUS 协议和 Diameter 协议。

从上述描述可以看出，在 TNC 架构中，底层的网络访问层基本上沿用了现有的网络访问控制技术，消息传输也采用了现有的规范，因此，TNC 架构与现有网络接入系统是兼容的。

6.4 可信计算典型应用

可信计算可以广泛应用于终端、网络、数据存储和数据版权管理等方面。本节主要介绍可信计算在 CPU 和云两种场景的典型应用示例。

6.4.1 可信 CPU

可信 CPU 由 Intel 于 2013 年提出，其全称为 Intel software guard extensions (SGX)[46]，用于增强软件的安全性。

如图 6-14 所示，可信 CPU(SGX)的设计并不是识别和隔离平台上的所有恶意软件，而是利用可信计算的思路，将合法软件的安全操作封装在一个 Enclave(飞地)中，保护其不受恶意软件的攻击。无论软件是否具有权限，都无法访问 Enclave。也就是说，一旦软件和数据位于 Enclave 中，即便操作系统也无法影响 Enclave 里面的代码和数据。Enclave 的安全边界只包含 CPU 和它自身，SGX 创建的 Enclave 可以理解为一个可信执行环境(trusted execution environment，TEE)，也可称为可信空间。在 SGX 中，一个 CPU 可以并行运行多个安全 Enclave[47]。

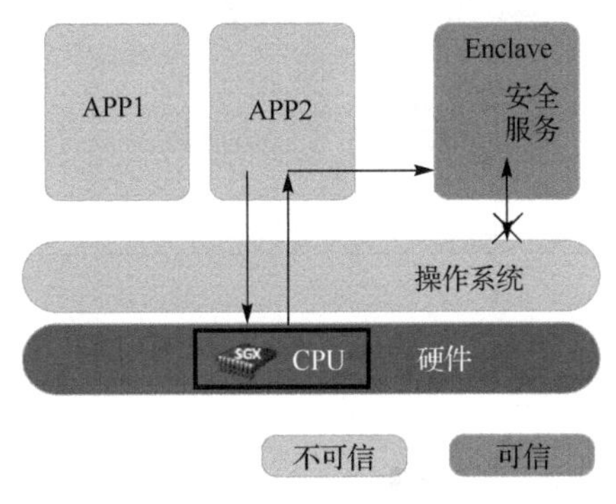

图 6-14 SGX 示意图

SGX 提出后得到了全球软件开发商的积极回应，一个典型的应用架构是微软的 Haven[48]。Haven 部署在商业操作系统(Windows)和商业硬件之上，该系统不需修改原始应用程序即可将其隔离运行。Haven 利用 SGX 的硬件防护来抵御特殊代码和物理攻击，如内存探测等，以及保护其不受恶意主机攻击，如针对 SQL 数据库、Apache Web 等服务器的防护[49-51]。

然而，最初版本的 SGX 存在三个缺点[50]。

(1) Enclave 内存必须在 Enclave 创建时被执行，增加了创建时间。

(2) 页面访问许可不能被修改，Enclave 内存管理会间歇地限制页面的写入操作。

(3) 安全异常处理和延迟加载代码不够完善。

SGX 发布的新版本正逐步解决这些问题，包括：①保护敏感信息不被运行在更高权限等级下的欺诈软件非法访问和修改；②保护敏感代码和数据的机密性和完整性，避免被正常系统软件管理和控制的功能所扰乱；③使平台能够验证一个应用程序的可信代码，提供一个处理器内部的验证方式；④使应用程序定义代码和数据安全区，即便在攻击者已经获得平台的实际控制权，并直接攻击内存的境况下，也能保证安全。

可以看出，Enclave 是 SGX 实现隔离的关键，构建 Enclave 作为完全隔离的特权模式的具体实现方案如图 6-15 所示。

(1) 创建需要加载的应用程序。

(2) 生成加密应用程序密钥凭证。对此，SGX 技术提供了一种较为先进的密钥加密方法，其密钥由 SGX 版本密钥、CPU 机器密钥和 Intel 官方分配给用户的密钥构成，并在通过密钥生成算法生成全新的密钥，使用此密钥对需要加载的应用程序进行加密。

(3) 密钥生成后，将需要加载的应用程序首先加载到 SGX 加载器中。

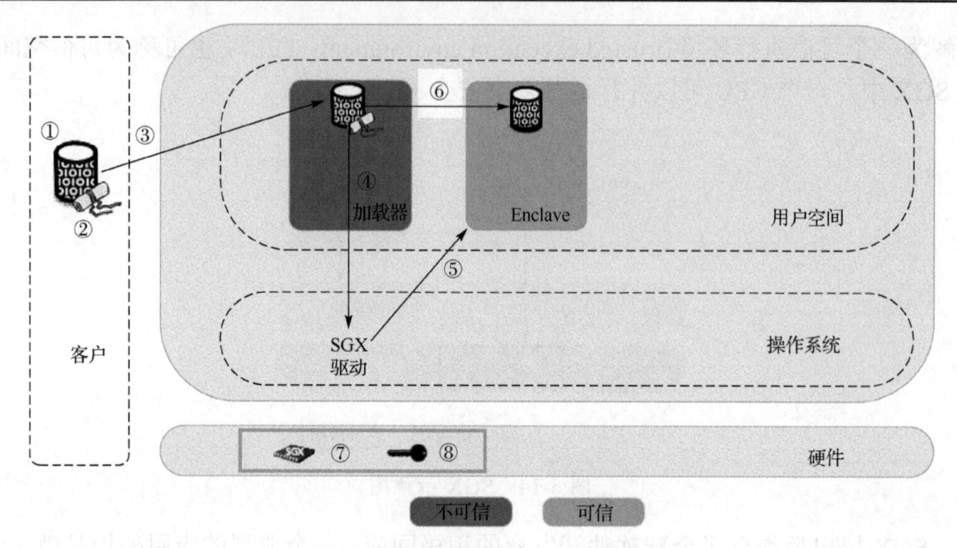

图 6-15　构建 Enclave 具体实现方案

(4)在 Intel SGX 可信模式下申请构建一个 Enclave。

(5)SGX 驱动分配每一个需要加载的应用程序一个 Enclave 页，并将这些应用程序和数据以 EPC(enclave page cache)的形式通过密钥凭证解密。

(6)通过 SGX 指令证明解密后的程序可信后，将其加载进 Enclave 中。

(7)采用 SGX 隔离技术进一步保障 Enclave 的机密性和完整性，以保障不同的 Enclave 之间的安全性。

(8)启动 Enclave 初始化程序，禁止继续加载和验证 EPC，生成 Enclave 身份凭证并对此进行加密，将 Enclave 标示存入 Enclave 的 TCS(thread control structure)中，用以恢复和验证其身份。至此，SGX 隔离完成，Enclave 中的应用程序开始执行。

SGX Enclave 一旦创建成功，即对 SGX Enclave 的访问请求、检测机制进行限制，首先，判断是否启动了 Enclave 模式；其次，判断访问请求是否来源于 Enclave 内部，如果是则继续判断，否则返回访问失败消息；再次，根据身份凭证信息检验此访问请求是否来源于同一个 Enclave，如果是则通过访问检测，否则根据 Enclave 的身份凭证记录表更换下一个 Enclave 身份凭证进行匹配；直到所有正在运行的 Enclave 匹配完成，若仍无法匹配成功，则返回访问失败消息。

然而，SGX 也存在风险，一旦任一恶意软件成功地进入 Enclave，整个 SGX 功能将可被恶意软件开发者利用。

6.4.2　可信云

近年来，基于可信计算的研究成果，有学者提出了可信云架构[52]。可信云架构是基于云环境安全管理中心、宿主机、虚拟机和云边界设备等不同节点上的可信根、可信硬件和可信基础软件通过可信连接构成的一个分布式可信系统，用于保障云环境的安全，并向云用户提供可信服务，如图6-16所示。可信云架构通常需要与一个可信第三方合作，由可信第三方提供云服务商和云用户共同认可的可信服务，并由可信第三方执行对云环境的可信监管。

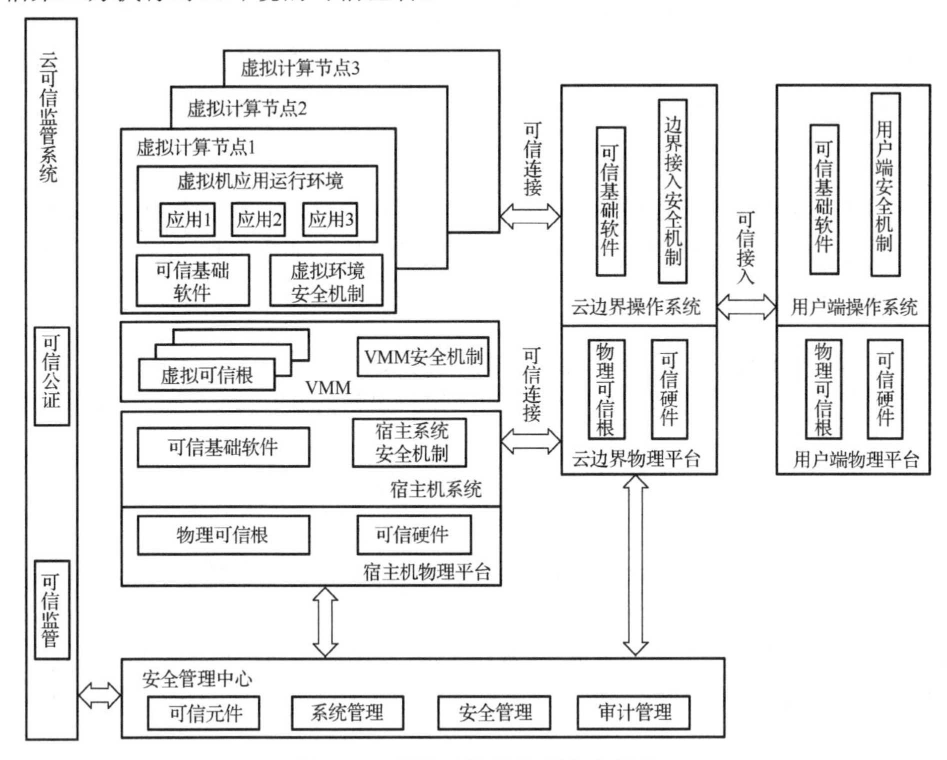

图6-16　可信云计算体系安全框架

1. 安全管理中心

安全管理中心上运行着云安全管理应用，包括系统管理、安全管理和审计管理等机制。安全管理中心上的可信基础软件是可信云架构的管理中心，它可以监控安全管理行为，并与各宿主机节点上的可信基础软件相连接，从体系上实现安全。

2. 云边界设备

云环境的边界设备运行边界接入安全机制。可信基础软件与边界安全接入机制耦合，提供可信鉴别、可信验证等服务，保障边界安全接入机制的可信性。

3. 宿主机

宿主机上的可信基础软件的可信支撑机制保障宿主机安全机制和虚拟机管理器安全机制的安全，同时为虚拟机提供虚拟可信根服务。而宿主机安全机制的主动监控机制则相当于云环境的一个可信服务器，它接收云安全管理中心的可信管理策略，将云安全管理中心发来的策略本地化，依据可信策略向虚拟环境提供可信服务。

4. 虚拟机

虚拟机上的可信基础软件为自身的可信安全机制提供支持，同时对虚拟机上的云应用运行环境进行主动监控。虚拟机、宿主机和安全管理中心的可信基础软件实际构成了一个“终端-代理服务器-管理中心”三元分布式可信云架构。

5. 可信第三方

可信第三方是云服务提供商和云用户都认可的第三方，如政府的云计算监管部门、测评认证中心等。可信第三方向云架构提供可信公证服务和可信监管功能。

6. 用户可信终端

云用户终端上也可以安装可信基础软件和构造可信计算基。通常，安装可信基础软件并构造了可信计算基的用户终端即为用户可信终端。

6.5　定制可信空间

定制可信空间(tailored trustworthy spaces，TTS)致力于创建灵活、分布式的信任环境以支撑目标网络环境中的各种活动，并支持网络多维度的管理，包括机密性(confidentiality)、匿名性(anonymity)、数据和系统完整性(data and system integrity)、溯源(provenance)、可用性(availability)和性能(performance)。TTS的目标主要包括以下三方面。

(1) 在不可信环境下实现可信计算。

(2) 开发通用框架，为不同类型的网络行为和事务提供各种可信空间策略和特定上下文的可信服务。

(3) 制定可信的规则、可测量指标、灵活可信的协商工具、配置决策支持能力以及能够执行通告的信任分析。

在真实世界里，人类会在不同空间之间切换，如家、学校、单位、超市、诊所、银行以及电影院。这些空间均有各自的功能属性以及相应的行为约束，人们在遵守这些约束的前提下享受不同空间提供的服务功能。例如，电影院提供播放电影服务，但对位于该场所的人规定不得大声喧哗。总而言之，特定的行为或约束只适用于特定的空间。网络空间是人类构造的一个虚拟空间，这个虚拟空间承载着各种各样的活动，如聊天、视频、购物、游戏等，而这些不同活动的范围构成了逻辑上的虚拟子空间。这样，我们可以构建一个灵活的、分布式的网络可信环境，针对各种可变的威胁能够提供功能、策略和可信需求的定制支持。用户能为不同的活动选择不同的子空间，从而获得不同类型的可信维度，用户也可以通过协商创建新的环境，并定制相互约定的特征和时间。

当前，定制可信网络空间的研究进展主要可分为四方面：特征研究、信任协商、操作集(operations)和隐私。

(1)特征研究。当前，定制可信空间的特征研究聚焦于如何描述空间，如何将高级的管理需求编译为实际执行策略，如何定义定制要求，以及如何将定制要求翻译成可执行规则(executable rules)。美国国家自然科学基金项目(NSF)资助了卡内基·梅隆大学研究隐私策略的语义定义及执行。以网络空间中的“卫生保健(healthcare)”子空间为例，对卫生保健记录信息的合理隐私要求不同于传统计算机安全访问：首先，这些信息的保护策略不仅要求在当前使用过程中的隐私保护，而且要对数据将来的使用加以限制，避免用户的隐私泄露；其次，这些策略可能根据状态而发生变化。因此，我们需要研究如何在空间中构建合适的策略和相应的执行机制。

(2)信任协商。信任协商主要研究在不同系统组件间基于策略建立信任关系的框架、方法和技术。该策略必须是清晰无歧义的，且由动态的、人工可理解的、机器可读的命令组成。这就要求能够调整特定安全属性的信任等级，例如，建立匿名、低等级或高可信等级的定制可信任空间。在未来应用中，动态定制可信空间须应对不同威胁场景。

(3)操作集。动态定制可信空间包含大量必需的指令或操作，如相交(joining)、动态定制(dynamically tailoring)、分裂(splitting)、合并(merging)、分解(dismantling)。这些操作可以方便地支撑可信空间“定制”的功能。如2012年NSF赞助了“安全与可信网络空间”项目[52]，主要研究：赋予系统可定制的基础支撑技术和开发针对特定环境的定制可信空间应用程序。前者研究网络防御系统自适应地学习 normal 的行为；后者实现穿过不可信节点的可信可靠通信机制。

(4)隐私。定制可信空间研究可作为定制化网络空间环境的框架，对环境特征进行细粒度控制，建立预期的安全和隐私目标。通过定制环境的特征以及为定制可信空间中的数据和活动建立策略，参与者建立可信的交互上下文。这种定制能力为获得期望的隐私条件提供了直接支持。

6.6 本章小结

总体来说，可信计算的发展已经经历了三个主要阶段。其中，可信 1.0 的主要思想来自保证计算机可靠性的容错设计方法，通过故障检测、冗余备份的方式进行安全防护，不足之处在于只能借助外部手段，无法达到内在的安全；可信 2.0 以可信计算组织出台的 TPM 1.0 为标志，以硬件芯片作为信任根，通过可信度量、可信存储、可信报告等手段实现计算机系统信息的安全保护，不足之处在于未从计算机体系结构层面考虑安全问题；可信 3.0 基于主动防御思想构建主动防御体系，确保网络信息系统全程可测可控、不被干扰，能够实现计算机体系结构的主动免疫，使得漏洞缺陷不会被轻易利用。虽然可信计算的发展相对成熟和体系化，但需要指出的是，随着物联网、云计算和大数据系统、工业控制系统等新型信息系统纷纷接入到互联网中，安全标准规范的建立相对滞后，基于新型信息系统的主动免疫、主动防御的标准和等级保护技术标准需要进一步健全，实施定级、测评、管理等过程的技术支持有待完善。

参 考 文 献

[1] Department Of Defense Computer Security Center. DoD 5200.28-STD. Department Of Defense Trusted Computer System Evaluation Criteria[S]. USA: DoD, 1985.

[2] National Computer Security Center. NCSC-TG-005. Trusted Network Interpretation of the Trusted Computer System Evaluation Criteria[S]. USA: DoD, 1987.

[3] National Computer Security Center. NCSC-TG-021. Trusted Database Management System Interpretation[S]. USA: DoD, 1991.

[4] http://www.trustedcomputinggroup.org.

[5] https://www.opentc.org.

[6] Baker S. Trustworthy Cyberspace: Strategic plan for the federal cybersecurity research and development program[J]. Foreign Affairs, 2011, 12: 1-36.

[7] 张焕国, 赵波. 可信计算[M]. 武汉: 武汉大学出版社, 2011.

[8] 沈昌祥. 大力发展我国可信计算技术和产业[J]. 信息安全与通信保密, 2007(9): 19-21.

[9] 沈昌祥, 张大伟, 刘吉强, 等. 可信 3.0 战略: 可信计算的革命性演变[J]. 中国工程科学, 2016, 18(6): 53-57.

[10] Verissimo P E, Neves N F, Correia M P. Intrusion-Tolerant Architectures: Concepts and Design[M]. Berlin: Springer, 2003: 3-36.

[11] Common Criteria Project Sponsoring Organisations. Common Criteria for Information Technology Security Evaluation, Version 2.1[S]. ISO/IEC as ISO/IEC International Standard (IS), 1999.

[12] 张焕国, 罗捷, 金刚, 等. 可信计算研究进展[J]. 武汉大学学报(理学版), 2006, 52(5): 513-518.

[13] 沈昌祥, 张焕国, 冯登国, 等. 信息安全综述[J]. 中国科学: 技术科学, 2007, 37(2): 129-150.

[14] 沈昌祥, 张焕国, 王怀民, 等. 可信计算的研究与发展[J]. 中国科学: 信息科学, 2010(2): 139-166.

[15] Laprie J C. Dependable computing: Concepts, limits, challenges[C]// International Conference on Fault-Tolerant Computing, 1995: 42-54.

[16] Pfleeger C P. Security in Computing[M]. 北京: 电子工业出版社, 2007.

[17] Trusted Computing Group. Cloud[EB/OL]. https://trustedcomputinggroup.org/work-groups/cloud. 2017.

[18] Trusted Computing Group. Internet-of-things[EB/OL]. https://trustedcomputinggroup.org/work-groups/internet-of-things. 2017.

[19] Trusted Computing Group. Mobile[EB/OL]. https://trustedcomputinggroup.org/work-groups/mobile. 2017.

[20] Trusted Computing Group. Trusted-Plateform-module[EB/OL]. https://trustedcomputinggroup.org/work-groups/trusted-platform-module. 2017.

[21] 沈昌祥. 可信计算构筑主动防御的安全体系[J]. 信息安全与通信保密, 2016(6): 34.

[22] 祝璐. 可信计算体系结构中的若干关键技术研究[D]. 武汉: 武汉大学, 2010.

[23] 张焕国, 罗捷, 金刚, 等. 可信计算机技术与应用综述[J]. 计算机安全, 2006(6): 8-12.

[24] Sadeghi A R, Selhorst M, Ble C, et al. TCG inside: A note on TPM specification compliance[C]// ACM Workshop on Scalable Trusted Computing, Alexandria, 2006: 47-56.

[25] Sailer R, Zhang X, Jaeger T, et al. Design and implementation of a TCG-based integrity measurement architecture[C]// Conference on Usenix Security Symposium, Usenix Association, 2004: 16.

[26] Patel J, Teacy W T L, Jennings N R, et al. A probabilistic trust model for handling inaccurate reputation sources[C]// International Conference on Trust Management, 2005: 193-209.

[27] Beth T, Borcherding M, Klein B. Valuation of trust in open networks[C]// European Symposium on Research in Computer Security, Berlin, 1994: 1-18.

[28] 李勇军, 代亚非. 对等网络信任机制研究[J]. 计算机学报, 2010, 33(3): 390-405.

[29] Yu F, Zhang H, Yan F. A fuzzy relation trust model in P2P system[C]// International Conference on Computational Intelligence and Security IEEE, 2006: 1497-1502.

[30] 余发江. 可信计算 PC 平台关键技术与模糊信任理论[D]. 武汉: 武汉大学, 2007.

[31] Wang X K, Peng X G. The trusted computing environment construction based on JTSS[C]// 2011 International Conference on Mechatronic Science, Electric Engineering and Computer, Jilin, 2011: 2252-2256.

[32] 谭良, 周明天. 基于可信计算平台的可信引导过程研究[J]. 计算机应用研究, 2008, 25(1): 234-236.

[33] Trusted Computing Group. TCG Software Stack Specification Version 1.2 Level 1[EB/OL]. https://www. trustedcomputinggroup.org. 2011.

[34] Trusted Computing Group. TCG software stack specification version 1.2 level 1Errata A, Part 5, TCG core services(TCS)[EB/OL]. https://www.trustedcomputinggroup.org. 2010.

[35] 陈小峰, 冯登国. 可信密码模块的模型检测分析[J]. 通信学报, 2010, 31(1): 59-64.

[36] Backes M, Maffei M, Unruh D. Zero-knowledge in the applied Pi-calculus and automated verification of the direct anonymous attestation protocol[C]// IEEE Symposium on Security and Privacy, 2008: 202-215.

[37] Chen L, Ryan M. Attack, solution and verification for shared authorisation data in TCG TPM[C]// International Workshop on Formal Aspects in Security and Trust, 2009: 201-216.

[38] 陈军. 可信平台模块安全性分析与应用[D]. 北京：中国科学院研究生院(计算技术研究所), 2006.

[39] Trusted Computing Group. TCG specification trusted network connect - TNC architecture for interoperability revision 1.1[EB/OL]. http://www.trustedcomputinggroup.org. 2006.

[40] Trusted Computing Group. TCG specification trusted network connect - TNC IF-PEP: Protocol binding for radius revision 0.7[EB/OL]. https://www.trustedcomputinggroup.org. 2007.

[41] Trusted Computing Group. TCG specification trusted network connect - TNC IF-T: Protocol binding for tunneled EAP methods revision 10[EB/OL]. https://www.trustedcomputinggroup.org. 2007.

[42] Trusted Computing Group. TCG specification trusted network connect - TNC IF-TNCCS: TLV binding revision 10[EB/OL]. https://www.trustedcomputinggroup.org. 2008.

[43] Trusted Computing Group. TCG specification trusted network connect - TNC IF-IMC revision 8[EB/OL]. https://www. trustedcomputinggroup.org. 2007.

[44] Trusted Computing Group. TCG specification trusted network connect - TNC IF-IMV revision 8[EB/OL]. https://www. trustedcomputinggroup.org. 2007.

[45] Trusted Computing Group. TCG specification trusted network connect - TNC IF-M: TLV binding revision 30[EB/OL]. https://www.trustedcomputinggroup.org. 2008.

[46] Johnson S, Scarlata V, Rozas C, et al. Intel software guard extensions: EPID provisioning and attestation services[J]. White Paper, 2016, 1: 1-10.

[47] Shih M W, Kumar M, Kim T, et al. S-NFV: Securing NFV states by using SGX[C]// ACM International Workshop on Security in Software Defined Networks & Network Function Virtualization, 2016: 45-48.

[48] Wikipedia. Haven[EB/OL]. https://en.wikipedia.org/wiki/Haven[2015].

[49] Baumann A, Peinado M, Hunt G. Shielding applications from an untrusted cloud with haven[J]. ACM Transactions on Computer Systems, 2015, 33(3): 1-26.

[50] Mckeen F, Alexandrovich I, Anati I, et al. Intel software guard extensions (Intel SGX) support for dynamic memory management inside an enclave[C]// The Hardware and Architectural Support for Security and Privacy, 2016: 1-9.

[51] 沈昌祥. 坚持自主创新 加速发展可信计算[J]. 计算机安全, 2006(6): 2-4.

[52] NSF. Secure and trustworthy cyberspace (SaTC) program[EB/OL]. https://www.nsf.gov/pubs/2015/nsf15575/nsf15575.htm?WT.mc_id=USNSF_25&WT.mc_ev=click. 2015.

第 7 章　移动目标防御

移动目标防御(moving target defense，MTD)是美国学术和产业界针对网络攻防不对称格局而提出的一种期望“改变游戏规则”的主动防御思路，其核心思想是期望通过创建、分析、评估和部署多样化的机制和策略，并且随时间不断地切换和变化多样化机制和策略的状态，以降低系统的相似性、确定性和静态性，从而使系统攻击表面对攻击者呈现出不可预测特性。值得注意的是，移动目标防御不是一种具体的防御方法，而是一种设计指导思想[1]。这一思想可应用到被保护网络信息系统的某一个或多个属性上，进而衍生出具体的防御机制[2, 3]。

随着 MTD 技术研究的持续推进，在理论基础、技术机制和方法以及有效性评估方面均取得了较多成果，推动了 MTD 技术的快速发展。

7.1　MTD 概述

7.1.1　MTD 的演进及研究现状

1. MTD 的起源及进展

网络攻防的本质是攻防双方基于漏洞和后门的利用与抑制而展开的技术博弈过程。众所周知，网络空间的基本格局是“易攻难守”。对于攻击者，只需掌握网络信息系统的一个未知或未修复缺陷，加以利用就可以在任何时间、任何地点针对存在此类缺陷的任何联网目标发起网络攻击；而对于防御者，要么彻底避免网络信息系统在设计、开发、生产和销售等诸多环节中引入漏洞和后门，要么对存在漏洞和后门的网络信息系统进行全方位、全天候的防御。然而，当前复杂网络信息系统动辄几百万甚至上千万行代码，由于受制于人类科技能力和技术发展水平，系统设计与实现过程中的漏洞无法避免；另一方面，在全球经济一体化、专业分工国际化的时代背景下，任何一个国家都难以掌控从设计链、生产链、供应链到维护链在内的所有环节，因而后门也难以消除。更加严峻的是，在可以预见的将来，人类科技能力尚无法有效检测网络信息系统中存在的漏洞与后门。因而，漏洞和后门的消除成为一项“不可能完成的”难题。加之现有网络信息系统大都采用了相同或相似的 IT 架构(如 CPU 采用 x86，操作系统采用 Windows 或 Linux，办公软件采用 Office 或

WPS 等)，且系统的大多数属性配置都是静态的(如采用固定的 IP 地址、固定的端口、固定的路由算法等)，这种相似性、静态性的 IT 架构属性使得漏洞或后门一旦被利用就会造成持续性、大范围的安全威胁。尤其是随着网络攻击技术的不断发展演进，对现有基于检测、扫描、打补丁的技术防御思路形成了“非对称优势”；因而，亟需改变现有网络防御思路，发展革新式的、有望“改变游戏规则”的防御技术，移动目标防御技术就在这样的背景下诞生了。

为有效应对现有网络防御技术面临的挑战，2008 年美国政府启动了“国家网络跨越年(National Cyber Leap Year)”活动。网络与信息技术研发计划(The Networking And Information Technology Research and Development，NITRD)面向全美征集了 238 份防御技术建议(request for information responses)，综合形成了 5 种有望“改变游戏规则”的革命性防御技术，移动目标防御便是其中一项。2009 年，在美国发布《网络跨越发展年会报告》中，对 MTD 研究动机、包含的要素、支撑技术等方面进行了详细介绍和说明。2010 年，在美国召开的 IEEE 安全与保密会议上发布的《网络政策回顾》报告中，进一步明确将“定制可信空间(tailored trustworthy spaces)”、“MTD”和“网络经济刺激(cyber economic incentives)”确定为“改变游戏规则”的防御技术研发主题。同年，又在《改变游戏规则的网络安全研究与发展建议》报告中将 MTD 战略发展分为三个里程碑：创建阶段、评价/分析阶段和部署阶段。每个阶段又分为近期、中期和长期目标，如图 7-1 所示。

为推进革命性安全防御技术研发，2011 年，美国国家科学技术委员会(National Science and Technology Council，NSTC)发布了《可信网络空间：联邦网络空间安全研发战略规划》(以下简称《研发战略规划》)[4]，正式将内生安全(designed-in security)、定制可信空间、MTD 和网络经济激励四个研发主题上升到国家战略层面，在《研发战略规划》中对 MTD 要达到的目标进行了说明，即能使防守方创建、部署多样化的持续移动机制来增加攻击方的成本和开销，并降低自身漏洞暴露和被利用的机会，增加系统的弹性。此后，在《研发战略规划》的指导及相关政策和规划的推动下，美国产业界和学术界积极响应，前后获得了近百个项目支持，开展了大量的研究工作。2014 年，在美国发布的《联邦网络安全研究与发展战略实施报告》中，对《研发战略规划》的实施情况进行了归纳和总结，认为各方面研究均取得了较大进展。虽然在 2016 年发布的《联邦网络安全研究与发展战略计划》中没有明确提到 MTD 研发，但对 MTD 新的应用场景、科学理论基础、技术实践及转化等技术进行了规划。

2. MTD 的研究现状

MTD 提出后，美国政府、企业、学术界很快形成合力，形成了明确的技术研发方向，包括系统框架、技术及理论基础等。MTD 系统框架主要研究如何管

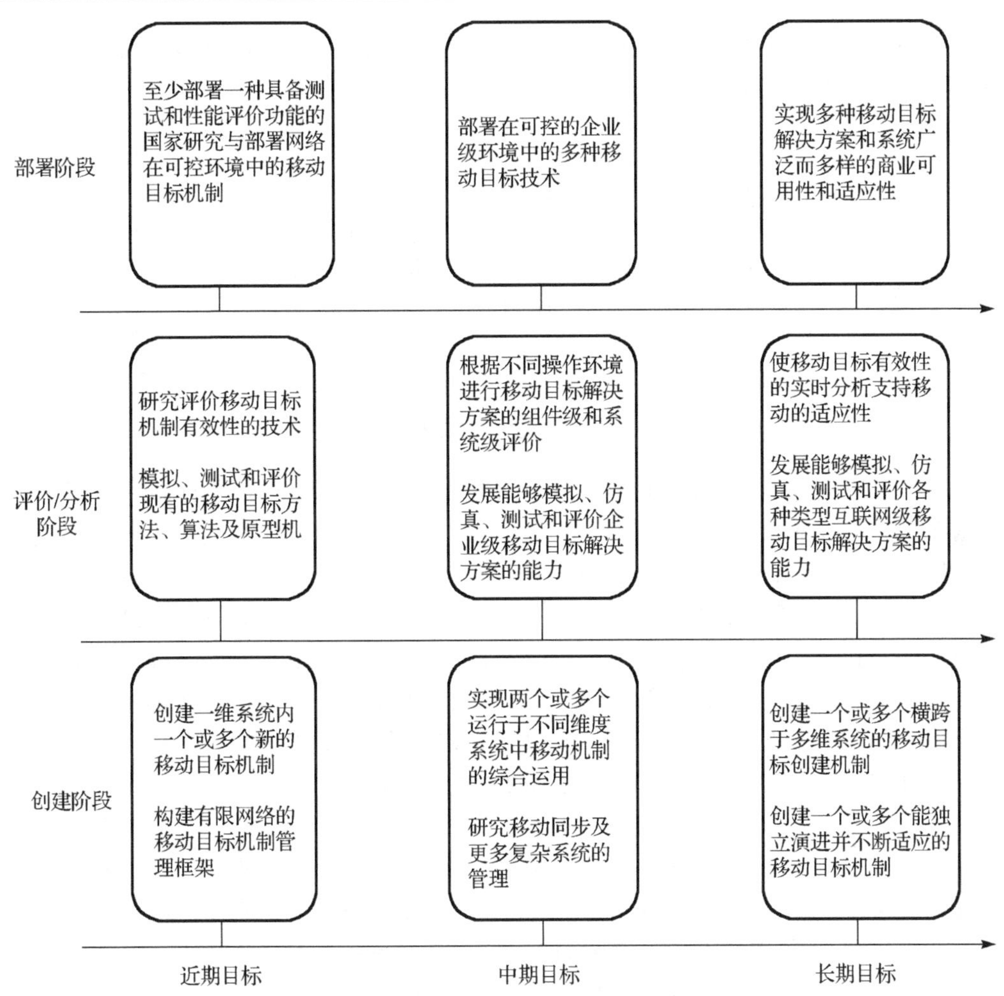

图 7-1　美国 MTD 战略发展阶段划分

理采用 MTD 防御机制和策略的系统，例如，受免疫系统、遗传及昆虫群居行为等生物自然现象启发，创建灵活的分布式系统来应对网络威胁。这类系统能够自我感知、调整及进化，检测新的异常代码和攻击方法，甚至可以修复网络攻击带来的破坏并修补新漏洞。MTD 技术是 MTD 研究的重要组成部分，旨在开发在单个或多个维度改变系统属性的技术机制，如风险调整策略、动态调度机制、系统自清洗机制、动态域名机制、源代码多样化、实时编译、指令集随机化、多核处理机制、缓存随机化等。作为 MTD 研究的关键组成部分，MTD 的理论基础研究对于理解和分析 MTD 系统框架和技术机制的有效性具有重要作用。借助理论分析，不仅可以揭示某种防御机制可以阻止哪些类型攻击，还可以对比和评估不同技术机制之间的防御效果，为防御机制选择提供指导。

此外，美国学术和产业界资助了多个研究项目以促进 MTD 研发，部分项目见图 7-2，项目的详细信息可参见 7.5 节的内容。

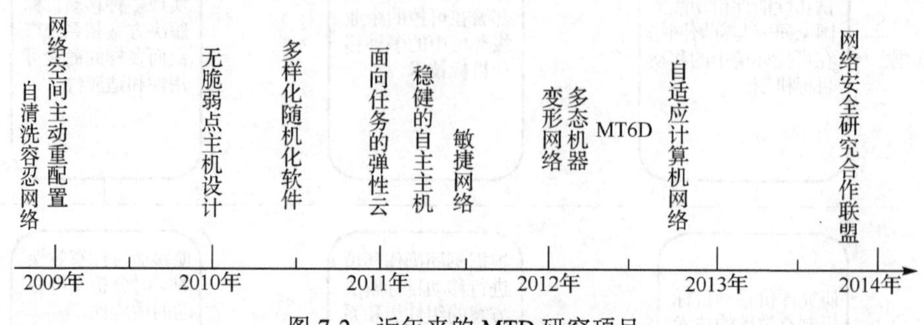

图 7-2　近年来的 MTD 研究项目

在学术研究方面，MTD 取得了诸多研究成果。2011 年，美国的 Jajodia 等学者对 MTD 的相关成果进行了收集和整理，出版了两部专著，主要内容有攻击表面理论、指令集随机化、编译多样化、动态网络配置及博弈论在 MTD 中的应用等，对 MTD 的发展起到了重要的促进作用[2, 3]。从 2014 年开始，ACM 计算与通信安全国际会议(Conference on Computer and Communications Security，CCS)增设了 MTD 专题会议，至今已成功举办四届，涉及的研究领域非常广泛，包含系统随机化、仿生防御技术、动态编译技术、系统多样化技术、MTD 的建模及分析、云环境中的 MTD 技术、MTD 有效性评估等，持续牵引 MTD 的技术研发。

从近年来公开发表的 MTD 论文可以看出：MTD 领域研究仍以美国学术和产业界为主体，其他国家如中国、意大利等均属跟踪研究；比较活跃的研究机构有美国的桑地亚国家实验室(Sandia National Laboratories)、MIT 林肯实验室、太平洋西北国家实验室(Pacific Northwest National Laboratory)、卡内基·梅隆大学、宾夕法尼亚大学、北卡罗兰大学夏洛特分校、堪萨斯州立大学，以及我国的国防科学技术大学、信息工程大学等科研院所；比较活跃的研究学者主要有 Stout、Okhravi、Liu Peng、Al-Shaer、Azab、Zhuang Rui、Jajodia、王宝生等。特别地，在堪萨斯州立大学攻读博士学位的 Zhuang Rui 博士对 MTD 开展了大量基础研究，并在 MTD 专题会议上发表多篇学术论文，其博士学位论文对相关研究成果进行了系统梳理和总结，具有一定的参考价值[5]，相关研究可通过本章所引述的参考文献检索。

需要指出的是，虽然 MTD 技术研究取得了诸多可喜进展，但由于 MTD 涉及范围广，系统性和复杂性较高，相关技术和理论研究仍处于起步阶段，还有诸多理论和技术问题亟需探讨，如 MTD 的安全性能评估、如何将 MTD 技术应用到现有网络基础设施安全防护体系并与现有的安全机制配合等。

7.1.2　MTD 的基本内涵及主要特征

1. MTD 的基本内涵

在 2014 年美国发布的《联邦网络安全研究与发展战略实施报告》中，对 MTD 的核心思想、愿景和目标进行了描述[4, 6]。MTD 的核心思想为：避免采用试图消除系统漏洞的方法，通过减少系统漏洞持续暴露给攻击者的时间来降低漏洞或后门被利用的可能性，并通过持续移动和改变系统配置提高攻击复杂性，增加攻击开销。MTD 的愿景是：开发、评估和部署多样化的、持续移动的和随时间变化的机制和策略，以增加攻击复杂度和开销，降低系统漏洞暴露给攻击者的时间和机会，并增加系统的弹性。MTD 目标包括以下五方面的内容：

(1) 设计在危险环境下仍能可靠运行的系统。

(2) 增加攻击方实施攻击的代价。

(3) 变被动防御为主动防御。

(4) 开发可阻断攻击的移动目标防护机制，同时不影响正常用户使用。

(5) 开发针对各种攻击和破坏行为的最优移动目标防御机制。

MTD 五方面的目标可以简单理解为：目标(1)是 MTD 期望要达到的直接目标，目标(2)和(3)是实现防护目的的主要途径，目标(4)是设计 MTD 机制的前提条件，目标(5)是根据具体攻击确定最优防护手段的准则。

2. MTD 的主要特征

从公开可查阅的文献可以看出，多样性、随机性、动态性可以较为准确地表达 MTD 的技术特性。MTD 技术的有效性与系统有多少属性或者功能组件可以实现动态化、同一功能的不同组件之间的差异化程度，以及采用的随机化策略等有直接关系。例如，从 MTD 提出的动机可以看出，动态性是其基本特征；另外，MTD 要实现移动，必须具有可移动的空间，而通过在可移动空间中引入多样性增强移动空间的异构性，可有效抑制漏洞和后门的利用度，大幅增加攻击者的探测开销，故多样性也可视为 MTD 的一个主要特征；最后，移动策略的随机性(指无法使攻击者得到动态变化的规律，在攻击者看来变化规律是随机的)对于 MTD 的性能有重要影响。另外，MIT 林肯实验室的研究人员也指出，MTD 是指尽可能增强被保护系统的多样性、随机性及动态性来达到防御和增加网络攻击复杂度的相关技术[7]。下面从技术角度对多样性、随机性、动态性这三个主要技术特征进行说明。

1) 多样性

多样性是指针对相同的功能，采用不同的方法实现，从而避免同一漏洞出现在功能相同(类似)的组件中。多样性改变了目标系统的相似性，使攻击者无法直接将针对特定目标的攻击经验应用到相似目标的攻击过程中。

Cybenko 等学者依据不同实现方式对异构度的影响，将 MTD 中所采用的多样性技术分成了三类[8]，分别是自然多样性、伪多样性和人工多样性。如图 7-3 所示，多样性的划分依据是异构程度或它们之间的相关程度。

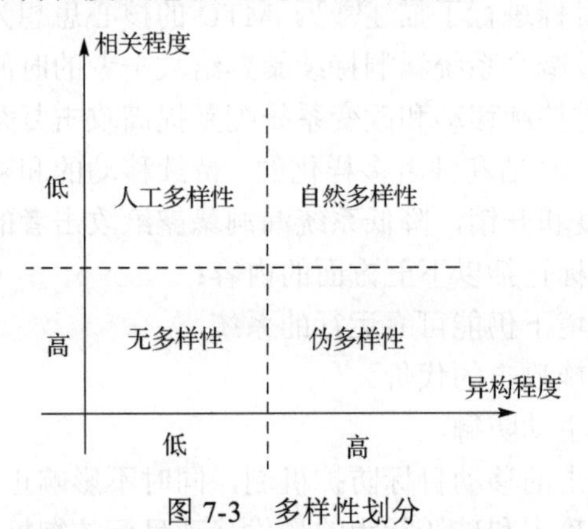

图 7-3　多样性划分

依据应用场景的不同，多样性有多种形式，如应用软件多样性、运行环境多样性、通信机制多样性、硬件系统多样性等。一种典型的软件多样化技术是利用编译技术，在源程序到可执行程序的编译过程中，通过调整参数生成多种变体，在功能不变的前提下增加执行文件之间的差异(文件长度、局部算法结构、运行规律等)。这些变化旨在保护正常输入的原始程序的基本语义，却能改变其在恶意输入下的行为，降低可执行文件“同质化”带来的共同漏洞。

2) 随机性

随机性用于表征介于必然发生事件和不可能发生事件之间的现象和过程，属于偶然性的一种形式。将这一特性应用到网络防御中，可以改变被保护网络信息系统内部状态的确定性，增强不可预测性，从而有效提高攻击者的成本和代价，降低系统漏洞后门可利用度、降低攻击的有效性，最终提高系统的安全性。加密技术和地址空间随机化技术都是随机性在网络防御应用中的具体体现。

3) 动态性

动态性是指在资源或时间冗余的配置下，动态地改变系统的组成结构或运行机制，给攻击者制造不确定的防御场景。动态性的本质是打破系统的静态性，通过不断变化扰乱攻击链，劣化攻击技术效果。动态性能够降低网络攻击对网络防御的不对称优势，最小化攻击行动对目标对象关键能力的影响，使目标系统呈现的服务功能具有足够的弹性。

上述的 MTD 的三个技术特征中，动态性是核心，多样性和随机性是强化动态性的策略或机制。一种具体的 MTD 技术肯定包含动态性，但随机性和多样性则视具体场景而定。例如，IP 地址跳变技术采用随机化方法进行 IP 地址动态变化，最终达到增加攻击难度的目的，该技术并不包含多样性；变色龙软件则利用动态性和多样性特征来保证系统的安全性，而不强调随机性[9]。

7.1.3 MTD 的技术分类

依据不同的分类原则，可以将 MTD 技术划分为不同的类别[1,10-13]。表 7-1 给出了几种典型的 MTD 的分类方法，分别为：基于防御的对象(包括软件和硬件两类)、动态改变的要素(包括动态网络、动态平台、动态运行环境、动态软件和动态数据)和采用的动态化方法或手段(如多样化和随机化)。

表 7-1　MTD 技术常见分类方法

分类标准	类别	示例
基于防御的对象	硬件	内存到高速缓存之间的动态匹配
	软件	程序的多样化编译
基于动态改变的要素	动态网络	IP 地址跳变、端口跳变
	动态平台	N 变体系统
	动态运行环境	指令集随机化
	动态软件	软件多样性设计与实现
	动态数据	数据与程序随机化加密存储
基于采用的动态化方法手段	多样化	程序的多样化编译
	随机化	IP 地址随机化跳变

其中，基于动态改变的要素的分类方法利用了软件栈层次模型，类别边界与层次比较清晰，便于理解和记忆，是目前公认度较高的分类方法。7.2 节将依据该划分方法分析和讨论 MTD 技术。

7.2　MTD 技术机制

7.2.1 MTD 核心机制

通过 7.1 节的分析可知，MTD 技术具有三个基本特征，即多样性、随机性和动态性，这些特征的具体实现机制构成了 MTD 技术的核心，即多样化机制、随机化机制和动态化机制。利用多样化、随机化和动态化可打破既有信息系统和防御手段的相似性、确定性和静态性，提高攻击难度和代价，增强系统的弹性。下面详细阐述这三大机制的思想及其在 MTD 技术中的体现。

1. 多样化机制

在 MTD 中，多样化机制通过引入异构性改变目标系统的相似性，使攻击者无法简单地将针对某目标系统的攻击经验应用于同类系统。多样化的内涵是变体或执行体间功能等价，但实现方式不同。多样化机制的有效性取决于不同执行体之间异构化程度的高低，以及异构化执行体的种类等。多样化机制设计的核心在于，在保证执行体功能等价关系的前提下，将一个目标实体以多种变体方式表达出来，从而有效降低同一漏洞的影响范围，以降低攻击普适性。

多样化机制可以单独或者组合的方式运用。下面以软件程序的多样化为例说明多样化机制的具体实现。程序多样化可降低程序执行文件“同质化”带来的安全风险。程序多样化通常有四种转化方式，如图 7-4 所示：第一种是在程序从源代码到可执行文件的编译过程中进行转化，这种改变使得每次编译得到的可执行文件之间都有一些差异；第二种是对已经编译好的程序体本身作转化，这种改变将被固化到程序的可执行文件中，以后每次加载时都会表现出改变所带来的影响；第三种是在程序体加载到内存的过程中，对程序在内存中的镜像进行转化，使其在当前进程中表现出不同的行为或特征；最后一种更为复杂，是程序在运行过程中定期或随机地改变自身的特征，使其在不同时刻呈现出多样性。图 7-4 中分别展示了这四种多样化方式以及在这四个阶段完成转化所使用的工具。

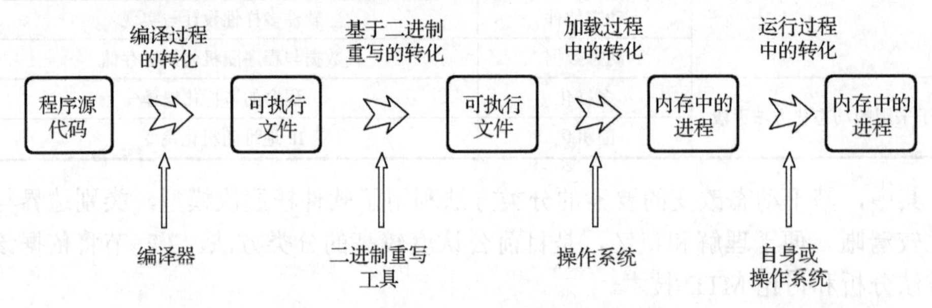

图 7-4　四种程序多样化转化方式

在增强系统安全性的同时，多样化机制会带来一定的开销，主要包括：①增加了系统的实现代价。为了获得较彻底的多样性，通常需要对给定的功能组件采用完全不同的实现方式，这无疑增加了系统的实现代价。②增加了多样化系统的管理成本。为增强多样化系统的有效性，需要多个版本的执行体之间协同工作，如不同异构执行体的无缝切换。如何确保不同版本之间保持状态同步，是极具挑战性的课题。此外，多样化处理还增加了系统及管理的复杂性。

2. 随机化机制

随机化机制是指在维持系统正常功能的同时，在系统的内部架构、组织方式或布局结构等方面引入不确定性，增强不可预测性。例如，对内存中存放的重要可执行程序或数据使用随机加扰(或加密)的运行机制，并在执行前进行解密，用以抵御运行过程中来自外部的注入式篡改或扫描式窃取；另外，随机化也为多样化的配置参数、执行体等资源的动态变化提供运行策略。运用随机化机制的网络信息系统以攻击者不可预测的方式运行，从而显著增强自身的不确定性，使得系统自身漏洞和后门难以被利用，减少未知漏洞、后门带来的危害，增强系统的安全性。典型的随机化技术包括地址空间随机化、指令集随机化、内核数据随机化等。

(1) 地址空间随机化(address space randomization，ASR)是常见的随机化方法，其基本思想是对运行中的应用程序在存储器中的位置信息作随机化处理，将确定的地址分布转变为随机分布，阻止攻击者使用已知的内存地址定位控制流或读取特定位置数据，使得依赖于特定位置信息的攻击方法失效。

(2) 指令集随机化(instruction-set randomization，ISR)是通过随机化应用程序执行指令来阻止代码注入攻击的一种方法。指令的随机化操作可以在操作系统层、应用层或者硬件层。利用指令集随机化技术，攻击者很难探知被攻击目标正在运行的指令集，这样，攻击者将基于特定指令集的攻击代码注入到目标程序漏洞时，将无法产生预期的攻击效果。ISR 通常有三种实现方式：编译时的异或加密密钥随机化、块加密密钥随机化和程序安装过程中的密钥随机化(详见 7.2.2 节)。

(3) 内核数据随机化的基本思想是改变数据在内存中的存储方式。例如，将一个内存存储指针与一个随机密钥进行异或生成加密指针；当指针值被载入到寄存器时，加密指针与解密密钥进行异或从而生成真实的指针值；由于攻击者不知道密钥，也就无法知道指针的真实值，从而预防指针攻击。

尽管随机化机制能够有效阻止多种攻击方式，但由于其信息熵(随机化的空间大小)总是有限的，若可随机化操作太少，则目标对象的隐匿效果不佳，仍会受到暴力攻击和探针攻击的侵扰。此外，随机化带来的系统开销同样不容忽视。随机化服从特定的概率分布，其变化控制通常需要增加加解密或相关控制模块，本质上也增加了空间(控制模块可能被攻击)。例如，指令随机化、数据随机化通常都是利用加密方法来实现的，加密算法简单可能达不到预期的防护效果，但是加密处理若过于复杂，会导致系统开销的大幅攀升，甚至导致严重的系统性能损失，无法被接受。

3. 动态化机制

动态化是针对系统参数或配置的静态性易于被攻击者利用，将系统的参数或配置按照一定策略进行动态调整的机制。虽然随机化和多样化机制增强了目标系统的不确定性，但正如密钥需要定期更换，长时间运行的系统进程需要重新进行随机化和多样化的加载，否则系统的安全性将会大打折扣。因此，MTD 通过引入动态化机制，改变系统原有静态特性，克服静态随机化、多样化存在的局限性，使得同一攻击在未来难以损害系统，进一步提升了系统安全性。

从攻击表面理论来看(关于攻击表面理论可参考第 9 章)，动态化机制将系统的攻击表面动态化，使攻击者无法准确刻画当前系统的攻击表面状态，实现扰乱攻击者攻击链的目的。这样，即使攻击者某一次攻击成功并进入系统，但是由于攻击表面不断动态变化，系统属性发生了改变，后续相同的攻击方法将难以奏效，从而达到降低脆弱性可利用性、劣化攻击效果等的目的。因此，如果系统的攻击表面变化足够快，即使在低熵或暴力攻击的情况下，动态防御机制依然能够较为有效地保护系统，获得相比于静态系统更为显著的防御效果。

当然，动态化机制也面临多方面的挑战：①网络、平台或运行环境对外呈现的服务和功能属性存在诸多限制，如一些开放的端口和设备地址大都作为网络编址/寻址的基本标识，可变化的空间有限；②动态化的有效性是以性能为代价的，例如复杂系统、大规模网络设施等动态化引入的代价可能会呈非线性增长，而动态变化的范围、不确定性和变化快慢又决定了有效性。因此，如何在复杂度、代价与安全性能之间取得折中是动态化机制需研究的重点。

4. 三者的联系与作用

归纳起来，移动目标防御的基本原理是将目标系统的属性或者组成要素进行多样化、随机化、动态化，防御过程呈现出不确定性，导致攻击者无法准确刻画和预测目标系统的行为特征，即形成移动攻击表面。具体而言，在资源冗余(或时间冗余)的配置下，移动目标防御动态地改变系统组成结构或运行机制，给攻击者制造不确定的防御场景；通过随机化地使用系统冗余组件或可重构、可重组、虚拟化等场景来增大防御行为或结构的不确定性；用结合多样化或多元化的动态化来尽可能地增加基于协同攻击的实现复杂性。尤其要能从机制上彻底改变静态系统防护的脆弱性，即使无法完全抵御所有的攻击，或者无法使所有的攻击失效，也可以通过系统重构等来提高系统的弹性或降低攻击成果的可持续利用性。总之，从防御者视角出发，多样化能在空间维度上强化目标环境的复杂度、降低被同一漏洞攻击的风险，动态化能在时间维度上增加防御行为的不确定表达、减弱同一攻击的可持续性，而随机化则能在时空维度上增强防御方的博弈优势，即随机化规律己方已知、攻方未知。三者紧密联系、共同配合实现有效防御。

7.2.2 核心机制的分层应用

上述三种机制是 MTD 技术的基础，不同机制可以在系统不同层面以不同方式实现。由 7.1 节的分类可知，根据软件栈模型(不同技术在执行栈中的层次)，MTD 的技术层次可划分为动态网络、动态平台、动态运行环境、动态软件以及动态数据[11]。

另外，在此分类基础上，也有学者认为动态运行环境属于动态平台，将其置于动态平台之中，进而将MTD技术分为四类[14]，但本书仍然采用五层分类方法进行阐述，如图7-5所示。下面逐类予以详细介绍。

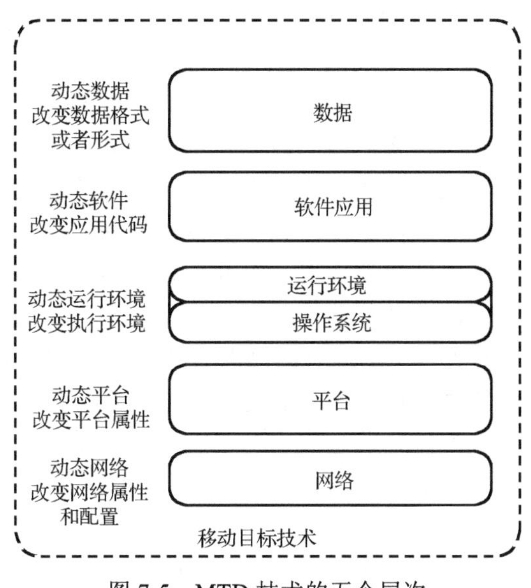

图7-5　MTD技术的五个层次

1. 动态网络

动态网络是指在网络层面实施动态防御技术，主要包括网络地址、网络端口、网络协议和逻辑网络拓扑等。从网络攻击过程来看，攻击者实施攻击之前需探明被攻击目标的网络地址、端口、服务等信息，即通常意义上所说的侦察过程，通过引入动态化、虚拟化以及随机化方法，可有效干扰攻击者前期的侦察过程，使得侦察信息变得不确定，从而有效提升攻击者进行网络探查和基于网络进行攻击的难度。下面简要介绍几种典型的动态网络技术。

1) 网络地址动态化

网络地址动态化的基本思想是改变主机的真实地址信息或者伪装对外呈现的地址信息，以提高攻击者的探查难度。具体实现技术有网络地址空间随机化[15]、动态网络地址转换[16]、网络地址跳变技术[17]等。下面以动态网络地址转换为例进行说明。

动态网络地址转换(dynamic network address translation，DyNAT)由美国Sandia国家实验室的Kewley等提出[16]，在网络地址转换技术(network address translation，NAT)的基础上，进一步扩展了节点标识变化的范围。其主要思想是对分组数据包中涉及主机标识的包头部分进行随机化，使攻击者难以确定数据包的通信双方、数据包服务类型以及目标系统的位置。这里的主机标识包括MAC源地址和目的地址、

IP 源地址和目的地址、IP 头中的服务类型域、TCP/UDP 源端口和目的端口、TCP 序列号、TCP 窗口长度等。在地址转换时，可对主机标识的全部字段或者部分字段进行处理。通常，动态网络地址转换基于加密算法实现，在客户端(如源转换主机)和服务器(如接收端转换主机)均配置相同的密钥，当然密钥也可以是动态的，如 DyNAT 周期性地动态改变密钥，以增强不确定性。

图 7-6 给出了 DyNAT 的工作流程。网络中需要部署 DyNAT 功能插件和 DyNAT 网关：DyNAT 功能插件对来自客户端的数据包依据预先设定的密钥参数进行标识字段转换，然后发送数据包；DyNAT 网关收到数据包后，将数据包头中的标识字段还原并将包含真实标识字段的数据包发送到服务器。在 DyNAT 中只有目的地址的主机地址部分被转换，网络地址保持不变，因此数据分组可以被正常路由。在请求报文被路由之前，通过 DyNAT 功能插件对发送报文头中的初始地址信息进行转换，然后将报文发送到公共网络中，DyNAT 网关在接收到该报文后，通过对报文头部进行逆转换以获得初始的身份信息，然后将其正常处理并发送给接收方。该技术能有效增加攻击者窃取有效信息并发起攻击的难度。

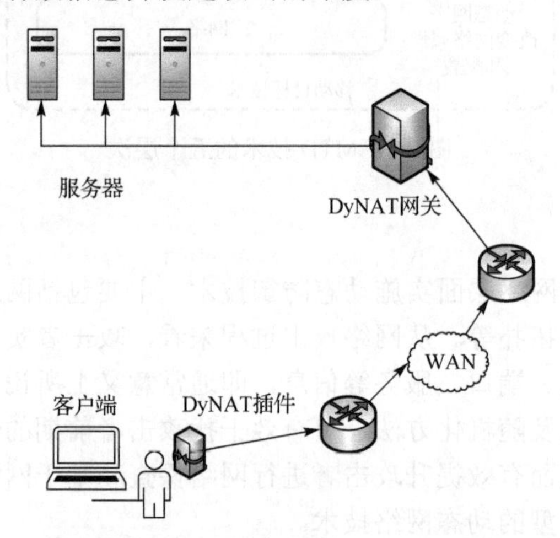

图 7-6　客户端远程连接服务器端模式下的 DyNAT 工作流程

由上述内容可知，动态网络地址转换技术一定程度上增加了攻击者在网络中进行探测，或者获取数据包真实通信双方信息的难度，但是，该技术不仅会增加网络处理开销，而且实现和部署成本也比较高。

2) 网络端口动态化

端口跳变技术的基本思想是对通信双方的端口进行动态化，通过预先分配未被使用的端口池，在通信过程中动态地改变通信双方的服务端口，导致攻击者难以定位真正在使用的端口，从而增强系统的安全性。

一种简单的基于端口动态跳变的通信模型可以用图 7-7 来描述。服务器端由本地的跳变模块决定当前提供服务的 IP 地址和端口号，客户端要想实现与服务器的通信，同样需由本地的跳变模块计算出当前服务器提供服务的 IP 地址和端口号，然后才能向服务器端发起连接。在端口跳变过程中，服务器与客户端共享密钥，服务器端的端口号随着时间的推移而动态变化，只有具有共享密钥的合法客户端才能够确定当前服务器端使用的端口号，其他恶意用户无法获取当前有效的端口号，因此服务器可以通过检查 UDP/TCP 包头中的端口号来过滤非合法用户发送的异常数据包。

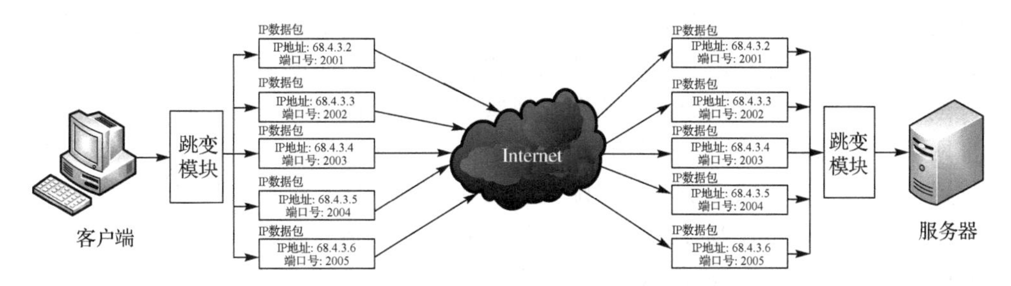

图 7-7　基于地址端口动态跳变机制的通信模型

可以看出，端口跳变技术具有抗攻击性强和抗截获性高的优势。但该技术要求通信双方必须清楚彼此端口跳变的形式和规律，才能保证通信的正常进行，否则双方端口使用情况不匹配，将发生丢包、通信中断等情况，也就是说，端口跳变技术需要很好的同步机制。常见的端口跳变同步方式主要有两种：严格时间同步和 ACK 同步。严格时间同步方式受网络延迟、数据包拥堵等因素的影响较大；ACK 同步方式虽然不受时间延迟的影响，但将同步信息放置在 ACK 报文中，易被攻击者截获分析，进而发起攻击影响有效性。此外，在端口信息变化过程中，需要通信双方设备协作，对用户不透明，实际部署难度较大。

3) 网络拓扑动态化

动态拓扑技术的基本思想是从逻辑上动态地改变网络的拓扑结构，从而使得通信双方的流量的传输路径动态地变化，增大攻击者针对特定路径网络流量的侦察和攻击难度。当前，动态拓扑技术主要基于虚拟网或重叠网技术实现，如虚拟网络中的网络流量重新路由等。

动态拓扑技术的一个典型例子是 DynaBone (dynamic fault and security adaptive overlay networks or dynamic backbone)[18]技术，如图 7-8 所示。其主要思想是在底层物理网络之上构建一个更大的外覆盖网络(overlay network)，其依托多个内覆盖网络实现，通过多层覆盖网络提供加密、动态路由、配置多样性等安全目标。DynaBone 提供了一种可选路径的方法，在各个内部不同的覆盖层部署多种不同的网络防护手段和方法，如 3DES 加密/链路状态路由协议、RC5 加密/RIP、MD5 认证/静态路由协议等。根据各自内部网络的状态和吞吐量不同，将外部数据流量动态分散到各层次中，形成一个动态的传输网。DynaBone 的内部层对外提供一致的网络服务。DynaBone 入口处提供主被动多路复用器(proactive/reactive multiplexer，PRM)，通过统计攻击数据和性能监测数据进行数据分组分发。PRM 用于动态重定向外覆盖网络的流量到内覆盖网络。PRM 包括多路转换器、信号分离器、监视器和控制组件。其中，多路转换器用于分配外部网络的流量到内覆盖网络中，根据多路转换算法将每一个数据分组、每一个会话、每一个连接发送给多个内覆盖网络；信号分离器用于收集进入的数据分组(可能需要重新排序)，去掉数据副本，从特定格式编码中提取数据；多路转换算法需基于内置或用户定义的策略、通道管理、已有的带宽预留和分配机制的接口综合决定；策略和通道管理决定选择哪个通道；监视器用于分析内部网络层的状态。上述组件通过预置控制组件相互协调工作，控制组件基于外部传感器检测到的攻击状况决定如何配置多路转换器并分配流量。若 DynaBone 的某个内覆盖网络被攻击，则 PRM 将流量切换到未受影响的内覆盖网络上，因此可应对 DDoS(distributed denial of service)攻击。

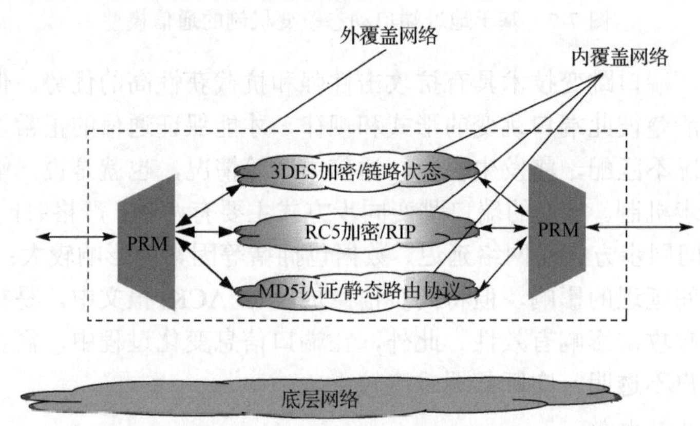

图 7-8　DynaBone 动态并发网络

动态网络技术能够为不同安全需求的用户提供不同的安全传输服务，大幅提高传输路径上攻击者的侦察难度。但是动态网络拓扑技术严重依赖底层网络的稳健性，控制信息在节点之间的传递、网络重配置和路由等会增加额外开销。

通过上述分析可以看出，这些技术的共同点是改变网络结构、网络通信、网络服务在不同时间和不同空间的多维度呈现方式，使得常规的攻击手段难以有效实施。由于这些技术需要在安全性能和服务性能之间取得平衡点，在保障正常服务的前提下，以一定的服务性能损耗换取安全性能的提高。

2. 动态平台

需要指出的是，本书所述的平台是指支撑应用程序运行的软/硬件环境，主要包括处理器、应用开发环境以及虚拟机等。动态平台技术通过改变计算平台的属性来阻断依赖特定平台的攻击。这些属性包括处理器架构、虚拟机类型、存储器、特定信道等。美国阿贡国家实验室 Thompson 等通过构建多个异构的 Web 服务器执行体，并在系统运行期间动态地进行轮转，选择其中一个执行体对用户提供服务，从而实现了动态 Web 方案[10]，如图 7-9 所示，描述如下。

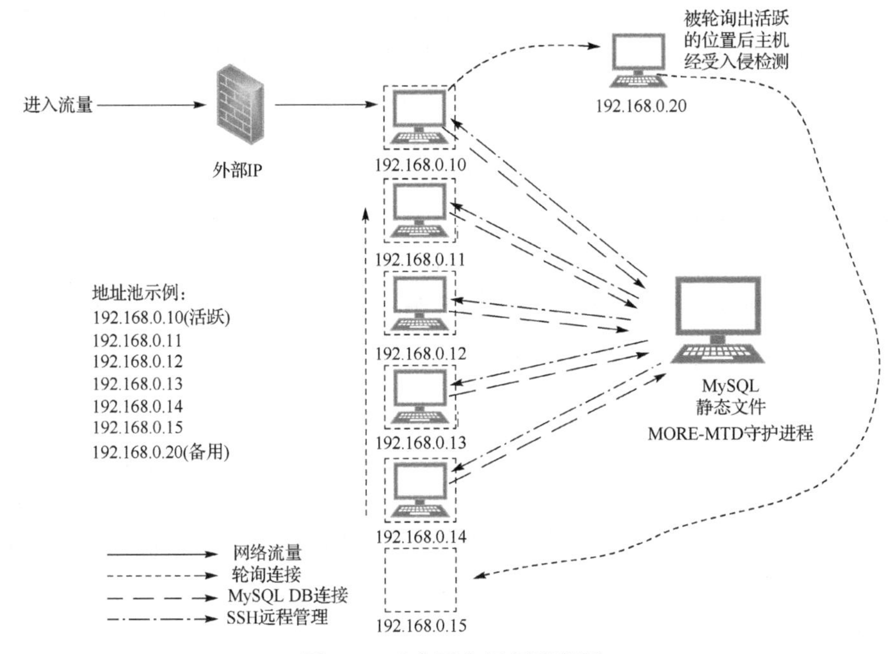

图 7-9　动态平台运行流程图

该方法采用不同版本 Linux 虚拟机部署相同的 Web 服务，虚拟机间通过 MySQL 数据库共享存储数据。系统对外提供一个 IP 接口，对内设置 IP 资源池，并为每一个虚拟机分配一个 IP 地址。这些 IP 地址分为活跃和备用两种，其中活跃 IP 地址为 192.168.0.10、192.168.0.11、192.168.0.12、192.168.0.13、192.168.0.14、192.168.0.15，备用 IP 地址为 192.168.0.20，开始时 IP 地址为 192.168.0.10 的虚拟机提供 Web 服务，外部 Web 访问请求经过防火墙后到达提供 Web 服务的 IP 地址为 192.168.0.10 的虚拟机，然后虚拟机的 IP 地址如图 7-9 所示进行轮换，即轮换下线的此前提供 Web 服务的虚拟机的 IP 地址变为 192.168.0.20，并接受安全检测。序列中其他虚拟机的 IP 地址依次改变，即当前地址为 192.168.0.11、192.168.0.12、192.168.0.13、192.168.0.14 的虚拟机 IP 分别切换为 192.168.0.10、192.168.0.11、192.168.0.12、192.168.0.13，而原先使用备用地址的虚拟机接受安全检测，如果发现遭受了攻击，则该虚拟机不再被使用，若检测正常，则该虚拟机进入轮换序列，IP 地址切换为 192.168.0.15。最终通过轮换完成提供 Web 服务的虚拟机的动态切换。

动态平台技术是移动目标防御技术的重要应用分支，在实际应用中，还存在以下几方面问题值得进一步研究解决。

(1)状态同步问题。为保证服务的无缝连接，在切换时需要保证状态的一致性。由于很难将状态提取为与平台无关的格式，在动态平台迁移过程中，难以保持应用程序状态不变或者保持不同平台之间的同步性。

(2)多样化平台容易引入新的脆弱点暴露给攻击者。动态平台技术不可避免地会增加被保护系统的攻击表面，如用于控制和管理迁移过程的额外代码，可能会引入新的脆弱点，从而使攻击者更易发现漏洞进行攻击。

(3)如何针对同一功能生成不同的多样化版本？动态平台要求存在功能相同的多个异构的平台以及生成多样性平台的工具。但实际上，可用的平台是有限的，产生新的平台并不是一件容易的事情。

(4)改进动态平台的迁移性能。由于平台迁移是一项极其复杂的过程，尤其是涉及状态同步时，每次迁移都会带来巨大的开销。其中最大的一个问题是缺少通用的、与平台无关的转换应用程序状态的方法。

3. *动态运行环境*

动态运行环境是指在程序运行中动态改变执行环境配置的一类技术，包括程序执行所依赖的软硬件、操作系统、配置文件等。利用该技术可阻止攻击者利用应用程序中的漏洞攻击主机。该技术主要包括两类典型机制：地址空间随机化和指令集随机化。下面对这两种机制进行简要说明。

1)地址空间随机化

地址空间随机化通过动态地改变二进制执行程序在存储器中的位置，从而使得在攻击者看来，每次的二进制代码对象的分布位置均不相同，这样一来，导致依赖于目标位置信息的攻击失效[19]。该机制一般可以通过修改操作系统内核实现，但有时还需要应用程序提供支持。地址空间随机化技术是应用较为成熟的移动目标防御技术之一，其典型应用之一是应对缓冲区溢出攻击。缓冲区溢出攻击是一种利用缓冲区溢出漏洞进行攻击的网络攻击手段，其基本思路是：攻击者首先获得已知进程的地址，然后经过精心计算利用溢出将程序跳转至攻击代码处，再执行攻击代码进行攻击，从而获得系统的部分或全部控制权。缓冲区溢出漏洞广泛存在于各种操作系统、应用软件中，危害极大，利用缓冲区溢出漏洞的攻击会造成程序运行失败、系统关机、重启等。经典的攻击案例是 1988 年的 Morris 蠕虫病毒[20]，该病毒曾造成全球 6000 多台机器被感染。地址空间随机化可以使攻击者难以定位进程地址。

地址空间布局随机化(address space layout randomization，ASLR)是一种典型的地址空间随机化技术实现。ASLR 通过对堆、栈、共享库映射等线性区布局的随机化，增加攻击者预测目的地址的难度，防止攻击者直接定位攻击代码位置，达到阻止溢出攻击的目的。研究表明ASLR可有效降低缓冲区溢出攻击成功率，因此该技术已在一些主流操作系统，如Linux、FreeBSD、Windows以及一些特定的手机系统上得到了广泛应用。下面以栈随机化机制为例进行说明，主要包括以下三种：

(1)随机化栈基址或全局库函数入口地址，或者为每一个栈帧添加一个随机偏移量，该偏移量可以为定值或者变量。

(2)随机化全局变量位置，以及随机化为栈帧内局部变量所分配的偏移量。

(3)为每个新栈帧分配一个不可预测的位置，可以在程序编译期间、进程加载期间，也可以是在程序运行期间。

尽管地址随机化技术可大大提高攻击者的攻击难度，但现有的ASLR实现技术中的一些不足限制了该技术的有效性[21]，主要表现在：

(1)在标准配置下内存空间中只有一部分被随机化处理，内存空间中剩下的部分是固定不变的，因此攻击者可对固定不变的内存空间发起攻击。

(2)程序分段中的相对地址是保持不变的。一般在随机化操作时，仅随机化内存分段的基准地址，而内存分段中各个部分的相对位置关系保持不变，这种设计为攻击者提供了便利。

(3)地址随机化技术假设攻击者对内存的内容不可知。攻击者可利用内存泄漏漏洞确定目标的位置进而发动攻击。当前的ASLR并不能阻止所有类型的内存泄漏攻击。

(4)可用熵的有限性。系统设计上的限制使得地址可随机化的区域非常小，而小的内存空间对暴力破解而言是脆弱的。

2)指令集随机化

指令集随机化(instruction-set randomization，ISR)的基本思想是通过引入加密、解密等机制，对操作系统层、应用层或者硬件层等的二进制执行代码进行随机化，即在加载阶段对每一条指令做加密处理，生成随机化指令集，然后在代码执行之前做解密处理，使得攻击者难以预测程序的具体运行方式。ISR通常采用三种实现方式：

(1)在编译时对可执行程序的机器码进行异或加密操作，并采用特定寄存器来存储加密所使用的随机化密钥，然后在程序解释指令时再对机器码进行异或解密。

(2)采用块加密来替代异或操作，如采用AES加密算法，以128bit大小的块为加密间隔对程序代码加密以实现指令集随机化。

(3)在受用户控制的程序安装过程中，通过使用不同的密钥来实现随机化，以完成对整个软件栈的指令集随机化，从而避免执行未授权的二进制和脚本程序。

指令集随机化可有效应对代码注入攻击。代码注入攻击向有漏洞的程序注入恶意代码(或不可信数据)，解释程序被迷惑去执行非预期的命令或访问非授权的数据，攻击者便可实现对系统的非授权访问或获取敏感信息。代码注入攻击的前提条件是注入代码与执行环境兼容。ISR 通过将程序的执行环境随机化，使得注入代码与执行环境不再兼容，从而破坏了代码注入攻击的前提。

到目前为止，开销已经成为指令集随机化技术应用的最大障碍。由于不支持硬件实现，大多数指令集随机化技术只能依赖软件模拟实现，这会带来巨大的计算开销。此外，由于缺少硬件支持，一些指令集随机化技术依赖简单的异或操作加密指令集，这种简单的加密设计易被攻击者探知。总体来看，指令集随机化后续还有如下方面值得进一步研究：

(1) 研究对内存的所有部分进行随机化的技术，以防止攻击者攻击内存的静态部分。

(2) 在给定的内存段内提高目标之间的空间独立性。这样做的优势在于一个目标的位置暴露不会导致其他目标位置的暴露。这种研究思路一方面可以更好地抵御针对相对地址的攻击；另一方面可以限制内存泄漏攻击的使用。

(3) 一般认为内存对攻击者而言是不可见的，该假设对于高级攻击者可能并不成立。此外需要提出内存对于攻击者而言是可见的相关模型，在此基础上改进 ISR 技术。

(4) 研究人员应该重新审视 ISR 技术，将新的硬件加密方式引入其主流架构，这会带来较小的性能损失。

4. 动态软件

动态软件技术的主要思想是动态地改变应用程序的执行代码，包括修改程序指令的顺序、分组和样式[8]。通过这种修改使得应用程序在保持现有功能不受影响的前提下，其内部状态对于输入而言是不确定的。

多样性可以通过功能等价的程序指令序列相互替换产生，如表 7-2 所示，对于序列 1 与序列 2 中的第一条指令均是将寄存器 eax 中的值置 0；序列 1 第二条指令是将寄存器 ebx 中的值逻辑左移三位，序列 2 中的第二条指令是将寄存器 ebx 中的值乘以 8，因此第二条指令是等价的。序列 1 中的 pop edx 和 jmp edx 与序列 2 中的 ret 均是实现指令栈顶字单元出栈，将栈顶字单元保存的偏移地址作为下一条指令的偏移地址。因此，这两个序列是等价的。通过改变指令的顺序和样式重新安排内部数据结构的布局，或者改变应用程序原来的静态特性等转换方式，从而有效降低了特定指令层漏洞的可利用性，攻击者只能猜测正在使用的软件变体。下面介绍一种典型的动态软件实现架构 ChameleonSoft。

表 7-2　功能等价的指令序列

序列 1	序列 2
xor eax，eax shl ebx，0x3 pop edx jmp edx	mov eax，0x0 mul ebx，0x8 ret

ChameleonSoft[9]是一种基于生物启发的 MTD 系统——变色龙软件，该系统利用空时多样性(spatiotemporal diversity)避免软件的单一性，使得目标系统连续地随机变化，以隐藏有潜在漏洞的软件，从而躲避攻击。其空时的意义如下：时间多样性(temporal diversity)指的是在运行时不断变换等价的异构软件变体，空间多样性(spatial diversity)则是通过在不同物理节点间不断迁移细胞(cell)来实现，二者结合可带来软件行为的空时变化，从而提高攻击复杂度。

ChameleonSoft 采用了“细胞”式架构 (cell-oriented architecture，COA)，如图 7-10 所示。在 COA 架构中，核心基础构件是细胞，作为分布式计算平台上面向任务的抽象的最小活跃单元，是仅包含一个应用的胶囊式“沙箱”，在运行中的表现形式是一个可执行的代码变体，行为上类似一个简单的虚拟化环境，将逻辑功能与底层物理资源隔离。面向同一功能任务的细胞可以有不同的实现，即采用等价异构的具有不同行为的软件变体，这些细胞具有不同的目标属性，如稳健性、可靠性及移动性等。多样化应用的变换范围包括安全目标及上述目标属性等，如不同的部署节点位置。一个主机可以由多个细胞共享资源。细胞可以动态地组合成为有机体(organism)，组织是一个更大的逻辑执行单元，代表复杂的多任务应用，可包含一个或多个细胞。ChameleonSoft 的关键在于如何产生功能相同但行为不同、具有不同属性的变体，工程上可以利用多样化编译、多版本设计技术实现。

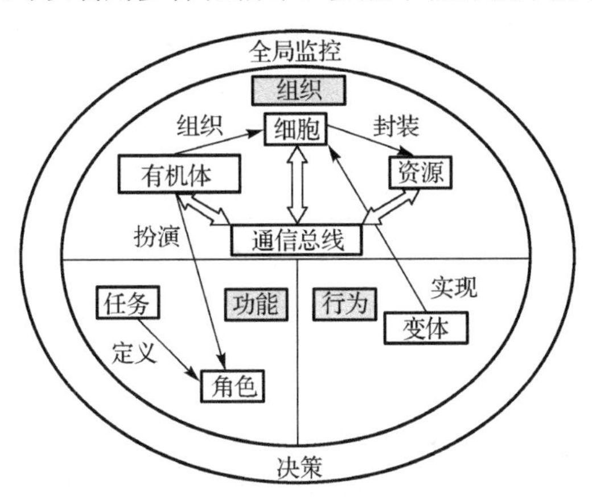

图 7-10　COA 组件

在具体执行某一任务时，ChameleonSoft 的基本过程为：有机体承担某任务定义的一个角色(角色表示一个大型任务中的某一类任务，包含多个小任务)，并进行任务分解，动态组织细胞完成任务，即将子任务分给不同的细胞完成，每个子任务可分配给一个或多个等价异构的细胞去执行，细胞调用不同变体和资源执行子任务，其中资源是指细胞执行子任务所需的物理资源，有机体、细胞及资源通过通信总线进行信息交互。如果攻击者利用其中某个变体的漏洞进行了攻击，导致某个细胞失效、任务中断，则没有收到该细胞定时心跳信息(含检查点敏感数据等情况)的全局监控管理者可使用备份的细胞替换该细胞。

动态软件技术既可用于粗粒度也可用于细粒度。外部随机化可应用在编译时或者通过二进制重写实现。当存在多个多样化二进制程序并行运行且具有相同的输入时，可使用投票系统以及可信的运行监控器来检测任意变体的异常行为。动态软件技术试图中断攻击的发展和发动阶段。发展阶段被阻断是因为正在被执行的代码具有不确定性，由于存在多个变体，代码注入和代码重用很难实现。要试图在所有的情况下攻击成功，则攻击者必须能够发现一条进入应用程序的固定路径，或者利用不依赖于特定代码指令和静态内部数据结构布局的漏洞，虽然概率攻击仍依旧会攻击成功，但可信的运行监控器可避免这种概率。

到目前为止，动态软件技术还未被广泛应用，这类技术还局限于学术研究领域，就目前来看，还存在以下问题值得进一步研究。

(1)动态软件技术的一大缺陷是难以确保转换的软件与原始软件功能等价。重量级的二进制转换及仿真会带来巨大的性能开销，缺少可扩展性。

(2)为实现更强的安全和检测能力，许多动态软件技术需要运行监控器以监控多个不同的应用程序，这会带来一定的性能开销。执行监控器的使用也会增大系统的攻击表面，使其成为攻击者的攻击目标。

(3)许多应用程序为实现最佳性能都是经过精心编译的，而语义等价的程序必然会带来性能的下降，这对于那些高实时性以及高性能的应用程序而言是不能容忍的。

5. 动态数据

动态数据[22]的主要思想是改变应用程序数据内部或者外部的表现形式，以保证语义内容不被修改，阻止未经授权的访问或者修改。数据的表现形式包括形式、语法、编码方式等。当数据表现为异常的格式时，攻击者发起的渗透攻击可被有效检测到。

表 7-3 给出了相同数据的两种不同的表现样式。样式 1 与样式 2 中数据的含义均为年龄为 24 岁，性别女，ID 为 159874，收入为 65000 美元。对于年龄，样式 1 采用的是十进制，样式 2 采用的是二进制；对于性别，样式 1 采用的是全称，样式 2 采用的是缩写；对于 ID，两种样式采用的数据位数不同；对于收入，两种样式采用的单位不同。

表 7-3　两种不同形式的数据

样式 1	样式 2
<Age=24; Gender=Female; ID=159874; Salary=$65000; >	<Age=11000; Gender=F; ID=00159874; Salary=$65K;>

与动态软件技术相似，动态数据技术试图中断攻击的发展和发动阶段。能够中断攻击的发展阶段是因为攻击者难以为不同的数据表现形式，开发出均有效的攻击手段，而只针对某特定数据形式的漏洞难以攻击成功。几乎所有的应用程序都采用确定性的数据布局，同时，输入和输出也受限于标准化的数据格式。现有的研究主要集中在内存加密或者特定数据有限的随机化。

动态数据技术还存在以下几个问题：

(1) 由于大多数标准二进制格式只支持一种标准的表现形式，所以动态数据在可容许的数据编码内缺乏多样性。

(2) 数据样式的多样化必然导致攻击表面的扩大。每个附加数据格式需要新的解析能力和新的错误检查代码集合。

(3) 加密方法可有效保护应用程序的内部数据状态，但是由于缺少实用的通用加密方案，所有的数据解密在作任何处理之前需要退回到原始的形式，而可能会引入新的漏洞[23]。

(4) 由于需要处理和监控多样化的数据呈现形式，动态数据方法在应用程序开发和运行性能方面会带来较大的开销。

7.3　MTD 有效性分析与评估

有效性分析与评估是移动目标防御系统设计中的重要环节，其主要作用在于分析和评估所采用的技术机制的有效性，从而为具体移动目标防御方法的设计提供参考与指导[1]。目前，MTD 有效性评估主要有三种典型模型：基于攻击表面的评估模型、博弈论评估模型和随机过程及概率评估模型。

7.3.1　基于攻击表面的 MTD 有效性评估与分析

系统的攻击表面是指该系统所有能被攻击者所利用，进而发动网络攻击的资源的集合。依据系统资源类型的不同，可以划分为方法(如 API)、通道(如 socket)和数据项(如输入字符串)等。攻击者利用这些资源接入系统并进行交互操作，实现入侵和破坏系统的目的。本质上而言，MTD 技术通过转移系统攻击表面使得其不可预测，从而实现保护的目的。常用的攻击表面转移方法通过移除或减少系统中可被攻击者所利用、具有潜在破坏能力的资源[2]，从而使得过去有效的攻击在未来未必有效，致使攻击者需花费更大的代价再现攻击或者尝试新的攻击方式。因此，攻击表面能从宏观角度描述系统的安全概况，它是研究者最早采用的定性的 MTD 评估方法，常用于评估和分析多样化软件系统等 MTD 技术。

1. 攻击表面转移基本模型

假设有系统 s 及其运行环境 E，R_0 为 s 的初始攻击表面（s 上可被攻击者利用进而发动攻击的资源集合），R_n 表示采用 MTD 技术后的系统攻击表面，如果至少存在一个资源 r，满足 $r \in (R_0 \setminus R_n)$ 或者 $(r \in R_0 \cap R_n)$ 且 $(r_0 \succ r_n)$（$r_0 \succ r_n$ 表示 r_0 对攻击表面所做的贡献要比 r_n 大，r_0、r_n 分别表示资源 r 在 R_0、R_n 中的具体记号），则称 s 的攻击表面发生转移。一旦攻击表面发生转移，基于相同的前提假设，部分在 R_0 上有效的潜在攻击在 R_n 上将不再有效。将 s 上潜在的攻击集合记为 $\text{attacks}(s,R)$。如果 s 的攻击表面从 R_0 变换为 R_n，那么 $\text{attacks}(s,R_0) \setminus \text{attacks}(s,R_n) \neq 0$，如图 7-11 所示。

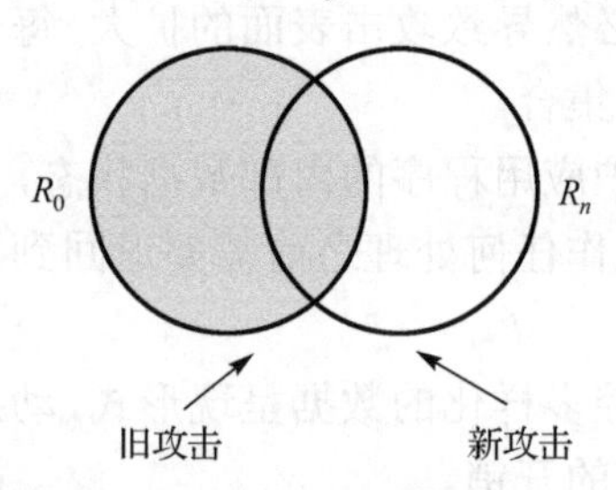

图 7-11　系统的攻击表面由 R_0 变为 R_n，则至少有一个能在 R_0 实施的攻击不能够在 R_n 上工作

防御者减小或转移攻击表面的方法一般有两种：①防御者通过禁用或者修改系统特性来转移或者减小攻击表面；②防御者可以通过启用新特性来转移攻击表面。

利用攻击表面能够清晰地表达系统面临的潜在风险及当前风险的大小，因而能够在一定程度上反映出 MTD 技术的效果。该评估方法一般用于描述系统的整体运行状况，即对 MTD 系统状态如可用资源属性(如漏洞)、配置参数(如运行参数)和基本元素(如虚拟机)等进行表征抽象。基于攻击表面的评价方法能十分直观地对当前系统存在的漏洞和风险做出评价，下面基于配置参数和面向虚拟机的攻击表面转移模型来说明如何对 MTD 技术进行性能分析。

2. 基于配置参数的攻击表面转移模型

多数 MTD 系统通过变换当前系统的配置来增强安全性。例如，假设某系统当前时刻的配置为：IP 为 10.10.0.1，运行系统为 Windows，在下一时刻其配置变换为 IP 变为 10.10.0.2，运行系统为 Linux。由于系统前后运行环境发生变化，攻击者的攻击难度将大幅增加。对于此类通过调整系统参数实现 MTD 的方式，基于配置参数的攻击表面转移模型是比较理想的评价手段[24]。该类模型从系统描述入手，使用配置参数来刻画 MTD 系统，这样，MTD 系统状态可以用与系统运行密切相关的配置参数集合来表达。以主机为例，其配置参数可用内存大小、硬盘大小、CPU 类型、运行的操作系统版本和 IP 地址等描述。当然，为确保不同配置下系统依然能顺利完或既定目标，该模型通常引入系统策略集合 P 与目标集合 G 等限制，对系统状态集合进行筛选，从而得到有效的配置参数集合 Γ，并用 $\langle \Gamma, G, P \rangle$ 三元组表示对应的 MTD 系统。这样，每次系统运行所采用的配置参数即为其攻击表面大小，而攻击表面转移则通过系统在不同配置参数间轮转实现。

当得到 MTD 系统的配置参数空间后，下一步需要研究的就是如何评价不同 MTD 系统间的安全性能差异。假设：A 系统的配置空间为{IP:10.10.0.1, OS:Windows XP; IP:10.10.0.2, OS:Windows 7; IP:10.10.0.3, OS: Windows 8}，B 系统的配置空间为{IP:10.10.0.1, OS: Windows XP; IP:10.10.0.2, OS:Linux; IP:10.10.0.3, OS:Mac}，那么，A 和 B 两个 MTD 系统哪个更为安全有效呢？为了回答该问题，该模型引入了系统配置熵 H 的概念，其定义如下

$$H(\Sigma_{\pi}) = H(\pi_1, \pi_2, \cdots, \pi_n) \leqslant \sum_{i=1}^{n} H(\pi_i) \tag{7-1}$$

式中，Σ_{π} 为 MTD 系统有效状态集合中所有可能的配置参数集合，π_i 为 MTD 系统运行的某个具体配置参数。MTD 配置熵越大，表明 MTD 越有效。而配置熵取得最大值的条件是配置间相互独立，即在不影响系统正常功能的条件下，如果能确保系统调整前后所呈现的攻击表面完全独立，MTD 带给系统的安全防护性能最佳。基于上述分析，B 系统将比 A 系统具有更大的系统配置熵，因为 B 系统中的三个 OS 较为独立，而 A 系统中 OS 之间的相关性较强。

3. 面向虚拟机的攻击表面转移模型

当前，云计算虚拟机、网络组件等的配置静态化，且彼此同质化严重，这种静态配置方式为攻击者提供了便利。MTD 机制可用于解决因静态化配置带来的潜在威胁。对于一个部署在云端虚拟机(virtual machine，VM)上的服务，通过随机地对 VM 进行动态迁移，可在一定程度上阻止攻击行为。针对该场景，Peng 等[25]在充分挖掘云计算特性的基础上建立了一种云安全服务模型，该模型中的攻防双方分别为云服务提供者和攻击者。其中，服务部署在云端的 VM 上，可以在不同的 VM 之间进行迁移，仅正在提供服务的 VM 是活跃的；同时，不同 VM 在不影响正常服务的情况下有一定的差异性，比如不同的配置。攻击者通过攻击承载服务的 VM 来达到攻击目的。具体而言，攻击者通过不断地扫描探测来发现正在提供服务的 VM 并试图控制虚拟机进而破坏或篡改服务。该模型认为云服务的安全性与正在提供服务的 VM 的安全风险密切相关，并用 VM 的攻击表面表示 VM 的安全风险。该模型将活跃 VM 的攻击表面建模为在其活跃期间被攻击者损害的概率，该概率与 VM 属性、攻击者对目标的知识(随时间累积，知识越多攻击成功概率越大)以及运行时长有关。该概率用式(7-2)表示。

$$P_{a,j}(t) = A_j + \frac{K_j - A_j}{1 + \mathrm{e}^{-B_j(t-M_j)}} \tag{7-2}$$

式中，$P_{a,j}(t)$ 为攻击者 a 在 t 时刻对虚拟机 j 攻击成功的概率；A_j 为 $P_{a,j}(t)$ 的下界；K_j 为 $P_{a,j}(t)$ 的上界；B_j 为攻击成功率的增长速率(与攻击者的能力有关)；M_j 为攻击最长时间。上述参数的取值与攻击者和 VM 的具体属性相关，则 $P_{a,j}(t)$ 在一定程度上反映了当前提供服务的 VM 攻击表面大小。

为保证运行服务的安全性，防御者通过将服务在不同 VM 间进行迁移实现 VM 攻击表面的动态变化和多样化，具体迁移策略遵循如下规则：

(1)迁移候选集合的确定：当运行的服务从虚拟机 j 迁移到虚拟机 i，其被攻击成功的概率将变为 $P_{a,i}(t)$，只有满足 $P_{a,i}(t) \leqslant P_{a,j}(t) - \delta$ 时(δ 为威胁降低度)，j 才可能成为候选的目的虚拟机。

(2)迁移概率的分布：得到候选迁移集合后，其中的 VM 被选择作为下一时刻的迁移目标的概率和其存在的潜在风险密切相关。一般来讲，候选 VM 存在的潜在风险越大，其被选中的概率就越低。

图 7-12 给出了一个虚拟机迁移示例(各虚拟机间具有差异性)。假设初始时刻云服务部署在虚拟机 VM4、VM5 和 VM8 上；经过一段时间后，VM5 被攻击成功的概率上升到 0.6，因此需要将服务执行迁移操作。假设此时 VM3 和 VM7 被成功攻击的概率分别为 0.1 和 0.2，则符合迁移要求。在下一时刻，为降低被攻击成功的风险，其将以 0.6 的概率迁移至 VM3 或以 0.4 概率迁移至 VM7。由此可见，上述模型巧妙地将度量云服务的安全性问题转化为度量运行服务的虚拟机攻击表面问题，通过为云服务提供异构和动态的攻击表面，增强服务运行的安全性。

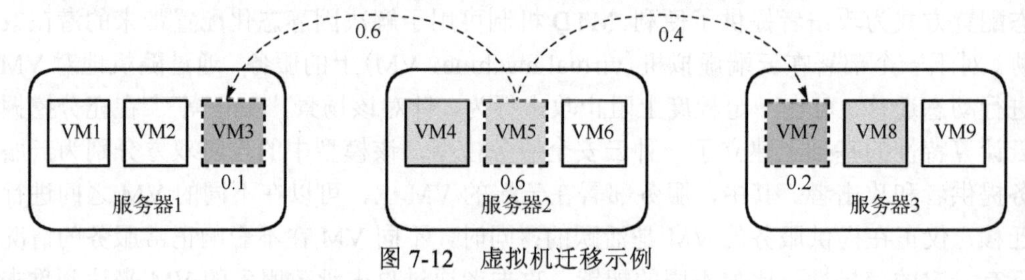

图 7-12　虚拟机迁移示例

7.3.2　基于博弈论的 MTD 有效性分析与评估

博弈论可有效地对 MTD 系统中防御方和攻击方的行为进行建模，分析与评估 MTD 系统在攻防双方策略发生变化时所表现出的安全性能。不仅如此，博弈论模型还能帮助防御方有针对性地选择最优的防御策略来对抗不同的攻击行为，同时揭示出系统随双方博弈策略变化的演化趋势和规律，并能得到系统最终所能达到的稳定状态，这些结论可为设计和完善 MTD 系统提供指导。对于有明确攻击目标以及包含多种攻防策略的 MTD 场景，如对系统关键资源的窃取与保护和对运行单元(如服务器)控制权的争夺等，博弈论模型尤为合适。

1. 基本博弈模型

1)博弈行为表述

博弈的标准式包括：①博弈的参与者；②每一个参与者可供选择的策略集；③针对所有参与者可能选择的策略组合，参与者获得的收益。

例如，在 n 人博弈中，记 S_i 为参与者 i 的可选策略集，将纯策略记为 s_j（$s_j \in S_i$）。当 n 个博弈者的决策分别为 $s_1, s_2, \cdots, s_n$ 时，用 n 元函数 $u_i(s_1, s_2, \cdots, s_n)$ 表示第 i 个参与者的收益函数。

2)博弈解

当博弈达到稳态时，某一参与者选择的策略必然是针对其他参与者选择的策略的最优值，没有人愿意背离当前的局势，这个局势称为纳什均衡：

在 n 个参与者的标准式博弈 $G=\{S_1, S_2, \cdots, S_n; u_1, u_2, \cdots, u_n\}$ 中，若策略组合 $\{s_1^*, s_2^*, \cdots, s_n^*\}$ 满足对于每一个参与者 i，s_i^* 是针对 $\{s_1^*, s_2^*, \cdots, s_{i-1}^*, s_{i+1}^*, \cdots, s_n^*\}$ 的最优策略，则目标策略集合 $\{s_1^*, s_2^*, \cdots, s_n^*\}$ 为该博弈的纳什均衡，即 $u_i\{s_1^*, s_2^*, \cdots, s_{i-1}^*, s_i^*, s_{i+1}^*, \cdots, s_n^*\} \geqslant u_i\{s_1^*, s_2^*, \cdots, s_{i-1}^*, s_{ij}, s_{i+1}^*, \cdots, s_n^*\}$，对一切 $s_{ij} \in S_i$ 均成立，s_{ij} 表示参与者 i 的第 j 个策略，$1 \leqslant j \leqslant |S_i|$，$|S_i|$ 表示集合 S_i 中可选策略的个数。

下面结合具体场景来讨论博弈论在 MTD 有效性评估中的应用。

2. 独立分层博弈模型

APT (advanced persistent threat) 攻击由于具有隐蔽性、连续性和复杂性，给网络安全带来极大威胁，尤其在与内鬼威胁共存时，危害更大。MTD 为应对此类威胁提供了可能。为了更好地实施 MTD 策略，Hu 等[26]针对网络中 APT 与内鬼共存的场景，提出采用独立分层博弈来分析系统演化特性。如图 7-13 所示，该模型中的博弈双方为 APT 攻击者和资源防御者，他们的目标是争夺系统资源的控制权。攻击者的策略是以攻击速率 α 攻击或控制系统资源以获得收益，或从内鬼处购买内部信息 $\sum u_n(t)$（$u_i(t)$ 表示内鬼 i 在 t 时刻出售的信息量）以降低攻击成本，$\alpha \in [0,1]$；由于内鬼的行为是自私且独立的，他们通过向攻击者出售系统内部信息以最大化自己的收益；防御者的策略则是利用 MTD 技术，以恢复率 β 重获资源的控制权，$\beta \in [0,1]$。α 和 β 的值越大表明各参与者夺取资源的主动性越大或者为控制资源愿意付出的努力越大，同时需付出的成本也更大。

1)模型建立

基于上述过程建立系统的状态方程为

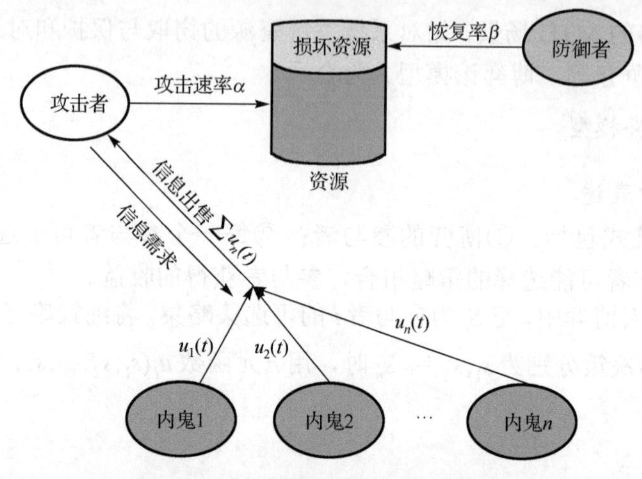

图 7-13　分层博弈系统模型示意图

$$\dot{x}(t)=\alpha(1-x(t))-\beta x(t),\quad x(0)=x_0 \tag{7-3}$$

式中，$x(t)$为系统在t时刻的状态，表示受攻击者控制资源的部分，$\dot{x}(t)$则为系统状态的演进速率，α为攻击速率，β为恢复速率。该方程表征了系统资源受攻防双方控制的变化情况。

攻击者代价$c_A(\cdot)$与资源价值和攻击风险两方面的因素相关

$$c_A(x(t),\alpha,\beta,t)=r_A(1-x(t))^2+q_A\alpha^2(1-x(t))^2 \tag{7-4}$$

式中，r_A和q_A为单位开销，分别表征防御者所控制资源的价值大小和攻击被发现的风险开销。

防御者代价$c_D(\cdot)$与资源受损危害和防御开销两方面的因素相关

$$c_D(x(t),\alpha,\beta,t)=r_Dx(t)^2+q_D\beta^2x(t)^2 \tag{7-5}$$

式中，r_D和q_D为单位开销，分别表征被攻击者控制的资源的危害大小和实施防御的开销。

内鬼收益$\pi_i(\cdot)$则基于出售信息收益和出售风险两方面建立

$$\pi_i(t)=p(t)u_i(t)-\left(cu_i(t)+\frac{1}{2}u_i(t)^2\right) \tag{7-6}$$

其中，$p(t)$为出售信息单价；c为单位风险，受防御策略影响。故式(7-6)第一项表示内鬼出售信息获得的收益，第二项为出售信息时需承担的风险。

2) 模型求解

基于上述假设，文献[26]推导出攻防双方行为分别为静态和动态时(α和β值是否可变)的纳什均衡解，具体结果如下。

(1)静态行为。

在此情形下，双方 α 和 β 取值在系统部署前已配置完成，且在系统运行过程中不再发生改变。

此时攻击者的最优策略为

$$\alpha^* = \begin{cases} \dfrac{r_A}{q_A \cdot \beta}, & r_A/q_A \leqslant \beta \\ 1, & r_A/q_A > \beta \end{cases} \tag{7-7}$$

防御者的最优策略为

$$\beta^* = \begin{cases} \dfrac{r_D}{q_D \cdot \alpha}, & r_D/q_D \leqslant \alpha \\ 1, & r_D/q_D > \alpha \end{cases} \tag{7-8}$$

进一步分析，最终的纳什均衡存在以下四种不同情形：

①当 $r_A/q_A < r_D/q_D < 1$ 时，$\alpha^* = r_A/q_A, \beta^* = 1$，即当防御者认为受损资源危害更大时，防御者将全力恢复资源；

②当 $r_D/q_D < r_A/q_A < 1$ 时，$\alpha^* = 1, \beta^* = r_D/q_D$，即当攻击者认为防御者手中的资源更有价值时，攻击者将全力破坏资源；

③当 $r_A/q_A = r_D/q_D = r/q < 1$ 时，满足 $\alpha^* \cdot \beta^* = r/q$，即当双方的收益开销比相同时，双方将根据对方资源的情况调整自身策略；

④当 $r_A/q_A > 1, r_D/q_D > 1$ 时，$\alpha^* = 1, \beta^* = 1$，即对方手中资源的价值均高于开销时，双方均试图控制(破坏或恢复)资源。

(2)动态行为。

此场景中，α 和 β 的取值可随系统状态动态变化。当系统达到稳态时，攻防双方的最佳策略如下，可以看出，与静态下相同。

$$\alpha_s^* = \begin{cases} \dfrac{r_A}{q_A \cdot \beta_s}, & r_A/q_A \leqslant \beta_s \\ 1, & r_A/q_A > \beta_s \end{cases} \tag{7-9}$$

$$\beta_s^* = \begin{cases} \dfrac{r_D}{q_D \cdot \alpha_s}, & r_D/q_D \leqslant \alpha_s \\ 1, & r_D/q_D > \alpha_s \end{cases} \tag{7-10}$$

式中，α_s 和 β_s 为稳态下的策略，根据式(7-3)，系统的稳态为式(7-11)，即系统中攻击者所控制的资源占比将维持稳定。

$$x_s = \frac{\alpha_s}{\alpha_s + \beta_s} \tag{7-11}$$

3. 经验博弈模型

网络中常见的一类攻防场景是双方对系统中运行的资源争夺控制权以达到攻击和防御目的。具体来说，攻击者和防御者竞争 M 个服务器的控制权。初始时，防御者控制着所有的服务器。攻击者试图通过探测策略来夺取服务器的控制权，且控制概率随着探测次数的增加而相应地增长。防御者则采用 MTD 技术(如重置)重获服务器控制权。针对此类场景，经验博弈模型[27]能较好地分析出双方应实施的最佳策略，读者可参考文献[27]进一步了解该模型及其分析评估效果，本书不再详述。

7.3.3 基于随机过程和概率论的 MTD 有效性分析与评估

MTD 技术的防御效果得益于系统状态的不断变化，从而提高攻击者的攻击难度、增加攻击代价。随机过程能够较好地刻画在 MTD 技术的作用下系统状态的转移规律。同时，可以预测将来某一时刻系统的状态。此类评估方法一般用于多阶段攻击场景，即攻击成功的最终状态需要经历多个中间状态才能到达。另外，系统状态在攻防双方的共同作用下，在状态空间的不同状态之间进行转移，且转移规律可用概率进行描述，这样便可用马尔可夫过程求解 MTD 下的系统稳态解。当然，针对十分具体的攻击情形，如攻击者对某个网元的攻击成功率，则可直接借助概率来分析采用 MTD 技术作用前后攻击效果的变化情况。

1. 基于简化马尔可夫模型的评估与分析

堪萨斯州立大学的 Zhuang 等[28]利用简化的马尔可夫模型，对采用 MTD 机制的网络的不同节点的攻击成功率进行了理论分析。如图 7-14 所示，该网络中有 8 个节点(i 为外部节点)。攻击者只能按照箭头的方向进行攻击，例如，要攻击节点 h，则攻击路径为 $i \to a \to c \to f \to h$。图中有向边上的值表示在静态模式下(不采用 MTD)攻击者在上一个节点(已被攻击者控制)对下一节点攻击成功的概率，如 p_{ia} 为攻击者从 i 攻击成功 a 的概率。在攻击 a 期间，如果防御者对节点 a 实施 MTD(如节点清洗或替换)，则此时攻击者无法成功攻击 a。对于该网络，如何部署 MTD(如实施间隔)能更加有效地提升其安全性是值得研究的问题。

1)模型抽象

文献[28]通过引入如下五个变量对上述情景下的问题进行分析(假设攻击者不知疲倦地持续攻击)：

(1)攻击间隔(T_a)：攻击者攻陷相邻节点的时长；

(2)调整间隔(T_r)：MTD 系统的调整间隔；

(3)节点数(n)：MTD 系统中可被调整的节点总数；

(4)调整间隔内的调整数量(k)：调整间隔 T_r 内可调整的节点数；

(5) 攻击成功率 p_{ij}：静态系统(未实施 MTD 调整)下由节点 i 成功攻击节点 j 的概率。

该模型的输出为 P_x，即在 MTD 系统下，由系统外部(图 7-14 中的 i)攻击系统内部某节点 x 的成功率。在该模型下，MTD 系统的状态转移如图 7-15 所示(以 $i \to a \to c$ 攻击为例)。其中，p_1、p_2 和 p_3 为 MTD 系统下 $i \to a$，$a \to a$ 和 $a \to c$ 的转移概率，它们依赖于静态系统下的 p_{ia} 和 p_{ac}。

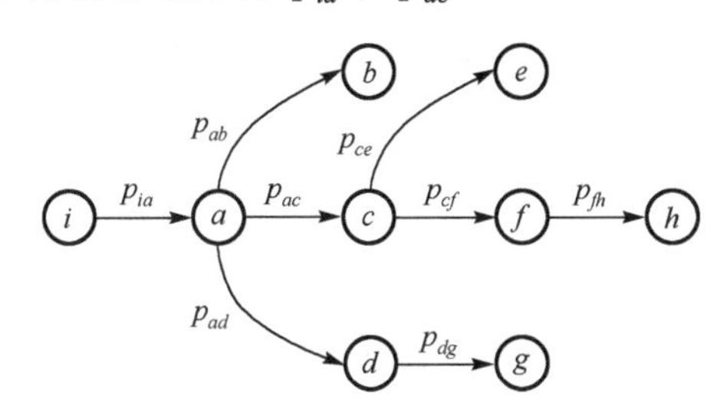

图 7-14　网络拓扑图

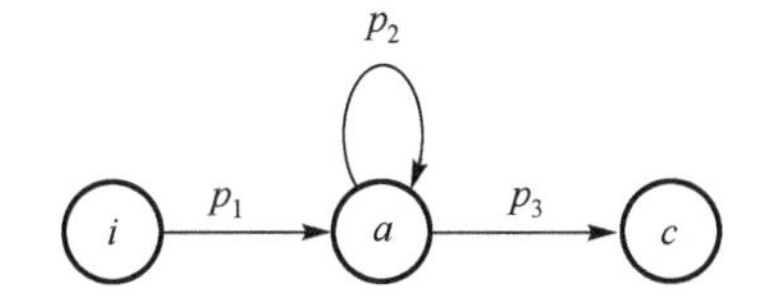

图 7-15　MTD 系统下，$i \to a \to c$ 的转移模型

上述状态转移图与马尔可夫模型相似，唯一不同之处在于其节点状态只在自身或是向下一节点间转移，而不会回退到前一状态。

2) 模型求解

仍以图 7-15 中的转移模型为例进行说明。首先计算 p_1，只有当攻击者在间隔 T_a 内成功攻击节点 a，且防御系统未对节点 a 实施 MTD 调整时，攻击者才能成功地由 i 转移到 a。在一个调整间隔 T_r 内，对 a 节点实施 MTD 调整的概率为 k/n，未实施调整的概率为 $1-k/n$；在 T_a 时间内实施 MTD 调整的次数为 T_a/T_r。另外，由于每次调整时相互独立，所以整个攻击间隔内，a 节点上不实施 MTD 调整的概率为 $(1-k/n)^{T_a/T_r}$。由此 p_1 可由式(7-12)得到

$$p_1 = p_{ia} \times (1-k/n)^{T_a/T_r} \tag{7-12}$$

当攻击者到达节点 a 后，静态情形下，在 T_r 内其攻击 c 失败的概率为 $(1-p_{ac})^{T_r/T_a}$，成功的概率为 $1-(1-p_{ac})^{T_r/T_a}$。在 MTD 系统中，攻击者将在两种情况下继续停留在节点 a。

(1) 攻击者攻击节点 c 失败，同时节点 a 未实施 MTD，这类情形出现的概率为 $(1-p_{ac})^{T_r/T_a} \times (1-k/n)^{T_a/T_r}$；

(2)攻击者成功攻击节点 c，节点 a 未实施 MTD 调整，但节点 c 实施了 MTD 调整，此情景出现的概率为 $(1-(1-p_{ac})^{T_r/T_a})\times(1-k/n)^{T_a/T_r}\times(1-(1-k/n)^{T_a/T_r})$，则 p_2 为上述两个概率之和

$$\begin{aligned} p_2 &= (1-p_{ac})^{T_r/T_a}\times(1-k/n)^{T_a/T_r}+(1-(1-p_{ac})^{T_r/T_a})\times(1-k/n)^{T_a/T_r}\times(1-(1-k/n)^{T_a/T_r}) \\ &= (1-k/n)^{T_a/T_r}-(1-(1-p_{ac})^{T_r/T_a})\times(1-k/n)^{2T_a/T_r} \end{aligned} \tag{7-13}$$

类似地，当且仅当 a 和 c 都未实施 MTD 调整，攻击者成功攻击 c，其才能转到 c，故 p_3 可由式(7-14)得到

$$p_3=(1-(1-p_{ac})^{T_r/T_a})\times(1-k/n)^{2T_a/T_r} \tag{7-14}$$

以此类推，可以得到在 MTD 系统下，节点 x 停留在自身状态（p'_{xx}）、前进到下一节点 y（p'_{xy}）和从外部攻击成功节点 t（P_t）的概率如下

$$p'_{xx}=(1-k/n)^{\frac{T_a^{xy}}{T_r}}-(1-(1-p_{xy})^{\frac{T_r}{T_a^{xy}}})\times(1-k/n)^{\frac{2T_a^{xy}}{T_r}}, \quad x\neq i; x\rightarrow y\in E_p \tag{7-15}$$

$$p'_{xy}=\begin{cases} p_{xy}\times(1-k/n)^{\frac{T_a^{xy}}{T_r}}, & x=i; x,y\in V_p; x\rightarrow y\in E_p \\ (1-(1-p_{xy})^{\frac{T_a^{xy}}{T_r}})\times(1-k/n)^{\frac{2T_a^{xy}}{T_r}}, & x\neq i; x,y\in V_p; x\rightarrow y\in E_p \end{cases} \tag{7-16}$$

$$P_t=\prod_{\substack{x\in V_p\\ x\neq i,t}}\frac{1}{1-p'_{xx}}\times\prod_{x\rightarrow y\in E_p}p'_{xy} \tag{7-17}$$

式中，V_p 表示网络中的节点集合；E_p 表示边集合。

3)防御效果分析

MTD 调整间隔越短(T_r 越小)，攻击成功概率下降越快。目标节点离初始攻击的节点越远，其攻击成功率越低，这是因为此时到达目标节点需要经过的路径更长，路径上节点实施 MTD 调整的概率更大，必然导致攻击者攻陷目标节点的概率降低。综上所述，马尔可夫模型可从理论上对采用 MTD 机制的网络系统作数学分析，从而定量地刻画攻击者攻击节点的成功率，其推导结果可为管理者设计安全网络提供有价值的参考[28]。

2. 基于概率的评估与分析

除了用马尔可夫状态转移过程刻画 MTD 的防御效果，还有研究人员使用概率方法计算系统的防御失败率(或攻击者攻击成功概率)。下面基于概率模型对网络中

一种典型的 MTD 技术(IP 跳变技术)进行有效性分析。迄今已存在多种不同的网络地址跳变实现方式，该技术能有效地阻止攻击者周期性地利用网络地址重映射接入系统，但其性能分析还处于经验分析阶段，而且已有理论模型难以准确刻画不同条件下的防御性能。针对上述不足，Carroll 等[29]提出一种瓮模型来分析不同情形下网络地址跳变的防御收益,该模型可以定量刻画出攻击者攻击成功率与网络规模大小、跳变地址的数量、系统的易受攻击点数量的关系。

1) 瓮模型

假设有 n 个可用网络地址，$v \leqslant n$ 个易受攻击的主机；攻击者知道地址空间大小 n，且可以连续发起 k 次探测；攻击者的目标是在 k 次探测中，至少探测到一台易受攻击的主机；此外，攻击者要制定策略能够在整个地址空间中进行探测，且不会对相同的主机探测两次，而防御者对地址随机跳变。模型计算两个统计量：攻击者攻击成功概率和寻找一台易受攻击主机的探测次数期望。

瓮模型：假设瓮中有 v 个绿球和 $n-v$ 个蓝球。绿球代表易受攻击的主机，蓝球代表没有漏洞的主机。

(1) 静态地址。

假设分配给网络中的计算机的地址是固定的：若 $k \geqslant n$，则攻击者一定可以得到所有的易受攻击的主机；若 $k < n$，则此时用瓮模型求解攻击者的成功概率。令 X_k 表示 k 次取样中取出的绿球数，$\Pr(\cdot)$ 表示概率，$\binom{n}{k} = \mathrm{C}_n^k$，则有

$$\Pr(X_k = x) = \frac{\binom{v}{x}\binom{n-v}{k-x}}{\binom{n}{k}} \tag{7-18}$$

至少有一台易受攻击的主机被发现的概率为

$$\Pr(X_k > 0) = 1 - \Pr(X_k = 0) = 1 - \frac{\binom{n-v}{k}}{\binom{n}{k}} \tag{7-19}$$

发现一台易受攻击的主机所需的探测次数可建模为负超几何分布。令 Y 表示探查次数，则有

$$E[Y] = \frac{n+1}{v+1} \tag{7-20}$$

(2) 地址跳变。

防御方的最优跳变策略是在每次探测后进行地址跳变，从而使得攻击者已探测信息对下次探测无用。若考虑有放回地取样，则有

$$\Pr(X_k = x) = \binom{n}{x} p^x (1-p)^{k-x} \tag{7-21}$$

式中，$p = \frac{v}{n}$。

给定 k 次探测，成功概率为

$$\Pr(X_k > 0) = 1 - \Pr(X_k = 0) = 1 - (1-p)^k \tag{7-22}$$

此时，Y 服从几何分布

$$E[Y] = \frac{1}{p} = \frac{v}{n} \tag{7-23}$$

2) 防御效果分析

下面就地址跳变技术带来的优势与静态情形进行对比[29]。

(1) 网络地址空间。假设网络中只有一台脆弱计算机，而攻击者能够探测整个网络(探测次数等于空间中的地址数量)。静态地址下，攻击者只要遍历网络就能找到该脆弱计算机。而当采用地址跳变技术时，目标计算机被发现的概率为 $1-(1-1/n)^n$，该值随着网络规模 n 的增大而降低，最终收敛于 0.63(极限值)。

(2) 地址空间探测比例。假设网络中只有一个脆弱计算机，在静态地址情形下，攻击成功率随探测次数 k 成线性正比关系，当其探测达到 n 次时，以概率 1 发现脆弱主机。而在 IP 动态跳变情形下，其攻击成功率与探测次数 k 的关系为 $1-(1-1/n)^k$。此时，即使整个网络被探测，即 k=n，其发现脆弱主机的概率约为 0.63。

(3) 脆弱计算机的数量。当网络中脆弱计算机的数量 v 增加时，其攻击成功率变为 $1-(1-v/n)^n$。显而易见，v 的值越大，攻击者越容易发现脆弱主机。因此地址跳变仅当网络中存在少量脆弱计算机的情况下有效，实验表明该比例应小于 1%[29]。

(4) 探测期望数。从理论上讲，IP 跳变情形下攻击成功需要的探测次数要高于静态场景。但当允许攻击者探测整个网络(探测次数等于空间中的地址数量)或者脆弱计算机的比例较高时，则收益有限，即当 v、n 较大时，$\frac{n}{v}$ 近似于 $\frac{n+1}{v+1}$。

(5) 地址跳变频率。跳变频率在提升防御效果的同时会增加开销和影响通信连接。当跳变率为 0 时(静态地址)，不会产生连接中断，攻击者100%能攻击成功，而随着跳变频率的增加，攻击成功率降低(如先前分析)，连接损失也同步增长。尤其是当跳变频率达到某一临界值时，连接损失率急剧增大。因此，应用地址跳变时需

要考虑跳变频率与连接损失率的折中，即 MTD 技术在提升安全性能的同时，相应地会引入一些额外开销和代价。

7.4　MTD 典型应用

当前，MTD 技术已应用到多个网络防护场景中，并取得了较好效果，如主机、网络、云数据中心等的防护。其中，基于动态 IP 的主机防护、基于虚拟机动态迁移的云数据中心侧信道攻击防护等均为 MTD 技术的典型应用。本节对比较有代表性的应用案例进行介绍，使读者清晰了解 MTD 的应用方法及防御效果。

7.4.1　基于动态 IP 的主机防护

1. 问题和基本防御思路

IP 地址与端口是实现节点间通信的基本属性，常被攻击者利用以进行目标对象信息的探测收集。因而，可以使用地址、端口动态化技术，如 IP 跳变、端口跳变等，增加攻击者侦察和定位阶段的难度。关于 IP 地址跳变，研究人员已经提出多种方案，如北卡罗兰大学的 Al-Shaer 团队提出了基于“低频切换地址范围”和“高频切换具体地址”的 IP 跳变方案[17]；基于 IPv6 的超大地址空间，文献[30]提出了 IPv6 地址跳变技术(moving target IPv6 defense, MT6D)，MT6D 通过在会话过程中不断地变换发送者与接收者的 IP 地址，从而阻止攻击者发现并锁定通信主机的身份或者增加其实现代价和开销；文献[15]提出的网络空间地址随机化技术通过在网络地址动态分配的环境中，调节节点 IP 地址的变化频率来扰乱攻击行为；文献[31]中提出的变形网络技术也采用了端口跳变和地址跳变技术，构建具有“变形”能力的计算机网络原型，实现随时间变形迷惑网络入侵者以阻止网络攻击的发生。

下面具体介绍一种 IP 地址随机化技术——随机主机地址跳变(random host address mutation, RHM)[17, 32]，该技术将网络中各个主机的 IP 地址以一种不可预测的方式进行快速变化，实现在不影响正常通信的条件下，有效阻止攻击者对网络目标信息的探测。

2. RHM 部署架构

RHM 在网络中的部署需要如下组件：①低频率跳变规划器，用于确定每个主机的 IP 地址跳变范围(地址段)；②高频率跳变规划器，用于确定每个主机的 IP 地址；③IP 地址转换器，实现真实 IP 地址和虚拟 IP 地址间的转换。

1）传统网络中部署 RHM

在传统 TCP/IP 网络中，需要增加跳变控制器和跳变网关两种新的组件，如图 7-16 所示，两个跳变网关中，一个为源跳变网关，一个为目的跳变网关，跳变网关直接与核心网连接。

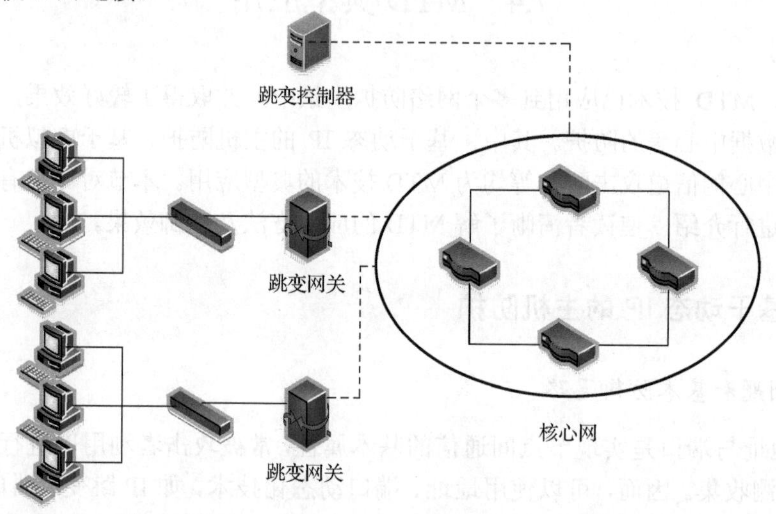

图 7-16　RHM 网络架构

其中，中央跳变控制器负责低频率跳变规划，将未使用的 IP 地址段分配给各个跳变网关。跳变网关负责高频率跳变规划，将 IP 地址分配给其负责的各个主机。通信过程中的 IP 地址转换由各个跳变网关负责。

2）软件定义网络中部署 RHM

在软件定义网络(software defined network，SDN)中，SDN 控制器负责高频率跳变和低频率跳变。在每次高频率跳变完成之后，SDN 控制器将流表下发到 SDN 交换机上。随后，SDN 交换机负责 IP 地址的转换。

3. IP 跳变网络通信过程

由于主机的 IP 地址是周期性变化的，因此在 RHM 方案中，必须使用主机名和 DNS 服务器才能够将报文送达目的主机。图 7-17 中描述了 RHM 在传统 TCP/IP 网络中通信的一般过程，在 SDN 网络中的实现步骤大致是相同的，只是在 SDN 网络中 IP 地址的转换是由 SDN 交换机完成的。

为了使用主机名和一个目的主机通信，通信发起主机首先要向 DNS 服务器发送一个 DNS 查询请求以获取主机的 IP 地址，DNS 服务器发送的响应报文会被跳变网关获取，跳变网关用目的主机正使用的 IP 地址(不断变化的虚拟 IP)替换其真实 IP 地址。经过这个步骤后，通信发起主机获得了目的主机当前正使用的 IP 地址，并使用该地址发起通信过程。该过程中实际发生跳变的是虚拟 IP 地址。如图 7-17 所示，具体的通信过程为(需要注意的是，图中目的与源跳变网关并非直连，而是逻辑相连，二者之间的数据包也要经过一定跳数，网络通信才能抵达彼此)：

(1) 主机 1 向 DNS 服务器发送报文<n2，?>请求主机 2 的地址；

(2) DNS 服务器响应主机 1 的请求，向主机 1 发送报文<n2，r2>，将主机 2 的真实地址放在报文中；

(3) 当 DNS 服务器发送给主机 1 的报文<n2，r2>经过主机 1 端的跳变网关(mutation gateway，MG)时，即图中的源跳变网关，该网关将报文中主机 2 的真实地址替换为主机 2 的当前使用地址(虚拟的)，报文被改变为<n2，e2>；

(4) 主机 1 使用自己的真实地址和主机 2 的当前使用地址向主机 2 发送报文，格式为<e2，r1>；

(5) 该报文在经过主机 1 端的跳变网关时，主机 1 的真实地址被替换为主机 1 的当前使用地址，报文格式为<e2，e1>；

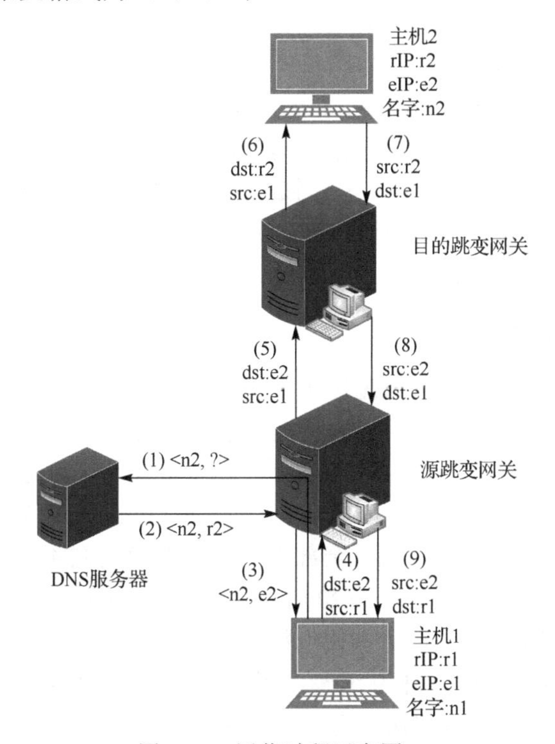

图 7-17　通信过程示意图

(6) 报文以<e2，e1>的格式在网络中传输，直至到达主机 2 端的跳变网关时，即图中的目的跳变网关，该网关将报文中主机 2 当前使用地址改为主机 2 的真实地址，报文格式为<r2，e1>，报文顺利到达主机 2。返回过程与此类似，不再赘述。

4. 具体跳变方法

假设 A 为某子网中的可用 IP 地址集合，A_i 为子网中的主机已经占用的 IP 地址段，该子网中主机 IP 地址的跳变空间 Ω 为该子网中所有未被使用的 IP 地址段的集合，表示为

$$\Omega = \{r_1, r_2, \cdots, r_M\} \leftarrow A \wedge \neg(A_1 \vee A_2 \vee \cdots \vee A_u) \tag{7-24}$$

式中，r_j 为大小等于 L 的未使用的 IP 地址段。为了使 IP 地址跳变技术对攻击者呈现出最大的不确定性，各个主机的 IP 地址就在这些未使用的 IP 地址段组成的地址空间内进行随机跳变。

为了使 RHM 技术达到较好的效果，Jafarian 等将 IP 地址跳变分为两个跳变级别[17]，分别介绍如下。

(1)低频率跳变(low-frequency mutation，LFM)，此级别为地址段的跳变。为了使各个主机的 IP 地址在跳变过程中不发生重叠，RHM 在每个低频率跳变周期开始时，选择未使用的 IP 地址段分配给各个主机，主机在给定的 IP 地址段内选择 IP 地址进行跳变。低频率跳变周期的长度是可配置的，表示为 T_{LFM}。

(2)高频率跳变(high-frequency mutation，HFM)，此级别为具体 IP 地址在地址段内的跳变。当低频率跳变将未使用 IP 地址段分配给主机后，各个主机在高频率跳变周期内选择某一 IP 地址，并在下一个跳变周期中更换 IP 地址。一个低频率跳变周期中可用包含多个高频跳变周期。高频率跳变周期的长度是系统可配置的参数，对于主机 h^i，其高频率跳变周期长度表示为 T^i_{HFM}。

5. 防御性能分析

实验表明[17]，攻击者主机探测速率与主机地址变换速率的比值，以及跳变地址空间的大小是影响 RHM 机制性能的关键因素。定义 α 为攻击者对主机探测速率与主机地址变换速率的比值取以 2 为底数的对数，并假设若网络中的主机地址被攻击者成功探测到则认为该主机被攻击成功。可以计算得出，当跳变地址空间大小为 2^{20}，$0<\alpha<18$ 时，没有被攻破的主机占全部主机的比例稳定在 40%，当 $\alpha>18$ 时，未被攻破的主机比例快速下降，当 $\alpha=20$ 时下降为 0；当跳变地址空间大小为 2^{21}，$0<\alpha<18$ 时，未被攻破的主机所占比例稳定在 60%，当 $\alpha>18$ 时，未被攻破的主机比例下降，当 $\alpha=20$ 时，占比降为 50%；当跳变地址空间大小为 2^{22} 时，在 $0<\alpha<20$ 范围内未被攻破的主机所占比例一直稳定在 80%。

7.4.2 基于 MTD 技术的 Web 防护

Web 应用是互联网生态中重要的组成部分。由于 Web 服务器能够被任何人接入访问，因而，攻击者能够很容易地对 Web 应用进行探测、分析，并根据获取的信息

进行攻击。当前针对 Web 应用的攻击途径可分为以下几类。

(1) 信息泄露(information leak)：攻击者试图读取程序敏感信息发起攻击，如寄存器的内容、内存页面、进程元数据等。通过获取这些信息，攻击者能够更加有效地实施网络攻击行为。

(2) 侧信道攻击(side channel attack)：侧信道攻击和其他种类的信息泄露攻击的区别在于，前者通过分析程序与其外部环境的交互行为推测程序内部状态，而后者则通过直接侵入程序实现。侧信道攻击的典型方式是通过测量程序执行外部可见行为所需时间的变化，推测出与该行为有关的内部变量状态的变化规律。

(3) 内存崩溃攻击(memory corruption attack)：为达到攻击目的，攻击者通常需要更改存储于内存中的程序内部状态，这种改动既可能是攻击的最终目标，也可能是攻击的中间步骤。具体方式很多，如缓冲区溢出、内存调度器漏洞利用、代码注入、代码重用和 JIT(just-in-time)攻击等。

(4) 恶意输入攻击(malicious input attack)：攻击者通过输入精心编排的恶意输入(如恶意 SQL 语句等)引发漏洞利用，实现攻击目的。

将 MTD 技术应用于 Web 应用的防护过程，可有效提升攻击者的攻击难度，使得攻击者无法有效探测到攻击所需要的必要信息；同时，能够延阻攻击者的网络攻击过程。当前，MTD 技术已经广泛应用到 Web 防护的逻辑层、存储层和表示层(或浏览器层)等各个层面，通过不断动态改变对外呈现的特征信息以提高攻击难度。例如，Doup 等采用不同架构实现了具有相同功能的 Web 服务，通过这种方式，攻击者很难找到不同架构中的共性漏洞发起攻击[33]；Larsen 等提出了应用软件层面的多样性方法，抵御利用返回地址对 Web 应用发起的攻击[34]；Vikram 等通过向 HTML 中随机添加标签，实现隐藏 HTML 真实值的效果[35]。

Taguinod 等较为全面地分析了 MTD 技术在 Web 服务各个层次的可能应用(传统的操作系统层和硬件层除外，因为这两个层次的 MTD 技术是通用的)[36]，本书基于相关成果对 MTD 技术在 Web 中的应用进行介绍。

1. 逻辑层 MTD 技术

逻辑层是 Web 应用进行事务处理的关键层，采用编程语言实现，对用户的输入进行响应，是 Web 逻辑功能(服务)实现的重要部分。将 MTD 技术应用到逻辑层有多种手段，一般做法是修改 Web 应用程序。软件多样化技术是修改 Web 应用程序的一个重要技术途径，软件的多样化可以在多个层级上进行，如图 7-18 所示，多样化层级从低到高分别有指令级别、基本模块级别、函数级别和程序级别。Larsen 等提出一种软件多样化的实现方法，该方法能够通过动态地改变代码的语句、函数和对象的布局，达到防御的目标[34]。此方法在底层编程语言中被广泛使用，主要用于防御内存崩溃攻击，特别是基于返回地址的程序攻击。此外，很多 Web 应用程序是使用 Java、

Python、Ruby 等面向对象语言编写的，这些编程语言自身就具有避免内存崩溃漏洞的检查机制。事实上，很多软件漏洞都是由于程序自身逻辑导致的，如在跨站脚本(cross-site scripting，CSS)攻击中，服务器端的 Web 程序代码(网站)根据攻击者的恶意输入生成一个包含恶意代码的页面，当用户点击时，恶意代码就会执行，会话信息会被攻击者窃取，而软件多样性方法则无法处理这种漏洞，因为这种漏洞是由于 Web 应用程序本身的逻辑错误导致的。

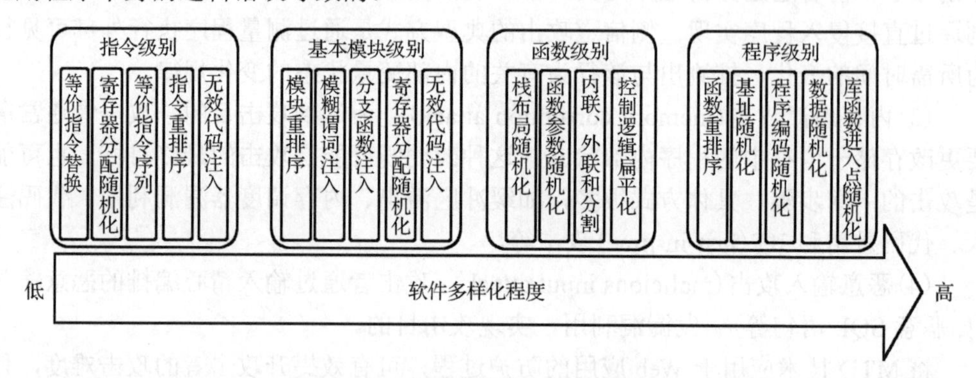

图 7-18　各层次软件多样化示意图

另外一种逻辑层 MTD 技术的例子是将 Web 实现从一种编程语言转换为另一种语言，这种方法能够消除一些由特定编程语言和程序框架导致的漏洞，可防御代码注入类攻击。例如，使用 Ruby on Rails 3.0.5 开发的 Web 程序可能会存在 execution-after-redirect 漏洞，但是使用 Python 和 Django 1.2.5 开发同样功能的程序就不会有这种问题，因为这两种开发方式使用的底层框架是不同的。当前，转换 Web 程序的具体实现有静态和动态两种方式：在静态方式下，开发人员每次使用不同的编程语言重新开发 Web 程序；在动态转换方式下，开发人员只需使用他们熟悉的编程语言进行一次开发，由自动转换程序将其变换为相同功能的另一种语言版本。但是，如果某种语言具有另一种开发语言所不具有的特性，在转换过程中就可能会遇到问题，因此该方法具有一定局限性。

2. *存储层 MTD 技术*

Web 存储层一般由各种类型的数据库组成，负责保存用户和应用数据。存储层面临的最大的安全威胁是 SQL 注入攻击。SQL 注入攻击是黑客对数据库进行攻击的常用手段之一。随着 B/S 模式应用程序开发技术的发展，使用这种模式编写的 Web 应用越来越多，但是相当多的代码没有对用户输入数据的合法性进行检查，这就导致输入数据存在潜在威胁。攻击者可以提交一段精心编排的数据库恶意查询代码，根据应用返回的结果就能够获得某些想知道的数据。图 7-19 所示为 SQL 注入攻击的一般步骤，攻击者输入非法的 SQL 语句，由于 SQL 语句本身是合法的，所以防火墙无法将其过滤；如果 Web 应用程序没有对用户的输入进行合法性检查，该 SQL 语句就会被直接执行。通过这种方式，攻击者就能够轻易获得数据库模式、连接细节，以及敏感应用数据等较为私密的信息。

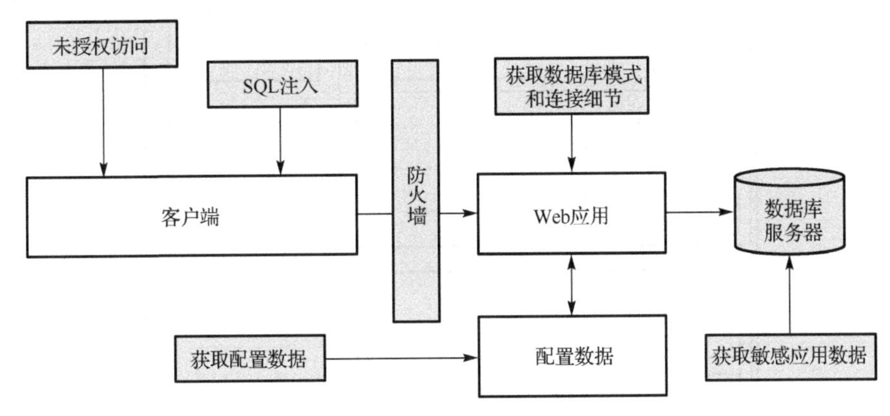

图 7-19　SQL 注入攻击步骤

虽然 SQL 本身具有统一的标准，但是不同的数据库管理程序在具体实现时，具有细微的差别。例如，MySQL 数据库在引用数值的时候既可以使用单引号('')也可以使用双引号("")，而在 PostgreSQL 中则只能使用单引号。因此，通过在存储层使用 MTD 技术能够提高 SQL 注入攻击难度。例如，通过改变 Web 程序中使用的数据库管理程序就能够利用 SQL 语法差异，防御针对特定数据库的攻击。具体实现方法可以是将数据从一种类型的数据库管理程序中导入到另一种数据库管理程序中，或者同时运行多个数据库实例并定期在这些数据库间进行同步。这样便可以防御针对特定语法的 SQL 注入攻击，使之在 MTD 变换后无效。

3. 表示层(浏览器层)MTD 技术

Web 应用的表示层的主要功能是将服务器端的代码在客户端进行解析，并进行图形化展示，通常这一功能由客户端的浏览器来完成。当前，多数用户会通过设定浏览器使用的语言、屏幕分辨率、字体和插件等，定制符合自己喜好的个性化的浏览器特性，另外，各软件公司和开源社团也开发了大量的软件插件方便用户定制自己的浏览器平台。但是，这种个性化的浏览器定制也引入了隐私泄露威胁——浏览器跟踪(browser fingerprinting)，该攻击方式通过记录用户使用浏览器的相关信息，能够识别用户的身份，因而会导致用户隐私信息的泄露。由于用户在设定浏览器的属性后，通常在较长的时间内不会发生改变，这样攻击者通过收集少量的浏览器属性信息就能够识别用户的身份。已有研究表明，可以用于追踪用户身份的浏览器属性包括用户代理、插件列表、时区、屏幕分辨率以及操作系统信息等。图 7-20 所示为通过浏览器追踪能够得到的用户平台属性信息。

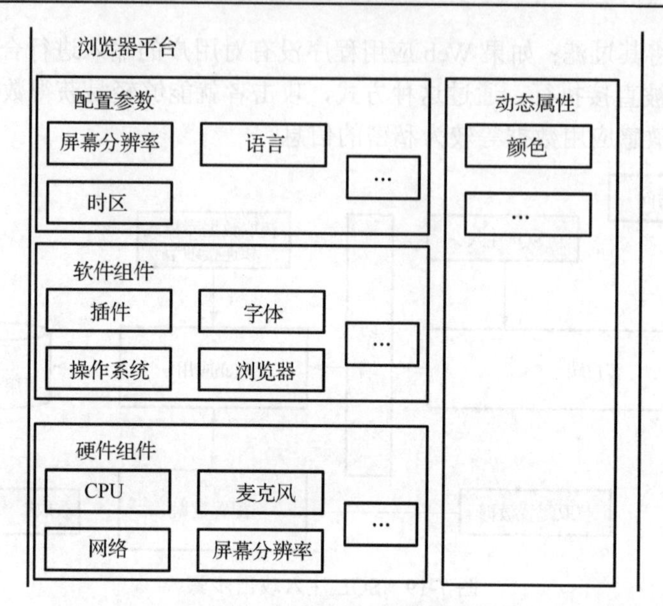

图 7-20　通过浏览器能够追踪到的用户平台信息

利用 MTD 技术，通过动态地改变用户浏览器所呈现的外部属性特征，可有效避免用户身份被追踪[37]。具体方法为：首先创建包含大量浏览器组件的组件库，通过不同组件的动态组合使用，生成不同的浏览器踪迹，如图 7-21 所示。通过这种机制，浏览器对外展现的属性不断发生变化，就能够阻止对用户身份的精确识别。

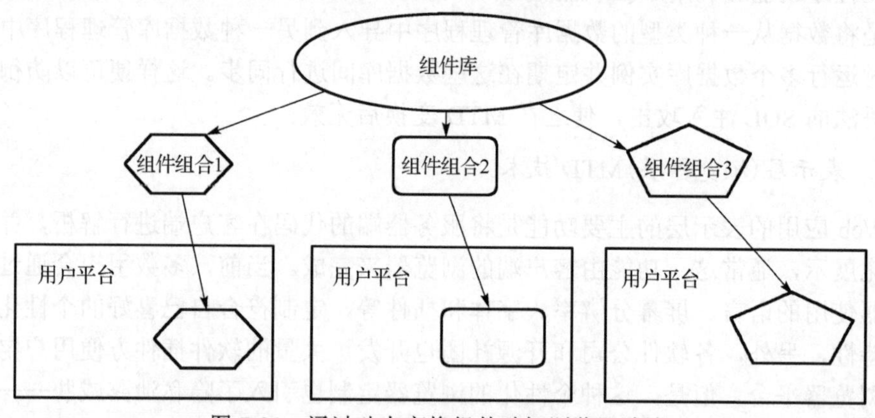

图 7-21　通过动态变换组件破坏浏览器踪迹

此外，高级浏览器都采用了模块化的实现架构，这些架构通常包含不同的渲染引擎(如 WebKit、Gecko、Trident 等)、JavaScript 解释器和 XML 解析器等。将这些组件动态调整和变化可提高特定组件中的漏洞利用难度，这样一来浏览器自身及其底层的操作系统都能够得到很好的保护。当前猎豹浏览器[38]和 360 浏览器[39]都能够在 WebKit 和 Trident 之间转换它们的渲染引擎。

7.4.3 基于虚拟机动态迁移的云数据中心防护

侧信道攻击是云计算数据中心环境下面临的特殊威胁类型。一种典型的侧信道攻击过程是，攻击者首先向云服务提供商申请虚拟机，并设法使得申请的虚拟机和目标虚拟机同驻一台物理服务器上。由于在云环境下运行在同一物理服务器上的虚拟机共享底层物理资源(高速缓存、内存、磁盘等)，因此只要给定足够的时间，攻击者便能够通过读取共享资源获取到目标虚拟机的敏感信息。侧信道攻击可以利用多种底层物理资源建立侧信道，实现攻击主机对目标主机的信息窃取，是一种常规安全技术难以防御的攻击方式。不过，已有研究人员提出多种运用 MTD 技术防御云计算环境中的侧信道攻击方法，如缓存随机化、内存映射随机化、动态隔离、虚拟机动态迁移、虚拟机分配策略动态化技术等。

Moon[40]等针对云数据中心环境下侧信道攻击问题，基于 MTD 技术提出了一种普适性防御机制 Nomad。Nomad 借助云服务提供商提供的虚拟机迁移服务，实现用户虚拟机在不同物理服务器间不断地进行迁移。通过这种方式，攻击者的虚拟机难以实现与目标虚拟机的长时间共存，从而增大了其攻击难度。由于该研究首次对虚拟机共存下侧信道攻击的信息泄露量进行了定量评估，所以本书以该研究为例介绍基于虚拟机动态迁移的侧信道攻击防御方法。

1. 信息泄露模型

Nomad 将一段时间内由侧信道攻击造成的虚拟机信息的泄露量定义为两个虚拟机在这段时间内共存时间的函数。基于该定义，结合信息是否重复(重复表示信息相关，可以相加)以及攻击者的虚拟机间是否进行协作，进一步对四种不同场景下虚拟机间的信息泄露问题进行了详细讨论。在详细介绍相关内容之前，首先介绍攻防双方的虚拟机部署情景。图 7-22 为不同时间段内，云环境中用户虚拟机运行在物理服务器上的情景示意图，其中，攻击者拥有 3 个虚拟机 R1、R2 和 R3，目标用户拥有 2 个虚拟机 B1 和 B2。云服务提供商有 3 个物理服务器。在每个时间段内两个虚拟机如果处在同一行则说明这两个虚拟机驻留在同一个物理服务器。

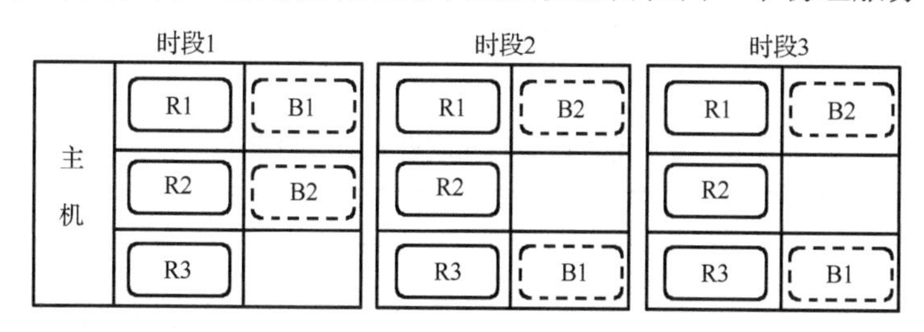

图 7-22　虚拟机共存示意图

攻击者和目标用户之间的信息泄露场景可以分为如下四种：

(1) 目标用户的虚拟机之间没有重复数据，攻击者的虚拟机之间不能协作。在该场景中，目标用户被攻击者窃取的信息为该用户和攻击者的虚拟机共存时所泄露的信息的最大值。

(2) 目标用户的虚拟机之间没有重复数据，攻击者的虚拟机之间可以协作。在该场景中，攻击者通过不同虚拟机获得的关于某个用户虚拟机的信息能够相加(如 R1、R3 对于从 B1 获得的信息能够相加)，而对不同的用户虚拟机所泄露的信息不能相加(如 R1 从 B1、B2 获得的信息不能相加)。攻击者所获得的目标用户的信息最大值取决于信息泄露量最大的那个用户虚拟机(整合后的)。

(3) 目标用户的虚拟机之间存在重复数据，攻击者的虚拟机之间不能协作。在该场景中，攻击者的各个虚拟机均能将从用户的不同虚拟机获得的信息进行整合(如 R1 从 B1、B2 获得的信息能够相加)，但是攻击者不同虚拟机所获得信息不能相加(如 R1、R3 对于从 B1 获得的信息不能相加)，此时攻击者所获目标用户的信息最大值取决于获得信息量最多的那个攻击者虚拟机。

(4) 目标用户的虚拟机之间存在重复数据，攻击者的虚拟机之间可以协作。在该场景中，攻击者获得的信息总量为其每个虚拟机获取的目标用户的虚拟机的信息之和。

表 7-4　单个用户虚拟机向单个攻击者虚拟机泄漏信息量

B1→R1=K
B1→R2=0
B1→R3=2K
B2→R1=2K
B2→R2=K
B2→R3=0

在图 7-22 所示的情景中，单个目标用户的虚拟机向单个攻击者虚拟机泄露的信息量(3 个时段的累加)的情况如表 7-4 所示。表中，K(单位：bit)表示单位周期(图 7-22 中一个时段)内以某种侧信道泄露至某个攻击者虚拟机的信息量。

根据攻击者虚拟机在获取信息时能否进行协作分类(C 表示协作，NC 表示非协作)，每个用户虚拟机向攻击者泄露的全部信息量如表 7-5 所示：即当攻击者的虚拟机可以进行协作时，B1 虚拟机泄露给攻击者的信息总量为 B1 虚拟机泄露给 R1 和 R3 虚拟机的信息之和，为 3K。当攻击者的虚拟机不能进行协作时，B1 虚拟机泄露给攻击者的信息总量为 B1 虚拟机泄露给 R1 和 R3 虚拟机信息的最大值，为 2K。B2 虚拟机的信息泄露遵循相同的规则。

表 7-5　每个用户虚拟机向攻击者泄露的全部信息量

B1→R	C	Sum(K,0,2K) = 3K (1)
	NC	Max(K,0,2K) = 2K (2)
B2→R	C	Sum(2K,K,0) = 3K (3)
	NC	Max(2K,K,0) = 2K (4)

当目标用户的虚拟机中的信息重复时(R 表示信息重复)，目标用户向每个攻击者虚拟机泄露的信息量如表 7-6 所示。

表 7-6　目标用户向每个攻击者虚拟机泄露的信息量

B→R1	R	Sum(K,2K) = 3K (5)
B→R2	R	Sum(0,K) = K (6)
B→R3	R	Sum(2K,0) = 2K (7)

可以看出，当目标用户虚拟机之间存在重复数据时，目标用户的所有虚拟机泄露给攻击者 R1 虚拟机的信息总量等于 B1 虚拟机和 B2 虚拟机泄露给 R1 虚拟机的信息之和，即 3K；目标用户所有的虚拟机泄露给攻击者 R2 虚拟机的信息总量为 B1 和 B2 虚拟机泄露给 R2 虚拟机的信息之和，即 K；泄露给 R3 虚拟机的信息总量为 B1 和 B2 泄露给 R3 虚拟机的信息之和，为 2K。

根据攻击者虚拟机在获取信息时是否能够协作，目标用户虚拟机中的信息是否重复(NR 表示非重复)，目标用户泄露给攻击者的信息总量如表 7-7 所示。

表 7-7　目标用户向攻击者泄露的信息量

<R,C>	Sum((1),(3)) = 6K (1)
<R,NC>	Max((5),(6),(7)) = 3K (2)
<NR,C>	Max((1),(3)) = 3K (3)
<NR,NC>	Max((2),(4)) = 2K (4)

可以看出，当攻击者虚拟机之间能够协作，目标用户虚拟机信息重复时，目标用户泄露给攻击者的全部信息为 B1 和 B2 虚拟机泄露给攻击者虚拟机的信息总量之和；当攻击者虚拟机之间不能协作，目标用户虚拟机信息重复时，目标虚拟机泄露给攻击者的全部信息为 B1 和 B2 虚拟机泄露给攻击者虚拟机信息的最大值；当攻击者虚拟机能够协作，目标用户虚拟机信息不重复时，目标用户泄露给攻击者的信息总量为 B1 和 B2 在攻击者虚拟机能够协作条件下泄露给攻击者虚拟机信息总量的最大值；当攻击者虚拟机不能协作，目标用户虚拟机信息不重复时，目标用户泄露给攻击者的信息总量为 B1 和 B2 在攻击者虚拟机不能协作条件下泄露给攻击者虚拟机信息总量的最大值。

2. 系统架构

Nomad 借助云服务提供商对虚拟机的部署位置动态调整，从而实现对各种类型的侧信道攻击进行有效防护。在 Nomad 中，不需要对用户操作系统、Hypervisor 以及云服务提供商的硬件平台进行任何修改。

图 7-23 为 Nomad 系统架构，该架构以最小化虚拟机共存时间为目标，通过不断迁移虚拟机达到防御侧信道攻击的目的。系统提供的接口如下。

1) 服务接口

Nomad 将基于虚拟机迁移的侧信道攻击防御作为一种服务提供给租户，该服务存在多种侧信道“攻防”场景，场景划分依据是用户虚拟机之间是否有信息重复，攻击者虚拟机之间是否能够协作等。场景不同，信息泄露风险大小也不同。云服务提供商需要决策根据哪种场景进行虚拟机迁移，决策的依据是其自身的性能开销比或用户的需求。同一个云服务提供商可能提供多种场景，也可能仅提供一种，不同云服务提供商提供的侧信道攻击防御服务可能是不同的，如有的服务提供商仅能处理一类场景、另一服务提供商可以处理另一场景。用户根据自身需要防御的侧信道攻击场景向可以提供多种场景处理服务的某一云服务提供商提出需求，也可根据需求向具有相应场景处理能力的云服务提供商申请部署其虚拟机。

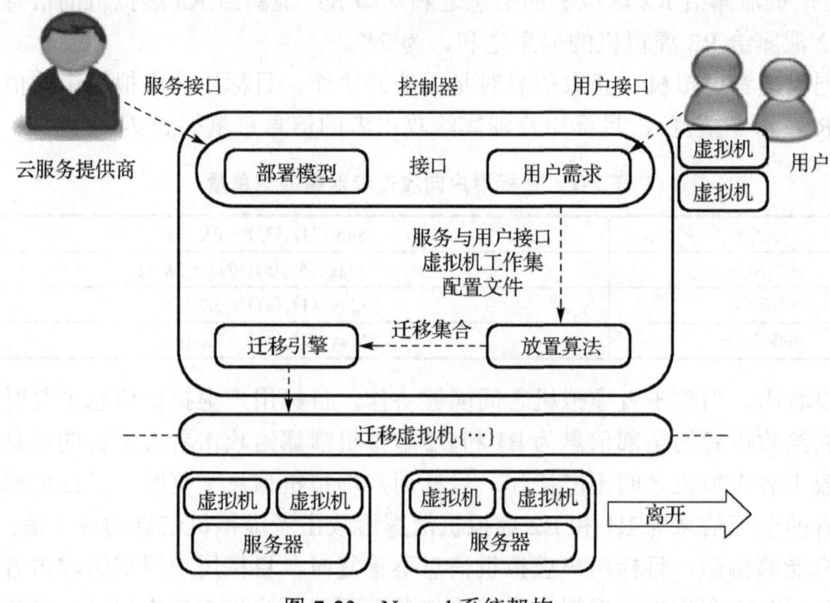

图 7-23　Nomad 系统架构

2) 用户接口

用户使用该接口描述其资源需求和工作负载，这样就能够最小化虚拟机迁移对其应用的影响。此外，用户能够使用该接口指定其虚拟机是否进行迁移。例如，在 Web 服务场景中，由于负载均衡器要提供实时服务，对负载均衡器进行迁移可能会影响用户的体验，所以不能进行迁移。

3. 工作流程

图 7-24 所示为 Nomad 的工作流程。用户的虚拟机根据用户的实际工作需要到达或离开，云服务提供商运行虚拟机部署算法，该算法的目标是最小化任意用户间

的信息泄露量(保证没有某一对用户的虚拟机共存的时间过长，因为无法区分哪个用户是恶意的)，而且要最小化由于虚拟机迁移导致的用户应用程序暂停时间。为了达到这个目标，虚拟机部署算法需要如下输入信息。

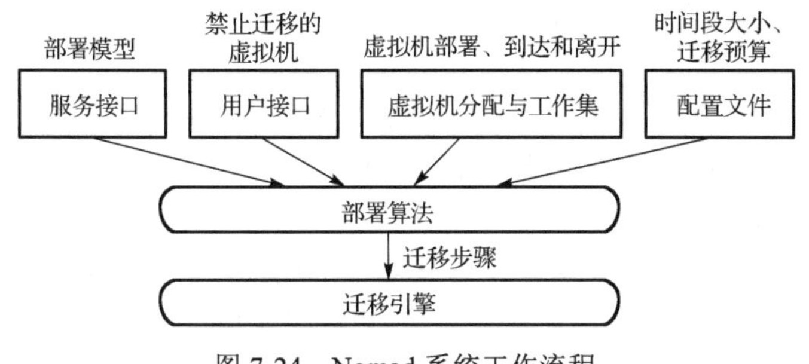

图 7-24　Nomad 系统工作流程

(1)信息泄露的模型：借助该模型能够计算出虚拟机间的信息泄露量，而且能够确定哪些虚拟机是不能迁移的。

(2)虚拟机的部署位置和工作负载：需要知道当前和过去虚拟机的部署情况，算法利用这些信息确定下一个时间段虚拟机的部署情况。

(3)配置信息：算法需要知道每个时间段的长度以及用户允许的迁移开销。

基于整数规划迁移算法能够利用给定的这些输入信息计算出下一个时间段内虚拟机的最优部署方案，算法的优化目标是最小化迁移的开销，约束条件包括虚拟机安全性能、物理主机的承载能力和物理网络的带宽等。云服务提供商利用迁移引擎将虚拟机从当前服务器上迁移到目标服务器上。具体求解过程不再阐述。

7.5　MTD 典型项目

由 MTD 的起源和发展历程可以看出，美国 NSF、美国国防高级研究计划局(DARPA)等机构资助了不少研究项目[41]。下面选取几个典型的 MTD 项目予以简单介绍。

7.5.1　自清洗入侵容忍网络(self-cleansing intrusion tolerance，SCIT)

自 2002 年起，乔治梅森大学就已经启动了自清洗入侵容忍网络[42]的相关研究工作，后期在 MTD 相关项目的资助下持续研究，并与洛克希德、诺斯洛普等多家公司合作。研究成果在这些公司进行了验证、测试及应用。自清洗入侵容忍网络共包含三个部分：虚拟层(如 VMware)、持续性会话内存、SCIT 控制器。SCIT 系统借助虚拟化技术创建多个初始状态安全的虚拟机服务器，采用动态轮换方式使得每个服务器暴露给外部网络的时间小于攻击者的探测时间，并通过不断清洗使上线运行过的所有服务器还原到一个可信的初始安全状态，最终实现阻止或延迟网络攻击的目的。清洗过程可通过从可信只读存储设备重新加载、虚拟机的快照还原以及云平台操作系统提供的创建和销毁等技术来实现。

7.5.2 网络空间主动重配置

2009 年，AFRL 与诺斯洛普公司签署了一份价值 132 万美元的合同项目，该项目通过 VPN 网关的 IP 地址跳变来创建一个隐蔽、灵活的网络，该功能通过修改 VPN 网关 OS 的内核予以实现。网络中每个参与跳变的网关分享一套跳变机制，如共享密钥和时钟，每个网关不仅可以计算出本身下一时刻的 IP 地址，还可以计算出其他网关下一时刻的 IP 地址。同时，设置一个小的时间间隔——该间隔近似等于一个数据包从一个网关达到另一相邻网关的传输时间，使得在跳变后的该间隔内依据跳变前的 IP 地址到达的数据包仍然可以被处理。在 2014 年第四季度开始的一个滚动项目在新的资助下开展具有更高网络速度和网络管理能力的 IP 跳变技术研究。其目标是实现一个功能更加齐全的网络装置，能够以将近 10Gbit/s 的速度运行且可以每秒至少变换 10 次 IP 地址。该技术旨在保护 VPN 网关不被发现和到达。如果一个攻击者在 IP 地址跳变发生时无法定位网关，他就无法发起一次针对网关及网关侧系统的成功攻击。该技术也受到了其他机构所发布项目的支持。

7.5.3 多样化随机化软件

2010 年 9 月，美国情报高级研究计划局(Intelligence Advanced Research Projects Activity, IARPA)启动了多样化随机化软件项目的研究[41]。软件本身的漏洞是导致网络安全问题的关键因素，攻击者可以利用这些漏洞破坏计算机或窃取有价值的信息。目前，由于人类科技发展水平的限制，尚无法评估一个程序是否能够安全运行或者是否有漏洞。该项目试图通过对软件应用程序中存在的脆弱性进行自动化检测和消除，同时对程序代码进行多样化，提高程序中剩余漏洞被攻击者利用的难度。该项目也研究了随机化、重写及监控软件应用代码的新技术，使得攻击者难以定位攻击时需要利用的指令或者数据的位置。项目的目标是能够自动减少不明来源软件的安全脆弱点，而无需依赖代价高且有限的手动安全分析评估方法。

该项目第一阶段已于 2014 年 11 月完成。测试表明，该技术使得在 1 万行程序代码中植入的两类漏洞中的 75%以上的漏洞无法利用，同时保留正常的程序功能。该项目第二阶段的目标是增加代码的长度到 10 万行，增加漏洞种类到 4 个，同时要证明可使 80%以上的漏洞攻击无效。未来第三阶段的目标是包含 50 万行代码、6 种类型的漏洞，能够使 90%以上的漏洞攻击无效，同时保证不超过 10%的时间性能损失。

7.5.4　面向任务的弹性云

2011 年，面向任务的弹性云项目由美国 DARPA 发布[41]，承担该项目的有约翰·霍普金斯大学、普渡大学以及弗吉尼亚大学等多个大学。该项目试图转变云中攻击被放大的威胁现状，通过自适应、态势感知、多样化任务执行环境(包括计算和网络)等保证面向任务的云计算的可靠运行，以免疫性应对高级攻击，同时允许个别的主机或任务失败带来的损失，提高云的安全性、可靠性和可利用性，保证整体上任务执行的有效性。该项目重点研究的技术方向包括：①可扩展、可调节的免疫式分布式防御；②共享式态势感知、可信建模和诊断；③任务和资源的最优化；④可感知任务的网络；⑤可管理的、任务可分解的多样性。

该项目公开资料较少，可查的有一个公开的课题“入侵容忍云(toward intrusion tolerant cloud)”，由约翰·霍普金斯大学承担。该课题研究的是在云中通过主动的恢复机制、多样化机制以及拜占庭容忍机制保证不同主机消息传递、处理的一致性，并容忍不超过一定限度的损失，进而提高云计算环境的安全性。

7.5.5　变形网络

2012 年 8 月，美国陆军授予雷声公司价值 310 万美元的“限制敌方侦察的变形网络设施”项目，为其研制具有“变形”能力的计算机网络原型(mutable networks，MUTE)[31]。该项目主要研究：在敌方无法探测和预知的情况下，网络管理员有目的地对网络、主机和应用程序进行动态化调整和配置，从而预防、延迟或阻止网络攻击行为。该项目正式列入研制计划，充分说明了移动目标防御技术已在网络安全技术变革中迈出了关键一步，开始用于开发具备动态配置能力和自身主动安全防护能力的新型军事通信网络。MUTE 可以在满足网络操作的要求和完整性的同时，随机动态地改变其 IP 地址或路由等配置，主要目标就是削弱和限制攻击者在扫描、定位网络目标及实施 DoS 攻击和创建僵尸网络时的能力。

7.5.6　移动目标 IPv6 防御

2012 年，弗吉尼亚理工大学开展的移动目标 IPv6 防御(MT6D)[30]技术研究，属于移动目标防御与 IPv6 相结合的技术。MT6D 实现了网络层的移动目标防御，通过动态改变 IPv6 地址，替换原本单一、配置静态化的固定地址，同时保持通信双方的正常通信功能，实现对用户隐私和目标网络的保护。为实现该功能，研究人员设计了类似网关的设备，部署于被保护的主机和互联网之间，但对通信用户来说是透明的。研究结果表明，MT6D 不但是可行的，而且能与新的 IPv6 地址无缝绑定。MT6D 能够为硬件平台和应用层提供一种有效的移动目标解决方案。

7.6 本章小结

当前，MTD 技术仍在不断发展之中，理论和技术研究都非常活跃，在未来一段时间内，仍将是网络安全领域的热点研究方向。虽然已有多种移动目标防御技术机制被提出，但在具体应用时还存在多方面的挑战，还有诸多问题需要进一步的深入研究，如 MTD 的理论基础、统一的 MTD 评估方法以及 MTD 的实用化等。下面从几方面简单予以说明。

1. 基础理论研究方面

MTD 基础理论是 MTD 研究的重要组成部分，是理解和分析移动目标防御框架、技术机制有效性的科学依据。当前，对 MTD 进行理论描述和刻画有很多模型，但是这些模型多是针对具体的 MTD 方法或者系统，可扩展性不足。有的模型缺乏对攻击者的明晰描述，有的仅给出了框架，缺乏深入的分析。总之，尚无完善统一的 MTD 理论模型，也缺乏对 MTD 多样化、随机化等内在机理的深刻分析[43]。这些方面还需要进一步研究，也是未来的研究方向，如攻防双方的心理对 MTD 防御的影响等交叉问题研究以及更一般的网络安全科学理论和模型。

2. 技术机制方面

需要进一步研究的方向有：

(1) 研究具备多个属性同时跳变的综合 MTD 系统，即多个安全属性或者技术的整合、组合使用，建立更复杂的动态防御机制或系统。

(2) 研究如何利用 MTD 思想增强传统防御手段的效果，如将 MTD 思想应用于入侵容忍系统中，进一步增强系统弹性。

(3) 研究如何将 MTD 技术与新兴网络技术相结合。当前，网络信息技术领域出现了不少新的技术发展方向，如云数据中心网络、SDN、网络功能虚拟化(NFV)等，这些领域在快速发展的同时，也暴露出很多安全方面的问题，将 MTD 技术应用于上述网络新技术和系统也是重要研究方向[44]。

除此之外，MTD 技术还可以与其他一些新的网络信息技术相结合，如容器技术、工业物联网、无线网络、大数据等，同时 MTD 技术也可以在硬件中实现[45]。当然也应研究针对新的攻击方式的新型 MTD 技术机制。

3. 性能分析评估方面

MTD 有效性评估与分析是移动目标防御技术设计中的一个重要部分，它的主要作用在于评估与分析防御机制的有效性，为后续移动目标防御技术设计提供一定的参考与指导。当前常用的方法包括模拟、理论分析、模型分析、仿真实验。已有的这些评估机制/方法主要存在如下问题：

（1）现有方法主要是对有效性进行评估，缺乏效能评估，因此不能很好地说明所取得的防御效果与防御者所付出开销之间的关系。

（2）大多是对某一类机制进行评估，缺乏对不同类别、不同技术机制的防御效果横向比较，且评估方法的扩展性不足。

（3）已有方法可划分为两个层次，即低层次方法和高层次方法，所谓低层次方法即通过攻击实验评估 MTD 方法；高层次方法则是通过仿真实验、概率模型或者二者的组合对 MTD 进行评估[12]。一个 MTD 方法需要从上述两方面进行分析，二者是互补的，但目前尚没有把二者统一的好方法。

参 考 文 献

[1] 蔡桂林，王宝生，王天佐，等. 移动目标防御技术研究进展[J]. 计算机研究与发展，2016(5)：968-987.

[2] Jajodia S, Ghosh A K, Swarup V, et al. Moving Target Defense: Creating Asymmetric Uncertainty for Cyber Threats[M]. Berlin: Springer, 2011.

[3] Jajodia S, Ghosh A K, Subrahmanian V S, et al. Moving Target Defense II Application of Game Theory and Adversarial Modeling[M]. Berlin: Springer, 2011.

[4] NITRD. Trustworthy cyberspace: Strategic plan for the federal cybersecurity research and development program[EB/OL]. http://www.nitrd.gov/publications/publication Detail.aspx?pubid=39. 2011.

[5] Zhuang R. A Theory for Understanding and Quantifying Moving Target Defense[D]. Manhattan: Kansas State University, 2015.

[6] Vagoun T, Strawn G O. Implementing the federal cybersecurity R&D strategy[J]. Computer, 2015,48(4): 45-55.

[7] Okhravi H, Rabe M A, Mayberry T J, et al. Survey of Cyber Moving Targets[R]. MIT Lincoln Laboratory, 2013.

[8] Cybenko G, Hughes J. No free lunch in cyber security[C]// The 1st ACM Workshop on Moving Target Defense & 21st ACM Conference on Computer and Communications Security, Scottsdale, AZ, 2014.

[9] Azab M, Eltoweissy M. ChameleonSoft: Software behavior encryption for moving target defense[J]. Mobile Networks and Applications, 2013,18(2):271-292.

[10] Thompson M, Evans N, Kisekka V. Multiple OS rotational environment an implemented moving

target defense[C]// The 7th International Symposium on Resilient Control Systems, Denver, CO, 2014.

[11] Okhravi H, Hobson T, Bigelow D, et al. Finding focus in the blur of moving-target techniques[J]. IEEE Security and Privacy, 2014,12(2):16-26.

[12] Hong J B, Kim D S. Assessing the effectiveness of moving target defenses using security models[J]. IEEE Transactions on Dependable and Secure Computing, 2016,13(2):163-177.

[13] Xu J, Guo P, Zhao M, et al. Comparing different moving target defense techniques[C]// ACM Workshop on Moving Target Defense, Scottsdale, 2014: 97-107.

[14] 杨林, 于全. 动态赋能网络空间防御[M]. 北京: 人民邮电出版社, 2016.

[15] Antonatos S, Akritidis P, Markatos E P, et al. Defending against hitlist worms using network address space randomization[J]. Computer Networks, 2007, 51(12): 3471-3490.

[16] Kewley D, Fink R, Lowry J, et al. Dynamic approaches to thwart adversary intelligence gathering[C]// DARPA Information Survivability Conference & Exposition II, 2001,1:176-185.

[17] Jafarian J H, Al-Shaer E, Duan Q. An effective address mutation approach for disrupting reconnaissance attacks[J]. IEEE Transactions on Information Forensics & Security, 2015,10(12): 2562-2577.

[18] Touch J D, Finn G G, Wang Y S, et al. DynaBone: Dynamic defense using multi-layer Internet overlays[C]// DARPA Information Survivability Conference and Exposition, 2003,2:271.

[19] Shacham H, Page M, Pfaff B, et al. On the effectiveness of address-space randomization[C]// ACM Conference on Computer and Communications Security, 2004: 298-307.

[20] Spafford E H. The Internet worm program: An analysis[J]. ACM Sigcomm Computer Communication Review, 1989, 19(1):17-57.

[21] Szekeres L, Payer M, Wei T, et al. SoK: Eternal war in memory[C]// IEEE Symposium on Security and Privacy, 2013, 12(3):48-62.

[22] Ammann P E Knight J C. Data diversity: An approach to software fault tolerance[J]. IEEE Transactions on Computers, 1988, 37(4):418-425.

[23] Cadar C. Data Randomization-tech Report MSRTR-2008-120[R]. Microsoft Research, 2008.

[24] Zhuang R, Deloach S A, Ou X. Towards a theory of moving target defense[C]// ACM Workshop on Moving Target Defense, 2014:31-41.

[25] Peng W, Li F, Huang C, et al. A moving-target defense strategy for cloud-based services with heterogeneous and dynamic attack surfaces[C]// IEEE International Conference on Communications, 2014, 73(23):804-809.

[26] Hu P, Li H, Fu H, et al. Dynamic defense strategy against advanced persistent threat with insiders[C]// Computer Communications, 2015:747-755.

[27] Prakash A, Wellman M P. Empirical game-theoretic analysis for moving target defense[C]// MTD'15, New York, 2015.

[28] Zhuang R, Deloach S A, Qu X, et al. A model for analyzing the effect of moving target defenses on enterprise networks[C]// Proceedings of the 9th Annual Cyber and Information Security Research Conference, 2014: 73-76.

[29] Carroll T E, Crouse M B, Fulp E W, et al. Analysis of network address shuffling as a moving target defense[C]// IEEE International Conference on Communications, 2014:701-706.

[30] Dunlop M, Groat S, Urbanski W, et al. MT6D: A moving target IPv6 defense[C]// Military Communications Conference, Baltimore, 2012: 1321-1326.

[31] Morphinator M K. 变形网络[EB/OL]. http: //gcn.com/articles/2012/08/03/army-morphinator-cyber-maneuvernetwork-defense.aspx. 2012.

[32] Jafarian J H, Al-Shaer E, Duan Q. Openflow random host mutation: Transparent moving target defense using software defined networking[C]// HotSDN'12, New York, 2012: 127-132.

[33] Doup A, Boe B, Kruegel C, et al. Fear the EAR:discovering and mitigating execution after redirect vulnerabilities[J]// European Journal of Combinatorics, 2011, 19(4): 413-417.

[34] Larsen P, Brunthaler S, Davi L. Automated Software Diversity[M]. San Rafael: Morgan & Claypool Publishers, 2015.

[35] Vikram S, Yang C, Gu G. NOMAD: Towards non-intrusive moving-target defense against Web bots[C]// Communications & Network Security, 2014, 411(6): 55-63.

[36] Taguinod M, Doupé A, Zhao Z, et al. Toward a moving target defense for web applications[C]// 2015 IEEE International Conference on Information Reuse and Integration, San Francisco, 2015: 510-517.

[37] Laperdrix P, Rudametkin W, Baudry B. Mitigating browser fingerprint tracking:multi-level reconfiguration and diversification[C]// IEEE/ACM International Symposium on Software Engineering for Adaptive and Self-Managing Systems, 2015: 98-108.

[38] 廖真驰.安全技术的革命—主动防御技术[J]. 办公自动化,2011,4:11-16.

[39] Ivonne P, Michael I, Maurice M. States of cyber security: Electricity distribution system discussions[EB/OL]. http://macancrew.com. 2017.

[40] Moon S J, Sekar V, Reiter M K. Nomad: Mitigating arbitrary cloud side channels via provider-assisted migration[C]// ACM SIGSAC Conference on Computer and Communications Security, Denver, 2015.

[41] Abel A. Electric Utility Infrastructure Vulnerabilities: Transformers, Towers, and Terrorism[R]. Congressional Research Service, 2004

[42] Nagarajan A, Sood A. SCIT based moving target defense reduces and shifts attack surface[C]// International Workshop on Security in Information Systems, Lisbon, 2014: 14-25.

[43] Zhang M, Wang L, Singhal A, et al. Network diversity: A security metric for evaluating the resilience of networks against zero-day attacks[J]. IEEE Transactions on Information Forensics and Security, 2016,11(5):1071-1086.

[44] Debroy S, Calyam P, Nguyen M, et al. Frequency-minimal moving target defense using software-defined networking[C]//International Conference on Computing, Networking and Communications, Kauai, 2016.

[45] Dombrowski J, Andel T R, Mcdonald J T. The application of moving target defense to field programmable gate arrays[C]// CISRC'16, New York, 2016.

第8章　创新性防御技术发展动向简析

创新性防御技术是指近年来提出的一些具有较大革新性的防御技术。相对于蜜罐、沙箱等传统的主动防御技术，以及移动目标防御等新型主动防御技术而言，创新性防御技术通常具有两个基本特征：一是技术架构的融合性，既可以整合已有的成熟防御技术，也便于引入大数据、人工智能等最新技术形成协同式防御能力；二是技术机理上具有革命性的突破，例如具备内生性安全防御能力。创新性防御技术研究目前主要处于原理验证或试验阶段，离形成规模化应用尚需一定时日，但其为应对复杂网络攻击乃至扭转网络空间“易攻难守”的基本格局提供了可行的技术途径，代表了网络防御技术的发展方向。

8.1　概　　述

由本书前述章节可知，随着网络攻击技术的不断进步，网络攻击呈现愈发智能、更加隐蔽等特点，并出现了从以软件攻击为主转向硬件攻击、软硬件协同攻击等形式。此外，由于现有技术水平的制约，网络空间安全的本源问题，即信息系统中存在的大量未知漏洞甚至后门问题，在相当长的时期内难以彻底消除，攻击者仍能够在防御者没有察觉的情况下，基于未知漏洞后门完成整个网络攻击过程。总体而言，网络防御技术虽然不断演进发展，仍存在诸多不足：

(1) 攻击响应处理不及时。传统网络安全防御技术往往依赖于攻击的先验知识，不具备自我管理的能力，加之攻击者通过自动化技术甚至借助人工智能技术发起网络攻击，导致传统防御技术面临诸多新的挑战。例如，为提升防御的准确率和效果，通常需要人工介入，检测效率较低，导致许多攻击告警得不到及时响应，且一次入侵行为的平均修复时间较长。攻击发生和防御生效之间存在时间差，给了攻击者更多可乘之机。

(2) 检测精准度有待进一步提升，且难以准确预判全网的安全态势。随着网络节点的不断增加和攻击的隐蔽化，单一防御手段已难以准确判别复杂攻击。

(3) 安全运维难度大、成本高。传统网络防御设备的安全策略通常采用人工介入的方式，通过命令行或者界面进行配置，大量策略配置的新增、更新、删除过程对安全运维人员的素质要求高，安全运维难度越来越大；同时，防御系统每天收到的安全警报数量巨大，防御系统和安全分析人员要处理的数据规模与其处理能力严重不匹配。传统解决方法是购买处理能力更强的安全设备、引进更多安全人才、投入更多安全方面的预算，但是成本较高。

(4) 难以应对基于未知漏洞和后门的攻击，系统自身缺乏内生性安全防御能力。随着虚拟化、软件化的发展，信息系统越来越复杂，代码量越来越大，漏洞甚至后门越来越多。传统的防御设备属于基于威胁特征感知的精确防御，需要获得攻击来源、攻击特征、渗透途径、攻击行为、攻击机制、目标环境等方面的先验知识才能实施有效防御，这和攻击知识难以获取本身就是一对矛盾。此外，现有防御技术大多是外挂式、附加式的，一方面灵活性较差，另一方面本身无法管控漏洞后门，即网络信息系统自身普遍缺乏能抵御未知攻击的内生免疫能力。

针对上述不足，近年来产生了两种新型防御技术思路。一种是智能驱动的网络安全技术，即将大数据、深度学习等人工智能技术引入到网络安全领域以增强网络防御能力，使防御系统具备全网海量数据处理能力、持续监控能力、敏锐快速的异常发现能力和精准的威胁判别能力，同时提升网络防御的智能化水平。人工智能技术具有学习和推理的能力，基于人工智能计算分析趋势、处理大规模数据以及检测异常的能力远高于人类。当前，将人工智能引入到网络安全领域已初步成熟，有助于解决传统防御手段的部分不足。例如，人工智能可以将优秀安全分析人员的分析经验和流程模式化，提高威胁分析处理能力，进而显著提高安全研究人员和分析人员的工作效率，辅助防御者更广泛地捕捉和分析出现的新型攻击方法，对异常行为和攻击行为甚至是不确定威胁进行及时的响应和精准识别，促进实现全域全时的威胁感知和防御，同时还可以降低防御成本，最终有助于实现网络空间威胁智能快速检测、分析和处理，形成协同防御效果。

另外一种是内生性安全防御技术，即从系统本身出发解决安全问题，使系统本身具备威胁免疫能力，能够在不依赖先验知识的前提下，基于系统自身构造及相关机制，有效抵御利用已知或未知漏洞/后门发起的不确定性攻击威胁，从根本上扭转当前网络空间“易攻难守”的非对称格局。内生安全防御是一种机理上具有突破性的信息系统架构技术，独立于外层安全手段或方法。与传统的附加式、外挂式安全防护思路不同，内生安全防御技术本质上是在目标系统结构、运作机制等层面引入内生的安全属性，内生的安全属性如同人的免疫系统成为网络/信息系统的一部分，能够自动发现自身缺陷并执行修复等操作，可基于芯片级、组件级、部件级、系统级、软件级构建不同粒度、不同层面的防护体系，形成对未知漏洞、后门等不确定性威胁的防御能力。当前，具备内生安全效应的防御技术有安全弹性自适应主机的全新设计研究[1]、内在安全技术[1,2]、拟态防御技术[3,4]、自重构可信赖技术、使命确保技术等[1,5]。

下面对两种创新性网络防御技术机制，即智能驱动的网络安全技术和网络空间拟态防御技术进行具体介绍。

8.2　智能驱动的网络安全技术

8.2.1　智能驱动的网络安全的基本思路

智能驱动的网络安全是引入大数据、机器学习等人工智能技术来提升网络安全防御能力的一种技术途径，通过利用人工智能的模糊信息处理能力、协作能力、低开销计算能力和学习推理能力等，使网络安全防御具有数据快速分析、自我学习和准确预测等能力。

智能驱动的网络安全技术实现框架可概括如图 8-1 所示。具体阐述如下：

(1) 机器学习的准则是“好的输入才有好的输出”，故实现智能驱动的网络安全首先需要对大量的攻击威胁相关原始数据进行处理，包括数据采集、数据标注、数据清洗、数据降维和格式转换等[6]。

(2) 用人工智能驱动网络安全技术，其能力和智力的提升主要依赖学习和理解，而学习与理解的核心是算法。如近年来发展迅速的深度学习算法[7]，其在人工神经网络的基础上，通过构建多隐层深度神经网络提升分析准确性，自动学习威胁数据特征的能力强，十分适合用于威胁的分类和预测。

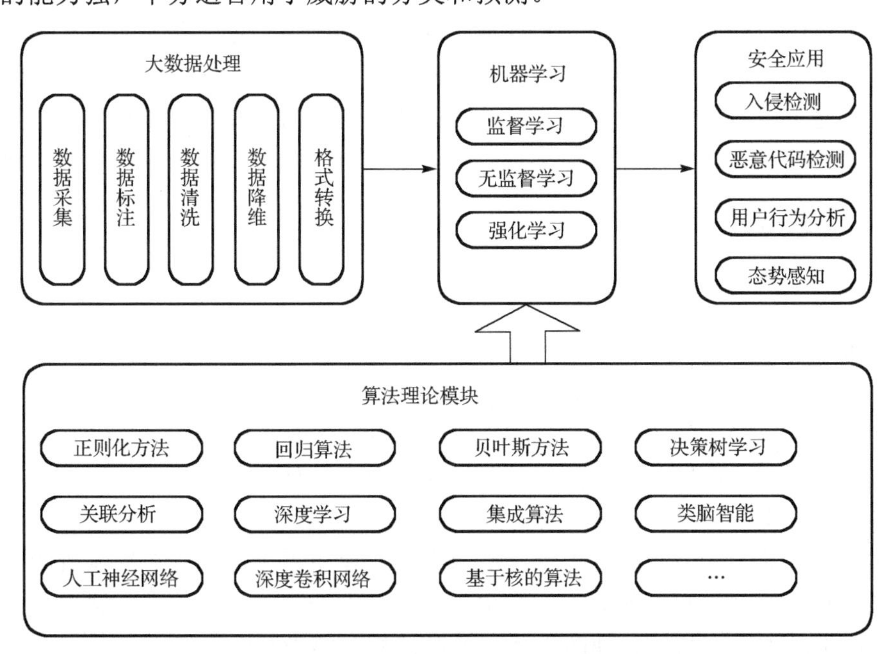

图 8-1　智能驱动的网络安全技术的实现框架

(3) 在威胁大数据和人工智能算法基础上，将基于机器学习构建的分类器等嵌入网络安全防护产品中，可显著提升其安全防护的智能化水平，赋予传统防御手段更强大的学习和分析等能力。目前已在入侵检测、恶意代码检测、用户行为分析、态势感知等领域得到应用。不同安全应用所使用的数据类型和算法各不相同。

(4)算法理论是人工智能技术体系架构的核心，主要涉及最早出现的机器定理证明和后来出现的专家系统、神经网络，以及刚刚开始发展的类脑智能等，每次算法理论的飞跃都将促进相关产业的巨大进步[7, 8]。

智能驱动的网络安全技术将有望解决当前网络安全防护中的诸多问题，相对于传统防御手段有较大优势[9, 10]。首先，能够解决海量数据处理问题。爆炸式增长的数据和层出不穷的攻击手段，使得防御系统产生了海量的攻击相关数据，人工智能技术强大的数据处理能力将显著提升处理效率，降低防御系统和安全分析人员数据处理压力，辅助分析人员及时做出正确判断。其次，解决自动化安全运维的问题。网络规模的扩大和结构的复杂化使得单个管理者难以管理种类繁多的安全设备、难以及时处理海量的网络日志信息等，与此同时，攻击越来越隐蔽，资深的网络安全专家也很难在海量日志中发现异常操作。人工智能技术将安全运维工程师从繁杂纷乱的日志检视等低效率劳动中解放出来，实现安全运维的自动化，让人有更多的时间去处理需要智力思考和专家经验的网络攻击事件[11]。第三，解决未知威胁检测准确率低的问题。传统的网络安全防御难以处理未知攻击，人工智能技术可对未知来源攻击相关的模糊信息进行学习和推理，滤除冗杂信息，甄别有效数据，判断信息的来源和类型。未来的智能安全防御系统甚至可以通过自我学习，自动产生新的安全规则，避免用户受到未知攻击。此外，智能驱动的网络安全技术具有自动化程度高、计算速度快、耗费资源少等特点，相对传统防御手段还具有成本低的优势。

8.2.2 主要应用领域

1. 防火墙和入侵检测技术

由本书第2章可知，传统的防火墙和入侵检测技术均基于先验知识，依赖原始审计记录，存在漏报、误报率高的问题。人工智能相关技术可实现知识的自我组织，尤其适合防火墙和入侵检测中模式识别学习、分类器构建等方面，如在DDoS检测、计算机蠕虫检测、垃圾邮件检测、僵尸检测、恶意软件分类中用人工智能算法来学习入侵识别规则[12]。

在智能驱动的学习型防火墙中，机器学习主要用于进行恶意数据流量的预处理和分类，收集的网络数据作为训练样本集，生成的新规则作为记录存储在文件中，防火墙能够动态生成规则，使防火墙具备智能检测能力和学习能力[13, 14]。在智能驱动的入侵检测中，传统威胁检测专家系统模仿人类专家思维，推理过程可理解[15]，而人工智能技术可以充分发挥大数据的优势，训练出人类专家难以直观构建但可以有效工作的分类器，如 Mitrokotsa 综合水印技术和多层感知器技术，提出了一种用于入侵检测的新型神经网络体系结构，提高了入侵检测的处理效率[16]。

2. 恶意代码检测

恶意代码检测可以分为基于内容和基于行为两种[17]，基于内容的静态分析依赖安全人员给出精确的特征码，基于行为的动态分析需要考察样本对各种资源的操作来构建分析特征。随着 APT 攻击的大量出现和病毒产生速度的加快，传统特征匹配的方法已经很难跟上攻击者的步伐。借助人工智能技术，网络安全专家有望处理海量可疑文件中数以百万计的特征，发现细微的代码异常。

以同源性分析为例，原始恶意代码样本衍生出的多个版本代码之间通常存在共同特征，如相似的代码结构、高度一致的代码段[18]。机器学习将具有同源性的特征相似向量作为输入，把其同源性度量值作为期望输出，通过训练不断调整各个特征对同源性分析结果的影响权值，实现从恶意代码特征向量到同源性分析结果的合理映射，进而对恶意代码进行追踪溯源，分析攻击方法并部署相应的防御措施。

3. 网络行为分析

网络行为分析(network behavior analytics，NBA)是指分析挖掘异常的网络用户行为[19]，通常基于源目 IP 地址、源目端口、包数量、流字节数等属性构成特征向量刻画网络用户行为，检测网络攻击、网络异常、高级威胁和不良行为。网络环境中的数据产生速度不断加快，存在结构化、半结构化和非结构化等多样性数据类型，大数据特点明显，传统网络行为分析方法难以有效处理。从整体流程上来看，NBA 包括确定需求、数据采集、数据预处理(集成、清洗、转换)、模式挖掘、挖掘结果分析与应用等步骤[20]。这些步骤中均可引入人工智能技术提高分析处理能力。

智能驱动的网络行为分析技术通过对用户上述数字痕迹的收集，用统计分析、聚类分析、关联规则分析、时序数据挖掘分析等大数据分析技术，建立描述用户行为的模型(如用户活跃时间、使用服务类型、使用服务的频率等)，并与正常用户模型基准线进行对比以发现异常[21]。人工智能技术的引入可实现多维网络告警日志的关联和聚类，分析网络行为间的异同点，过滤冗余无用的事件信息，提取关键威胁特征，及时识别潜在攻击者的威胁行为。Bhuyan 等[22]总结了当前多种基于人工智能技术的面向大数据环境的网络行为分析框架，并比较了数据处理速度等方面的性能。

4. 态势感知

网络安全态势感知研究整个网络的安全状态及其变化趋势[23]，对影响网络安全的诸多要素进行获取、理解和评估。随着网络规模的扩大，对大量安全要素的获取、理解、评估与可视化成了网络安全态势感知技术的瓶颈。人工智能可以通过提高态势感知相关技术如信息提取、信息预处理、信息融合、态势感知和态势评估等的处理能力突破技术瓶颈，增强态势感知效果。

智能驱动的态势感知可以对未知安全问题进行检测、分析和模糊信息推理，有效提高感知效果，避免用户受到未知来源的入侵和威胁[24]。当前，多个智能化安全态势感知平台已被相继提出和构建，阿里云云盾基于阿里云平台，以软件即服务的方式提供网络安全态势感知服务[25]；360 公司的态势感知平台 NGSOC[26]，在对环境持续监控的基础上进行数据挖掘，帮助“白帽子”进行威胁感知与攻击溯源；四川大学 NUBA 平台实现了校园网流量安全态势感知、业务安全态势感知等功能[27]。

5. 自动化安全运维

安全运维是指网络安全人员对各种安全设备和软件进行管理维护，保障系统安全[28, 29]，具体包括安全巡检和审计、补丁管理和防病毒管理、预警、安全扫描等工作。当前，网络安全团队每天收到的安全警报溢出引发警报疲劳，大量安全警报的应接不暇令恶意代码可能成为“漏网之鱼”，大规模的安全警报难以再用人工的方式处理。同时，威胁信息和异常网络状态缺乏直观表达，安全监视较为复杂。

利用人工智能、大数据等可以综合处理多个信息源的数据，结合威胁监控系统对网络行为进行快速聚类，实现安全运营中心的自动化。最终，手工安全检测和控制策略将被基于大数据和人工智能分析的智能化、自动化、协作化的安全防御手段所取代。此外，智能驱动的安全数据可视化可以帮助分析者洞悉数据背后隐藏的威胁信息并转化为知识，帮助网络安全分析人员感知和理解网络安全问题。

8.2.3 应用案例

智能驱动的网络安全技术已经得到了部分应用。如 IBM 公司开发的认知计算系统沃森(Watson)2016 年已被应用于网络安全领域的知识学习[30]，能够对当前安全事件和已知的恶意威胁库进行关联性分析，并对关联数据进行审查，进一步识别用户异常行为[31]。自动终端保护公司 Tanium 引入自然语言处理方法实现大规模终端保护，通过自动检索当前网络节点的当前状态以及历史状态数据，根据日志信息分析进行终端安全加固[32, 33]。智能预测公司 Cylance 将传统算法与机器学习算法相结合，推测攻击者的攻击意图，提供能够预测和防范高级网络威胁的能力[33, 34]。网络安全技术公司 McAfee 在其白皮书 *Advanced Analytics and Machine Learning: A Prescriptive and Proactive Approach to Security*[35]中指出该公司已将机器学习技术应用于其安全产品。下面通过一个案例更具体地介绍基于人工智能技术的网络安全解决方案。

以色列 Deep Instinct[36]公司研究了基于深度神经网络(deep neural network，DNN)的恶意软件识别和防御技术，其负责人表示基于 DNN 框架的威胁检测准确率超过98%，能够检测到 WannaCry 和 NotPetyacrytoworm 等威胁，这是传统防御手段无能为力的。Deep Instinct 多输出 DNN 恶意软件识别模型的训练流程如图 8-2 所示。

(1) 获取原始数据。来源于公共数据库、第三方供应商甚至暗网。

(2) 进行数据标注。先将数据处理成相似的大小和格式，再根据恶意软件类型对数以百万计的恶意软件样本进行标注。

(3) 构建学习框架。Deep Instinct 没有使用谷歌、Facebook 或者百度提供的第三方深度学习库，而是自行开发了针对恶意软件识别的学习库。

(4) 构建“深度大脑(DNN brain)”。训练结果是一个深层分类器，被称为“深度大脑”，可以根据数据特性判断恶意软件对应的类型，并给出其置信度(概率)。

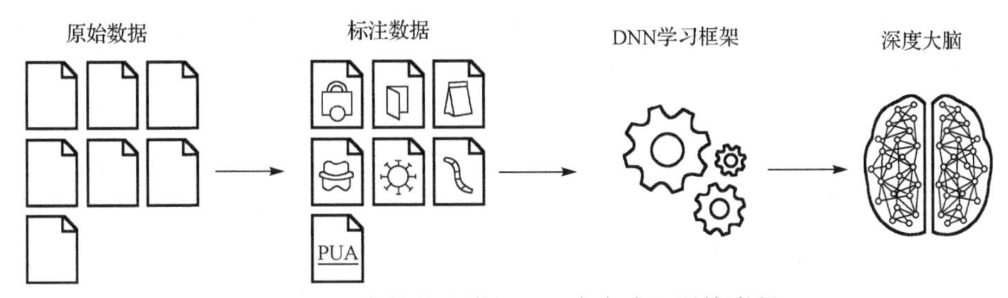

图 8-2　恶意软件分类器“深度大脑”训练流程

上述过程中的关键是“深度大脑”。Deep Instinct 的“深度大脑”对疑似的恶意软件进行深度扫描，将其在七个恶意软件族类型之间进行分类，包括：勒索软件、后门、木马、间谍软件、病毒、蠕虫和潜在有害程序(potential unwanted applications，PUA)，如图 8-3 所示。标注和清洗后的数据通过多个输入进入“深度大脑”的深层神经网络，其输出层有多个输出，每个输出代表一种恶意软件族的类型，此外每个输出还附带一个权值，代表置信度。分类结果将发送到 Deep Instinct 管理控制台以可视化的方式展示给安全运维人员。

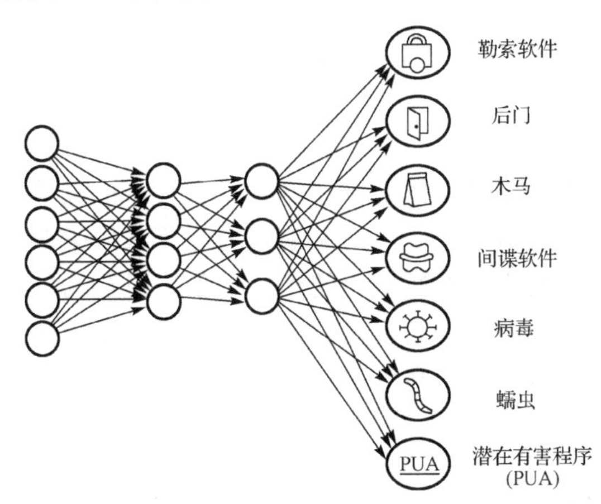

图 8-3　基于 DNN 的恶意软件分类器

8.3 网络空间拟态防御技术

网络空间拟态防御(cyberspace mimic defense，CMD)是中国工程院邬江兴院士在长期深入思考网络空间安全本源问题和传统防御思路诸多不足的基础上，受生物学拟态现象启发，从“结构决定安全”的系统论角度出发，变查漏补漏的“亡羊补牢”式防御思路为系统结构层面的抑漏灭活主动防御设计，结合传统可靠性控制的经典方法，拓展形成的创新性网络防御理论。

邬江兴院士认为，网络空间安全问题的本质是围绕目标对象漏洞后门等“暗功能”的抑制与利用，展开的基于技术及市场甚至社会工程学方面的博弈，其问题的本源在于，网络空间软硬件设计缺陷导致的安全漏洞无法彻底避免，全球化的产业环境中无法彻底防控预留软硬件后门的行为，人类科技能力目前尚缺乏彻查软硬件漏洞后门问题的手段。因此，基于漏洞/后门的蓄意攻击不仅拥有广泛的技术与物质基础，而且具有几乎不受任何约束的目标空间，更有着“出其不意，先发制人”的行动优势，握有战略上的主动权。另外，现有信息系统架构体制和运行机制的静态性、确定性、透明性和相似性，使得漏洞或后门一旦被利用就会造成持续性的安全威胁。

由此，传统上遵循“威胁感知，认知决策，问题移除”的防御模式在攻防对抗中必然处于被动应对局面，必须创新防御理论，从网络信息系统本身构造及设计机理出发，建立内生性安全机制，大幅度提高攻击者利用漏洞/后门的难度和代价，扭转网络空间“易攻难守”的非对称格局。这就是CMD提出的背景和初衷。

CMD在技术层面表现为信息系统的一种创新的鲁棒控制架构和运作机制，能够“三位一体”地实现应用服务提供、可靠性保障、安全可信防御的功能。CMD的内涵包括基于动态异构冗余架构的内生安全机制理论、方法和技术，其通过动态异构冗余构造、基于多模策略判决的多维动态重构负反馈等机制，策略性地改变网络信息系统的功能结构和运行环境，有效抑制和管控软硬件随机性失效产生的自然扰动，以及基于漏洞后门等的人为攻击扰动，使目标系统具备广义鲁棒控制能力。拟态防御不再追求建立一种无漏洞、无后门、无缺陷的完美系统来对抗网络空间的各种安全威胁，而是采取多样化的、不断变化的评价和部署机制与策略，构建一种基于内生的“动态、异构、冗余机制”的、在攻击者看来不确定的防御体制，造成“探测难、渗透难、攻击激励难、攻击利用难、攻击维持难”等困境，极大地增加攻击者的难度和代价[3]。

8.3.1 拟态防御概述

“拟态”一词源于生物学范畴，是指某种生物能够依据周围环境变化，主动改变自身颜色、形态及行为，给攻击者造成认知困境，显著增加攻击难度，降低攻击者的成功概率，提高防御者的生存能力。最典型如拟态章鱼，据报道它可以依据周围环境的特征及可能面临的威胁，主动变换出 15 种与其他物体极其类似的形态及行为，从而在恶劣的海洋环境中提高捕食效率和生存能力。拟态防御正是受这一启发而命名，期望网络防御能力能跟拟态章鱼一样，应对攻击时能够主动地根据所处场景不断变化自身结构及外在表现，构建最有利的防御态势。

CMD 的基础支撑包括“相对正确”公理和动态异构冗余构造等。

1. “相对正确”公理

“相对正确”公理是拟态防御的基石，其一般性表述为：“人人都存在这样或那样的缺点，但极少出现独立完成同样任务时，多数人在同一个地方、同一时间、犯完全一样错误的情形”。对应到网络空间，随着信息技术的发展，形成了两个基本事实：一是对于网络空间的众多软硬件功能或服务，通常存在多种实现结构；二是对于同一个问题，也通常存在多种实现算法，这些实现相同功能的不同结构或算法即为功能等价执行体，它可以是网络、平台、系统、部件或模块、构件等不同层面、不同粒度的设备或设施，可以是纯软件实现对象也可以是纯硬件实现对象或是软硬件结合的实现对象，例如众所周知 CPU 领域既有 x86 CPU，也有 RISC CPU，以及由此衍生的各类不同厂商研发的 CPU，操作系统领域既有 Windows，也有 Linux、Android、VxWorks 等。网络空间的多样化是符合事物进化规律的，将“相对正确”公理引申到网络空间即可得到“在无协商机制下，独立设计的多样化或多元化个体所包含的设计缺陷很难完全相同”的推论。运用这一推论，网络信息系统有望达成两类能力：一是通过异构冗余机制实现问题规避，任何基于异构执行体上未知漏洞后门等的非配合式攻击，只要能影响到输出矢量的一致性表达，就能被输出裁决环节发现并可适时阻断，且无需任何攻击先验知识或精确特征信息的支撑，从而增强网络信息系统的“容毒带菌”能力，即使某些功能个体存在安全隐患或不可信因素，也不会影响系统提供正常的应用服务；二是通过一致性判决直观地找出各功能执行体可能存在的异常，建立测量感知基于目标对象漏洞后门、病毒木马等在内的不确定性威胁的能力，并能将这些不确定性威胁通过“相对正确”公理转化为异构执行体对同源激励的多模输出矢量间出现多数或一致性错误情况的概率问题。

“相对正确”公理的逻辑表达形式如图 8-4 所示。其含义是：

(1) 对于要实现的某一功能，构建 i 个等价执行体 A_1～A_i 且都有独立完成任务 a 的能力。

(2) A_1～A_i 都存在特定的缺点或错误。

(3) 针对任务 a，对同一时间、同一地点 A_1～A_i 执行输出的结果做多数判决或一致性判决。

(4) 依据各执行体表决结果，最终输出一致性结果或"多数派"结果，屏蔽"少数派"结果，对于其中表现不一致(相对异常)的某个或某些执行体，可通过该判决策略予以快速发现和定位，从而有效抑制因漏洞和后门而引发的未知威胁，且无需依赖先验知识。

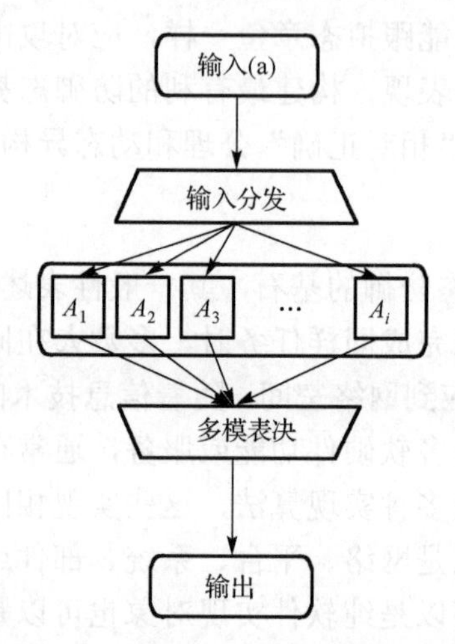

图 8-4 "相对正确"公理的逻辑表达形式

具体到实践层面，对于同一个软硬件功能，可以分别采用不同的语言进行设计、运行在不同的操作系统之上。从软件工程理论可知，这些执行体存在共同漏洞和后门的可能性极低，也就是说，攻击者想使所有执行体产生一致的错误的可能性很低。这样，不论 A_1、A_2 或 A_i 中有何种漏洞后门、病毒木马，也不论它们有什么样的行为特征，只要不能使输出矢量同时产生完全或多数一样的错误，就会被多模表决机制发现并拦截，使得这些错误无法产生事实影响，即攻击可能引发的安全问题得到有效规避。因此，利用该结构可以将原有感知场景下无法认知的不确定或未知威胁问题，转化为具有概率属性的可感知问题，从而为解决无法度量和精确控制不确定性威胁这一根本性问题探索出一条可行的技术途径。

2. DHR 架构

动态异构冗余构造(dynamic heterogeneous redundancy，DHR)是 CMD 的核心构架，是以可靠性领域的非相似余度架构为基础，面向网络信息系统高可靠、高可用、高可信"三位一体"需求而设计的一种系统构造。

非相似余度架构最早是针对飞控系统等提出的一种高可靠性构架，其对于特定系统或一项特定功能，通过采用不同的设计团队、不同的设计路线来构建多个异构冗余、并发执行的执行体予以实现，从而避免共模故障，并通过多模表决机制发现和屏蔽差模故障，将不确定性故障转化为概率可控事件，在构件可靠性不能满足系统要求情况下，以构造技术来实现高可靠性和高可用性指标。以波音 737 飞机为例，采用非相似余度架构设计的飞控系统其故障率可达到 10^{-10}。

DHR 在非相似余度架构基础上，通过增加策略分发、动态调度、多模表决等环节，以及基于池化资源的可重构、可重组、可重建、可重定义、虚拟化等多维动态重构要素构成的异构服务集合，在异构执行体间严格遵循“去协同化”要求，形成一个以表决器状态为触发条件，以策略调度器为控制中心，以策略分发和多维动态重构为目标环境变化手段，具有广义动态化效应的负反馈机制。DHR 的典型构造如图 8-5 所示[3]。

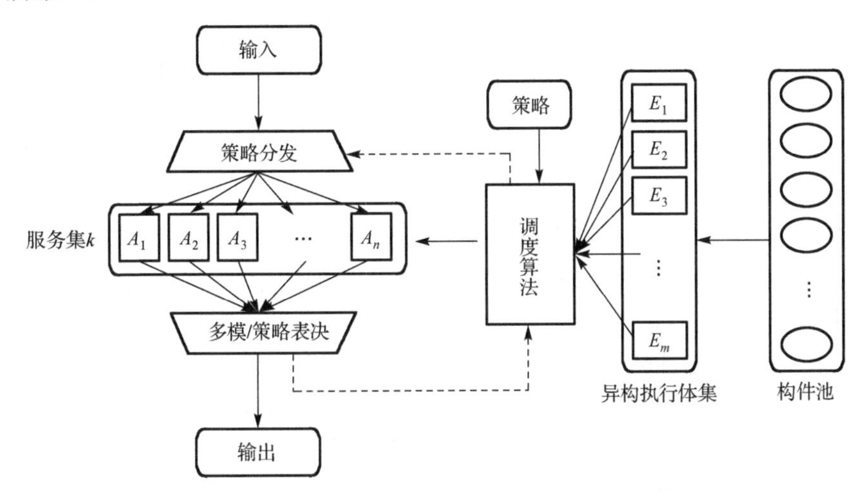

图 8-5　DHR 的典型构造模型

其中，多样化的构件池是 DHR 的基础，构件池由标准化的软硬件实体或虚体模块组成，例如硬件芯片、板卡、构件，软件算法、协议、功能组件等。利用这些异构构件池，通过不同的组合策略，以及重构、重组、重建、重定义、虚拟化等多维动态重构技术，将这些构件按照某种策略组成功能等价的异构执行体集合，用 E_i 表示(i=1,2,⋯,m)。

系统运行时，由策略调度算法动态地从异构执行体集合中选出 n 个(n 是大于等于 1 的正整数)执行体组成服务集 k，服务集 k 中的执行体用 A_j 表示(j =1,2,⋯, k)。

当收到输入激励时，由策略分发环节根据策略调度指令将输入序列转发给服务集 k 的各执行体，k 个执行体的输出矢量提交给多模/策略表决器进行裁决形成目标系统输出矢量，表决器同时需将裁决信息反馈给策略调度部件，后者将根据反馈信息和给定策略决定服务集相关执行体的增删、更替、清洗恢复或重构重组等操作。

不难看出，这一过程是一个闭环控制过程同时也是一个负反馈过程，其稳定状态取决于表决器反馈的信息，当给定时间窗口内输出矢量出现异常情况的频次低于某一设定阈值时，服务集 k 中的执行体及其构造将保持相对稳定，反之当判决器发现异常频次超过阈值，或者因为某种随机策略必须主动变更时，将对服务集 k 中的执行体进行更新替换。这种基于多数或一致性表决的广义动态化负反馈机制，使得DHR系统应对构架内确定性或不确定性威胁的能力，随执行体间相异性的增加、多模输出矢量长度的扩展、策略判决精细度的提升、攻击操作途径目标对象的频度而非线性地增强。最显著的功效就是可以轻松阻断攻击者通过试错法实现协同攻击的企图，或轻易破坏攻击者费力构建好的协同攻击关系，使目标对象从整体上呈现出“测不准”效应。利用这一效应，DHR 系统还可以在白盒条件下进行“植入式”测试例的定量分析，然后推断出黑盒条件下的安全防御性能。此外，根据目标对象在线运行记录，可以统计出不同执行体的抗攻击置信度和自身故障情况等历史信息。如果在多模裁决中再恰当地应用这些信息，就能够体现出基于时间迭代的裁决效果。例如，当 k 个执行体的输出矢量完全不一致时，选择置信度较高的执行体输出则等效于时间迭代判决结果，在相当程度上增加了 DHR 系统对攻击事件的容忍程度和对威胁的感知能力。

在典型 DHR 构造中，允许相互独立的执行体间存在一定程度的同构成分，这是因为DHR在运行环境、运作机制、同步关系、调度策略、参数赋值、结构重组、算法替换等方面引入了广义动态化因素，而漏洞后门的可利用性或者基于漏洞后门的攻击成效通常又与目标环境因素和运行机制强相关。从另一个角度也说明，广义动态化机制的导入极易破坏非配合条件下多元目标的协同攻击，这意味着 DHR 防御架构比非系统地应用动态性、多样性和随机性手段具有更好的效费比。

此外，DHR架构内的异构执行体，只要保证服务功能的可用性或可靠性指标，在可信性与安全性方面并没有严苛的要求，即允许使用供应链可信性不能确保的软硬构件包括执行体自身。同理，DHR系统也允许架构内的执行体“有毒带菌”运行，包括允许存在未知或已知的漏洞后门、病毒木马等。总之，无论何种自然故障或人为攻击，只要不能在多模输出矢量上出现时空一致性的错误表达，则 DHR 架构的目标系统都能自动免疫。

相比经典的异构冗余构架而言，DHR在异构执行体管理环节引入策略分发与动态调度机制，增强了功能等价条件下目标对象视在结构表征的不确定性，使攻击者探测感知或预测防御行为的难度呈非线性增加；多维动态重构机制的运用，使防御场景或视在结构变化更趋复杂化，对攻击经验的可继承性或可复制性产生致命影响，使攻击行动无法产生可规划、可预期的效果；DHR 策略裁决与策略分发、动态调度和多维动态重构等组成的闭环控制机制，使基于目标对象中的未知漏洞后门或病毒木马等确定或不确定威胁难以实现时空维度上协同一致的逃逸，能够同时提供不依赖先验知识的非特异性威胁感知面防御功能和基于特异性威胁感知的点防御功能。上述特性对传统攻击理论和方法将产生颠覆性的影响，使新一代信息系统具备内生安全属性成为可能。

综上所述，CMD 借鉴生物学拟态现象和主动免疫机制，以系统工程理论和可靠性领域的相关技术机制为支撑，基于“相对正确”公理和动态异构冗余构造建立具有“动态变结构”特性的拟态构造，基于多维重构和闭环反馈机制形成拟态控制策略，由这种拟态构造和拟态控制策略来构建网络信息系统，作用于网络空间产生内生性安全效应。站在攻击者的视角，在拟态防御机制下攻击目标将从一维目标空间变换到多维目标空间，从单一静态确定场景变换到动态异构冗余场景，从个体目标的突破变换到必须展开非配合条件下的协同攻击。由于针对多样化的功能等价异构执行体，攻击者无论从技术还是工程层面，都很难实施协同化攻击，而除非对动态异构执行体服务集内的每个防御场景都能达成协同逃逸，否则任何基于未知漏洞后门的网络攻击几乎不可能得到稳定的攻击效果，因此拟态机制极大地增加了攻击者的难度和门槛。而且在这种内生性的安全机制下，还可自然地接纳传统的外挂式防御技术，获得特异性防御(点防御)与非特异性防御(面防御)能力有机融合的安全增益。

8.3.2　拟态防御的基本实现机制

CMD 作为一种内生性安全机制，适用于网络空间中具有函数化的输入/输出关系或满足 I【P】O(input-process-output)模型的场合，如网络路由器、交换机、域名(DNS)服务器、Web 服务器、邮件服务器等网络信息基础设施，当然其前提是相关功能的实现方法或算法满足可多元化或多样化处理的技术条件，即能够提供异构化的功能等价执行体。CMD 的功能模型图 8-6 所示[4]。

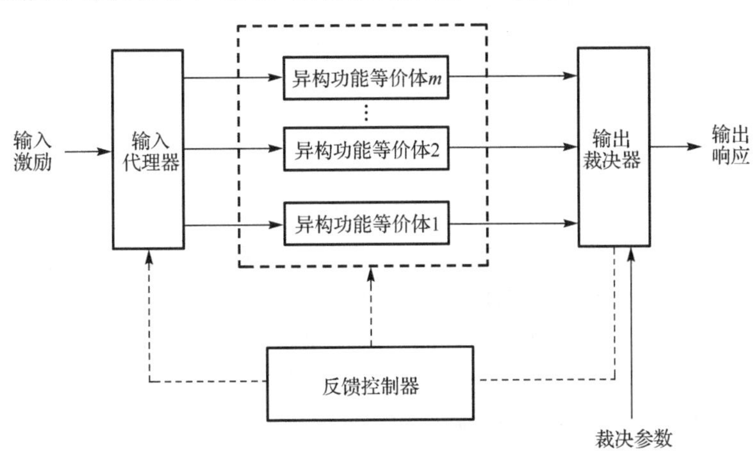

图 8-6　CMD 功能模型

其中，输入代理器与输出裁决器覆盖区域的边界称为拟态界，拟态界内由若干组针对给定功能完全等价的执行体构成。当收到输入激励时，输入代理器将其分发至各等价执行体，由各执行体并发执行，并将执行结果输出至裁决器；裁决器依据裁决策略，输出最为可信的结果，同时也判定某个(些)执行体是否存在异常，对于出现异常的执行体，设计反馈控制机制，为异常清洗和执行体的轮换调度提供依据，保证每个在线运行的执行体都是相对“干净”的。显然，拟态界所定义功能的完整性、无歧义性是拟态防御有效性的前提条件，界面未明确定义的功能或操作，由于在正常情况下也可能产生不一致的输出结果，无法通过拟态机制来衡量，因此不属于 CMD 的范围。换言之，攻击行动如果未能使拟态界上的输出矢量不一致时，CMD 机制是不会做出反应的。例如，网络钓鱼、在 APP 软件中捆绑恶意功能、在跨平台解释执行文件中推送木马病毒代码、通过用户下载途径推送有毒软件、网络互联协议存在固有缺陷、服务功能制定不完善、利用合法命令组成恶意攻击流程等不依赖拟态界内漏洞后门等因素而引发的安全威胁等，就不在 CMD 防御范畴内。但是，CMD 为网络元素引入的安全特性在原理上或多或少会对这些问题的解决和改善带来安全增益。以分布式拒绝服务攻击(DDoS)为例，其原理是攻击者利用网络空间中海量设备存在的漏洞后门、病毒木马等使之成为“肉鸡”来达成攻击效果的，如果在网络中普遍应用拟态防御机制，则可避免这些网络元素成为“肉鸡”，从而从根本上解决 DDoS 攻击问题。

拟态防御内涵丰富、功能实现复杂，其技术体系涵盖了许多基本实现机制，如拟态裁决机制、多维动态重构和策略调度机制、执行体清洗恢复与状态同步机制、负反馈控制机制、去协同化机制、单线或单向联系机制、输入指配与适配机制、输出代理与归一化机制、分片化/碎片化机制、随机化/动态化/多样化机制、虚拟化机制、迭代与叠加机制、软件容错机制、相异性设计机制等，下面以几类主要机制为例作简要描述，更多内容请参考文献[4]。

1. 拟态裁决机制

在可靠性领域，异构冗余机制主要用于解决随机性故障扰动问题，其异构冗余执行体相对固定，表决内容也相对简单，一般采用大数表决或一致性表决规则即可，实现复杂度低。如前所述，CMD 的异构执行体即表决对象是动态变化的，其主要解决人为攻击带来的系统扰动问题，因而表决策略上需要赋予更丰富的内涵：

(1)表决部件中需要配置多路交换单元，以便能灵活地从异构化的执行体集合中选择当前提供服务的执行体参与表决。

(2)由于异构冗余执行体理论上要求是独立的，在具有对话机制的应用环境中可能存在过程差异，例如 IP 协议的 TCP 序列号可能会不同，或者存在可选项、扩展项等差异化定义的情况，而这些差异既不能反映到外部也不能反映给各异构执行体，因此需有针对性地增加屏蔽差异的归一化的桥接功能。

(3) 如果没有出现简单多数的情况，或者需要表决的结果不是确定值而是一个阈值(如算法等价但精度可能不同)，表决环节需要引入权重、优先级、掩码比较、正则表达等策略性的表决方法。尤其是出现多模输出矢量完全不同的极端情况时(此时完全可能存在功能正常的执行体)，使用策略裁决提取置信度高的输出矢量可能是必不可少的功能。

(4) 输出矢量的信息丰度可能很大，例如一个 IP 包或一个 Web 响应包。为了减小判决复杂度，需要对多模输出矢量作预处理，例如计算 IP 包的哈希值等。

(5) 在结果可更正应用场合或者异构执行体输出存在时延的情况下，为避免降低服务性能，判决环节可能需要采取延迟判决加事后处置的策略，此时增加缓冲队列等辅助功能是必需的。

CMD 中将上述基于多模输出矢量的策略性判决和归一化桥接等功能统称为“拟态裁决(mimic ruling，MR)”。拟态裁决包含两重含义或功能：一是多模裁决，即按多数表决方式输出结果，并在多模输出矢量出现不一致情况时，启动清洗恢复、替换迁移、重构重组等操作，同时依据异常频度修正各执行体的置信度记录；如果出现完全不一致(没有相同的输出矢量)的情况，则触发第二重的策略裁决功能。策略裁决就是根据策略库中的参数进行再裁决并完成相关的后处理任务。例如，以各执行体的置信度历史记录作为参数时，裁决结果就是选择置信度高的执行体输出矢量作为本次裁决输出。因此，拟态裁决不仅能用“相对正确”公理逻辑表达形式感知目标对象当前的安全态势，而且可以实施关于时间、空间迭代效应的策略裁决。

显然，基于拟态裁决机制，有利于直观地找出存在问题的执行体，如进一步辅以执行体本身具备的操作日志、现场快照等诊断维护功能，则可与漏洞扫描、病毒木马查杀、沙箱隔离、云防护等传统防护手段相结合，提升网络空间威胁感知和攻击追踪定位能力。

2. 多维动态重构和策略调度机制

多维动态重构是指依据多维度策略，动态调度拟态界内的异构执行体集合投入服务，以增强执行体的不确定性，造成攻击者对目标场景的认知困境。具体来讲，一是通过不断改变拟态界内运行环境的相异性，破坏攻击的协同性和攻击经验或阶段性探测成果的可继承性；二是通过重构、重组、重定义等手段，变换拟态构造内的软硬件漏洞后门，或使之失去可利用性。

多维动态重构的对象是拟态界内所有可重构或软件可定义的执行体实体或虚拟化资源。在重构方式上，一是可以按照事先制定的重构重组方案，从异构资源池中抽取元素，生成功能等价的新执行体投入使用；二是可以在现有的执行体中更换某些构件，或者通过增减当前执行体中的部件重新配置资源，或者加载新的算法到可编程、可定义部件中改变执行体运行环境。

策略调度首先是基于拟态裁决感知到的异常进行触发，进一步，为了对付“潜伏”在当前服务集执行体内的伺机攻击，还需要利用目标系统内部动态或随机性参数，强制触发调度功能，主动转换防御场景，以提升运行环境的抗潜伏、抗伺机攻击能力。例如，系统当前活跃进程数、内存占用情况、端口流量等都可以作为策略调度考量的参数使用。

3. 清洗恢复与状态同步机制

清洗恢复机制用来处理出现异常输出矢量的异构执行体，主要有两类方法：一是重启“问题”执行体；二是重装或重建执行体运行环境。一般来说，拟态界内的异构执行体应当定期或不定期地执行不同级别的预清洗或初始化，或者重构与重组操作，以防止攻击代码长期驻留或实施基于状态转移的复杂攻击行动。特别是，一旦发现执行体输出异常或运转不正常，要及时将其从可用队列剔除并做强制性的清洗或重构操作[37]。不同的执行体通常设计有多种异常恢复等级，可视情况灵活运用。

清洗恢复后的执行体再次投入使用时，需要与在线执行体进行状态或场景的再同步。通常可以借鉴可靠性领域非相似余度系统成熟的异常处理与恢复理论及机制，但不同应用环境中同步处理会有很大的不同，工程实现上经常会碰到许多棘手问题。需要强调的是，在可靠性领域执行体之间一般具有互信关系(除非处于异常状态)，恢复操作可以通过互助的方式来简化。而拟态防御因为允许异构执行体“有毒带菌”，所以必须隔离相互之间的传播途径或阻止任何形式的协同操作，原则上要求异构执行体之间必须独立运行且尽可能地消除“隐通道”或“侧信道”。当然，这些要求在加大攻击者实施协同攻击的难度的同时，也给执行体的快速恢复和再同步等处理带来了技术上的挑战。

4. 反馈控制机制

反馈控制机制是拟态系统建立问题处理闭环和自学习能力的关键。拟态系统在运行过程中，由输出裁决器将裁决状态信息发送给反馈控制器，在确认存在异常的情况下，反馈控制器根据状态信息形成两类指令：一是向输入代理器发送改变输入分发的指令，将外部输入信息导向到指定的异构执行体，以便能动态地选择异构执行体组成持续呈现变化的服务集；二是发出重构执行体的操作指令，用于确定重构对象以及发布相关重构策略。不难看出，上述功能部件之间是闭环关系，但需要按照负反馈模式运行。即反馈控制器一旦发现裁决器有不一致状态输出，可以指令输入代理器将当前服务集内输出矢量不一致的执行体“替换”掉，或者将服务“迁移”到其他的执行体上。如果“替换或迁移”后，裁决器状态仍未恢复到一致性状态，则继续这一过程。同理，反馈控制器也可以下达指令，对输出矢量不一致的执行体进行清洗、初始化或重构等操作，直至裁决器状态恢复到正常。

负反馈机制的优点是能对基于动态、多样、随机或传统安全手段组织的防御场景的有效性进行适时评估，并决定是否要继续变换防御场景，从而在系统动态变换和安全增益之间取得最佳平衡，避免了无效变换带来的不必要损耗。但是，如果攻击者的能力足以频繁地导致负反馈机制活化，那么即使其不能实现攻击逃逸，也可以使目标系统因为不断变换防御场景而造成服务性能颠簸的问题。这种情况下，则需要在反馈控制环节中引入智能化的处理策略(包括机器学习推理机制)，以应对这种针对 CMD 系统的类 DDoS 攻击。

5. 去协同化

基于目标对象漏洞/后门的利用性攻击可以视为一种“协同化行动”，包括从分析确定目标对象的架构、环境、运行机制和软硬件构件等入手，尽可能地寻找相关缺陷，分析防御的脆弱性并研究如何加以利用的手段方法等。同理，恶意代码设置也要研究目标对象具体环境中是否能够隐匿地植入，以及如何不被甄别和使用时不被发现等问题。攻击链越复杂，涉及的环节或路径就越多，需要借助的条件就越苛刻，攻击的可靠性就越难以保证。换言之，攻击链其实也很脆弱，严格依赖目标对象运行环境和攻击路径的静态性、确定性和相似性。实际上，防御方只要在处理空间、敏感路径或相应的环节中适当增加一些受随机性参数控制的同步机制，或者建立必要的物理隔离区域，就能在不同程度上瓦解或降低漏洞后门利用性攻击效果。例如，空间独立的异构冗余执行体内即使存在相同的“暗功能”，要想达成非配合条件下的协同攻击也极具挑战性。因此，“去协同化”的核心目标就是防范渗透者利用可能的同步机制实施时空维度上协同一致的同态攻击。除了共同的输入激励条件外，应尽可能地去除异构执行体之间可能存在的通联途径，诸如隐形的通信链路或侧信道、统一定时或授时以及相互间的握手协议或同步机制等，特别要避免执行体间存在双向会话机制，使各异构执行体中“被孤立、被隔离”的“暗功能”，难以在拟态界上形成协同一致的攻击逃逸。

8.3.3　典型应用举例——MNOS

1. 应用背景

软件定义网络(software defined networking, SDN)通过将网络控制平面与网络转发平面解耦从而使得网络更加灵活、开放和可编程，被认为是有望改变未来网络架构的革命性技术，近年来在学术界和产业界均引起了广泛关注[38]，并取得了诸多研究成果。与传统网络架构中转发与控制紧密耦合的工作方式不同，在软件定义网络架构中，控制平面以软件的形式运行在服务器上，维护网络的拓扑、资源、路由等状态信息，生成配置、流表等指令信息，并下发到数据平面；数据平面由简单的转发设备构成，依据控制平面下发的指令信息执行数据包的转发操作。由于采用了集中式控制机制，控制器对底层资源进行抽象，网络开发者通过开放的标准接口可以直接对网络进行编程，从而大大缩短网络应用的开发和部署周期，网络的管理和运营也变得更加容易，此外，网络控制和转发可分别演进。

然而，SDN 技术也是一把双刃剑，在提升网络性能和灵活性的同时，网络控制的集中化引入诸多新的安全问题，由于具备全局网络视图和控制，攻击者一旦控制或瘫痪了控制器，就可直接篡改或瘫痪整个网络。因此，安全问题是 SDN 技术走向大规模商用部署面临的关键难题之一。一种典型的攻击场景是：攻击者控制的恶意交换机接入到控制器上，然后该攻击者利用与控制器间的南向接口对控制器发起劫持攻击，进而利用 SDN 控制器发起其他形式的网络攻击行为，如攻击者劫持控制器后，操纵流表将特定数据流转发到恶意转发设备或者是接收者进行窃听。以图 8-7 为例，正常情况下发送方 Sender 的所有数据流经由交换机〈SW1, SW2〉传输给接收方 Receiver，若攻击者 Attacker 通过控制交换机 SW3 劫持了控制器 Controller，并在控制器上增加了一条表项〈*IP1, IP2, 25, Group〉(Group 表结构如图 8-7 所示)；Controller 将该表项下发到交换机 SW1；随后，SW1 接收到 Sender 发送到 Receiver 的所有端口为 25(邮件系统知名端口)的分组后，将分组发送到 SW2，再将分组的目的地址修改为 Attacker 的目的 IP3，并发送到 SW3。

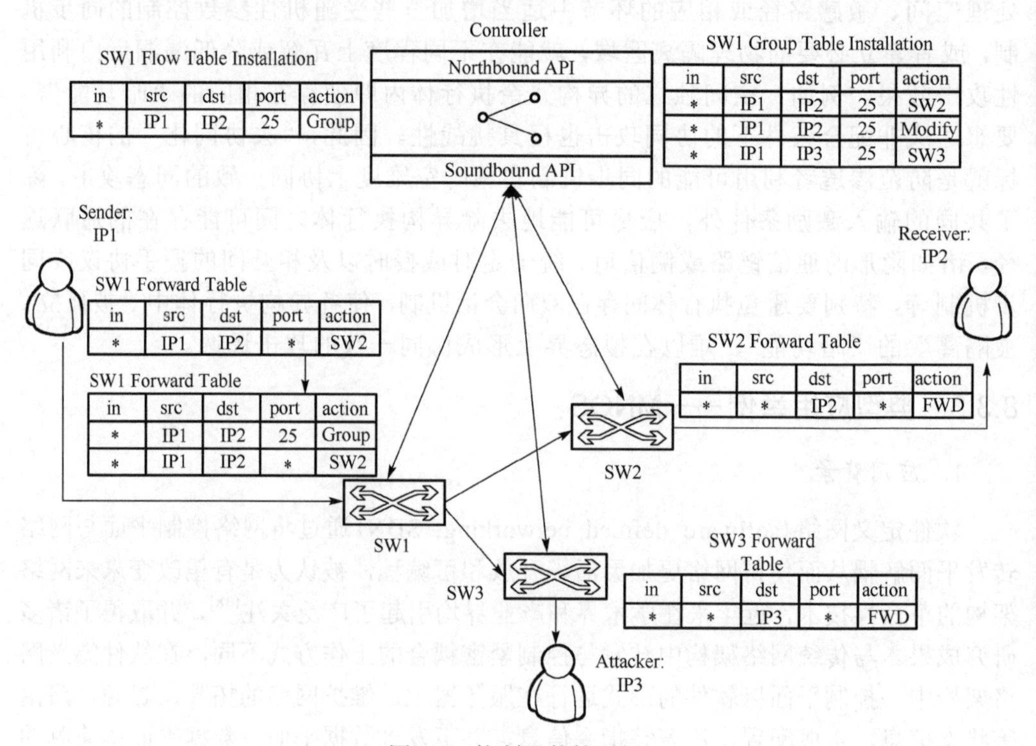

图 8-7　控制器劫持示例

从整个攻击过程可以看出，攻击者能够攻击成功至少取决于两个条件：一是攻击者成功劫持控制器；二是控制器和交换机均无法判断流表的正确与否。可见，单一控制器架构或者简单的控制器冗余架构都无法防御此类攻击。那么，若破坏攻击者的依赖条件是否可以阻止攻击呢？这正是我们提出拟态网络操作系统(mimic networking operating system，MNOS)的出发点[39]。

2. MNOS 基本架构

MNOS 整体架构如图 8-8 所示，由北向接口、拟态网络操作系统层和南向接口组成。其中，南/北向接口提供与 SDN 网络控制器中南/北向接口相同的功能：北向接口供应用编程，南向接口供数据平面接入。与一般 SDN 控制器不同之处在于：拟态网络操作系统层由异构的控制器集合 C 、输入代理(proxy/input, PI)、编排器(variants orchestrator, VO)和裁决输出(arbiter/output, AO)组成。其中，异构控制器集合 C 由功能等价、异构的网络控制器 $\{c_1,c_2,\cdots,c_N\}$ 构建，例如 NOX[40]、POX[41]、OpenDaylight[42]、ONOS[43]等，若实现控制器可以产生一致的状态和响应，即 $\forall j$、k, $c_j(a)=c_k(a)$，同时其中的算法或结构完全不同，即 $f_j \neq f_k$ 且 $\Lambda_j \neq \Lambda_k$（f 表示算法、Λ 表示结构），则称控制器 c_j 和 c_k 正交，即 $c_j \perp c_k$ 。

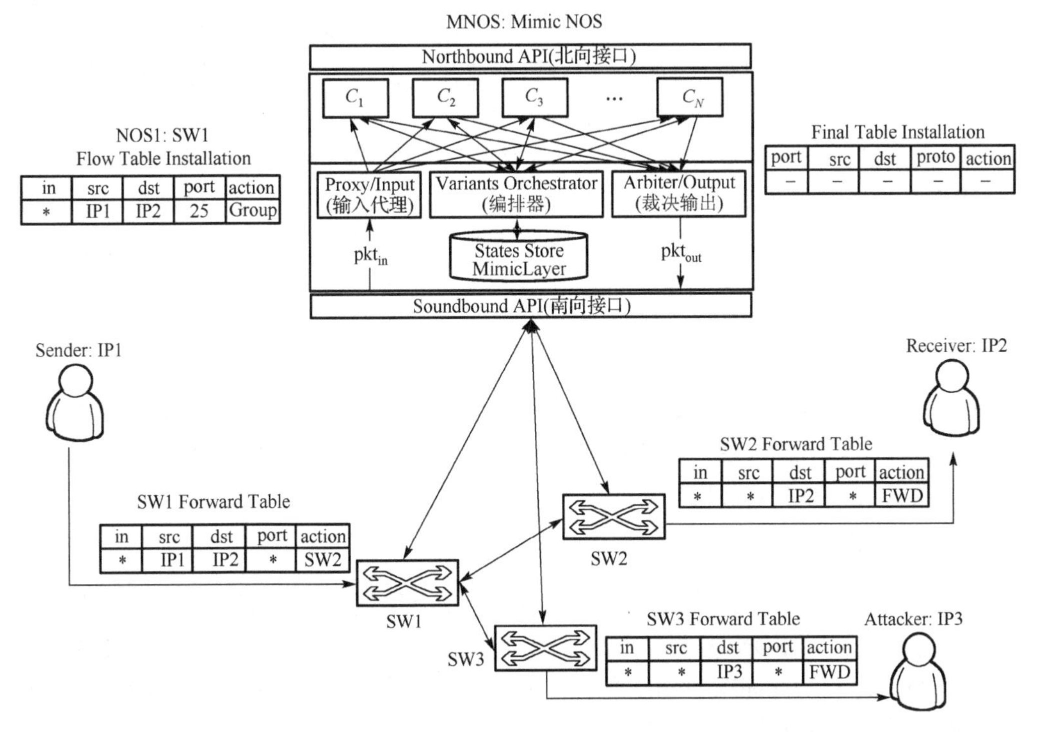

图 8-8　MNOS 架构

控制器编排器 VO 根据调度算法 χ 随时间变化动态地从控制器集合 C 中选出 m 个运行，调度算法 χ 可以基于随机调度，也可采用基于可信度的调度。直观上而言，在不同的运行时间周期内，在线执行的控制器越不确定，攻击者越难以对系统进行探测和攻击。若相邻两次执行体调度发生在 t_i 和 $t_{i+1}=t_i+T_i$（T_i 表示第 i 个运行周期），t_i 和 t_{i+1} 时刻选择的控制器集合分别为 C_i 和 C_{i+1}。为增强系统的动态性，应满足 $C_{i+1}\neq C_i$；为提高裁决器准确度，应满足 $\forall i, |C_i|\geqslant 2l+1(l\geqslant 1)$。

输入代理 PI 通过标准南向接口与数据平面设备通信。为屏蔽网络操作系统的内部结构，输入代理采用"透明"工作方式，即伪装成在线运行的主控制器 c_{pri} 与数据平面交互，在接收到来自数据平面转发设备的任意输入分组 a 后，输入代理首先复制 $|C_i|-1$ 份，并发送到对应的每个在线运行的控制器。为避免输入代理引入新的漏洞，输入代理应采用"极简"设计思路尽量简化。

裁决输出器 AO 同样采用标准接口与数据平面设备通信，在实际实现中，输入代理和裁决输出器可由同一功能单元实现；同时，裁决输出器接收运行的控制器集合 C_i 的输入表项 $\boldsymbol{b}=[b_1,b_2,\cdots,b_m]$，依据判决算法 A 判决后产生输出表项 o，并将 o 更新到数据平面；此外，判决器输出控制器状态信号 $\boldsymbol{s}=[s_1,s_2,\cdots,s_m]$，$s_k=0$ 表示对应控制器 k 无异常，$\|\boldsymbol{s}\|=0$ 表示运行的所有控制器无异常，$\boldsymbol{s}$ 被反馈到 VO。裁决输出器可以基于大数判决，也可基于动态可信度判决。由于裁决算法需要所有控制器的输入同步后才能进行判决，为避免控制器性能差异引入的表项更新性能的下降，裁决输出器可工作在监视器模式(observer model)。

下面回顾前述控制器威胁，如图 8-8 所示。假设攻击者 Attacker 已经通过交换机 SW3 劫持了控制器 c_i，并增加了一条表项〈*, IP1, IP2, 25, Group〉；裁决输出器接收到该表项后，由于没有收到来自其他控制器相同的表项输入，因此会拒绝该控制器的表项下发，并触发编排器将该控制器下线和清洗，并更新其可信度；此外，相对于图 8-7 而言，控制器 c_j 在不同的运行周期呈现为在线和离线切换，使得漏洞难以连续利用，因而降低了漏洞的利用度。可见，MNOS 提供了一种控制器防护框架，尤其是针对控制器的劫持、数据篡改等攻击形式。然而，为了适应在实际网络中的部署需求，还必须解决控制器的不确定性调度、控制器切换时系统状态的一致性和高效的裁决输出算法等问题，这里不再讨论，详见文献[39]。

3. 原型验证

本节给出一种 MNOS 的原型实现方案，为确保各控制器之间的异构性，选取了学术界开源的五种 SDN 控制器实现，包括 OpenDaylight、ONOS、NOX、FOX 和 Floodlight，其中，OpenDaylight 是一个开源项目，采用 Java 语言开发；ONOS 属于斯坦福大学和加州大学伯克利分校 SDN 先驱创立的非营利性组织 ON.Lab，同样采用了 Java 语言编写；NOX 是由 Nicira 开发的首个 OpenFlow 控制器，采用 C++语言编写，而 POX 是 NOX 的 Python 语言版本。图 8-9 给出了基于上述控制器设计的实现方案及连接关系，以下用 ODL、ONOS、NOX、FOX、MUL 和 ML 既代表控制器本身，又代表运行的物理载体服务器。Open MUL 是一个用 C 语言实现多线程架构的OpenFlow控制器；ML(mimic layer)表示拟态层控制器代理。

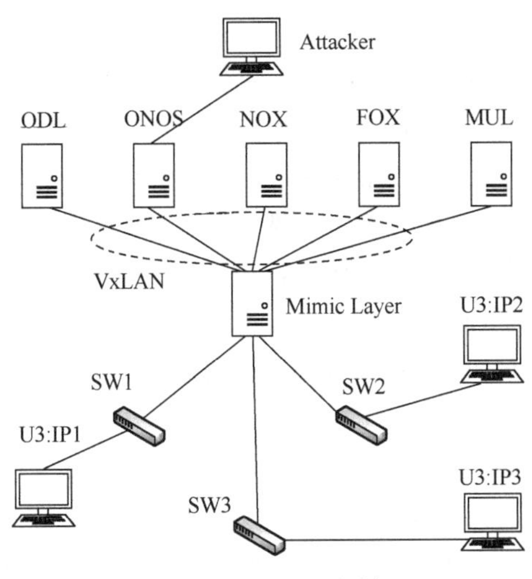

图 8-9　MNOS 架构

拟态层的输入代理、拟态调度器、裁决输出器运行在同一台服务器上。采用华为的双 14 核 x86-64 服务器，型号为 RH2288H V3，每个服务器扩展到 8 个千兆网口；数据平面采用 Pica8 的 OpenFlow 交换机，端口速率为 1000Mbit/s，型号为 P3297；每个交换机分别和 ML 服务器、用户终端连接，控制器的运行环境配置如表 8-1 所示，控制器以虚拟机方式运行在不同的操作系统上。

表 8-1　MNOS 原型验证系统配置

控制器	开发语言	操作系统	运行方式
ODL	Java	Fedora	VM
ONOS	Java	Windows 7	VM
NOX	C++	Ubuntu	VM
POX	Python	Mac OS	VM
MUL	C	RedHat	VM

下面讨论实现过程中的几个关键问题：

1) 拟态层与控制器、交换机之间的通信

ML 服务器和数据交换机之间采用标准的 OpenFlow 协议通信，接收来自交换机的数据报文。ML 和各控制器实例之间采用单线联系模式：各控制器之间采用 VxLAN 进行隔离，通过独立的物理网口与 ML 服务器连接；在消息传输协议上，为提高传输效率，ML 服务器和控制器之间采用修改的 OpenFlow 报文格式，采用 Raw Packet 的传输模式，即直接将消息封装成二层帧进行传输。ML 服务器接收到数据平面的 Pkt_in 消息后，执行解封装(包括卸载 MAC、TCP 头)还原成原始数据，并填充 VxLAN 和 MAC 头后，发送给在线的控制器。

2)调度和控制器切换

当计时器超时或检测出攻击时，调度器选出下一周期运行的控制器集合 C_{i+1}，并通知在线的控制器执行休眠或清洗；并把离线的控制器上线。为实现这一目标，MNOS 在 Openflow 协议数据格式的基础上，扩展了用于控制器切换的“switch”指令(其中，0xD0 表示离线，0xD1 表示清洗，0xD2 表示上线)；并在每个控制器上增加了一个监控模块，监控模块接收到“switch”指令后，对当前宿主控制器执行离线、清洗(在本实现中清洗采用系统重启，清理数据和运行状态等信息)和上线操作；准备就绪后，控制器反馈调度器“finish”指令。

3)监视输出模式

在监视模式下，当检测到主控制器被攻击成功时，在选择出新的主控制器和执行调度前，需要首先将已经下发的疑似错误流表回收，记当前状态池中的流表集合为 FT_Y，本地缓存中尚未校验的流表集合为 FT_U，已下发的异常流表集合为 FT_N，则 ML 首先将已经下发的异常流表 FT_N 进行删除；再选择出新的主控制器和执行系统调度；新的控制器上线后，首先同步 FT_Y，并导入 FT_U。

为验证 MNOS 的有效性，我们模仿一个攻击者连接到控制器 ONOS，并通过管理口每 5 分钟手工向 SW1 下发一条流表项 $b=\langle *,*,*,*,SW2\rangle$，并在 ML 服务器上观察告警信息，如图 8-10 所示，可以看到 MNOS 检测到异常表项，并执行切换。

```
[MNOSLayer][WARN ][2016/10/09 14:24:0180 ]Unchecked flow entry <*, *, *, *, SW2>
 from controller ONOS detected, it may be suspected to being attacked!
[MNOSLayer][WARN ][2016/10/09 14:24:0185 ]MNOS will launch a system maneuver...
[MNOSLayer][WARN ][2016/10/09 14:24:0185 ]System maneuvers start...
[MNOSLayer][WARN ][2016/10/09 14:24:0196 ]Running controllers are: POX, ONOS and
 MUL!
[MNOSLayer][WARN ][2016/10/09 14:24:0196 ]Newly selected are: POX, NOX and ODL!
[MNOSLayer][WARN ][2016/10/09 14:24:0196 ]The primary elected is POX, the same a
s the previous interval!
[MNOSLayer][WARN ][2016/10/09 14:24:01100]Preparing NOX...
[MNOSLayer][WARN ][2016/10/09 14:24:01601]NOX is online!
[MNOSLayer][WARN ][2016/10/09 14:24:01602]Preparing ODL...
[MNOSLayer][WARN ][2016/10/09 14:24:02603]ODL is online!
[MNOSLayer][WARN ][2016/10/09 14:24:02604]System maneuvers end...
[MNOSLayer][WARN ][2016/10/09 14:24:02605]Shutdown and clean up ONOS!
```

图 8-10　MNOS 架构

最后特别说明的是，拟态防御自 2013 年提出以来，已经形成了相对完备的理论和技术体系，本章节内容只对其进行了粗浅的介绍。2017 年，作者所在团队学术带头人邬江兴院士出版了《网络空间拟态防御导论(上、下册)》，对拟态防御的提出背景、理论基础、技术思路、实现机制、实践案例等进行了详细的阐述，特推荐感兴趣的读者进一步阅读参考。

8.4 本章小结

本章结合当前网络防御技术发展动向，对两类典型的创新性防御技术进行了介绍，一是智能驱动的网络安全技术，重点介绍了人工智能在网络安全领域的应用思路；二是内生性安全防御技术，重点介绍了网络空间拟态防御技术。这些技术已在业内受到高度关注，部分已经取得阶段性成果，代表了未来的网络安全防御研究方向，应用前景广阔。

网络空间创新性防御技术从诞生到成熟，需要经过探索、试验、检测、评估和攻防演练等多个环节的反复锤炼，还需要进一步研究。在创新性防御技术发展的同时，仍有一些挑战和问题需要进一步思考和解决，比如智能驱动的网络安全技术对数据质量的依赖性、人工智能技术本身的安全性、数据隐私问题等，以及内生性安全防御技术如何与现有防御技术有机结合，以构建融合式安全防御体系等。

参考文献

[1] NITRD. Trustworthy cyberspace: Strategic plan for the federal cybersecurity research and development program [EB/OL]. https://www.nitrd.gov/Publications/PublicationDetail.aspx? pubid=39. 2017.

[2] Wikipedia. secure by design [EB/OL]. https://en.wikipedia.org/wiki/Secure_by_design. 2017.

[3] 邬江兴. 网络空间拟态防御导论(上册)[M]. 北京: 科学出版社, 2017.

[4] 邬江兴. 网络空间拟态防御导论(下册)[M]. 北京: 科学出版社, 2017.

[5] 陈钟, 孟宏伟, 关志. 未来互联网体系结构中的内生安全研究[J]. 信息安全学报, 2016, 1(2): 36-45.

[6] 王永康. 高维大数据降维及快速处理技术与应用研究[D]. 广州: 华南理工大学, 2016.

[7] Lecun Y, Bengio Y, Hinton G. Deep learning[J]. Nature, 2015, 521(7553): 436.

[8] 刘知青, 吴修竹. 解读 AlphaGo 背后的人工智能技术[J]. 控制理论与应用, 2016, 33(12): 1685-1687.

[9] 于成丽, 安青邦, 周丽丽. 人工智能在网络安全领域的应用和发展新趋势[J]. 保密科学技术, 2017(11): 10-14.

[10] 周涛. 人工智能在网络安全中的应用价值展望[EB/OL]. http://finance.huanqiu.com/cjrd/2017-09/11267043.html. 2017.

[11] 戴明星，褚英国，陈正奎. 基于事件聚合和关联分析技术的安全管理平台应用研究[J]. 信息网络安全, 2013 (7): 91-92.

[12] 周荃，王崇骏，王珺，等. 基于人工智能技术的网络入侵检测的若干方法[J]. 计算机应用研究, 2007, 24(5): 144-149.

[13] 陈渝龙. 重采样与机器学习结合的防火墙链接动态分配[J]. 科技通报, 2015, 31(10): 64-66.

[14] 李艳，王鹏，孙福振. 基于机器学习的智能防火墙设计[J]. 山东理工大学学报(自然科学版), 2008, 22(3): 33-37.

[15] 蒋亚平，曹聪聪，梅骁. 网络入侵检测技术的研究进展与展望[J]. 轻工学报，2017, 32(3): 63-72.

[16] Mitrokotsa A, Komninos N, Douligeris C. Intrusion detection with neural networks and watermarking techniques for MANET[C]// IEEE International Conference on Pervasive Services, 2007: 118-127.

[17] 魏为. 基于内容的网页恶意代码检测的研究与实现[D]. 武汉: 华中科技大学, 2011.

[18] 谢素斌，梁彬，石文昌，等. 代码挖掘中的数据处理方法综述[J]. 小型微型计算机系统, 2010, 31(11): 2121-2128.

[19] 白友东. 基于数据挖掘的网络用户行为分析[D]. 北京: 北京邮电大学, 2014.

[20] 魏旭阳. 基于 Web 日志的用户访问模式挖掘模型研究[D]. 重庆: 西南大学, 2015.

[21] 赫熙煦. 基于粒计算理论的网络安全行为分析关键技术研究[D]. 成都: 电子科技大学, 2017.

[22] Bhuyan M H, Bhattacharyya D K, Kalita J K. Network anomaly detection: Methods, systems and tools[J]. IEEE Communications Surveys & Tutorials, 2014, 16(1): 303-336.

[23] 龚俭，臧小东，苏琪，等. 网络安全态势感知综述[J]. 软件学报, 2017, 28(4): 1010-1026.

[24] 胡东星. 基于人工智能的信息网络安全态势感知技术[J]. 信息通信, 2012(6): 80-81.

[25] 崔传桢. 助力“互联网+”行动：解读阿里巴巴的网络安全——基于“互联网+”行动下阿里巴巴集团和蚂蚁金服集团信息安全及战略布局[J]. 信息安全研究, 2016, 2(5): 384-395.

[26] 黄海峰. 立足大数据: 360 发布态势感知及安全运营平台[J]. 通信世界, 2016 (25): 76.

[27] 黎文阳. 大数据处理模型 Apache Spark 研究[J]. 现代计算机(专业版), 2015(08):55-60.

[28] 孙远. 某研究所网络改造与安全运维的设计与实现[D]. 成都: 电子科技大学, 2012.

[29] Fischer F, Keim D A. NStream aware: Real time visual analytics for data streams to enhance situational awareness [C] //Proceedings of the Eleventh Workshop on Visualization for Cyber Security, New York: ACM, 2014: 65-72.

[30] Han G. 人工智能保卫网络安全: Waston 开始被用于打击网络犯罪了[EB/OL]. http://www.jifang360.com/ news/2016128/n998590606.html.

[31] 杨震，杨宁，徐敏捷. 面向物联网应用的人工智能相关技术研究[J]. 电信技术，2016(5): 16-19.

[32] Tanium. Taniumtech advanced technology[EB/OL]. http://www.tanium.com/. 2017.

[33] FreeBuf. 网络安全新前沿：一张图看 80 家采用人工智能来做安全的公司[EB/OL]. http: //www.freebuf.com/ news/137873.html. 2017.

[34] Cylance[EB/OL]. https://www.cylance.com/en_us/home.html. 2017.

[35] McAfee. Advanced analytics and machine learning: A prescriptive and proactive approach to security[EB/OL]. https://www.mcafee.com/us/resources/white-papers/restricted/wp-advanced analytics machine learning.pdf. 2017.

[36] CBInsights. Deep instinct[EB/OL]. https://www.cbinsights.com/company/deep-instinct. 2016.

[37] Cai G, Wang B, Luo Y, et al. Characterizing the running patterns of moving target defense mechanisms[C]//2016 IEEE 18th International Conference on Advanced Communication Technology, 2016: 191-196.

[38] Yang M, Li Y, Jin D, et al. OpenRAN: A software-defined ran architecture via virtualizations[C]// PACM SIGCOMM 2013 conference on SIGCOMM, Hong Kong, China, 2013: 549-550.

[39] Hu H C, Wang Z P, Cheng G, et al. MNOS: A mimic networking operating system for software defined networks[J]. IET Information Security, 2017(6)： 345-355.

[40] Gude N, Koponen T, Pettit J, et al. NOX: Towards an operating system for networkss[J]. ACM SIGCOMM Computer Communication Review, 2008(3): 105-110.

[41] 吴许俊,王永力.基于 POX 的软件定义网络的研究与实践[J]. 计算机测量与控制, 2013, 21(12):3414-3417.

[42] Opendaylight. Linux Foundation’s OpenDaylight Fluorine release brings streamlined support for cloud, edge and WAN solutions [EB/OL] . https://www.opendaylight.org/announcement/2018/09/13/linux-foundations-opendaylight-fluorine-release-brings-streamlined-support-for-cloud-edge-and-wan-solutions. 2018.

[43] Berde P, Gerola M, Hart J, et al. ONOS: Towards an open, distributed SDN OS[C]//ACM the Third Workshop on Hot Topics in Software Defined Networking, 2014: 1-6.

第9章 网络安全评估与分析常用模型

目前，网络安全评估尚无标准定义，由于网络安全与信息安全有很强的相关性，本书首先参考信息系统安全评估的定义。根据国家颁布的信息安全风险评估规范GB/T 20984—2007[1]，信息系统安全评估是指依据有关信息安全技术与管理标准，对信息系统及由其处理、传输和存储的信息的保密性、完整性和可用性等安全属性进行评价的过程。它要评估资产面临的威胁以及利用脆弱性导致安全事件的可能性，并结合安全事件所涉及的资产价值来判断安全事件发生后造成的影响。在此定义的基础上，不同学者对网络安全评估给出了不同的定义：①网络安全评估是指通过评估方法评估系统中可能存在的设计和实现上的脆弱性，用于保证网络系统免于遭受偶然或故意的损害[2]；②网络系统的安全评估主要是指针对网络系统面临的脆弱性和各种威胁确定安全目标，建立安全模型和安全等级，进行安全风险分析，提出对策，使信息系统具备调整能力，以保持风险始终处于可接受的范围之内[3]；③网络安全风险评估是指对网络系统的安全风险程度进行分析评价，系统地分析网络系统所面临的威胁及其存在的脆弱性，评估安全事件发生的可能性[4]；④网络安全性评估是对目标网络及其信息在产生、存储、传输等过程中机密性、完整性、可用性遭到破坏的可能性，以及由此产生的后果进行估计或评价[5]。

根据相关定义可知，网络安全评估以系统安全为目的，按照一定的科学方法，对系统中的风险因素进行定性或定量分析，并对网络所处的安全风险给出综合的结果。根据评估结果提出有效的安全措施，消除风险或将风险降到最低程度[6]。由此可见，网络安全评估可以有效地发现系统中的安全缺陷，对建立安全的网络信息系统是一种非常有价值的方法，是网络安全主动防御中的一项重要基础支撑技术，也是目前的研究热点和难题之一。其中，网络安全评估与分析模型是重要的研究内容之一，也是网络安全评估的重要工具。

9.1 概　　述

本书第3～8章介绍了当前网络空间主流的主动防御技术，这些技术从不同的角度尝试增强网络信息系统的安全性，如蜜罐用于构建虚假目标引诱攻击者，沙箱侧重于为保护对象构建隔离的虚拟化运行环境并进行监测，入侵容忍期望保证系统在遭受攻击的情况下继续提供服务，MTD则是防御方通过主动变化提高攻击难度和代价等，这些主动防御技术出现在网络发展的不同历史时期，代表了当时学术界和产业界期望增强系统安全性的不同愿景，对推动网络安全防御技术的发展发挥了重要作用。然而，这些防御技术的适用性，以及相应的防御性能都是存在差异的；同时，没有任何一种安全技术能够抵御所有类型的网络攻击。那么如何度量一种网络防御技术的防御效果及受保护系统的安全性能，如何根据不同的应用场景选择相应的防御技术呢？本章从这些疑问出发，着重介绍当前网络防御技术的评估方法及常用模型，同时简单介绍网络安全目标和主要评估指标。

虽然网络安全技术已经有几十年的发展历程，但无论是学术界还是产业界尚没有统一的方法对各类安全技术进行评估和分析。目前的评估方法主要有四类 [7]：第一类是基于安全评估标准的评估方法，即国家或行业标准，如《信息技术安全评估通用准则》[8]；第二类是基于资产价值的评估方法，即对可能的损失进行评估，如评估攻击带来的破坏发生的可能性、潜在的损失、损坏事件引起潜在损失的可能性及减轻风险损失所需的代价；第三类是基于弱点检测的评估方法，即模拟入侵者，探测系统中是否存在可以被攻击者利用的脆弱点；第四类是基于网络安全模型的评估方法，从理论上对系统的安全性能进行建模分析，该类方法需对网络信息系统进行抽象，比较有代表性的有攻击树模型、攻击图模型、攻击表面模型等。

在学术研究领域，较为常见的是第三类和第四类方法。第三类方法一般只能对网络系统进行局部评估，检验网络系统是否存在脆弱性，而要对网络安全系统进行全面的风险评估并期望发现一些新的潜在漏洞或渗透变迁，则需要依靠基于模型的网络安全评估方法，即第四类方法。第四类方法可以更加深入地理解网络攻防的行为特征、攻防过程，为网络系统安全体系的构建提供科学依据，提升网络信息系统应对复杂网络环境下各种突发网络攻击事件的能力。该方法中所采用的安全模型可以描述系统行为和状态，并能够根据模型产生测试用例，从而实现对系统整体的安全性进行评估。此外，模型能够较为全面地反映系统中存在的安全隐患，而且能够发现未知的攻击模式和系统脆弱性。因而，该方法特别适合于对系统进行全面评估。本章重点介绍基于模型的评估与分析方法及其应用。

目前，对网络安全进行评估和分析的主要模型有攻击树(attack tree)、攻击图(attack graph)、攻击链(kill chain)、攻击表面(attack surface)、网络传染病模型(cyber epidemic model)、Petri 网(Petri net)、自动机(automation machine)等，这些方法有助于分析网络攻防过程，以及在攻防过程中的系统状态变化和系统安全性能，对网络防御系统的设计、开发、性能评估等方面都具有较好的指导作用。如给定一个网络防御系统，通过从某一角度或利用某一手段对其进行定性或定量的计算，可以得到该系统的安全性(抵抗网络攻击的能力)，以及攻击者可能采取的攻击途径；同时，模型的分析结果可用于指导系统的设计和改进。

攻击树模型适合描述多阶段的网络攻击行为，总的攻击目标由一系列的子目标通过“与/或”关系复合而成。该方法是故障树的扩展[9]。在对攻击树进行分析时，可给树的节点赋予不同的属性，如攻击成功率、攻击代价等，进而计算总的攻击成功概率等。攻击图用于描述攻击者从攻击起始点开始，实现其攻击目标的所有路径的简洁方法，可以自动分析目标网络系统内部脆弱性之间的关系和由此产生的潜在威胁。同时提供了一种表达攻击过程的可视化方法，该方法的主要难点在于攻击图的构造。攻击链提供了描述网络攻击过程的模型，从而更加深入地理解攻击过程和在不同阶段攻击者的实施过程，并能够将复杂的网络攻击分解为数个有一定依赖关系的阶段或层。这种分层方法使分析人员能够同时处理更具体和更简单的问题，它也将帮助防御者针对不同攻击阶段特点，分别制定更加有效的防御策略，破坏攻击过程。网络攻击链的知识有助于深刻理解攻击过程，可以锻炼培养与攻击者相同的思维。系统本身可被攻击者利用的资源能够更加直观地刻画系统的安全性能，因而攻击表面可作为安全性指标，即一个系统的攻击表面越大，其脆弱点越多，被攻陷的可能性越大，安全性越差。该度量指标的一大优势在于其独立性，其评价方式与软件系统所采用的具体实现语言无关，可适用于不同的软件系统。网络传染病模型可以分析病毒传播对网络的影响，同时有助于制定抑制病毒传播的免疫控制策略，如研究病毒的传播行为规律，从而抑制病毒的扩散。Petri 网作为一种基于图形的数学建模工具，应用领域十分广泛，可对离散并行系统进行数学表示，特别适合于描述异步的、并发的计算机系统，因而它常常应用于通信协议分析、性能评估以及故障容忍系统分析。因此，Petri 网模型也可用于对网络攻击、防御系统等进行建模分析。网络空间中的攻击和防御是一个动态变化的对抗过程，可使用自动机对网络攻防状态变化进行描述，并构造网络信息系统的自动机模型，以模拟网络系统的运行状态及其动态迁移过程，尤其是安全事件导致的安全状态转移。

9.2 网络安全目标、评估标准和指标

网络安全目标(属性)、安全评估标准及指标在网络信息系统设计中具有重要的指导意义。其中，网络安全目标(属性)是网络安全评估标准的出发点，而网络安全评价指标是网络安全评价的参考，反映被评价对象安全目标(属性)的具体指示标志，评价指标的选取和建立是进行综合评价的前提和基础。当前尚无统一的评估网络信息系统以及防御手段的安全目标、标准及指标，为此，本书选取一些有共性的安全目标(属性)及指标予以介绍，便于读者了解[9]。

9.2.1 网络安全目标

网络安全目标首先是保证网络系统的三个基本安全属性得以实现，即机密性(confidentiality)、完整性(integrity)和可用性(availability)，简称“CIA 三合一基本原则”。CIA 是所有信息安全研究组织在制定信息安全标准时的出发点。通俗地讲，

安全目标就是实现网络信息的可信、可控和可用，这些也是网络安全的基本特征。根据有关资料，除上述三性外，网络安全目标还有其他一些属性，如可靠性、可控性、不可抵赖性、可审查性等[9]，下面简要介绍。

1. 机密性

机密性是指网络信息的传输和存储不被未授权实体(包括用户和进程等)非法获取与使用。敏感的网络信息包括国家机密、企业和社会团体的商业和工作秘密、个人秘密(如银行账号)和隐私(如邮件、浏览习惯)等。机密性强调的是信息不可泄露，是网络安全最基本、最重要的要求。

2. 完整性

完整性是指网络信息的真实可信性、未经授权不能进行更改的特性，即网络信息在存储和传输过程中不被偶然或者蓄意地删除、修改、伪造、乱序、重放、插入等破坏和丢失的特性。若信息被未经授权的实体篡改或出现传输错误，信息的使用者应能够通过一定的方式判断出接收或读取的信息是否真实可靠。

3. 可用性

可用性是指得到授权的实体在需要时可以使用所需要的网络资源和服务，而不能出现非授权者滥用，或对授权者拒绝服务的情况。可用性还包含网络资源和服务遭受攻击后能够迅速恢复正常工作的能力。

4. 可靠性

可靠性(reliability)是指网络信息系统不间断地提供正常服务，是网络信息系统在一定条件下和一定时间内无故障地执行既定功能的能力或可能性。可靠性与可用性有一定的关联。

5. 可控性

可控性(controlability)是指网络信息的流动及信息内容能够实现有效控制的特性，即网络系统的任何信息要在一定传输范围和存放空间内可控，可控性确保用户对资源的访问是可控的、受限的、有条件的和可跟踪的，确保信息资源的传播是有约束和可跟踪的。

6. 不可抵赖性

不可抵赖性(non repudiation)也称为不可否认性，是指通信双方在通信过程中，对于己方所发送或接收的消息不可抵赖，即发送者不能抵赖其发送过消息的事实和消息内容，接收者也不能抵赖其接收到消息的事实和消息内容。

7. 可审查性

可审查性(auditability)是指对网络上发生的各类访问行为记录日志，并对日志进行统计分析，即采用审计、监控、防抵赖等安全机制，确保使用者(包括合法用户、攻击者、破坏者和抵赖者)的行为有据可查，并能够为网络出现的安全问题提供调查依据和手段。

9.2.2 网络安全评估标准

网络安全评估标准是网络信息安全评估行动的技术依据和指南。自1985年美国国防部发布《可信计算机系统评估准则》(trusted computer system evaluation criteria，TCSEC)以来，世界各国相继发布了一系列有关信息安全评估的准则和标准(尚无明确针对网络安全的标准，但本书认为这些标准也可以用于指导网络安全评估)，如欧盟的ITSEC(information technology security evaluation criteria)、中国的GB 17859—1999、信息技术安全评估通用准则(common criteria for information technology security evaluation，CC)等[9,10]。这些标准多为行业标准，多用以评估信息系统产品的安全，同时，也可用来指导开发者对信息技术产品或系统的开发，指导评估认证机构对信息技术产品或系统进行检测评估。由于这些内容超出了本章的主题范围，因而不展开介绍。

9.2.3 网络安全评估指标

简单地以上述网络安全目标(属性)直接评估网络安全十分困难，而网络安全评估指标则是对网络安全目标的内涵进行分析和量化，更具可操作性。本节主要从攻防角度来介绍常用的网络安全评估指标[11]。

1. 攻击成功率

防御的目的在于保护网络免受攻击，因此，攻击成功率($p_{A,\text{success}}$)是评价防御效果最直观的指标

$$p_{A,\text{success}} = \frac{N_{A,\text{success}}}{N_{A,\text{total}}} \times 100\% \tag{9-1}$$

式中，$N_{A,\text{success}}$表示成功攻击的次数，$N_{A,\text{total}}$表示攻击实施的总次数。显然，$p_{A,\text{success}}$值越小，表示所采用的防御技术效果越好。

2. 攻击成功的平均耗时

防御能够增加攻击者的攻击难度，因此攻击成功的平均耗时($\overline{t}_{A,\text{success}}$)是衡量攻击难易程度的重要指标，它表明了攻击方实施攻击的难度

$$\overline{t}_{A,\text{success}}=\frac{1}{N_S}\sum_{j\in S}\sum_{i=1}^{N}t_{j,i} \tag{9-2}$$

式中，S 为所有攻击成功的集合；N 表示每次攻击包含的阶段数量；$t_{j,i}$ 代表第 j 次攻击第 i 阶段所花费的时间，该值越大说明防御越有效。

3. 防御有效性

防御有效性(η_{defense})站在防御者的视角，考虑了防御者实施防御时所需的开销情况。如果一种防御技术的实施代价巨大，即使其防御效果良好，采用的意义也不大。η_{defense} 指标能以数值形式提供一个参考

$$\eta_{\text{defense}}=\frac{N_{A,\text{total}}-N_{A,\text{success}}}{N_D}\times 100 \tag{9-3}$$

式中，N_D 表示防御行为实施的次数。当防御完全无效时，η_{defense} 为 0，其他情况下 η_{defense} 大于 0(无上限)。值得注意的是，该指标取值所表达的含义是每 100 次防御行为能让多少次攻击失效。η_{defense} 值越大，表明防御越有效。

4. 网络熵

网络熵可对网络安全性能进行描述，网络熵值越小，表明该网络系统的安全性越好。对于网络的某一项性能指标来说，其熵值 H_i 可定义如下

$$H_i=-\log_2 V_i \tag{9-4}$$

式中，V_i 为网络此项指标的归一化参数。显然，网络信息系统受到攻击后，其服务性能下降，系统稳定性变差，熵值相应增加。因此，可以采用熵差 $\Delta H=-\log_2(V_2/V_1)$ 对攻击效果进行描述。其中，V_1 为网络系统原来的归一化性能参数(可以为吞吐量、响应时间等)，V_2 为网络受攻击后的归一化性能参数。ΔH 越大，表明网络遭受攻击后安全性能下降得越厉害，网络抗攻击性能越差。

5. 其他

除此之外，研究者往往会在不同的场景根据自身需求提出更为合理的评价指标，如攻击开销、攻击检测率等，如王国良等[9]提出了直接依据专家评估的三性量化指标体系。本节所述指标中用得比较多的是攻击成功概率、防御有效性、攻防代价等，但目前尚无统一的网络安全评估指标。

9.3　攻击树模型

攻击树模型是 Schneier 在 1999 年提出的一种对系统安全威胁建模的方法[12]。

它是一种图形化的描述方式，能够很直观地表明和辅助分析系统存在的安全风险，并可定量评估系统的风险。

9.3.1　攻击树概念

攻击树是采用树形结构来描述系统攻击过程的一种方法，可用于推断系统面临的安全威胁。其中，树的根节点表示攻击者希望到达的目标节点，而叶节点表示为实现该攻击目的而可能采取的攻击手段[13]。每一条从根节点到叶节点的路径表示完成攻击目标所要进行的完整攻击过程。

节点之间的基本关系可能是“与”结构或是“或”结构，如图 9-1 所示。其中，“与”结构表示：只有在所有子节点都完成后，父节点代表的攻击才能实现，才可向下一阶段推进。“或”结构表示：只要某个子节点完成，则父节点所代表的攻击就能实现，并进入下一阶段。当然，有时能影响系统运行的攻击不止一种，此时系统的攻击树就不止一棵，而是由多棵攻击树组成的攻击森林，森林中每棵树的根节点可描述成威胁系统的一次安全事件，每棵攻击树列举并详细说明了促使安全事件发生的各类方法[14]。穿过攻击树的每条路径代表一次对系统的具体攻击过程。攻击树的所有子树代表攻击者可选择的攻击途径。

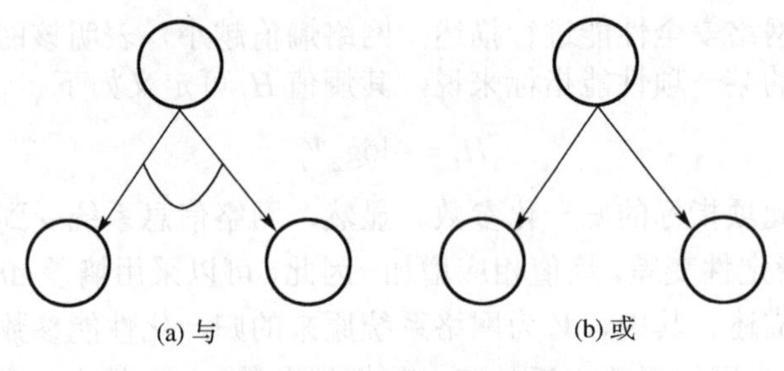

图 9-1　“与”“或”结构表示方法

9.3.2　攻击树构造

攻击树可以抽象为一个具有根节点的有向无环图，它的构造是一个后向推理的过程。首先，确定针对系统的一个入侵目标，并将入侵目标作为攻击树的根节点。然后回溯分析出促使根节点事件发生的前提条件或事件组合，将它们作为根节点的子节点。在下一层攻击树中通过“与”或者“或”关系表示出来；然后类似地对攻击树中的每一个节点进行拆分，直到攻击树中的叶节点不能再进行拆分，或者已经是某具体实现中的原子攻击(最基本的攻击操作)。

本节通过参考文献[15]中的相关内容详细说明一个车载自组织网络(VANET)的攻击树构造流程。在 VANET 系统中，车辆“位置隐私”为最终攻击目标，用 G 表示，能实现该目标的途径有直接通信(direct communication)、窃听、窃取和非法披露等，分别用 M_1、M_2、M_3 和 M_4 表示，如图 9-2 所示。当攻击者成功实现上述任一方法时，攻击目的就顺利达成，具体解释如表 9-1 示。

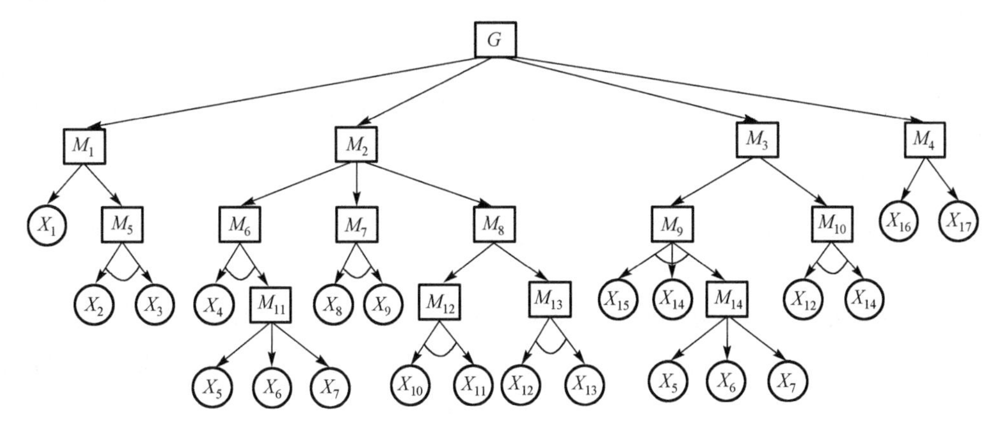

图 9-2　车载自组织网络位置隐私的攻击树

表 9-1　门节点和叶子节点符号释义

符号	释　义	符号	释　义
G	位置隐私	X_2	系统认证机制中发现漏洞
M_1	直接通信	X_3	虚假身份创建
M_2	窃听	X_4	拆除防窃听设施
M_3	窃取	X_5	成为轿车的服务提供商
M_4	非法披露	X_6	中断轿车的反盗窃系统
M_5	欺骗	X_7	利用轿车拥有者的粗心大意
M_6	物理层窃听	X_8	协议漏洞分析
M_7	MAC 层窃听	X_9	重置自身配置
M_8	应用层窃听	X_{10}	获取信号接收器
M_9	物理盗窃	X_{11}	分析所采用的假名机制的脆弱性
M_{10}	恶意节点盗窃	X_{12}	突破网络防火墙
M_{11}	安装窃听设备	X_{13}	熟悉无线网络脆弱性
M_{12}	假名窃听	X_{14}	解密/加密文件
M_{13}	运行窃听软件	X_{15}	中断远程控制移除数据的功能
M_{14}	偷取轿车	X_{16}	向第三方购买隐私信息
X_1	查询	X_{17}	官方部门的泄露

1. 直接通信（M_1）

M_1 的实现方式有查询（X_1）和欺骗（M_5）两类。

(1)查询：攻击者以真实身份直接与目标节点通信并询问其位置隐私。该方式只在节点对其隐私不敏感时适用。

(2)欺骗：攻击者伪装或模仿成目标节点信任的节点，并与其通信获取隐私。受目标信任度高的节点一般为朋友、同事或者服务提供商，因此，该类攻击的成功率很高。

因此，查询(X_1)和欺骗(M_5)两类事件可触发直接通信(M_1)。而当系统认证机制中发现漏洞(X_2)和虚假身份创建(X_3)两类事件同时发生，就能实现欺骗(M_5)。

2. 窃听(M_2)

窃听的实现方式有物理层窃听(M_6)、MAC 层窃听(M_7)和应用层窃听(M_8)三种。

(1)物理层窃听：拆除防窃听设施(X_4)和安装窃听设备(M_{11})两种手段能顺序完成时，可实现物理层窃听。而安装窃听设备的方式有成为轿车的服务提供商(X_5)、中断轿车的反盗窃系统(X_6)或者利用轿车拥有者的粗心大意(X_7)。

(2)MAC 层窃听：联合协议漏洞分析(X_8)和重置自身配置(X_9)两种原子攻击可实现 MAC 层窃听。

(3)应用层窃听：在应用层，攻击者可通过假名窃听(M_{12})或运行窃听软件(M_{13})进行窃听。其中，子目标 M_{12} 和 M_{13} 又可以进一步分解。为实现假名窃听，攻击者需要获取信号接收器(X_{10})和分析其所采用的假名机制(为了避免追踪，移动目标采用虚假的名字进行传输通信的方式)的脆弱性(X_{11})；而要运行窃听软件，则需在突破网络防火墙(X_{12})后，进一步熟悉无线网络脆弱性(X_{13})，再通过植入窃听程序控制目标节点。

3. 窃取(M_3)

物理盗窃(M_9)和恶意节点盗窃(M_{10})中任意一个事件的发生都能实现窃取目的，因此这两个子节点的关系在攻击树中用逻辑“或”表示。物理盗窃的实现需要三个步骤：偷取轿车(M_{14})、中断远程控制移除数据的功能(X_{15})和解密/加密文件(X_{14})。而当攻击者成功偷取轿车后，后续可采用与安装窃听设备相同的手段。恶意节点盗窃指使用恶意程序窃取车辆存储介质中的隐私数据，它要求攻击者能解密/加密文件，同时能够突破网络防火墙(X_{12})。

4. 非法披露(M_4)

通过向第三方购买隐私信息(X_{16})或获取官方部门的泄露(X_{17})信息两类原子攻击都能实现非法披露，因此它们在攻击树中是逻辑“或”的关系。现实中，诸如位置服务提供商的第三方机构，常常收集大量节点的隐私信息，为了其商业利益可能出售采集的隐私。有时为了便于管理，官方管理部门同样偶尔泄露节点隐私。

9.3.3 基于攻击树的网络安全评估与分析案例

基于攻击树的评估方法一般比较简单，得到攻击树后，可依据较权威的评分标准对叶子节点和系统风险值进行计算[16]，进而评估系统整体安全性能和分析攻击者最可能采用的攻击手段和场景。仍以图 9-2 的攻击树为例进行介绍。

为了计算攻陷目标节点的概率，即位置隐私被泄露的概率，赋予各节点三个属性(攻击代价 c_L 、技术难度 d_L 和发现难度 s_L)，这些属性能表征攻击者攻陷某节点的难易程度，其属性等级和分值大小如表 9-2 所示。

表 9-2　属性等级和分值标准

攻击代价		技术难度		发现难度	
c_L	分值	d_L	分值	s_L	分值
>10	5	非常困难	5	非常困难	1
6～10	4	困难	4	困难	2
3～6	3	中等	3	中等	3
0.5～3	2	简单	2	简单	4
<0.5	1	非常简单	1	非常简单	5

假定攻击者可从系统的任意一层发起攻击，且攻击目标所在层数越高，攻击难度越大，攻击成功率越低。照此假设，系统各层被攻陷的难度由高到低的顺序为：应用层>传输层>路由层>MAC 层>物理层。

多属性效用理论[17]可用于将上面三个属性转化为攻击者的效用值，即叶子节点的出现概率。式(9-5)为每个叶子节点效用值的计算方法

$$P_L = w_1 \times u(c_L) + w_2 \times u(d_L) + w_3 \times u(s_L) \tag{9-5}$$

式中，$u(c_L)$、$u(d_L)$ 和 $u(s_L)$ 为三个属性的效用函数，效用函数可根据实际情况设计；w_1、w_2 和 w_3 为效用权重，且 $w_1 + w_2 + w_3 = 1$。属性的权重分配需要依据系统实现细节的相关知识(包括协议、硬件、操作系统、攻击软件和工具等)。然后结合效用函数以及节点的属性值可计算出各节点的出现概率。之后只需将攻击树看成一个二分决策图[7]，便可得到攻击者实现最终目标的概率(此例中为攻击者最终能获取位置隐私的可能性)，同时可根据结构重要度分析得到何种原子攻击最容易促使攻击者实现最终目标，这里不再赘述。

9.3.4 攻击场景分析

攻击树除了能对攻击背景下系统面临的整体风险大小进行度量外，还可对攻击

场景进行分析，如哪种攻击场景下攻击者最容易达成目标。这能使防御者更加全面地认识攻击者的攻击选择，然后有针对性地进行防御部署。攻击场景是一系列叶子节点的集合，只有当集合中所有叶子节点都被攻陷后才能实现攻击目标。明确一种场景后，可计算出其出现的概率，该值能表明攻击者借助该攻击场景发动攻击的可能性大小。攻击场景可表示为

$$S_i = (X_{i1}, X_{i2}, \cdots, X_{in}) \tag{9-6}$$

其出现概率的计算式为

$$P(S_i) = P(X_{i1}) \times P(X_{i2}) \times \cdots \times P(X_{in}) \tag{9-7}$$

在图 9-2 的攻击树中共有 14 类攻击场景可以实现攻击目标，分别为$\{X_1\}$，$\{X_2,X_3\}$，$\{X_4,X_5\}$，$\{X_4,X_6\}$，$\{X_4,X_7\}$，$\{X_8,X_9\}$，$\{X_{10},X_{11}\}$，$\{X_{12},X_{13}\}$，$\{X_5,X_{14},X_{15}\}$，$\{X_6,X_{14},X_{15}\}$，$\{X_7,X_{14},X_{15}\}$，$\{X_{12},X_{14}\}$，$\{X_{16}\}$，$\{X_{17}\}$。在场景$\{X_1\}$中，攻击者只需发动原子攻击X_1就能得到目标隐私，而在场景$\{X_2,X_3\}$中，攻击者则需损坏系统认证机制同时制造虚假身份。根据式(9-7)可计算出每个攻击场景的出现概率，从而推断出攻击者最可能采用的攻击方式。因此在保护系统时，需特别防范发生概率高的攻击场景，并采取相应的防御措施。

9.3.5 小结

本节对攻击树的概念、构造过程及如何利用攻击树进行安全性评估进行了详细介绍，除上述基本模型外，对于节点相互之间存在约束关系等一些特殊情况，可使用扩展攻击树进行分析[18]，本节不再阐述。攻击树是一类直观且易于理解的分析模型，尽管模型非常简单，应用范围却很广泛。当然，在方便的同时，攻击树模型也存在一些问题，如对大型复杂系统进行攻击树建模效率较低，目前尚无特别有效的自动化攻击树生成算法等。同时，系统的状态往往会随着某些行为发生变化和调整，如某些新的防御手段的加入，此时往往需要对攻击树进行一些增加、删除和修改操作，而攻击树在这些方面缺乏灵活性和时效性。

9.4 攻击图模型

攻击图模型由 Cunningham 于 1985 年提出[19]，是描述网络或信息系统中存在的脆弱点以及脆弱点之间的关联关系最有效的模型之一，它可以描述攻击行为以及系统行为的变化趋势和规律，被广泛应用于网络的安全分析与评估中。

9.4.1 攻击图概念及建模

攻击图是从攻击者的角度出发，根据网络和系统中的脆弱点情况模拟推测攻

击者的攻击行为，按照攻击的步骤将攻击的过程逐步分解，把攻击过程中的系统状态变化或者攻击成功的必要条件组成一张有向图。每一条攻击路径是攻击者为达到相应的攻击目标所经历的一系列攻击活动序列。从有向图中可以分析如何利用其中若干脆弱点达到某攻击目标，这是一种采用正向搜索的建模方法。另外一种是反向搜索方法，即首先指定攻击目标，然后从攻击目标出发，递归寻找相关的攻击动作，直到找到在初始网络状态下攻击者就可以发动的攻击动作。攻击图通过建立有向图的方式把网络状态及网络中脆弱点之间的关联关系表现出来，便于网络安全管理人员进行安全防护，掌握网络安全状态。

下面简单介绍攻击图的建模过程。攻击图将网络配置信息和脆弱性信息作为输入，基于脆弱性知识库，分析在攻击发生时目标网络的脆弱性(本书中漏洞与脆弱性不作区分)如何被利用，以及可能造成何种后果；然后，模拟攻击者的行为步骤来分析网络中所有可能的攻击路径，以提供安全评估、安全加固、入侵检测等方面的决策支持[20]，如图 9-3 所示。

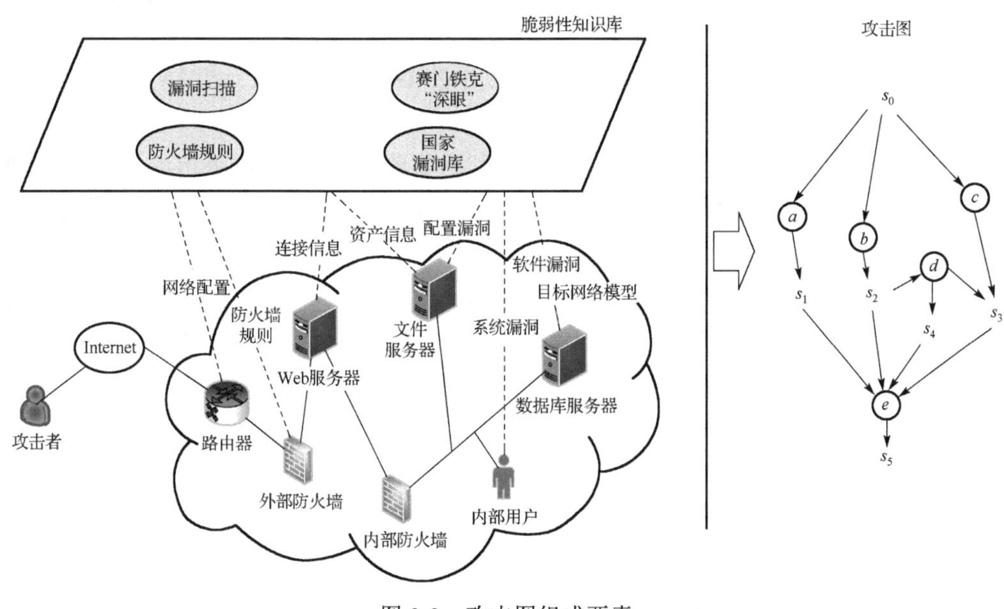

图 9-3　攻击图组成要素

如图 9-3 所示，组成攻击图的要素如下。

(1) 目标网络模型：网络采集工具收集的与目标环境相关的安全属性，包括扫描工具扫描到的脆弱性信息，以及资产清单、防火墙规则、网络与目标主机服务的连通性、企业环境数据等。

(2) 脆弱性知识库：包括已公开发布的脆弱性信息，详细记录了脆弱性利用的前件(即脆弱性的利用方式)和后件(即可能受该脆弱性影响的软件和硬件列表)。

(3) 攻击者模型：包括攻击源、要攻击的关键资产、可利用的攻击手段、攻击序列等。

由于攻击图以有向图的形式提供脆弱性、脆弱性关联、网络连通性等方面的先验知识，因此，基于攻击图的网络安全分析将主机信息、连通关系、信任关系、网络脆弱性信息以及网络的攻击信息等在内的网络相关元素作为攻击图的组成要素，包含到建模过程中，如表 9-3 所示[21, 22]。

表 9-3　攻击图组成要素

网络相关元素	说　明
主机信息	包括主机、服务器以及网络设备组件的相关信息，如操作系统、应用程序、服务及脆弱性信息等
连通关系	主机间的连接关系，如网络的拓扑结构、访问控制策略、防火墙规则等
信任关系	与网络中主机之间存在的特殊访问关系相对应，视为网络信息系统所具有的一种特殊脆弱性
脆弱性信息	与主机的脆弱性以及容易引起网络安全状况变化的操作相对应，与信任关系一样，可以作为攻击者利用的条件
攻击信息	与攻击者利用网络主机、连通关系、信任关系和脆弱性攻击行为的过程相对应，以攻击路径的方式展现

根据上述对网络元素的模型化描述，攻击图 G 可表示为四元组 $\{N_e,N_a,E,\zeta\}$，其中：

(1) N_e 是渗透节点的集合，表示攻击者利用脆弱性 v，从本次渗透的源主机 h_s 到达渗透目标 h_d 的过程，集合中的节点 $n_e \in N_e$ 可以表示为 $n_e=(h_s,h_d,v)$，当本地渗透时，渗透节点 $n_e=(h,v)$。

(2) N_a 是条件节点的集合，集合中的节点 $n_a \in N_a$ 可以表示为 $n_a=(h_s,h_d,c)$ 或 $n_a=(h,c)$，表示攻击者完成一次渗透行为需满足的安全条件 c，通常是某个脆弱性的存在或主机之间的连通性要求。

(3) $E \subset ((N_a \times N_e) \cup (N_e \times N_a))$ 是所有边的集合，其中前件边 $E_{\text{pre}} \subset (N_a \times N_e)$，表示除非条件被满足，否则无法执行渗透行为，此时条件节点称为渗透节点的前件；后件边 $E_{\text{post}} \subset (N_e \times N_a)$，表示执行渗透行为会导致的后果，此时，条件节点称为渗透节点的后件。

(4) ζ 是表示 $\varepsilon_1,\varepsilon_2$ 之间的逻辑关系的集合，即 $\zeta=\{(\wedge,\vee) \mid \forall \varepsilon_1,\varepsilon_2 \in E\}$，其中，“$\wedge$”是合取关系，表示当且仅当所有前件成立时，后件才成立，“$\vee$”是析取关系，表示只要有一个前件成立，后件就成立。

9.4.2　攻击图分类

根据攻击图中节点和边的含义不同，攻击图主要分为状态攻击图[23]和属性攻击图[24]两类。

1. 状态攻击图

状态攻击图中，每个节点表示目标网络或系统的全局状态，每条边表示原子攻击，它被执行后将会引起全局状态的变迁。图 9-4 为一个状态攻击图，该图展示了在攻击过程中，系统从初始状态经历数个中间状态（A～G）到达结束状态的变化过程。结束状态就是攻击者完成对目标的攻击时系统到达的状态，也就是攻击者的最终目的。这一系列变化过程反映了攻击者的攻击路径。

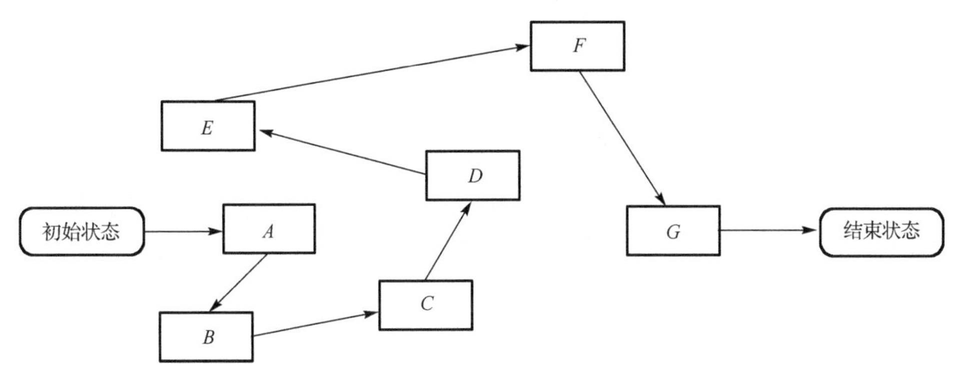

图 9-4　状态攻击图示意

状态攻击图的生成需要三类输入：配置文件、攻击者能力描述和攻击模板。配置文件包括操作系统、网络类型、路由器配置及网络拓扑等信息。攻击者能力描述包括攻击者能力的相关信息，如拥有的攻击工具、能力水平等。攻击模板给出已知攻击中的通用步骤和攻击成功所需的条件，攻击模板中的节点表示攻击状态，边表示攻击后产生状态改变，边中描述成功攻击所需的用户条件及主机条件。攻击图的节点可看作模板中特定主机及用户的实例化。攻击图生成从目标节点开始，通过目标节点与攻击模板匹配逆向生成节点及边，重复上述过程，直到初始节点。状态攻击图由于存在状态爆炸问题所以不适应于大规模网络。

2. 属性攻击图

属性攻击图有两类节点：一类节点表示原子攻击节点，代表攻击者利用单个脆弱性进行的一次攻击；另一类节点为属性节点，表示原子攻击的每个前提或后果，代表目标网络或攻击者能力。有向边表示节点间的因果关系。当一个原子攻击节点的所有前提条件，即与该原子节点相连且指向该原子节点的所有属性节点都满足时，该原子攻击才可被执行，从而形成相应的后果，即该原子节点所指向的属性节点被满足。

图 9-5 为一个属性攻击图实例，其中，椭圆节点表示原子攻击，文字节点表示这些原子攻击的每个前提或后果，即属性节点。例如，对于原子攻击 e_1，它的前提

集包含c_1和c_2，它的后果集包含c_5和c_6，这意味着当攻击者满足条件c_1和c_2时，原子攻击e_1将被执行，执行产生的后果是攻击者将拥有属性c_5和c_6。当攻击图的规模比较大时，属性攻击图比状态攻击图更加简洁。

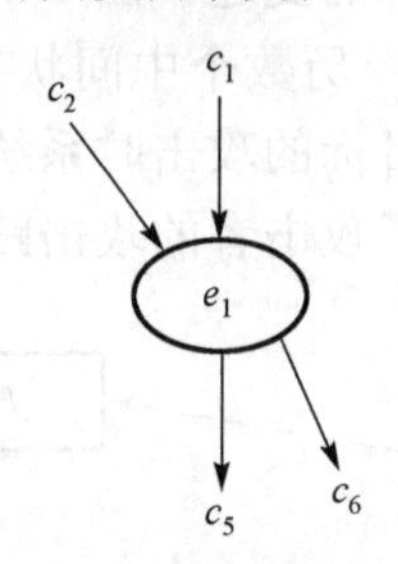

图 9-5　属性攻击图例子

与状态攻击图相比，属性攻击图的状态空间要小得多，能够更紧凑地展现所有攻击路径，也能更加清晰地展现原子攻击和属性状态变化之间的关系。另外，属性攻击图具有良好的可扩展性，可以应用于大规模网络。

9.4.3　基于攻击图的网络安全风险评估与分析案例

基于攻击图的网络安全风险评估的主要步骤包括威胁识别和风险计算[25]，如图 9-6 所示。其中，威胁识别以攻击图为基础，对目标网络所有可能面临的潜在威胁进行枚举和识别；风险计算在分析和确定威胁发生的概率、威胁产生的后果以及资产和主机的重要性等的基础上，对目标网络面临的风险进行科学量化计算得到主机和网络两个层次的风险指数。计算框架在实际应用中包含 3 个阶段：漏洞知识库和目标环境建模、攻击图构建以及网络安全风险计算。

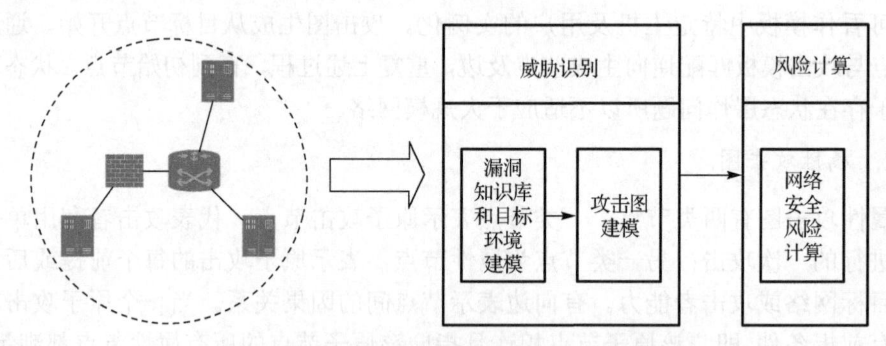

图 9-6　基于攻击图的网络安全风险计算框架图

上述框架的三个步骤又可细化为 9 个具体的计算步骤，如图 9-7 所示。

1) 漏洞知识库和目标环境建模阶段

该阶段包含漏洞知识库建模(步骤 1)和目标环境建模(步骤 2)。“漏洞知识库建模”是对漏洞被成功渗透的前提和后果的抽象，是生成攻击图的推理基础；“目标环境建模”主要是对目标网络中的主机配置、网络配置、漏洞等信息以及攻击者的攻击能力进行抽象，从网络安全的角度对目标网络的相关属性和攻击者的攻击能力建模。

2) 攻击图建模阶段

该阶段包含目标环境的分类(步骤 3)和攻击图的自动构建(步骤 4)。“目标环境的分类”将目标环境中的属性按照主机进行预先分类(即按照主机的地址建立索引)，每一类属性都包含与该主机相关的若干属性，同时这些属性的顺序是杂乱无章的，需要将每一类的属性按照谓词(描述或判定客体性质、特种功能或客体之间关系的词项)名称进行分类；“攻击图的自动构建”主要是根据漏洞知识库和已经预处理完毕的目标环境，从攻击者初始攻击能力出发，实例化攻击模式，搜索其所有可实施的原子攻击集，并绘制攻击图。

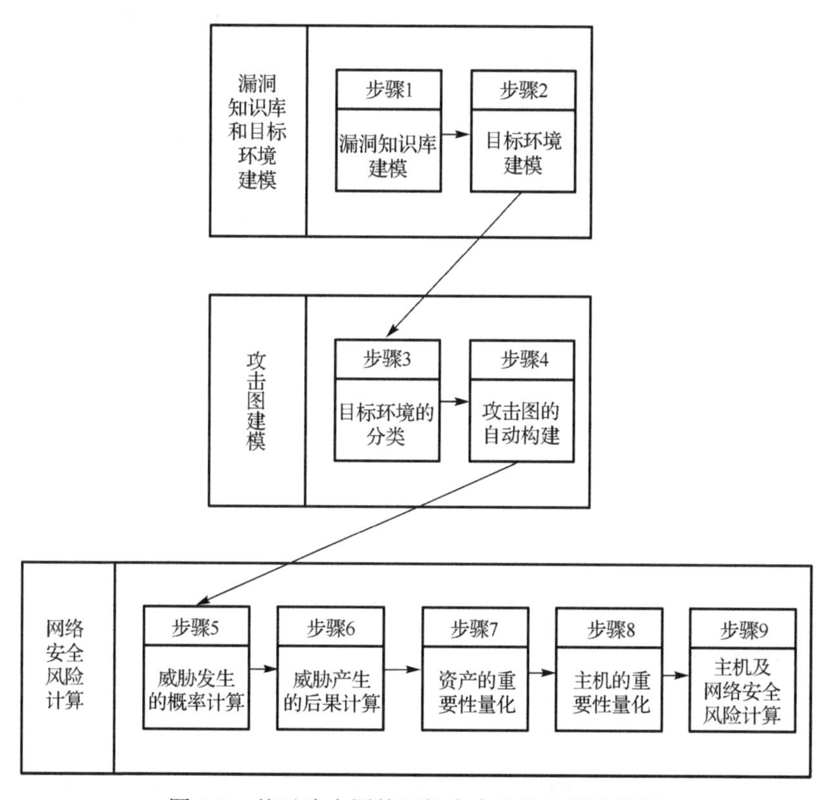

图 9-7　基于攻击图的网络安全风险计算流程图

3) 网络安全风险计算阶段

该阶段包含威胁发生的概率计算(步骤 5)、威胁产生的后果计算(步骤 6)、资产的重要性量化(步骤 7)、主机的重要性量化(步骤 8)和主机及网络安全风险计算(步骤 9)。“威胁发生的概率计算”确定目标网络内各潜在威胁可能发生的概率，包括计算最大可达概率和累计概率两类概率值；“威胁产生的后果计算”确定各潜在威胁对目标网络内各资产所能造成的负面影响，包括对资产在机密性、完整性和可用性三方面的影响；“主机及网络风险计算”，用风险邻接矩阵从更细的粒度展示主机面临的安全风险。

基于攻击图的分析案例可以参看文献[25]，它介绍了基于上述流程的对 FTP 溢出攻击分析的网络脆弱性评估，详细内容不再介绍。

9.4.4 小结

本节主要对攻击图模型进行阐述。从基本概念入手介绍了攻击图类型，然后对攻击图模型进行解析，并列举了攻击图的生成方法，最后总结了基于攻击图的网络安全评估目标和方法。从介绍中可以看出，攻击图比攻击树模型更具通用性，它能直观展示攻击者利用目标网络脆弱性实施网络攻击的各种可能的攻击路径，并能够自动发现未知的系统脆弱性以及脆弱性之间的关系，进而全方位地对系统各类风险展开评估。当前，攻击图模型应用存在的主要问题是随着网络系统规模的增大，攻击图算法的状态空间呈指数级增长，从而带来状态空间爆炸问题。当网络节点数目较多时，搜索所有网络攻击路径的工作变得异常困难，甚至不可行。如何降低攻击图算法的时间、空间复杂度，以及提高算法的计算效率等是当前攻击图需要研究的主要课题。除此之外，利用攻击图进行分析时需要脆弱性的先验信息，因此难以分析基于未知脆弱性的攻击风险。

9.5 攻击链模型

本节介绍的多阶段攻击链模型有助于更好地理解攻击过程，如识别攻击的当前状态及推断其未来的可能状态，并有助于开展针对性防御。

9.5.1 攻击链的概念

1. 基本概念

攻击链(kill chain)也称网络攻击链(cyber kill chain，CKC)[26]或入侵攻击链(intrusion kill chain，IKC)[27]，是入侵者随着时间的推移渗透信息系统，对目标进行攻击所采取的路径及手段的集合[27]，是对攻击者入侵行动和预期效果的建模和分析。需要注意的是，攻击链是一个过程和模型，而并非技术。

攻击链模型提供了一个描述网络攻击过程的模型，将复杂的攻击分解为数个相互依赖的阶段或层。这种分层方法将使防御者或分析人员能够同时处理更细微或更易处理的攻击环节，它也可帮助防御者破坏每个攻击阶段，为每个阶段定制防御措施延迟攻击行为。同时，攻击链知识有助于培养与攻击者相同的思维，因此研究攻击链模型对于制定良好的防御策略十分必要。

2. 经典攻击链模型

从国内外公开的文献可以看出，很多研究采用了洛克希德马丁公司提出的攻击链模型来描述攻击过程，该攻击链模型是美国国家标准与技术研究院(National Institute of Standards and Technology，NIST)的官方模型，NIST 称它为网络攻击生命周期(cyber attack life cycle)[26-28](二者的阶段划分完全相同，只是名称不同)，所以本书称之为经典攻击链。经典攻击链包含七个攻击阶段，一般情况下，攻击者遵循这些阶段来规划和执行入侵[26-28]，各阶段如下。

(1) 目标侦察(reconnaissance)：选择目标，收集有关目标的信息，如目标使用的系统、防御手段、潜在的漏洞等。

(2) 武器化(weaponize)：开发恶意代码以尝试利用已识别的漏洞，将开发的代码与目标文件(如 pdfs、docs 和 ppts)相结合，并制定渗透计划。

(3) 交付(delivery)：将武器化的恶意文件传送到目标环境中。

(4) 漏洞利用(exploitation)：基于目标系统的漏洞执行恶意代码。

(5) 安装(installation)：远程访问控制通常需要安装控制程序(木马)等恶意软件，使得攻击者可以长期潜伏在目标系统中。

(6) 命令和控制(command and control，C2)：攻击者需要一个通信通道来控制其恶意软件并继续操作。攻击者一般通过 C2 服务器控制被攻击对象。

(7) 行动(act on objectives)：攻击链的最后一个阶段，攻击者执行所期望的攻击行为，如通过数据窃取和篡改、控制链接等操作实现其目标。

为了攻破复杂的防御系统，攻击者可能需要执行一个或多个攻击链来规避不同的防御策略。后面将对上述阶段进行详细描述。关于攻击链，还有其他一些观点和模型，大多是根据实际情况及应用场合对经典攻击链模型的裁剪、整合或者补充[26, 28-31]，本书不再展开介绍。

3. 相关概念——攻击指示器及其生命周期

将任何能描述攻击行为的片段定义为攻击指示器(简称指示器)[26]，即指示器是任何能客观描述入侵的信息，它能为攻击检测、识别和数字取证等提供帮助。指示器是由分析人员通过分析攻击活动、引起的现象等抽象出来的，具体可以细分为三种类型。

原子类：原子类指示器是那些不能进一步分解，并且在入侵的上下文中保留其意义的指示器。典型示例是 IP 地址、电子邮件地址和漏洞指示器。

计算类：计算类指示器是通过对攻击事件中涉及的数据进行处理得出的指示器。常用的计算指示器包括散列值和正则表达式。

行为类：行为类指示器是计算和原子指示器的组合，通常受到数量和可能的组合逻辑的限制。

通常指示器会受到同一套行动和状态的约束。这些行动循环和相应的指示器状态形成图 9-8 所示的指示器生命周期[26]，即从报告的现象揭示一些信息，然后基于分析形成可靠、成熟的指示器，最后发现规律并予以利用，再进一步分析反馈给初始的现象分析。

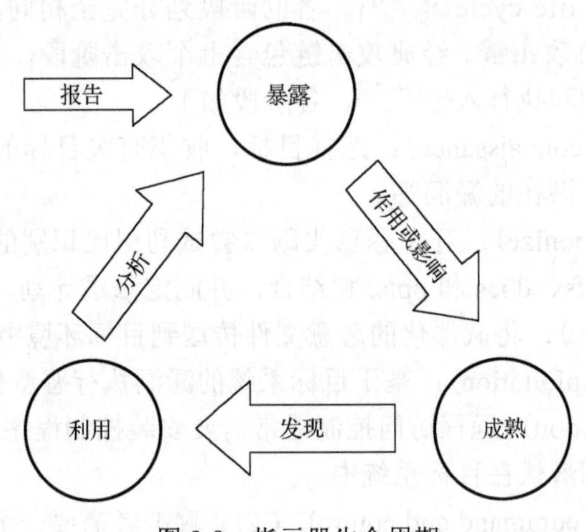

图 9-8　指示器生命周期

9.5.2 经典攻击链模型详述

通过广泛地分析网络攻击涉及的方法、技术和工具，经典攻击链将网络攻击分为七个阶段，如图 9-9 所示[27]。

下面逐一具体介绍攻击链的每一步骤。

1. 目标侦察

侦察意味着收集关于潜在目标的信息，目标可以是个人或组织。网络空间中的侦察方法主要采用爬取万维网(如互联网网站、博客、社交网络、邮件列表等)以获取有关目标的信息。侦察收集的信息用于攻击链的后期设计和交付恶意文件，使攻击者能够明确适合目标的武器类型、可能的交付方法类型、恶意软件安装方式和需要绕过的安全机制等。

从技术角度，侦察可进一步细分为目标识别、选择、分析和验证；从类型角度，侦察可分为被动侦察和主动侦察两类，如表 9-4 所示。攻击者一般会先进行被动侦察，然后进行主动侦察。

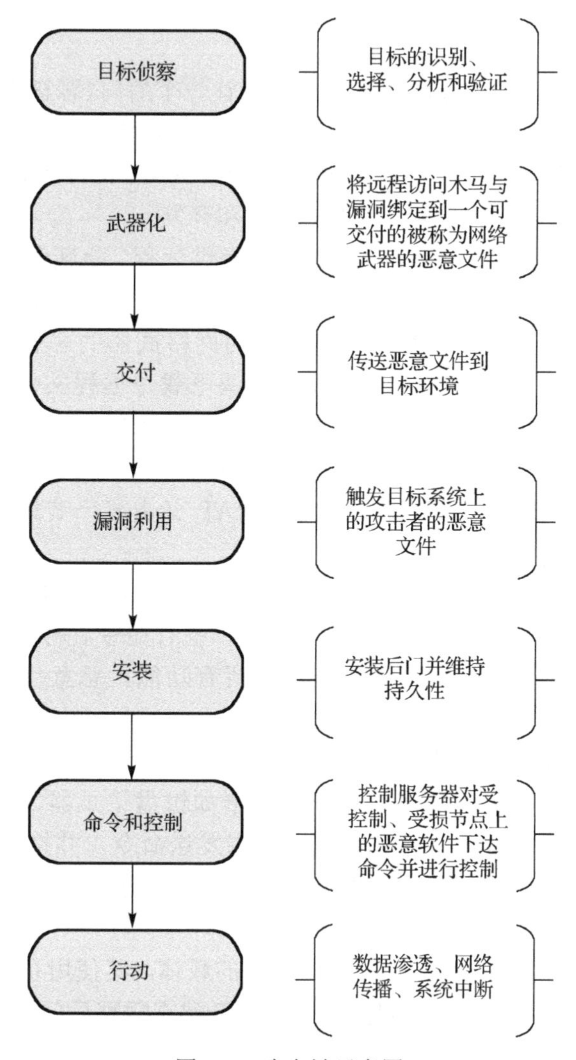

图 9-9　攻击链示意图

表 9-4　侦察技术

	侦察技术	侦察类型	侦察方式
1	目标识别和选择	被动	域名，来自 APNIC、RIPE、ARIN 的记录，who is 信息
2	目标分析		
	(1) 目标社会剖析	被动	社交网络、公开文档、报告和公司网站
	(2) 目标系统分析	主动	Ping 扫射、指纹识别、端口和服务扫描
3	目标验证	主动	垃圾邮件、网络钓鱼邮件、社会工程

被动侦察：被动收集关于目标的信息，而不让目标察觉。

主动侦察：对目标进行介入式的分析，可能会触发目标的警报。

2. 武器化

武器化是指利用侦察阶段收集到的信息设计一个后门(恶意代码)，并制定一个渗透计划(如将恶意代码与常见文件相结合)，以成功将恶意后门传送到目标环境中。从技术上讲，它使用远程访问工具(remote access tool，RAT)绑定软件/应用程序漏洞(exploit)。武器化包括以下两个组件的设计和开发。

(1)RAT：作用是在目标系统上为攻击者提供远程、隐蔽和不可检测的访问通道。目标系统可以是计算机、移动设备或任何嵌入式设备，但 RAT 软件需要提取信息、确定目标体系结构。RAT 通常被称为网络武器的恶意文件，其可以提供的典型非法访问类型有系统探索、文件上传或下载、远程文件执行、键盘记录、屏幕捕获、网络摄像机和具有有限或用户级特权的系统电源开/关。如果 RAT 利用某种机制获得了管理员/根访问权限，则它可为攻击者提供包括网络扩展、网络数据捕获访问或安装防检测软件等功能。RAT 又由客户端和服务器两个主要部分组成。

客户端：负责接收、执行递送到目标系统的代码，创建与 RAT 服务器端的连接。建立连接后，客户端接收来自服务器端的命令，执行命令后将结果返回给服务器。在单个可交付载荷中并不总是需要 RAT 的所有功能。恶意代码可以以二进制或 Shellcode 的形式部署。

服务器：是 RAT 的另一半，在 C2 基础设施上运行，具有用户交互界面，可显示目标客户端的连接信息。服务器通常具有诸如键盘记录器、文件浏览器、屏幕捕获等功能选项。攻击者可从服务器向客户端发送命令，并接收返回结果。

在开发 RAT 时，主要的限制因素是恶意代码及载荷大小、防病毒检测、可扩展性和可测量性及用户(攻击者)友好的界面。

(2)Exploit：是武器的一部分，用作 RAT 的载体，其使用系统/软件漏洞来加载和执行 RAT。Exploit 的主要目的是在使用 RAT 建立静默后门访问时避免引起目标注意(如不被检测到)。Exploit 可以有许多不同的类型，如 MS Office 文档(.doc / ppt)漏洞 CVE-2010-3333、CVE-2014-4114，PDF 文档漏洞 CVE-2014-9165、CVE-2013-2729，音频/视频文件漏洞 CVE-2013-3245，网页漏洞 CVE-2012-1876、CVE-2014-6332 等。如果目标系统具有漏洞触发的 Exploit，则 RAT 将可能被安装在目标系统上(前提是相应的漏洞可利用)。在安装 RAT 后可以安装更多其他的 Exploit，像利用 CVE-2015-002 等进行特权升级攻击后，CVE-2013-3660 被用于获得更高的权限，以扩展 RAT、持久访问或破坏系统完整性。

在无 Exploit 的情况下，也可以仅使用 RAT 破坏目标，但这些方法非常不可靠且未必有效，如将 RAT 嵌入合法软件的可执行文件中，并将 RAT 伪造为真实的图像/音频/视频文件，通过社会工程学共享给目标，然后攻击损害目标。

3. 交付

交付阶段将武器化的恶意文件传送到目标环境，是攻击链的关键环节。在大多数的网络攻击活动中，必须与用户进行某种形式的交互(如下载和执行恶意文件或访问互联网上的恶意网页)，攻击目标才能达成。当然，也存在一些攻击，是在没有与用户交互的情况下完成的，如利用网络设备的某些类型漏洞进行攻击。此外，当攻击者清楚目标必须进行交互时，攻击应该定制吸引和诱导目标交互的策略(基于主动和被动侦察)。

交付是攻击者的高风险任务，因为交付行动一般会留下痕迹。因此，大多数攻击者使用匿名服务、被控制的网站或被控制的电子邮件账户。

交付网络攻击武器也有多种方法，常见交付机制见表 9-5。

表 9-5　交付机制

交付机制	特性
电子邮件附件	通过吸引人的电子邮件内容来诱导用户
钓鱼攻击	通过伪装通信中的可信实体来提取敏感信息(如用户名、密码、信用卡详细信息等)
下载	目标从互联网下载有吸引力的恶意文件。恶意文件可能是图片文件、PDF/Word 文档或软件安装文件
USB/传输介质	受感染的文件保存在可移动介质中，然后悄悄感染打开文件的其他系统
DNS 缓存攻击	DNS 中的漏洞被用来将互联网流量从合法服务器转移到攻击者控制的目的地

4. 漏洞利用

漏洞利用是基于目标系统漏洞的恶意代码执行过程，目的是安装/执行恶意文件。在成功交付后，若目标系统完成所需的用户交互动作，则触发武器执行，即启动漏洞利用过程。触发漏洞利用的前提包括以下几个方面：

(1)用户必须使用包含该漏洞的软件/操作系统。

(2)软件/操作系统不应更新或升级到漏洞无法生效的版本。

(3)反病毒或其他安全机制未检测到漏洞或恶意文件。

如果满足所有这些条件，则漏洞被触发，它将恶意文件成功地安装在目标系统中并执行它。恶意文件将连接到对应的 C2 以通知成功执行，并等待进一步的命令。很明显，漏洞是攻击中最重要的部分。如何找到漏洞是攻击者面临的关键问题。通常，攻击者需要自己挖掘漏洞或者利用公开的 CVE(common vulnerabilities & exposures)漏洞。当然，存在漏洞不一定意味着其可以被利用，漏洞开发者需要进一步分析其脆弱性和可利用性，如一些漏洞只是导致系统崩溃、DoS 或有限程序执行，表 9-6 给出了部分漏洞类别、漏洞利用类型和脆弱性类型。

表 9-6　漏洞

<table>
<tr><th>漏洞类别</th><th>漏洞利用类型</th><th>脆弱性类型</th></tr>
<tr><td>操作系统级漏洞</td><td>内核漏洞，设备驱动程序漏洞</td><td rowspan="3">拒绝服务
远程或本地代码执行
提升权限
内存损坏
悬垂指针
缓冲区溢出
Use-After-Free</td></tr>
<tr><td>网络层漏洞</td><td>FTP、SMTP、NTP、SSH 协议漏洞，路由器漏洞</td></tr>
<tr><td>应用/软件漏洞</td><td>浏览器漏洞、MS Office 漏洞、PDF 漏洞、Java / Flash 漏洞</td></tr>
</table>

前面的交付部分中提到，有时只有一种交付方法是不够的；同样地，一个可利用的漏洞不足以攻击多个用户，特别是在大规模攻击中。通常，被称为漏洞利用工具包的漏洞利用集合被用于此目的。顾名思义，漏洞利用工具包是各种版本软件的多个漏洞的集合。作为基于浏览器的攻击的一个例子，漏洞利用工具包可以利用各种版本的谷歌、火狐等互联网浏览器。在交付期间，如果目标含有漏洞利用工具包中包含的任一浏览器的漏洞，它将可能被突破。

5. 安装

一般情况下，计算机被感染媒介(如感染的可移动介质)感染后，恶意软件就可能开始执行，并修改注册表或启动设置，使得恶意软件可执行文件在每次计算机启动时就开始运行。当然，某些系统可能会将此可执行文件报告给反病毒供应商；反过来，反病毒供应商分析可执行文件并提供签名用以检测，在某些情况下还会提供删除工具。但是先进恶意软件就没那么简单，通常是多级的，依赖“点滴木马(Dropper)”和下载器，以更复杂的方式提供恶意软件模块并安装在目标系统中。

Dropper：它是一个木马程序，在目标系统中安装和运行恶意软件。在执行恶意软件代码之前，Dropper 会尝试在目标系统上禁用基于主机的安全防御措施，并隐藏已安装的恶意软件。

下载器：它被设计为与 Dropper 相同的操作功能，如禁用安全和监控软件、隐藏核心组件和模糊感染向量等，但是下载器通常比 Dropper 小，因为它们不包含核心恶意库组件，而是连接到远程文件存储库再下载核心组件。

为实现成功安装并保护攻击者，高级的恶意软件安装过程结合了诸多检查、冲突检测和弹性功能。以下是恶意软件开发者为永久隐蔽和匿名安装恶意软件所使用的一些常见技术。

(1) 反调试器和反仿真：通常包含 Dropper 和下载器组件。使用各种打包机、破解程序和检查检测引擎，恶意软件开发者可以确保常见的调试器和仿真分析技术无效，如添加先进的反虚拟机分析技术可在很大程度上阻止对恶意软件的分析。

(2)反杀毒、反检测工具：许多恶意软件包都包含了禁用基于主机的检测技术的工具集，从而禁用目标计算机上安装的杀毒和 IDS 产品，更改本地 DNS 设置以确保不再对操作系统或软件包进行更新。此外，还具有定期重新检查和重新禁用保护设置等功能。

(3)Rootkit 和 Bootkit 安装：Rootkit 是隐藏已执行的恶意软件的程序。恶意文件隐藏、进程隐藏是 Rootkit 的核心功能。类似地，Bootkit 能够将恶意软件加载到系统内核中，从而获得对整个系统的不受限制的访问，如 Stoned Bootkit 可以修改 MBR 或引导扇区以执行它，绕开操作系统的保护功能。

(4)目标交付：通过在 Dropper/下载器阶段对受害者的机器快速识别，并将识别信息提交到恶意软件分发站点，攻击者就可以验证受感染计算机是否是真实的(而不是某些分析系统，如蜜罐等)，并相应地做出响应。在某些情况下，一旦发现受害者是伪造的或是自动分析系统，攻击者将不会提供核心恶意软件。

(5)基于主机的泄露数据加密：攻击者从受害者的计算机窃取的关键数据在通过诸如 HTTP 和 SMTP 的明文网络协议发送前，通常会在主机上进行打包和加密(大多数恶意软件不加密出站网络通信信息)，从而绕过异常检测系统和数据泄露预防(data leakage prevention，DLP)系统。

6. 命令和控制

网络攻击的一个重要部分是 C2 系统。C2 系统用于传输远程控制指令，它也是所有获取数据被分析和处理的地方。多年来，C2 通信架构随着防御机制(反病毒、防火墙、IDS 等)的发展而发展，目前主要有三类。

集中式结构：传统攻击活动中，恶意软件通常采用经典的客户端/服务器模型进行命令交互，其中，集中服务器用来命令和控制被感染的机器。由于只有一个服务器，它易于管理。此外，该结构无需被感染的机器中继命令控制信号。因此，感染机器发生故障不会影响 C2 架构；但是可以控制的机器数量将取决于 C2 服务器的资源。在此架构中，关闭服务器将关闭整个 C2 基础设施。

分布式结构：由于集中式架构易被发现及溯源，且无法控制大规模僵尸网络，恶意软件开发者开始使用对等 P2P 架构执行命令和控制。这种架构的使用增加了 C2 的可扩展性(被感染的机器被用作节点，并且每个节点仅负责总僵尸网络的一个子集)，具有容错(冗余通信链路可以形成多条路由信息)和 P2P 性质(分布式架构消除了集中式架构的单点依赖)。

基于社交网络的结构：目前，社交网络在人们的生活中发挥了巨大作用。由于大多数社交网络服务(如 QQ)是免费的，并且在大多数公司、机构等组织的安全策略中被认为是良性的(不会被屏蔽)，因此，社交网络已成为恶意软件开发者的选择。社交网络被用于以集中/分散的方式将信息传递到受感染的机器，如 Taidoor。

C2 通信流量分析技术能够检测受感染机器间通信模式，为对抗这种分析行为，恶意软件制作者通常需要利用匿名通信技术，以创建一个不可观测的通信信道。不可观测的通信信道是指在该信道中第三方无法区分通信和非通信实体，可以采用互联网中继聊天(Internet relay chat，IRC)、隐写术(steganography)、匿名互联网通信系统(the onion router，TOR)等技术来隐藏控制信息；采用 DNS fast flux(DNS 本来的工作方式是将域名转发给 DNS 解析器，获取对应的 IP 地址。使用 fast flux，攻击者可以将多个 IP 地址的集合链接到某个特定的域名，并将新的地址从 DNS 记录中换入换出，回避检测)、域名生成算法(domain generation algorithm，DGA，一种自动化迷惑工具，为了越过恶意软件黑名单等封锁行为，恶意程序每天修改幕后服务器的域名，而 DGA 会在任何给定的时刻计算出幕后服务器的域名位置，以适应不断变化的域名保持 C2 通信)等技术隐藏控制服务器。

7. 行动

在设置好与目标系统的通信后，攻击者下达攻击命令。攻击者使用的命令取决于攻击者的兴趣，有如下两种典型的攻击。

(1) 大规模攻击：大规模攻击的目的是控制尽可能多的目标，如僵尸网络 Botnets。在大规模攻击中多个目标一起受到攻击。大多数此类攻击旨在获取银行、电子邮件、社交媒体和本地系统管理员凭据，如 Botnets 主要用于 DDoS 攻击和虚拟货币挖掘。

(2) 特定目标攻击：特定目标攻击更复杂、更谨慎。大多数此类攻击旨在对特定目标系统进行机密信息窃取、数据渗透和获取在线账户等。

在这两种类型的攻击中，如果攻击旨在破坏，那么它可能会使系统硬盘驱动器或设备驱动程序崩溃，如攻击者可能使 CPU 长时间最大负荷地运行以损坏处理器硬件[27]。

9.5.3 基于攻击链的典型攻击案例分析

1. 有针对性的恶意电子邮件(target malicious email，TME)攻击分析

该攻击是洛克希德·马丁计算机事件响应小组(LM CIRT)于 2009 年 3 月观察到的三次入侵行为。通过分析入侵攻击链，防御者成功检测并阻挡了利用 0-day 漏洞(之前此漏洞未被公开过)的入侵[32]。

1) 第一次入侵尝试

2009 年 3 月 3 日，LM CIRT 在一封电子邮件中检测到可疑附件：讨论即将到来的美国航空航天学会(AIAA)会议。该电子邮件声称来自 AIAA 的合法工作人员，并且仅被发送给了 5 个用户，并且每个用户过去已经接收到类似的 TME。分析人员确

定恶意附件 tcnom.pdf 利用的是 Adobe Acrobat 可移植文档格式(PDF) 中的已知但尚未修补的漏洞 CVE-2009-0658，它由 Adobe 于 2009 年 2 月 19 日记录，但直到 2009 年 3 月 10 日才被修补。

在武器化的 PDF 中有两个文件，良性的 PDF 和可移植可执行 (portable executable，PE) 后门安装文件。在武器化过程中，这些文件使用一个简单的算法加密，8 位密钥存储在 Shellcode 中。打开 PDF 文件时，使用 CVE-2009-0658 的 Shellcode 将解密安装二进制文件，并存放在磁盘上 (C:\ Documents and Settings \ [username]\Local Settings\fssm32.exe)，然后调用它。Shellcode 还将提取良性 PDF 文件并将其显示给用户以迷惑用户。分析人员发现，良性 PDF 文件是在 AIAA 网站 (http:// www.aiaa.org/pdf/inside/tcnom.pdf) 上公布的一个相同文件的副本，表明了对手的侦察行动。

安装程序 fssm32.exe 将提取嵌入其自身的后门组件，将 EXE 和 HLP 文件保存为 C:\Program Files\Internet Explorer\IEUpd.exe 和 IEXPLORE.hlp。一旦激活，后门将通过有效的 HTTP 请求向 C2 服务器 202.abc.xyz.7 发送心跳数据。

2) 第二次入侵尝试

一天后，另一个 TME 入侵尝试开始。分析师发现了类似的特征，并将它和前一天的入侵尝试关联起来，认为它们应来自同一攻击者，但分析师也注意到了一些差异。重复的特征使防御者成功阻止了这次攻击，而新特性为分析人员提供了额外的情报信息。

电子邮件发送地址在 2009 年 3 月 3 日和 3 月 4 日的入侵中是相同的，但主题、收件人列表、附件名称及最重要的下行 IP 地址不同。通过分析附加的 PDF MDA_Prelim_2.pdf 后发现，攻击者使用了相同的武器化加密算法和密钥以及相同的 Shellcode。PDF 文件中的 PE 安装程序与前一天使用的 PE 安装程序也是相同的，良性 PDF 文件仍是 AIAA 网站上的文件的相同副本 (http://www. aiaa.org/events/missiledefense/MDA_Prelim_09.pdf)。

3) 第三次入侵尝试

2009 年 3 月 23 日，由于指示器重叠(虽然极少)，小组发现了与前两次显著不同的入侵。此电子邮件包含一个 PowerPoint 文件，利用了一个全新的 0-day 漏洞(此漏洞十天后被微软确认，但 2009 年 5 月 12 日才发布补丁)。

该电子邮件包含新的发送地址、新的收件人列表，并展示给用户明显不同的良性内容(从“导弹防御”到“名人化妆”)，而恶意的 PowerPoint 附件包含一个全新的漏洞利用。但是，攻击者使用与第二次攻击相同的下行 IP 地址来连接到 Web 邮件服务。本次攻击使用了与前两次入侵相同的算法来武器化 PowerPoint 文件，PE 安装程序和后门也与前两次入侵相同，但使用的 8 位密钥不同。

综上所述，三次入侵均利用了一个 APT 攻击中常见的策略：有针对性的恶意电子邮件用户，包含一个武器附件，安装一个后门，启动到 C2 服务器的通信通道。

结合攻击链过程，通过表 9-7 可以比较出三次入侵尝试的异同点(由于最终未攻击成功，所以最后一步为“未成功”，无相关指示)。可见，三次入侵都采用了相同的安装手段和命令控制服务器；但前两次入侵尝试中利用相同的已知漏洞，第三次则是全新的 0-day 漏洞。

表 9-7　三次入侵尝试的指示器

<table>
<tr><th>阶段</th><th>第一次入侵</th><th>第二次入侵</th><th>第三次入侵</th></tr>
<tr><td>目标侦察</td><td>[收件人名单]
良性 PDF</td><td>[收件人名单]
良性 PDF</td><td>[收件人名单]
良性 PPT</td></tr>
<tr><td rowspan="2">武器化</td><td colspan="3">简单的加密算法</td></tr>
<tr><td colspan="2">密钥 1</td><td>密钥 2</td></tr>
<tr><td rowspan="3">交付</td><td>[邮件主题]
[邮件正文]</td><td>[邮件主题]
[邮件正文]</td><td>[邮件主题]
[邮件正文]</td></tr>
<tr><td colspan="2">dn…etto@yahoo.com</td><td>ginette.c…@yahoo.com</td></tr>
<tr><td>60.abc.xyz.215</td><td colspan="2">216.abc.xyz.76</td></tr>
<tr><td>漏洞利用</td><td colspan="2">CVE-2009-0658
[Shellcode]</td><td>[PPT 0-day]
[Shellcode]</td></tr>
<tr><td>安装</td><td colspan="3">C:\…\fssm32.exe
C:\…\IEUpd.exe
C:\…\IEXPLORE.hlp</td></tr>
<tr><td>命令和控制</td><td colspan="3">202.abc.xyz.7
[HTTP 请求]</td></tr>
<tr><td>行动</td><td>未成功</td><td>未成功</td><td>未成功</td></tr>
</table>

2. WannaCry 勒索攻击分析

2017 年 5 月 12 日，一款名为 WannaCry(也称 WannaCrpt、WannaCrpt0r、Wcrypt、WCRY)的勒索软件在全球范围内爆发，造成极大影响。该软件会扫描网络主机上的 TCP 445 端口，以类似于蠕虫病毒的方式传播，攻击主机并加密主机上存储的文件，然后要求以比特币的形式支付赎金。针对此次攻击事件，下面结合攻击链对其进行分析。

(1) 目标侦察：攻击节点或者被感染节点对公网主机的 445 端口进行扫描；而对于局域网，则直接扫描当前计算机所在的网段上的所有主机，查看其 445 端口是否开放服务等信息。类似蠕虫病毒，该恶意软件可快速自动传播。

(2) 武器制作(离线已完成)：该勒索软件是 NSA“永恒之蓝(EternalBlue)”漏洞利用工具进行传播，主要利用 Windows 操作系统在 445 端口的 MS17-010 安全漏洞(CNNVD-201703-721～CNNVD-201703-726)潜入计算机对多种文件类型加密并添加.onion 扩展名，使用户无法打开文件。利用此漏洞的攻击工具(包括勒索软件)攻击者已提前开发完毕。

(3) 交付、漏洞利用及安装：攻击者连接 445 端口，连接成功后通过网络对未打补丁的主机进行漏洞攻击(没有载荷)，目标被成功攻陷后会从攻击机下载 WannaCry 木马、安装并进行感染。木马程序包含两部分，分别是母体 mssecsvc.exe 和敲诈者程序 tasksche.exe。据分析，一个 WannaCry 样本使用了 DoublePulsar，这是一个由来已久的后门程序，通常被用于访问被感染的系统和执行代码。这一后门程序允许在系统上安装和激活恶意软件等其他软件。

(4) 命令和控制：勒索软件进行攻击后，会自动释放 TOR 网络组件，用于敲诈者程序与攻击者的网络通信；使用比特币支付赎金使勒索过程难以追踪溯源。TOR 组件为匿名代理，该组件启动后会监听本地 9050 端口，木马通过本地代理通信实现与服务器的连接。受害者在单击“Check Payment”按钮后，由服务端判断是否下发解密所需私钥；若私钥下发，则会在本地生成解密所需要的文件。

(5) 行动：对被感染的主机，木马程序母体 mssecsvc.exe 运行后会随机扫描网络机器，尝试感染，也会扫描局域网相同网段的机器进行感染传播。此外，还会释放敲诈者程序 tasksche.exe，对磁盘文件进行遍历搜索，对多种文件类型加密并添加.onion 扩展名。敲诈程序使用 AES128 加密文件，使用 RSA2048 公钥加密 AES 密钥。加密后系统会不断弹出勒索声明以及交付赎金的窗口。

从攻击链角度来看，若对该攻击进行有效防御，可在侦察阶段切断内外网连接、关闭 445 等端口限制外部对 445 端口的访问；同时在接入交换机或核心交换机抓包，查看是否存在大量扫描内网 445 等端口的网络行为，及时定位扫描发起点，对扫描设备进行病毒木马查杀，一旦发现被感染主机，立即断网防止进一步扩散。在交付、漏洞利用及安装阶段，可通过及时对系统打补丁阻止漏洞利用，同时可将所有 445 端口的流量暂时引导到一个清洗中心，在清洗中心进行过滤(基于攻击特征)、隔离感染。在命令控制阶段，经过分析后发现，恶意软件的 C2 域被硬编码，并采用了注册域名的标准方法。例如，WannaCry 的第一个请求来自域名 iuqerfsodp9ifjaposdfjhgosurijfaewrwergwea[.]com，鉴于此域名在整个恶意软件执行中的角色，与其进行的通信可能被归类为 kill switch 域名。可通过将域名注册为 kill switch(上述域名已被安全公司接管)，打破 C2 连接，但这仅是一个临时性措施，因为该攻击软件的变体可以更改域名突破封锁。

9.5.4　基于攻击链的多阶段防御措施

为了应对复杂的网络攻击行为，防御者需在攻击链的各阶段采取更加积极的防御策略，确保在攻击对目标造成重大影响之前被感知和处理。针对攻击链的动态化、多阶段的主动防御策略能有效提升防御效果[27]。

通过了解对手的攻击链，防御者可以制定更加有效的防御策略，发现和阻断攻击行为。表 9-8 给出了美国国防部《JP3-13 美国联合信息作战条令》中的行动矩阵[26]，包括检测、拒绝、中断、降级、欺骗和摧毁等。可以看出，针对攻击链的不同阶段，采用了不同的具体防御方法。例如，该矩阵在漏洞利用阶段使用主机入侵检测系统(host intrusion detection system，HIDS)检测攻击行为；同时，通过打补丁等形式阻断攻击，并使用数据执行预防(data execution prevention，DEP)中断攻击利用。该矩阵还显示了防御者可以使用的防御方法，如网络入侵检测系统(network intrusion detection system，NIDS)、防火墙访问控制列表(access control lists，ACL)、日志审计、蜜罐等传统的网络安全防御技术。

表 9-8 行动矩阵

阶段	检测	拒绝	中断	降级	欺骗	摧毁
目标侦察	网页分析	防火墙，ACL	—	重定向，蜜罐	蜜罐	
武器化	NIDS	NIPS	—	—	蜜罐	—
交付	警惕的用户	代理	In line AV	排队	蜜罐	—
漏洞利用	HIDS	补丁	DEP	限制账号权限	蜜罐	—
安装	HIDS	Chroot Jail	反病毒		蜜罐	—
命令和控制	NIDS	防火墙，ACL	NIPS	SinkHole	DNS 重定向，SinkHole，蜜罐	—
行动	日志审计，可信计算	可信计算	—	服务质量	蜜罐	—

即使是传统的防御方法，如果结合攻击链运用得当，则一定概率上也可以阻止 0-day 攻击。例如，如果攻击者除了采用新漏洞之外，使用的攻击手段仍然是老旧的，即攻击者部署了 0-day 漏洞利用，但在其他阶段重复使用已暴露的工具或基础设施，只要防御者对重复出现的指示器有针对性防御措施(如具有相关先验知识，并据此设置检测规则)，那么攻击者使用新漏洞也可能是徒劳无功的，从而大大提高了攻击难度和代价[26]。

9.5.5 小结

本节首先介绍攻击链的基本概念，其次详细阐述了经典攻击链的七个阶段，再次基于攻击链分析了两个攻击案例，最后梳理了针对攻击链不同攻击阶段的防御方法。攻击链模型侧重于对攻击过程进行建模，更加深刻地揭示了攻击的作用过程，可以更好地认识攻击，同时有助于响应团队、取证人员或恶意软件分析人员等开展工作，如可以有针对性地采取防御措施阻断攻击链。然而，该模型缺乏对防御性能的定量分析，无法对攻击或防御成功率进行量化评估。

9.6 攻击表面模型

系统攻击表面(attack surface，又称攻击面)大小是度量网络安全性的一个重要参考指标[33-35]。一般而言，一个系统的攻击表面越大，其脆弱点越多，被攻陷的可能性越高，安全性也就越差。该参考指标的一大优势在于其独立性，评价方式与系统所采用的具体实现方式无关，因此可适用于各类规模和形式的系统，从而可为研究人员进行安全系统的系统安全性开发和设计提供相关参考[34, 35]。

9.6.1　攻击表面概念

根据 I/O 自动机模型，考虑系统集合 S，用户 U 和数据存储区 D。对于给定的系统 $s \in S$，可将其环境 $E_s = \langle U, D, T \rangle$ 定义为一个三元组，其中，$T = S \setminus \{s\}$ 是除 s 外的系统集合。系统 s 与其环境 E_s 交互。

对已出现的攻击进行分析后发现，大多数攻击是攻击者通过系统环境 E_s 向系统 s 发送数据造成的；类似地，符号链接攻击是系统将数据发送到其环境中导致的。在这两类典型的攻击场景中，其中一种是攻击者通过系统通道(如 socket)连接到系统，而后调用系统方法(如 API)将数据项(如输入字符串)发送到系统或者从系统中接收数据项；另外一种是攻击者通过借用共享的持久性数据项(如文件)间接地发送(接收)数据到(从)系统中。因此，攻击者可以通过使用系统方法、通道以及保存在系统环境中的数据项来对系统进行攻击。所以，可以将系统方法、通道和数据项看成系统资源，并将可被用于系统攻击的系统资源子集定义为攻击表面(图 9-10)。

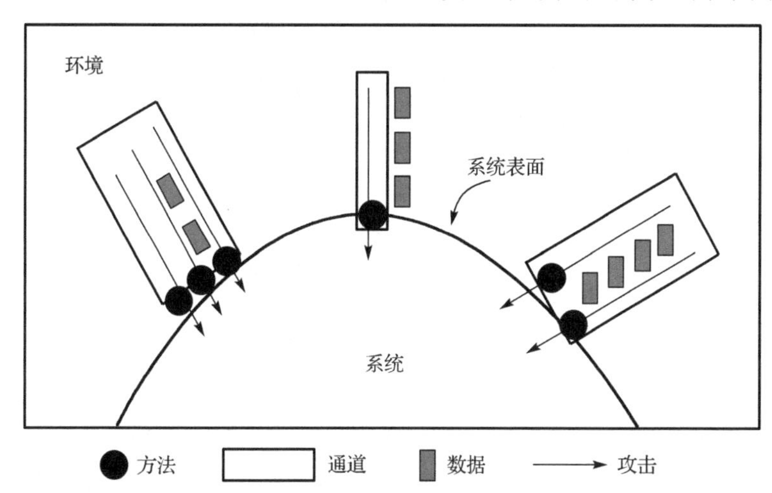

图 9-10　一个系统的攻击表面是用于系统攻击的系统资源(方法、通道和数据)的子集

下面就攻击者可利用的相关系统资源进行简单划分。

1) 入口点

系统入口点是指系统中代码中的函数方法，该方法可从系统环境中直接或间接地接收数据。

首先介绍直接接收数据项的几种场景，如图 9-11 所示：①用户 U (图 9-11(a))

或者环境 T 中的系统 s'（图 9-11(b)）调用 m，并向 m 传递数据项作为输入；② m 从数据仓库(图 9-11(c))读取数据项；③ m 调用环境中的系统 s' 的方法，将返回结果作为数据项(图 9-11(d))。

在这些场景中，此时由于 m 方法可直接接收来自于环境中的数据项，因此称为直接入口点。

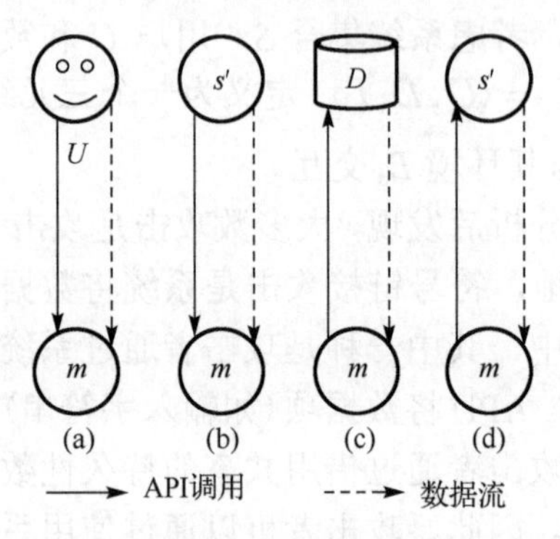

图 9-11　直接入口点

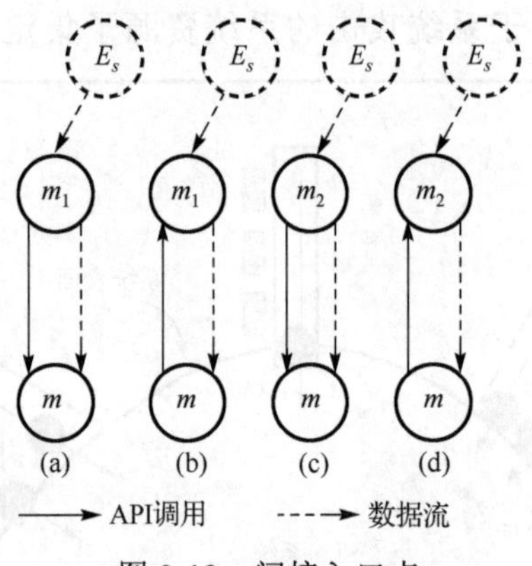

图 9-12　间接入口点

图 9-12 为间接接收数据项的情形：①系统 s 的方法 m_1 直接接收数据项 d，并将 d 作为输入传递给 m（图 9-12(a)）或 m 将 m_1 的返回结果作为 d（图 9-12(b)）；或② s 的方法 m_2 间接接收数据项 d，然后将 d 作为输入传递给 m（图 9-12(c)）或 m 将 m_2 的返回结果作为 d（图 9-12(d)）。

在这些情形中，由于 m 方法可间接接收来自环境中的数据项，因此称为间接入口点。

2) 出口点

如果系统方法可将数据发送到环境中则称其为系统的出口点。例如，日志文件的写入方法可看作出口点。系统的出口点同样存在直接发送数据项和间接发送数据项两种场景：

首先介绍直接发送数据项的几种不同情形，如图 9-13 所示：①用户 U（图 9-13(a)）或者环境 T 中的系统 s'（图 9-13(b)）调用 m，并接收 m 的返回结果作为数据项；② m 向数据仓库（图 9-13(c)）写入数据项；③ m 调用环境中的系统 s' 的方法，并传递数据作为输入（图 9-13(d)）。

在这些情形中，由于 m 方法可直接向环境中发送数据项，因此称为直接出口点。

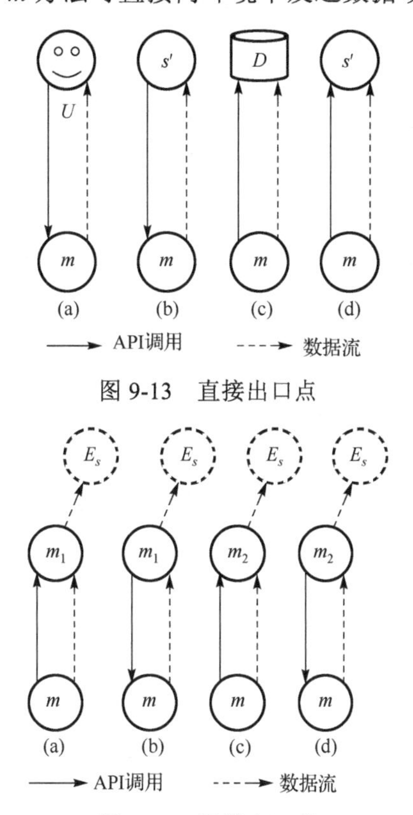

图 9-13　直接出口点

图 9-14　间接出口点

图 9-14 为间接发送数据项场景：① m 将数据项 d 作为输入传递给直接出口点 m_1（图 9-14(a)）或 m_1 接收 m 的返回结果作为数据项（图 9-14(b)）；或② s 的方法 m_2 间接接收数据项 d，然后 m 将 d 作为输入传递给 m_2（图 9-14(c)）或 m_2 接收 m 的返回结果作为 d（图 9-14(d)）。此时，m 方法可间接向环境中发送数据项，因此称为间接出口点。

3) 通道

攻击者可借助系统通道（如 socket）连接系统并调用系统方法。因此，通道是进行系统攻击的另一基础。环境中的实体可利用系统通道 c 调用系统方法 m，所以 c 需要出现在每个直接入口点(或出口点)的前置条件中。也就是说，每个直接入口点(或出口点)的前置条件中至少需要一个通道。

4)不可信数据项

实施攻击的另一类基础条件是“持久性”的数据项。在系统 s 运行过程中，对系统和用户 U 均可见的数据项为持久性数据项，如文件、Cookies、数据库记录和注册表项都可看作持久性数据项。由于持久性数据项可在系统和用户之间共享，所以用户可以通过持久性数据项间接地向 s 发送数据(或者从 s 接收数据)。例如，在用户向数据仓库写入文件后，系统可能会从数据仓库中读取文件，所以持久性数据项存在被利用的隐患，这就导致“不可信数据项”。

“不可信数据项”是一种持续性的数据项 d，但系统的直接入口点可从数据仓库中读取 d 或可由直接出口点将其写入数据仓库。若系统 s 中存在直接入口点 m 使得持久性数据项 d 属于 m 的后置条件资源集合，或 s 中存在直接出口点 m，使得属于 m 的前置条件资源集合，则称数据项 d 称为系统 s 的不可信数据项。

需要注意的是，临时数据项也是不可信数据项，由于它已包含在直接出/入口点的定义中，因此，不作为发动攻击的新条件。

需要指出的是，并非所有资源都属于攻击表面，只有资源能被攻击者利用发动攻击时，才成为攻击表面的一部分。综合上述划分，系统的攻击表面指攻击者可用于发动攻击的系统资源子集，即攻击者利用入口点和出口点集 M、通道集 C 以及不可信数据集 I，M、C 和 I 是攻击表面相关资源的子集。对于给定系统 s 及其环境，定义 s 的攻击表面为三元组 $\langle M, C, I\rangle$。攻击者可以利用攻击表面向系统发送或者从系统获取数据，从而实现攻击系统的目的。

9.6.2　潜在危害开销比

当然，不同资源对于攻击表面度量的贡献是有差异的。为了更客观地度量系统攻击表面，需要确定每种资源的贡献大小，而资源对攻击表面的贡献表现为资源被用于攻击的可能性。例如，以 root 权限运行的方法比非 root 权限下更易被用于发动攻击。潜在危害开销比[33, 34](a damage potential-effort ratio)可用来估算资源对攻击表面的贡献量大小，开销比大小表明攻击者可能对系统造成的破坏程度和这种破坏需投入的开销。给定一个系统 s，将资源 r 的潜在危害和开销记为 r.dp 和 r.ef，其中，潜在危害表明攻击者攻击中使用资源时对系统造成损害的大小，开销表明攻击者获得使用资源的使用权限所付出的代价。

1)潜在危害与开销

实际中，一般根据资源的属性评估其潜在危害。例如，攻击者利用缓冲区溢出漏洞获得了 root 权限，然后可对系统造成损害。又如，攻击者使用系统通道连接系统，进而发送(接收)数据到(从)系统。通道协议可对允许使用通道的数据交换强加限制，如 TCP 套接字允许原始数据被交换，但 RPC(远程过程调用)端点不允许。这种情况下可依据通道的协议来评估通道的潜在危害。再如，文件中能包含可执行代码但注册表却不可以，因而，攻击者可以文件为载体将恶意代码发送到目标系统中，但却不能使用注册表来实现。这种情况下可使用数据项的类型来评估其潜在危害。对于攻击者的开销，通常用获得资源的访问和使用权限的难易程度来衡量。一般而言，权限越高，获取访问权限所花费的代价就越大。

针对上述三类资源的六种属性(即方法特权和访问权限、通道协议和访问权限，以及数据项类型和访问权限)，基于对系统及其环境的了解，按照对系统的破坏潜力值大小进行整体排序。例如，攻击者使用 root 权限运行的方法比 non-root 权限运行的方法会对系统造成更多的破坏。通过对这些资源潜在危害的大小进行排序来比较其对攻击表面的贡献度。用 $r_1 > r_2$ 表示资源 r_1 比资源 r_2 对攻击表面的贡献更大：

给定系统 A 的两个资源 r_1 和 r_2。$r_1 > r_2$ 当且仅当① $r_1.\mathrm{dp} > r_2.\mathrm{dp} \wedge r_2.\mathrm{ef} > r_1.\mathrm{ef}$；或② $r_1.\mathrm{dp} = r_2.\mathrm{dp} \wedge r_2.\mathrm{ef} > r_1.\mathrm{ef}$；或③ $r_1.\mathrm{dp} > r_2.\mathrm{dp} \wedge r_2.\mathrm{ef} = r_1.\mathrm{ef}$。

给定系统 A 的两个资源 r_1 和 r_2。$r_1 \geqslant r_2$ 当且仅当① $r_1 > r_2$；② $r_1.\mathrm{dp} = r_2.\mathrm{dp} \wedge r_2.\mathrm{ef} = r_1.\mathrm{ef}$。

2) 潜在危害开销比(攻击效费比)

下面对各类资源的潜在危害开销比做数学定量分析。定义函数 $\mathrm{derm}: \mathrm{method} \to Q$ 为方法到潜在危害开销比映射，并将映射结果加入集合 Q (有理数集)。类似地，为通道和数据项定义函数 $\mathrm{derc}: \mathrm{channel} \to Q$ 和 $\mathrm{derd}: \mathrm{data\ item} \to Q$。在实际应用中，可以通过给资源的属性分配数值来计算潜在危害开销比。例如，给方法的特权和访问权限赋值，然后计算潜在危害开销比。赋值的依据是属性上施加的权值，以及我们对系统及其所处环境的认知。例如，以 root 运行的方法比非 root 的方法拥有更大的潜在危害。因此在整体排序中，使用 root 用户要高于非 root 用户，所以给 root 用户分配更大的值。然而，该值的选择一般是主观的，且取决于系统和所处的环境，所以值分配过程并非自动的。

具体来说，方法 m 的潜在危害决定了 m 的后置条件如何。m 的潜在危害决定着 m 能调用的方法的潜在数量，从而决定着进程中可能跟随 m 的方法的潜在数量。潜在危害越大，方法数量越多。类似地，方法 m 的开销表示能调用 m 的潜在方法数量或者说在队列中 m 跟随的方法数量。开销越低，此类数量越大。因此，潜在危害开销比 derm 决定着 m 可能出现在进程中的潜在数量。给出两个方法 m_1 和 m_2，如果 $\mathrm{derm}(m_1) > \mathrm{derm}(m_2)$，那么 m_1 比 m_2 出现在队列中的可能性更大(或者说更多的潜在攻击)。类似地，如果一个通道 c (或者数据项 d) 出现在 m 的前置条件中，那么 c (或

d)的潜在危害开销比决定着 m 可能出现在进程中的潜在数量。所以，可以用资源的潜在危害开销比估计资源对攻击表面的贡献。

9.6.3 攻击表面度量及方法

系统攻击表面是攻击者可用来攻击系统的资源子集。根据上述分析，攻击者可利用的资源有系统的出/入口点、通道和不可信数据项等。因此，可从方法、通道和数据三个维度对攻击表面进行度量，并考虑各类资源对攻击表面的贡献。

给定一个系统 s 及其环境 E_s，s 的攻击表面用三元组 $\langle M^{E_s}, C^{E_s}, I^{E_s} \rangle$ 表示，其中 M^{E_s} 为 s 的入口点和出口点集合，C^{E_s} 是 s 的通道集合，I^{E_s} 是 s 的不可信数据项集合，则 s 的攻击表面度量为三元组〈derm(m)，derc(c)，derd(d)〉。

具体度量步骤如下：

(1)给定系统 s 及其环境 E_s，获取对应的 M^{E_s}、C^{E_s}、I^{E_s}。

(2)对于每个方法 $m \in M^{E_s}$、通道 $c \in C^{E_s}$ 和数据项 $d \in I^{E_s}$，估计对应的潜在危害开销比 derm(m)、derc(c) 和 derd(d)。

(3)对各类资源集合的元素求和，计算出总的攻击表面大小 derm(m)、derc(c)、derd(d)。

上述度量方法与风险评估模型[36]中的风险估计方法类似。系统攻击表面是系统受攻击的风险指标。在风险模型中，风险与事件集合 E 相关，记为 $\sum_{e \in E} p(e)C(e)$，其中事件 e 在系统 s 中发生概率为 $p(e)$，风险为 $C(e)$。与攻击表面度量相比，事件类似于度量方法中的资源，事件发生概率类似于攻击者利用系统资源攻击成功的概率。

如果攻击失败，则攻击者不会从攻击中获益。例如，只有方法 m 包含可利用的缓冲区溢出漏洞时，针对方法 m 的缓冲区溢出攻击才能够成功。此时 $p(m)$ 为方法 m 含有可利用漏洞的概率。类似地，概率 $p(c)$ 与通道 c 相关联，$p(c)$ 为从(向)c 接收(发送)数据的方法存在可利用漏洞的概率；$p(d)$ 是读取(写入)数据项 d 的方法存在可利用漏洞的概率。而事件产生的后果类似于资源的潜在危害开销比。因此，潜在危害开销比是资源在攻击中被使用带来的后果，故风险可由三元组

$$\left\langle \sum_{m \in M^{E_s}} p(m)\text{derm}(m), \sum_{c \in C^{E_s}} p(c)\text{derc}(c), \sum_{d \in I^{E_s}} p(d)\text{derd}(d) \right\rangle$$

进行表示，这也是攻击表面的度量。

由于在实际中难以准确预测和估计软件缺陷[37]和软件漏洞存在的可能性[38]，因此，一般在攻击表面度量中采用了相对保守的方法，将所有方法的 $p(m)$ 设为 1，即每个方法都有可利用的漏洞。即使方法状态不存在漏洞，随着漏洞利用水平的提升，

也有可能出现漏洞。类似地，对所有通道和数据项假定 $p(c)=1$ 和 $p(d)=1$。依据上述保守假设，攻击表面度量简化为三元组：$\left\langle \sum_{m\in M^{E_s}} \mathrm{derm}(m), \sum_{c\in C^{E_s}} \mathrm{derc}(c), \sum_{d\in I^{E_s}} \mathrm{derd}(d) \right\rangle$。

然而，上述度量方法有时会与我们的直观感觉相矛盾。例如，系统 A 有 1000 个入口点，每个入口点的潜在危害开销比都是 1；另一个系统 B 有 1 个入口点，但其潜在危害开销比为 999。尽管直觉上系统 A 更安全，但按照上述度量标准其有更大的攻击表面，此时 A 系统并没有 B 系统安全。这种矛盾的出现是由于存在极端事件，即该事件与其他事件相比具有显著的影响[36]。潜在危害开销比为 999 的入口点就类似于极端事件。当存在极端事件时，先前提到的风险评估方法的不足就容易理解了，此时推荐采用分区的多目标风险评估方法[39]。

9.6.4　基于攻击表面的网络安全评估与分析案例

本节以 IMAP 服务器和 FTP 守护进程为例进行攻击表面度量，详细内容和过程请参阅 Manadhata 和 Wing 的研究[33]。

1. IMAP 服务器攻击表面度量

选择 IMAP 服务器的原因是由于其使用非常广泛，读者更加容易理解。在该实验中，对两个开源 IMAP 服务器 Courier-IMAP 4.0.1 和 Cyrus 2.2.10 的攻击表面进行度量。为了获得公平合理的比较结果，度量时只考虑 IMAP 守护进程中的特定代码部分。Courier 和 Cyrus 分别包含了 IMAP 守护进程中接近 33000 行和 34000 行的特定代码。表 9-9～表 9-11 分别列出了两个服务器中的出/入口点、通道和不可信数据项的情况。

表 9-9　IMAP 服务器的出/入口点数量(DEP 为直接入口点，DExP 为直接出口点，IEP 为间接入口点)

Courier				
特权	接入权限	DEP	DExP	IEP
超级管理员(root)	未认证	28	17	11
超级管理员(root)	已认证	21	10	0
已认证	已认证	113	28	1
Cyrus				
特权	接入权限	DEP	DExP	IEP
cyrus	未认证	16	17	7
cyrus	已认证	12	21	2
cyrus	管理员	13	22	2
cyrus	匿名	12	21	2

表 9-10　IMAP 服务器打开的通道数量

Courier			Cyrus		
类型	接入权限	数量	类型	接入权限	数量
TCP	远程未认证	1	TCP	远程未认证	2
SSL	远程未认证	1	SSL	远程未认证	1
UNIX socket	局部认证	1	UNIX socket	局部认证	1

表 9-11　IMAP 服务器接入的不可信数据项数量

Courier			Cyrus		
类型	接入权限	数量	类型	接入权限	数量
文件	超级管理员(root)	74	文件	超级管理员(root)	50
文件	已认证	13	文件	cyrus	26
文件	world	53	文件	world	50

其中，特权级别的排序为：root > cyrus > authenticated > unauthenticated。接入权限级别排序为：admin > authenticated > anonymous = unauthenticated。通道类型的排序为：TCP = SSL = UNIX socket。通道的接入权限级别排序为：local authenticated > remote unauthenticated。数据项的接入权限排序为：root > cyrus > authenticated > world。同时依据对 IMAP 服务器和 UNIX 安全的了解给各属性的赋值如表 9-12 所示。

表 9-12　属性数值

(a) 方法相关属性数值

方法特权	数值	接入权限	数值
超级管理员(root)	5	管理员	4
cyrus	4	已认证	3
已认证	3	匿名	1
未认证	1	未认证	1

(b) 通道相关属性数值

通道类型	数值	接入权限	数值
TCP	1	局部认证	4
SSL	1	远程未认证	1
UNIX socket	1	—	—

(c) 数据项相关属性数值

数据项类型	数值	接入权限	数值
文件	1	超级管理员(root)	5
—	—	cyrus	4
—	—	已认证	3
—	—	world	1

根据表 9-9～表 9-12，Courier 方法总贡献为 $\left[56\times\left(\frac{5}{1}\right)+31\times\left(\frac{5}{3}\right)+142\times\left(\frac{3}{3}\right)\right]=473.67$，通道的总贡献为 $\left[1\times\left(\frac{1}{1}\right)+1\times\left(\frac{1}{1}\right)+1\times\left(\frac{1}{4}\right)\right]=2.25$，数据项的总贡献则为 $\left[74\times\left(\frac{1}{5}\right)+13\times\left(\frac{1}{3}\right)+53\times\left(\frac{1}{1}\right)\right]=72.13$。因此 Courier 攻击表面为三元组 $\langle 473.67,2.25,72.13\rangle$。类似地，Cyrus 攻击表面三元组为 $\langle 383.60,3.25,66.50\rangle$。上述结果表明 Cyrus 在方法和数据维度更安全，而 Courier 在通道维度更安全。

2. FTP 守护进程攻击表面度量

另外一个实验是度量两个开源的 FTP 守护进程(ProFTPD 1.2.10 和 Wu-FTPD 2.6.2)的攻击表面。其中，ProFTPD 代码库包含 C 代码 28000 行，Wu-FTPD 代码库包含 26000 行 C 代码。和上个实验一样，表 9-13、表 9-14 和表 9-15 为两个 FTP 守护进程的出入点、通道和不可信数据项的情况。

表 9-13　FTP 守护进程的出/入口点数量

(DEP 为直接入口点，DExP 为直接出口点)

ProFTPD			
特权	接入权限	DEP	DExP
超级管理员(root)	超级管理员(root)	8	8
超级管理员(root)	已认证	12	13
超级管理员(root)	未认证	13	14
proftpd	已认证	6	4
proftpd	未认证	13	6
proftpd	匿名	6	4
Wu-FTPD			
特权	接入权限	DEP	DExP
超级管理员(root)	已认证	9	2
超级管理员(root)	未认证	30	9
已认证	已认证	11	3
已认证	匿名	11	3
已认证	来宾权限(guest)	27	14

表 9-14　FTP 守护进程打开的通道数量

ProFTPD			Wu-FTPD		
协议	接入权限	数量	协议	接入权限	数量
TCP	远程未认证	1	TCP	远程未认证	1

表 9-15　FTP 守护进程接入的非信任数据项数量

ProFTPD			Wu-FTPD		
类型	接入权限	数量	类型	接入权限	数量
文件	超级管理员(root)	12	文件	超级管理员(root)	23
文件	proftpd	18	文件	已认证	12
文件	world	12	文件	world	9

其中，特权级别的排序遵循：root > proftpd > authenticated。接入权限级别排序为：root > authenticated > anonymous = unauthenticated = guest。FTP 守护进程的通道只有 TCP 和远程非认证接入权限，因此不进行排序。数据项的接入权限排序为：root > proftpd > authenticated > world。同时依据对 FTP 守护进程和 UNIX 安全的了解给各属性的赋值如表 9-16 所示。

表 9-16　属性数值赋值

(a) 方法相关属性数值

方法权限	数值	接入权限	数值
超级管理员(root)	5	超级管理员(root)	5
proftpd	4	已认证	3
已认证	3	匿名	1
—	—	未认证	1
—	—	来宾权限(guest)	1

(b) 通道相关属性数值

通道协议	数值	接入权限	数值
TCP	1	远程未认证	1

(c) 数据项相关属性数值

数据项类型	数值	接入权限	数值
文件	1	超级管理员(root)	5
—	—	proftpd	4
—	—	已认证	3
—	—	world	1

根据表 9-13～表 9-16 的内容，ProFTPD 的方法总贡献为$\left[16\times\left(\frac{5}{5}\right)+25\times\left(\frac{5}{3}\right)+27\times\left(\frac{5}{1}\right)+10\times\left(\frac{4}{3}\right)+19\times\left(\frac{4}{1}\right)+10\times\left(\frac{4}{1}\right)\right]=321.99$，通道的总贡献为$1\times\left(\frac{1}{1}\right)=1.00$，数据项的总贡献则为$\left[12\times\left(\frac{1}{5}\right)+18\times\left(\frac{1}{4}\right)+12\times\left(\frac{1}{1}\right)\right]=18.90$。因此 ProFTPD 的攻击表面

为三元组 $\langle 321.99,1.00,18.90\rangle$。类似地，Wu-FTPD 的攻击表面三元组为 $\langle 392.33,1.00,17.60\rangle$。上述结果表明 ProFTPD 在方法维度更安全，在通道维度与 Wu-FTPD 一样安全，而在数据维度两者安全性相近。

9.6.5 小结

本节给出了系统攻击表面的概念化形式，并介绍了如何度量攻击表面。攻击表面度量对软件开发人员和使用者十分有用。与攻击图等模型侧重于从攻击角度出发不同，攻击表面的概念仅取决于系统的设计和固有属性。攻击表面越大，该系统安全性越差。但是，该理论仅定性地描述防御有效性，攻击表面大小很难严格度量和对比。在评价一个系统是否安全时要综合考虑攻击者和防御者双方的能力和资源，攻击表面模型未对攻击者的资源、能力和行为做任何假设。同时，不同类型的系统很难用攻击表面去度量和对比，应用局限性较大。

9.7 网络传染病模型

传播行为在许多实际网络场景中都广泛存在，如社会网络中的疾病传播、信息传播等，电力网络的相继故障以及网络空间中的病毒传播等[40](这些网络都是复杂网络)。与生物病毒相比，计算机网络中的病毒更容易传播至网络所达之处，可以相对容易地给计算机网络及用户带来大的损害，如 2017 年 5 月爆发的 WannaCry 勒索病毒软件(本章 9.5 节对其进行了分析)，部分版本 Windows 操作系统用户遭受感染，企业网、校园网用户首当其冲，损失惨重。由于上述威胁的存在，研究病毒传播规律对于互联网的安全性具有重要意义。研究人员发现，疾病传播的研究成果可以借鉴到互联网病毒传播的研究中来。通过研究网络中病毒的传播行为并进行建模，评估对网络造成的影响，并提出相应的控制策略来消除网络中的病毒或者延缓、控制病毒传播的速度及范围，对于降低计算机病毒对网络的影响具有重要的现实意义。鉴于此，本节介绍复杂网络中的传染病模型。

9.7.1 网络传染病概念和经典传染病模型

目前，医学界对于复杂网络中的传染病传播动力学的研究较为成熟，这些模型同样适用于网络上计算机病毒的传播建模。传染病模型是研究传染病在复杂网络中传播和控制的模型，是目前为止复杂网络研究中常见的分析方法，而且可以推广应用到对社会、通信和经济等网络上不同对象的传播行为的分析上[40]。迄今为止，人们已经提出了多种传染病模型，其中 SI、SIS、SIR 和 SIRS 这四种典型模型应用最为广泛[40]，模型中不同字母表示不同的状态，含义如下：

S(susceptible)表示易感染状态。一个个体在感染之前是处于易感染状态的，即该个体有可能被邻居个体感染。

I(infected)表示受感染状态。一个感染上某种病毒的个体就处于感染状态，该个体还会以一定概率感染其邻居个体。

R(recovered/removed)表示免疫状态或被移除状态，也称免疫状态或恢复状态。当一个个体经历过一个完整的感染周期后，该个体就不再被感染，因此就可以不再考虑该个体的状态变化。

本节对这四种模型分别进行介绍。在此之前，首先给出这些模型的一般性假设：①能够传播病毒的个体为网络中各个宿主节点；②传播只能通过复杂网络的边进行。

1. SI 模型

首先考虑最简单的情形，假设一个个体被感染就永远处于感染状态，即为 SI 模型，如图 9-15 所示[41]。在 SI 模型中，节点被划分为 S 状态和 I 状态。初始化时，某些节点感染病毒处于 S 状态，并以一定的传播速率 β 向其邻居节点传播。一旦某个节点被感染，状态变为 S，则其会向所有相邻节点传播，直至全网所有节点状态都为 I，达到均衡状态，其数学模型为

$$\begin{cases}\dfrac{\mathrm{d}s(t)}{\mathrm{d}t}=-\beta i(t)s(t)\\ \dfrac{\mathrm{d}i(t)}{\mathrm{d}t}=\beta i(t)s(t)\end{cases} \tag{9-8}$$

式中，$i(t)$、$s(t)$ 分别表示感染状态节点、易感染状态节点所占比例；β 表示易感染状态节点被邻居感染节点感染的概率。

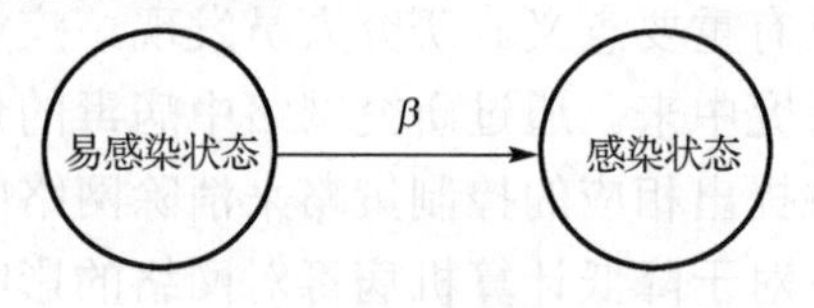

图 9-15　SI 模型

该方程的边界条件(约束条件)如式(9-9)所示，其中 i_0 表示初始时刻处于感染状态的节点个数。

$$\begin{cases}i(t)+s(t)=1\\ i(0)=i_0\end{cases} \tag{9-9}$$

由式(9-8)、式(9-9) 可以解得 $i(t)$，如式(9-10)所示。可以看出，该式为 Logistic 模型，$i(t)\sim t,\dfrac{\mathrm{d}i(t)}{\mathrm{d}t}\sim t$ 的图像如图 9-16 所示。由图 9-18 可见，感染节点比例逐渐增加，并最终变为 1，即网络中所有节点最终被全部感染；由 $\dfrac{\mathrm{d}i(t)}{\mathrm{d}t}$ 的曲线(增加率变化

曲线)可以看出，初始时感染速率较慢，而后逐渐加快，直至中间处达到最大值，而后随后又逐渐降低，直至节点全部感染后变为 0。该模型在实际情形中表现为：感染初期，由于感染节点所占比例较小，感染速率较小；随着感染节点的增多，感染速率也逐渐增加；最后，由于易感染节点越来越少，导致可感染的空间缩小，因此，感染速率又逐渐降低，最终变为 0。

$$i(t)=\frac{1}{1+\left(\frac{1}{i_0}-1\right)\mathrm{e}^{-\beta t}} \tag{9-10}$$

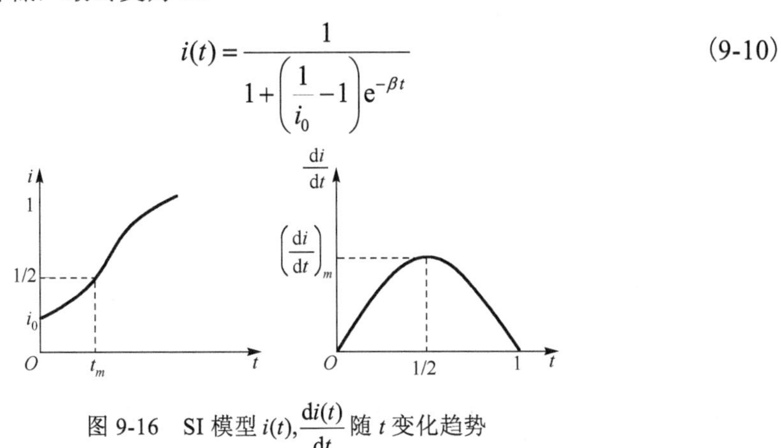

图 9-16　SI 模型 $i(t),\frac{\mathrm{d}i(t)}{\mathrm{d}t}$ 随 t 变化趋势

该模型较为简单，有很多实际问题没有考虑。例如，感染状态的节点也可能被治愈而重新变为易感染状态等。为此，研究人员针对 SI 模型进行改进，下面介绍 SI 的改进模型——SIS 模型、SIR 模型和 SIRS 模型。

2. SIS 模型

与 SI 模型类似，SIS 模型中的节点也被分为易感染状态 S 和感染状态 I，不同的是已感染节点可以概率 γ 恢复为易感染状态，如图 9-17 所示。在该模型下，病毒传播分为两个阶段：快速感染期和动态均衡期。当感染节点达到一定的数量后，感染节点数就会上下波动，不断趋于稳定，即动态平衡状态。其数学模型如下

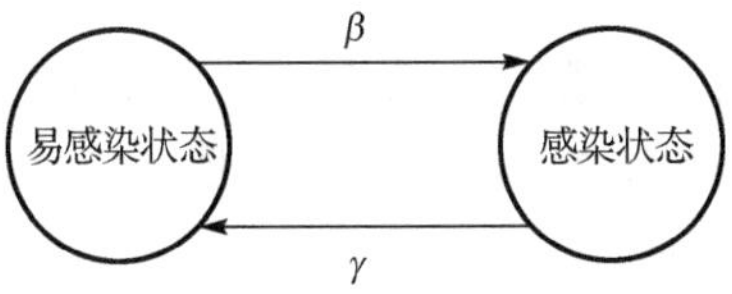

易感染状态　β　感染状态　γ

图 9-17　SIS 模型

$$\begin{cases}\dfrac{\mathrm{d}s(t)}{\mathrm{d}t}=-\beta i(t)s(t)+\gamma i(t)\\[2ex]\dfrac{\mathrm{d}i(t)}{\mathrm{d}t}=\beta i(t)s(t)-\gamma i(t)\end{cases} \tag{9-11}$$

式中，γ 为状态为 I 的节点恢复为状态 S 的概率，其余变量与 SI 模型中一致。该方

程的解法与 SI 模型一样，解得的结果如图 9-18 所示，其中，σ 表示有效感染率，$\sigma=\dfrac{\beta}{\gamma}$。由图 9-18 可以看出 $\sigma=1$ 是一个临界值：$\sigma>1$ 时，$i(t)$ 的增减性取决于 i_0 的大小，但最终将处于均衡点 $1-\dfrac{1}{\sigma}$；$\sigma\leqslant 1$ 时，由于恢复概率高于感染概率，因此感染节点所占比例将会越来越小，最终趋于零。

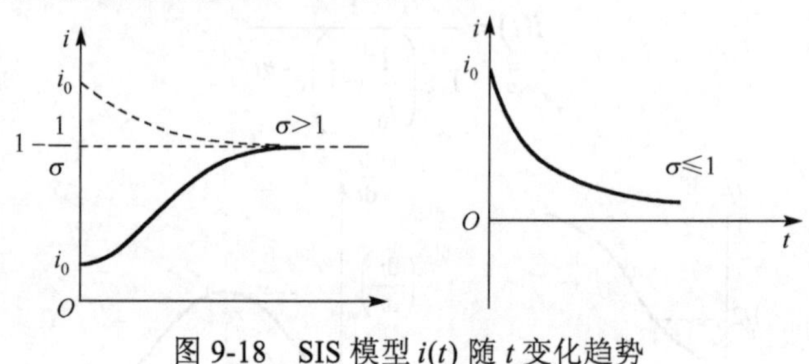

图 9-18　SIS 模型 $i(t)$ 随 t 变化趋势

3. SIR 模型

SIR 模型的第一阶段仍与 SI 模型一样，即一个感染个体在单位时间里会被随机地感染其他个体。但是，在 SIR 模型的第二阶段，每一个感染个体会以概率 γ 变为移除状态，即该个体恢复为具有免疫性的个体或者死亡，不再可能被感染和传染别的个体。另外，与 SIS 模型类似，SIR 模型下处于感染状态的节点可以恢复，但不同的是感染节点恢复后将获得“终生免疫能力”，不会再次被感染，因此在该模型下有第三种状态，即 R 状态，如图 9-19 所示。其数学模型如下

$$\begin{cases}\dfrac{\mathrm{d}s(t)}{\mathrm{d}t}=-\beta i(t)s(t)\\ \dfrac{\mathrm{d}i(t)}{\mathrm{d}t}=\beta i(t)s(t)-\gamma i(t)\\ \dfrac{\mathrm{d}r(\mathrm{t})}{\mathrm{d}t}=\gamma i(t)\end{cases}\tag{9-12}$$

式(9-12)可以借助数值计算得到 SIR 模型的演化特征。对于一组给定参数值，可以通过令 $\mathrm{d}r/\mathrm{d}t=0$ 得到移除个体数量的稳态值 $r=1-s_0\mathrm{e}^{-\beta r/\gamma}$。对于大规模网络，通常假设初始时刻只有一个或者少数个体感染且没有移除，因此 $s_0\approx 1, i_0\approx 0, r_0=0$，记 $\lambda=\beta/\gamma$，则有 $r=1-\mathrm{e}^{-\lambda r}$。$\lambda=1$ 是临界值，若 $\lambda<1$，则 $r=0$，意味着病毒无法传播；反之，则病毒在网络中扩散的范围增大。

图 9-19　SIR 模型

4. SIRS 模型

SIRS 模型是一种综合性的传播模型[5]。与 SIR 模型类似，也有三种可能状态；不同之处在于，处于移除状态的节点在获得免疫的同时还会以概率 α 丧失免疫力，进而转化为易感染状态，如图 9-20 所示。其数学模型如下

$$\begin{cases}\dfrac{\mathrm{d}s(t)}{\mathrm{d}t}=\alpha r(t)-\beta i(t)s(t)\\ \dfrac{\mathrm{d}i(t)}{\mathrm{d}t}=\beta i(t)s(t)-\gamma i(t)\\ \dfrac{\mathrm{d}r(t)}{\mathrm{d}t}=\gamma i(t)-\alpha r(t)\end{cases} \tag{9-13}$$

具体求解分析不再介绍。

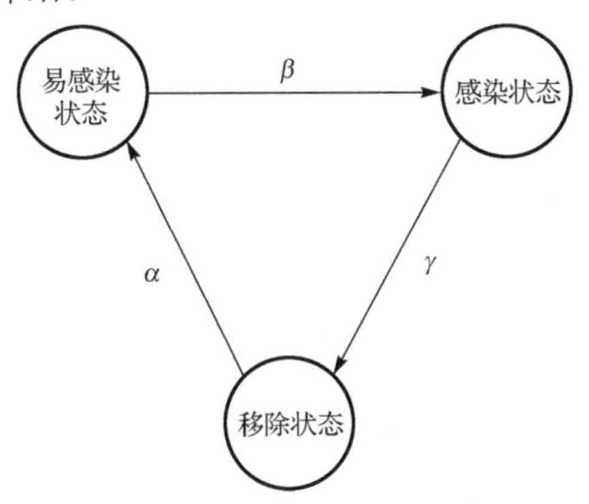

图 9-20　SIRS 模型

除上述四种模型之外，还有修正形式，如 SEIR 模型[42]，它在 SIR 模型的基础上新增了潜伏状态，考虑了病毒传播时的感染时延问题。

9.7.2　传播控制策略

9.7.1 节主要介绍了经典的传染病(也适用于计算机病毒)模型，本节主要介绍传染病的控制策略，即如何更加有效地缩小传染病的扩散范围。免疫策略和隔离策略是两种最基本的控制策略，分别从控制传播节点(消除解决病毒节点)和控制传播路径(阻止病毒扩散)的角度阻止病毒传播。下面分别详细介绍计算机病毒传播的免疫策略和隔离策略。

1. 免疫策略

在网络传染病模型中，免疫策略主要通过保护网络中部分节点进而切断病毒的传播途径，生物医学中的接种疫苗、计算机病毒库更新、打补丁等都属于免疫策略。本节主要介绍三种最基本的免疫策略：随机免疫、目标免疫和熟人免疫。在此之前，

首先介绍感染临界值 σ_c。由前面的分析可知 $\sigma = \frac{\beta}{\gamma}$ 为有效感染率，那么存在一个正的有限的感染临界值 σ_c。如果有效感染率大于等于该临界值，则病毒可以传播扩散，并使全网感染节点数量达到动态平衡状态；反之，若小于该值，则感染节点数量将大幅减少，无法大范围扩散。

1) 随机免疫

随机免疫策略是早期出现的一种免疫策略，也叫均匀免疫。其基本思想是对全网中任何节点(不区分节点间的差异，如节点的度等)以相同概率进行免疫操作(或者也可以理解为按照一定的比例选取，设该比例为 g)。文献[43]研究了随机免疫的免疫临界值问题，并给出

$$g_c = 1 - \frac{\sigma_c}{\sigma} \tag{9-14}$$

根据式(9-14)，免疫临界值只在有效感染率高于感染临界值时才有意义。对于无标度网络(度分布符合幂律分布的复杂网络)[40]，其感染临界值为 $\sigma_c = \frac{\langle k \rangle}{\langle k^2 \rangle}$，其中，$k$ 为节点的度，而 $\langle k \rangle$ 为网络平均度。由式(9-14)，免疫临界值为 $g_c = 1 - \frac{1}{\sigma}\frac{\langle k \rangle}{\langle k^2 \rangle}$，随着 $\langle k^2 \rangle \to \infty$ (感染临界值 σ_c 随着网络规模的无限增大而趋于零)，免疫临界值 $g_c \to 1$，这时，需要对几乎所有的节点都进行免疫处理，才能抑制病毒的扩散传播，而这在现实复杂网络中几乎是不可能的。

2) 目标免疫

目标免疫希望通过有选择地对少量关键节点进行免疫，以获得尽可能好的免疫效果。相比于随机免疫，该策略区分网络节点间的差异性，如优先选取度数大的节点进行免疫。通过这种策略可以大大增加免疫效率，因为一旦度大的节点被免疫，就意味着它们所连的边可以从网络中去除，使得病毒传播的连接途径大大减少[40]。在无标度网络中，该模型的免疫临界值为[44]

$$g_c \propto \mathrm{e}^{-\frac{2}{m\sigma}} \tag{9-15}$$

式(9-15)中，m 表示节点数，可以看出即使 σ 在很大范围内变化，免疫临界值 g_c 都较小，因此相比随机免疫模型，该模型的免疫效率更高；但是该模型的缺陷在于需要已知全网络拓扑信息(如节点的度数等)，而这在大规模的动态网络中是不太可行的。

3) 熟人免疫

针对目标免疫存在的问题，Cohen 等提出了熟人免疫策略[44]。该方法为：从网

络中随机选取一定比例的若干节点，然后从这些节点的邻居节点中随机选取一个进行免疫。由于在无标度网络中，度数大的节点的邻居节点越多，选取的概率也就越大，因此，通过这种方法就可以使免疫效率趋近目标免疫策略的结果，并且不需要掌握全局网络信息。

2. 隔离策略

隔离策略是受自然界中传染病的启发提出的，为消除由于检测系统产生的误警所带来的负面影响，抑制病毒和蠕虫等的快速传播，当一台主机的行为(如流量)可疑时，先把它隔离(如封掉其通信端口、断开网络连接等)，然后由网络管理人员检查，若经过一定时间后没有问题就释放，使其重新回到网络中。为了不影响用户的正常行为，隔离时间超过一定阈值时，即使没有经过网络管理人员的检查也应被释放。隔离策略模型中新增了隔离态(quarantine，Q)[45]，即已经感染并且被隔离的状态。隔离措施如下：当主机某端口被发现异常(可疑行为)时，则对该端口进行隔离，而其他端口仍可正常工作；更进一步，可以对该主机进行隔离。对于被隔离的主机，可以对其进行检测，若监测显示正常，则恢复为正常态(易感染状态)，否则对其进行免疫；同时，为避免长时间处于隔离态而出现阻塞，应定期将隔离态的主机恢复为正常态。

9.7.3　基于传染病模型的网络安全评估与分析案例

基于传染病模型分析网络病毒或攻击传播的一般方法为：首先，根据网络传播的实际情况确定使用哪一类传染病模型或考虑在何种模型上进行改进；然后，确定模型中对应的各个参数，建立方程组并求解分析即可。本节以改进的 SIRS 模型的应用为例介绍其应用方法[46]。

经典 SIRS 传染病模型从一定程度上可以反映计算机病毒的传播特性，然而由于真实网络的复杂性和建模过程中的简化处理，导致诸多因素被忽略了。例如，传统 SIRS 模型为了分析的简便性，默认网络中的各节点无差异，感染节点被治愈后的情况均相同。事实上，被治愈后的个体是存在差异的，如部分具有免疫能力，而另一部分则不具有免疫能力，又成了新的易感染节点。此外，部分易感染节点有可能存在这样的演化路径：该类节点在病毒开始入侵网络之前就被直接进行主动免疫，成为获得免疫力的节点。还有，在上述几种模型中，计算机病毒仅在相邻节点(如两台有物理线路连接的计算机)之间进行传播。然而，计算机病毒在网络中的实际传播和演化情况却不止这么简单，因为在实际网络中，相邻节点和非相邻节点之间的界定并不总是确定而严格的；且非相邻节点之间经常由于某种原因而发生连接，这就给计算机病毒的传播带来了新的路径(如两台没有网络连接的计算机，在使用便携式移动设备的过程中传播计算机病毒等)。于是，有研究人员提出了一类个体间具有差异性和非相邻传播特性的SIRS计算机病毒传播模型，并基于此模型分析病毒传播[46]，其中，网络节点的状态变换流程如图 9-21 示。

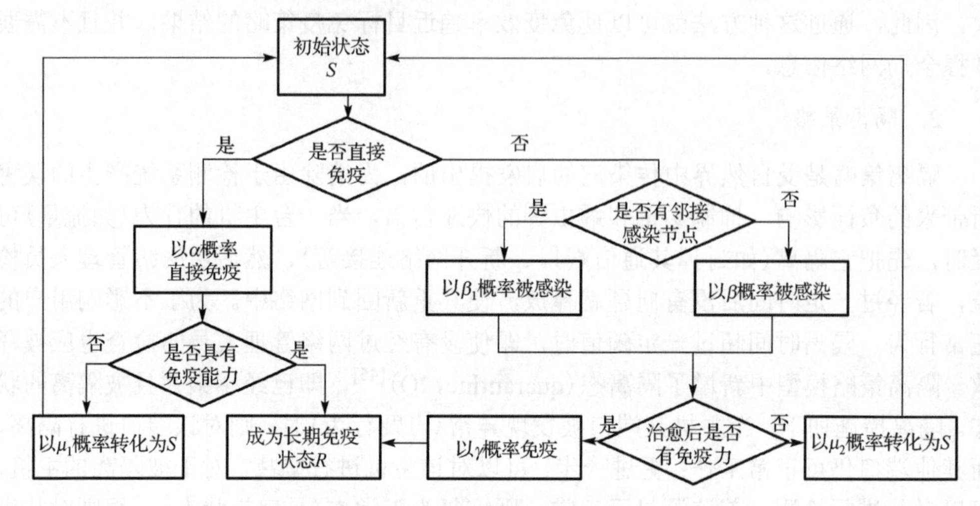

图 9-21　节点状态转换流程图

在图 9-21 中，节点间的个体差异性以及非相邻节点间的传播特性被体现了出来。易感染状态 S 以 α 概率直接免疫，而在一般模型中只考虑了对感染状态进行免疫。另外，该模型还考虑了非相邻易感态节点的被感染概率 β_1，而一般模型中认为只有相邻节点才可能被感染。用传染病模型描述上述转换流程，得到图 9-22，图中 μ_1 和 μ_2 分别表示免疫状态或者感染状态变为易感染状态的概率，β 和 β_1 分别表示感染节点对相邻节点和非相邻节点的感染概率。

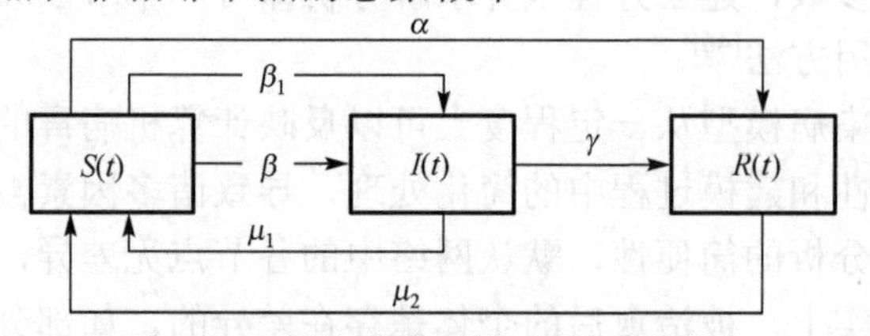

图 9-22　传染病模型描述（状态转换）

根据上述模型可建立如下非线性动力学演化方程（S、I、R 的含义同经典传染病模型）

$$\begin{cases}\dfrac{\mathrm{d}S(t)}{\mathrm{d}t}=-(\beta+\beta_1)S(t)I(t)-\alpha S(t)+\mu_1 R(t)+\mu_2 I(t)\\ \dfrac{\mathrm{d}I(t)}{\mathrm{d}t}=(\beta+\beta_1)S(t)I(t)-\alpha S(t)-\gamma I(t)-\mu_2 I(t)\\ \dfrac{\mathrm{d}R(t)}{\mathrm{d}t}=\gamma I(t)+\alpha S(t)-\mu_1 R(t)\\ S(t)+I(t)+R(t)=1\end{cases}\tag{9-16}$$

由式(9-16)的第一个微分方程可以看出，相对于经典的 SIRS 模型，该模型考虑了网络获得先天免疫的可能(概率为 α)，以及免疫状态或者感染状态仍有变为易感染状态的可能(概率分别为 μ_1 和 μ_2)，同时，该模型考虑了相邻节点和非相邻节点的传播(β、β_1)(经典的传染病模型认为只有相邻节点才具备传播的可能)，因此该模型适用于个体间具有差异性和非相邻传播特性的场景。

文献[46]对上述模型的合理性进行了仿真分析，结果表明该模型能够很好地反映计算机病毒在系统中的传播特性，为计算机病毒的传播趋势分析提供了基础。文献[46]还对各参数对传播结果的影响进行了评估，如直接免疫概率参数 α 越大，则稳态时感染节点密度 $I(t)$ 越小，其峰值也越低；而免疫态节点密度 $R(t)$ 随 α 增大而增大，同时其峰值也更高，这说明增加网络节点直接免疫的强度(概率)对控制疾病传播是有利的。其他参数对网络的影响也可用类似方法进行分析。因此，利用该模型可以为控制病毒传播提供理论依据，进而增强系统的安全。

9.7.4　小结

网络传染病模型为网络病毒的传播控制提供了良好的分析方法，研究人员可根据病毒传播特点选择合适的模型进行分析，如病毒的传播阈值条件，用于评估防御(控制)策略，从而得到较优的防御策略。网络传染病模型侧重于网络系统的整体分析和评估，特别是在分布式系统的联合防御的刻画上，抽象程度较高，对节点特殊性考虑欠佳。同时，侧重于病毒等的传播动力学分析，对一些高级持续性攻击未加以考虑，也无法深入到网络中对某个系统的安全性进行分析。

9.8　其 他 模 型

本节简单介绍 Petri 网和自动机两个模型，这两个模型本身并不是为网络攻防而设计的，它们的应用领域非常广泛。近年来有研究人员用这两个模型来分析网络防御技术[47-52]，不过大多研究都是针对特定攻防情形，在经典模型的基础上改进后进行分析的。

9.8.1　Petri 网模型

1962 年，Petri 在其博士论文[53]中首次提出了 Petri 网(Petri net，PN，又称网论)的概念。Petri 网是一种用于描述和分析具有并发、同步和冲突等特性系统的建模机制，由于其具有直观的图形表现能力和严密的数学基础，利用 Petri 网的各种拓展形式，不仅有助于定性地理解系统的动态行为，还可以定量地计算各种性能指标，从而为检验系统的可靠性和安全性等提供依据。因而，Petri 网在多个领域得到广泛应用[54]，有不少研究人员将 Petri 网及其改进形式应用于网络安全评估与分析中，如分析网络攻击、入侵检测、入侵容忍和MTD等[47, 55, 56]，实现对网络防御系统的性能建模和分析[47-50]。

一个基本的Petri网通常定义为一个4元组$PN=\langle P,T,F,M_0\rangle$。

(1) $P=\{p_{i,}i=1,2,\cdots,m\},m>0$是有限位置(place，又称库所)集合，位置$p_i$用圆圈表示，代表系统的某种状态。

(2) $T=\{t_{i,}i=1,2,\cdots,n\},n>0$是有限变迁集合(transition)，变迁$t_i$用长方形或黑线条表示，代表一个事件。

(3) $F\subseteq(P\times T)\bigcup(T\times P)$是变迁和位置的关系集合(flow relation)，用有向弧线表示。

(4) $M_0:P\to N$是PN标识，$M_0=\{M_0(p_i),i=1,2,\cdots,m\}$，$M_0(p_i)$为位置$p_i$中的令牌(token)数，用黑点数表示。

由定义可知，通常一个Petri网包含四个基本元素：位置、变迁、有向弧以及令牌。位置类似输入/输出缓冲这样的对象，用来容纳令牌，每个位置可以容纳任意数量的令牌；变迁是动态的元素，变迁与事件相对应，并且被有向弧连接到位置。有向弧只能用来连接位置和变迁，不能用来连接两个位置或两个变迁。每个有向弧都有权重，它代表的是当有向弧连接的变迁发生时传输的令牌数目。令牌代表Petri网模型中的对象，如物流系统中的物质资料、信息流中的数据等。当令牌的数目变得很多时，可以直接用令牌的数量来表示。当变迁发生时，根据有向弧的权重和方向，位置中相应数目的令牌会发生改变。变迁会消耗输入位置中的令牌，并将生成的令牌输送到输出位置中。一个变迁如若发生，输入位置中令牌的数量必须大于或等于连接它的有向弧的权重，这样的变迁称为使能变迁。

经典Petri网在实际应用中存在诸多局限性，例如，没有明确量化考虑时间因素的影响，描述复杂系统时模型较为烦琐等问题。因此，后来有研究人员对经典Petri网模型进行了拓展，提出了新的模型，如随机Petri网、有色Petri网、模糊Petri网等[57, 58]，其中，应用比较广泛的是随机Petri网和有色Petri网。随机Petri网[59](stochastic Petri net，SPN)在经典的Petri网中引入了时间概念，而有色Petri网[60](colored Petri net，CPN，也可译为着色Petri网)则是引入了“颜色”(颜色可以被认为是数据类型)表示方法。这些扩展模型中，有的通过与矩阵方法结合建立系统状态方程、代数方程，有的能与随机过程、信息论中的方法相结合用来描述和分析系统运行的不确定性或随机性。下面主要对基于随机Petri网的网络防御系统性能评估过程和基于有色Petri网的攻击行为建模方法进行简单介绍[54]。

1) 基于随机Petri网的网络防御系统性能评估

利用随机Petri网对防御系统的性能进行评估的一般过程如下：

(1)分析网络防御系统，对应到SPN的各个元素，给出系统的SPN模型。

(2) 构造与 SPN 模型同构等价的马尔可夫链。

(3) 基于马尔可夫链的稳态状态概率进行网络防御系统性能评估，当稳态概率难以求解时，可使用随机 Petri 网仿真软件获得系统可能的状态和行为，以及系统的可用性、安全性和可靠性等。

2) 基于有色 Petri 网的攻击行为建模

利用有色 Petri 网对攻击进行建模和分析时，一般可以分解为以下几个步骤：

(1) 识别攻击过程中的重要组成部分，列出攻击目标、攻击状态和攻击行为。

(2) 判断各个攻击行为之间的关联关系。

(3) 对各个子攻击行为建立子模型，并给不同的状态着上不同的颜色，攻击状态用位置表示，用变迁表示状态的变化。

(4) 将所有的子模型组合成完整的攻击模型。

(5) 利用 CPN 仿真工具对建好的有色 Petri 网进行仿真，分析状态空间变化，模拟观察攻击行为的变化。

通过分析可知，基于 Petri 网的建模过程比较复杂，但是构造方法明确，只要将攻、防系统转化为 Petri 网中的要素，然后对应过程进行状态变迁分析即可，并且有专门的可视化仿真建模分析工具，从而提升分析的便捷性。在网络安全评估分析领域，Petri 网可以用于评估系统的安全性能及验证系统功能等，利用仿真分析结果指导系统的设计，从而提高系统的安全水平。当然，Petri 网在使用过程还存在一些问题，如经典 Petri 网模型存在状态空间爆炸等问题。

9.8.2　自动机模型

自动机模型诞生于 20 世纪 40 年代，经过半个多世纪的发展，它已经成为一门完善的离散数学理论分支[61]，并广泛应用于形式语言、数字电路、计算机编译程序和操作系统等各个方面。自动机是有限状态机(finite-state machine，FSM)的数学模型(本节中自动机、有限状态机、有限自动机三个概念等价)，它具有有限数目的内部状态，在不同的输入序列的作用下，系统内部的状态不断转换[62]。鉴于其对系统状态、状态转移过程和条件的刻画能力，不少研究人员将其应用于描述网络攻防系统[52, 62, 63]。对于网络攻防系统而言，可以用状态表示攻防双方的安全态势，用状态迁移表征攻防双方各种行为带来的安全态势变化。

有限自动机可以定义为一个五元组 $M=\langle Q,\sum,q_0,\delta,F\rangle$，其中各个元素的意义表示如下。

Q：状态的非空有限集合，$\forall q\in Q$，q 为 M 的一个状态。

$\sum$：输入字符表，输入字符串都是 $\sum$ 上的字符串，输入字符可能导致状态转移。

q_0：$q_0\in Q$，是 M 的开始状态(也称初始状态或者启动状态)。

δ：状态转移函数(转换函数或移动函数)，$\delta: Q\times\sum\rightarrow Q$，对 $\forall(q,a)\in Q\times\sum$，$\delta(q,a)=p$，表示 M 在状态 q 读入输入的字符 a，将状态变成 p，并将读取指针指向输入字符串中的下一个字符。

F：$F\subseteq Q$，是 M 的终止状态集合。$\forall q\in F$，q 称为 M 的终止状态(接受状态)。

其中，每个状态可以迁移到一个或多个状态，输入字符决定执行哪个状态的迁移。

有限自动机的常见表示形式有三种：状态转换图、状态转换表和正则表达式，它们之间可以相互转换。状态转换图是有限自动机的图示化，表示不同输入而导致的状态迁移。状态转换图是一个带标记的有向图，其中节点表示状态，有向边对应状态转移函数，有向边上的标记表示的是 $\sum$ 中的字符。状态转换图中的转移关系也可以通过状态转换表来表达。状态转换表是一个二维数组，行属性表示状态，列属性表示字符集中的字符。假设状态转换矩阵用 T 表示，则表中的每个元素 $T[q, a]$ 中的内容是状态 q 由输入字符 a 导致的状态转移结果(下一状态)。正则表达式是一种文本模式，包括普通字符和特殊字符[64]。已证明，在同一有限字符集下，对任意正则表达式，都存在一个有穷自动机，使得二者描述的语言相同[65]。根据使用习惯或者表现形式的需要可选择不同的自动机表示形式。

有限自动机分为确定性和非确定性两种，非确定性可以通过闭包算法转变为确定性[66]。一般认为自动机有以下三种典型类型[61]：①确定有限自动机(deterministic finite automaton，DFA)，对字母表中所有符号，自动机的每个状态都有确定的转移状态；②非确定有限自动机(non-deterministic finite automaton，NFA)，自动机的状态对字母表中的每个符号可以有也可以没有转移，对一个符号甚至可以有多个转移；③有 ε 转移的非确定有限自动机(ε-NFA)，除了有能力对任何符号跳转到更多状态或没有状态可以跳转之外，它们可以作与符号无关的状态跳转。其中，与 NFA 相比较，DFA 在任意时刻只有一个活跃状态，处理一个字符只需要一次迁移，在实际中使用得比较多。

根据前面的描述，有限自动机是实际系统的抽象模型，因而可以用于对网络防御系统或攻防过程进行建模，只要将系统的各个状态、转移条件等对应到有限自动机的各个元素即可[52]，如基于自动机对网络攻击模型的基本过程进行描述、对攻击者入侵 Web 服务器时系统的状态转换过程进行描述等。本节以网络攻击系统的自动机建模为例说明基于自动机的建模分析过程。网络攻击包括如下关键状态过程：目标探测与信息汇集、初始访问、特权升级、踪迹掩盖、安置后门。每一阶段有相应的工具提供不同程度的辅助，即攻击者可以根据探测的信息(如口令)、漏洞利用、登录、日志清除等实现状态转移。网络攻击系统的有限自动机 M 表示如下

$$M=\langle K,\sigma, \delta,q_0,F\rangle \tag{9-17}$$

式中，$K=\{q_0,q_1,q_2,q_3,q_4,q_5,q_6,q\}$ 为状态集合；$\delta=\{0,1\}$，1/0 表示操作成功/失败；

$F=\{q\}$ 是终止状态；映射 $\delta: K\times\sigma\to K$ 为

$$\begin{array}{llll}\delta(q_0,0)=q & \delta(q_0,1)=q_1 & \delta(q_1,0)=q_1 & \delta(q_1,1)=q_2 \\ \delta(q_2,0)=q_1 & \delta(q_2,1)=q_3 & \delta(q_3,0)=q_2 & \delta(q_3,1)=q_4 \\ \delta(q_4,0)=q_2 & \delta(q_4,1)=q_5 & \delta(q_5,0)=q_5 & \delta(q_5,1)=q_6 \\ \delta(q_6,0)=q_6 & \delta(q_6,1)=q & & \end{array} \tag{9-18}$$

该自动机状态转换图如图 9-23 所示[52]。各状态的含义为：q_0 为初始状态；q 为结束状态；q_1 为目标探测；q_2 表示建立目标系统的脆弱点信息表；q_3 表示以普通用户登录目标主机；q_4 为权限提升，一般用户权限提升为超级用户权限；q_5 为踪迹掩盖，如消除、清空有关审计日志；q_6 为安置后门及注入木马程序。自动机 M 的各状态与网络攻击系统模块的对应关系是：q_1 目标探测→信息系统探测模块和目标主机信息收集模块；q_2 脆弱点映射→安全漏洞分析模块；（q_3 以普通用户登录目标主机，q_4 权限升级，q_5 踪迹掩盖，q_6 安置后门）→安全攻击模块[52]。

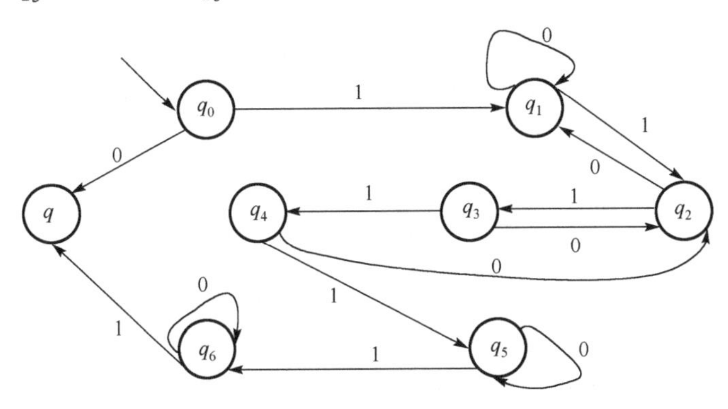

图 9-23　网络攻击模型的状态转换图

攻击状态的具体转移过程如下[52]：

当用户发起攻击时，自动机 M 从 q_0 状态转换到 q_1 状态。用户不再攻击时，M 转换为 q 状态。

在 q_1 状态，系统对目标主机进行探测，若取得了目标主机的系统信息和服务信息，则 M 转换到 q_2 状态；若没有获取到目标主机的相关信息，则 M 转换到 q_1 状态。在 q_2 状态，采集普通用户信息并破译其口令，根据汇集的目标主机的安全漏洞信息建立脆弱点映射，如果建立的映射可用于提升用户权限，则 M 转换到 q_3 状态，否则 M 转换到 q_1 状态。在 q_3 状态，以普通用户登录目标主机，若成功，则 M 转换到 q_4 状态；若失败，则 M 转换到 q_2 状态。

在 q_4 状态下，依据脆弱点映射，利用系统程序漏洞提升权限，获得超级用户权限，若成功，则 M 转换到 q_5 状态；若失败，则 M 转换到 q_2 状态。在 q_5 状态下，禁用审计选项，清除操作日志文件，完成踪迹掩盖，若成功，则 M 转换到 q_6 状态；若失败，则 M 转换到 q_5 状态。在 q_6 状态下安置后门，注入木马，激活嗅探程序，若成功，则 M 转换到 q 状态；若失败，则转换到 q_6 状态。

网络空间中的攻击和防御是一个动态变化的对抗过程。双方通过实施各种策略推动安全平衡状态向对己方有利的方向发展。使用有限状态自动机对网络攻防进行建模，能够很好地模拟系统的运行状态及其动态转移的条件和过程，尤其是由各种安全事件导致的安全状态转移。有限自动机的表达形式可以直观形象地描述这种安全变化过程，便于研究状态变迁及其体现出的行为特征。当然，自动机模型在网络安全评估应用中也存在着一些局限性。例如，有限自动机较为简单，这是它的优点也是不足，对状态转移的条件没有明确描述，同时对属性和状态的概括不全面，特别是当系统较为复杂、系统部件较多时，状态数随之增加，导致复杂性显著增长，存储空间开销增大；另外，由于有限自动机任何时刻系统只能有一个状态，无法表示并发性，不能描述异步并发的网络防御系统。

除了前面介绍的常用的网络安全评估模型外，还有研究者提出漏洞树模型[9]、特权图模型[67]、渗透图模型[68]和贝叶斯网络模型[69]等其他模型对网络信息系统进行评估和分析，本书不再详细介绍。

9.9 本章小结

对网络信息系统及防御技术进行评估和分析是网络安全领域的重要研究内容之一。通过评估可以获悉系统的安全性能及防御手段的效果，评估结果还可用于指导设计防御策略。基于模型的网络安全评估与分析已经成为评估和分析网络防御方法及系统必不可少的手段，在以阻止网络攻击为目的或者以网络安全性能评估为目的的网络防御技术领域有着广泛的应用。本章介绍的模型可对网络防御系统的评估和分析过程提供重要帮助，基于这些模型可对网络及防御系统的安全性进行评估分析，从而有针对性地采取措施，增强网络信息系统的安全性。

依据建模对象不同，可将本章介绍的模型进行如下划分：攻击树、攻击图、攻击链模型等侧重于以攻击者或者以攻击为中心进行建模分析；攻击表面、网络传染病模型、Petri 网、自动机侧重于从网络信息系统或防御系统的角度去评估分析，攻防交互则是引起状态变化的主要因素。

本章在介绍每个模型时均给出了其基本概念、建模方法或过程、优势及局限性等，每个模型都有适用领域和局限性，简要总结如表 9-17 所示[70]。由于各模型对攻防的侧重不同，介绍每个模型时的具体内容安排有所不同。对网络防御进行评估和分析，除本章所描述的与攻防结合比较紧密的模型之外，还有概率论、博弈论等基础数学模型，这部分内容将在第 10 章予以介绍。

表 9-17　模型间对比与分析

模型特性	以攻击者、系统或防御为中心	定性或定量	适用领域	特色及优势	不足
攻击树	以攻击者为中心	定量	适于描述系统攻击过程，进而可用于推断系统面临的安全威胁	具有图形化的描述方式，能很直观地表明和辅助分析系统存在的风险	对大型、复杂、动态的网络防御系统难以灵活有效地描述，状态空间爆炸
攻击图	以攻击者为中心	定量	适于描述网络或信息系统中存在的脆弱点以及脆弱点之间的关联关系	具有图形化的描述方式，直观地展示攻击者利用目标网络脆弱性实施网络攻击的各种可能攻击路径，并能够自动发现未知的系统脆弱性以及脆弱性之间的关系，进而全方位地对系统各类风险展开评估	状态空间爆炸，不适于对具有并发性和协作性的攻击过程进行建模和分析
攻击链	以攻击者为中心	定性	适于对攻击过程进行建模	从链的角度较为细致地刻画了攻击过程	缺乏量化手段
攻击表面	以系统或防御为中心	定性	适于对不同版本软件系统安全性进行比较	评价方式与系统所采用的具体实现方式无关，仅取决于系统的设计和固有属性	仅定性分析，类型不同系统难以严格度量和对比，未考虑攻击者能力等
网络传染病	以系统或防御为中心	定量	适于对计算机病毒网络传播过程分析和控制	可实现对网络系统的整体分析和评估	抽象度较高，对节点的特殊性考虑不足，仅针对病毒传播分析
Petri 网	以系统或防御为中心	定量	适合描述符合 Petri 网特性(如并发、同步和冲突等)的网络攻防系统	具有直观的图形表现能力和严密的数学基础，有专门的可视化仿真建模分析工具	状态空间爆炸，对不符合 Petri 网特性的系统难以描述
自动机	以系统或防御为中心	定性	适于描述有状态转移的网络攻防系统	可以较好地模拟网络系统的运行状态及其动态转移的条件和过程，尤其是由各种安全事件导致的安全状态转移	对攻防细节如状态转移条件、属性和状态的概括等刻画不够，复杂系统难以描述

当前，网络安全评估与分析方法仍在不断发展完善之中，理论和实践的研究都非常活跃，新的模型不断出现，在未来一段时间内，仍将是网络安全领域的重点研究方向之一。下面简单介绍目前网络安全评估与分析模型研究方面面临的一些挑战，并展望下一步值得研究的若干方向。

(1) 统一的评估分析指标和通用的评估分析模型。尽管目前很多模型或方法都给出了相关评估与分析数值，但是，由于缺乏统一的安全性度量标准，使得难以对各种结果进行分析与比较，即不同方法分析的结果之间无法进行横向比较。同时，关于网络安全性评估分析研究的大部分工作主要针对网络局部或特定系统，还没有形成一套通用的理论，即目前尚无较为通用的网络信息系统攻防评估分析模型。因此，需要建立通用的评估分析模型，并制定统一的度量标准。

(2) 全面、客观和可扩展的评估与分析。针对同一系统，可综合运用多种评估分析模型进行多角度的比较，同时针对不同的攻击类型进行分析，以实现评估与分析的全面性、客观性。虽然一些方法可以对整个网络系统进行分析评估，但是当需要有针对性地考核某一台主机的安全性时，更进一步讲，当需要对某一台主机的机密性、完整性或者可用性进行度量时，传统的攻击树等建模方法在网络攻击方案或防御手段选择(防御者根据建模分析结果进行相关决策)时缺乏针对性和可扩展性。

(3)理论分析与实验分析相结合。理论模型要结合实验进行验证分析，对系统进行广泛的攻防测试以改进理论分析方法。很多理论模型仅仅基于仿真进行测试，缺少实际的攻防场景测试。当前的大多数非实验类评估模型均过于抽象，对实际场景的指导意义有限；而纯粹实验的评估分析方法针对的目标系统又过于具体，难以直接扩展应用到其他系统中。因此，需要二者相结合、相适应，用模型指导实验分析，同时结合实验分析的数据改进建模过程及分析结果。

(4)大型网络及系统的评估与分析。基于图论的评估与分析模型，如攻击树、攻击图、Petri 网等，都存在状态空间爆炸问题。而在实际情况中，伴随着网络规模的不断扩大，网络中的节点数的不断增多，待分析状态数会呈指数级增长，这给基于图论的评估与分析模型在对中大型的网络系统进行安全评估与分析时，带来了很大困难，需要提出改进方法以解决这一问题。

(5)评估与分析中考虑人的因素的影响。在网络安全评估与分析中需要考虑人的因素。网络攻击是由人主导的行为，不管其形式再多样、随机，其形成的根本原因与人的利益驱动有很大关系。单靠防御技术本身无法彻底解决网络安全问题，还与法规政策、法律、管理能力、标准问题、技术领域等多方面相关。所以，在评估与分析模型中也应考虑人的影响，特别是攻击者的作用，以更好地制定防御措施，提高防御性能。人为影响体现在：①攻击是含有人为意图的行为，可观察到的安全事件可能表现出随机性但存在隐蔽的依赖关系；②攻击者具有学习能力和决策能力，同时攻击者的知识和经验也是攻击中的重要因素；③攻击时攻击者与网络系统进行交互的行为，攻击者要寻找系统可利用的漏洞和脆弱性，同时在攻击时受到防火墙等安全措施的约束。如果在评估与分析建模中考虑这些影响(在建模分析时可能涉及学科交叉问题研究)，将能更好地指导系统防御。

参 考 文 献

[1] 范红. 信息安全风险评估规范国家标准理解与实施[M]. 北京：中国标准出版社, 2008.

[2] Noel S, Jacobs M, Kalapa P, et al. Multiple coordinated views for network attack graphs[C]// Visualization for Computer Security, 2005: 99-106.

[3] 张涛, 胡铭曾, 云晓春, 等. 计算机网络安全评估建模研究[J]. 通信学报, 2005(12): 100-109.

[4] 朱静. 基于 D-S 证据理论的网络安全风险评估模型[D]. 保定：华北电力大学, 2008.

[5] 鲁智勇, 冯超, 余辉, 等. 网络安全性定量评估模型研究[J]. 计算机工程与科学, 2009, 31(10): 18-22.

[6] 苘大鹏. 网络系统安全性评估技术研究[D]. 哈尔滨: 哈尔滨工程大学, 2009.

[7] 井维亮. 基于攻击图的网络安全评估技术研究[D]. 哈尔滨: 哈尔滨工程大学, 2008.

[8] 信息安全通用准则与信息安全管理标准的差异分析[J]. 中国标准化, 2002(6): 23-24.

[9] 王国良, 鲁智勇. 信息网络安全测试与评估[M]. 北京: 国防工业出版社, 2015.

[10] Wikipedia. 信息技术安全评估通用准则[EB/OL]. https://en.wikipedia.org/wiki/Common_Criteria. 2018.

[11] Sandoval J E, Hassell S P. Measurement, identification and calculation of cyber defense metrics[C]//Military Communications Conference, 2010: 2174-2179.

[12] Schneier B. Attack trees: Modeling security threats[J] Doctor Dobb's Journal, 1999, 24(12): 1-10.

[13] 卢继军, 黄刘生, 吴树峰. 基于攻击树的网络攻击建模方法[J]. 计算机工程与应用, 2003, 39(27): 160-163.

[14] 陈建明, 龚尧莞. 基于 SSE-CMM 的信息系统安全工程模型[J]. 计算机工程, 2003, 29(16): 35-36.

[15] Du S, Zhu H. Security Assessment via Attack Tree Model[M]. Berlin: Springer, 2013.

[16] Daniel G J, Hoo K S, Jaquith A. Information security: Why the future belongs to the quants[J]. IEEE Security & Privacy Magazine, 2003, 1(4): 24-32.

[17] Sarin R K. Multi-attribute Utility Theory[M]. Berlin: Springer, 2013: 1004-1006.

[18] 吴平. 基于扩展攻击树的信息系统安全风险评估[D]. 武汉: 华中科技大学, 2007.

[19] Cunningham W H. Optimal attack and reinforcement of a network[J]. Journal of the ACM, 1985, 32(3): 549-561.

[20] Jajodia S, Noel S. Advanced Cyber Attack Modeling Analysis and Visualization[R]. Fairfax: George Mason University, 2010.

[21] 冯萍慧, 连一峰, 戴英侠, 等. 基于可靠性理论的分布式系统脆弱性模型[J]. 软件学报, 2006, 17(7): 1633-1640.

[22] 贾炜. 计算机网络脆弱性评估方法研究[D]. 合肥: 中国科学技术大学, 2012.

[23] Sheyner O, Haines J, Jha S, et al. Automated generation and analysis of attack graphs[C]// Proceedings of 2002 IEEE Symposium on Security and Privacy, 2002, 1971: 273.

[24] Wang L, Yao C, Singhal A, et al. Interactive analysis of attack graphs using relational queries: Data and applications security XX[C]// Proceedings of IFIP WG 11.3 Working Conference on Data and Applications Security, Sophia Antipolis, Berlin: 2006: 119-132, 4127.

[25] 叶云. 基于攻击图的网络安全风险计算研究[D]. 长沙：国防科技大学, 2012.

[26] Hutchins E M, Cloppert M J, Amin R M. Intelligence-driven computer network defense

informed by analysis of adversary campaigns and intrusion kill chains[C]//The 6th Annual International Conference on Information Warfare and Security, Washington D C, 2011.

[27] Yadav T, Rao A M. Technical aspects of cyber kill chain[J]. Security in Computing and Communications, 2016, 536: 438-452.

[28] Bryant B, Saiedian H. A novel kill-chain framework for remote security log analysis with SIEM software[J]. Computers & Security, 2017, 67(6): 198-210.

[29] Adversaries C, Behavior C A, Vocabularies C, et al. Characterizing Effects on the Cyber Adversary: A Vocabulary for Analysis and Assessment[R]. Bedford: MITRE, 2014.

[30] Malone S T. Using-an-expanded-cyber-kill-chain-model-to-increase-attack-resiliency[C]//BlackHat USA 2016, Las Vegas, 2016.

[31] Okhravi H, Hobson T, Bigelow D, et al. Finding focus in the blur of moving-target techniques[J]. IEEE Security and Privacy, 2014, 12(2): 16-26.

[32] Hutchins E M, Cloppert M J, Amin R M. Intelligence-driven Computer Network Defense Informed by Analysis of Adversary Campaigns and Intrusion Kill Chains[R]. Lockheed Martin Corporation, 2011.

[33] Manadhata P K, Wing J M. An attack surface metric[J]. IEEE Transactions on Software Engineering, 2005, 37(3): 371-386.

[34] Jajodia S, Ghosh A K, Swarup V, et al. Moving Target Defense: Creating Asymmetric Uncertainty for Cyber Threats[M]. Heidelberg: Springer, 2011.

[35] 杨林, 于全. 动态赋能网络空间防御[M]. 北京: 人民邮电出版社, 2016.

[36] Haimes Y Y. Risk modeling, assessment and management[J]. IEEE Transactions on Systems Man & Cybernetics Part C Applications & Reviews, 2004, 29(5): 315.

[37] Fenton N E, Neil M. A critique of software defect prediction models[J]. IEEE Transactions on Software Engineering, 1999, 25(5):675-689.

[38] Gopalakrishna R, Spafford E, Vitek J. Vulnerability Likelihood: A Probabilistic Approach to Software Assurance[R]. West Lafayette: Purdue University, 2005.

[39] 陈锋. 基于多目标攻击图的层次化网络安全风险评估方法研究[D]. 长沙: 国防科学技术大学, 2009.

[40] 汪小帆, 李翔, 陈关荣. 网络科学导论[M]. 北京: 高等教育出版社, 2012.

[41] Silva S L, Ferreira J A, Martins M L. Epidemic spreading in a scale-free network of regular lattices[J]. Physica A: Statistical Mechanics and its Applications, 2007, 377(2): 689-697.

[42] Earn D J D, Grenfell B T. A simple model for complex dynamical transitions in epidemics[J]. Science, 2000, 287(5453): 667-670.

[43] Kaye P M. Infectious diseases of humans: Dynamics and control[J]. Immunology Today, 1993, 14(12): 616.

[44] Cohen R, Havlin S, Ben-Avraham D. Efficient immunization strategies for computer networks and populations[J]. Physical Review Letters, 2003, 91(24): 247901.

[45] Zou C C, Gong W, Towsley D. Worm propagation modeling and analysis under dynamic quarantine defense[C]// ACM Workshop on Rapid Malcode, 2003, 23(3): 51-60.

[46] 李尘. 基于复杂网络理论的病毒传播模型研究[D]. 兰州: 兰州理工大学, 2013.

[47] Cai G, Wang B, Luo Y, et al. A Model for Evaluating and Comparing Moving Target Defense Techniques Based on Generalized Stochastic Petri Net[M]. Berlin: Springer, 2016: 184-197.

[48] 郭允博. 基于对象 Petri 网的网络安全评估方法研究[D]. 西安: 西安建筑科技大学, 2016.

[49] Jasiul B, Szpyrka M, Liwa J. Detection and modeling of cyber attacks with petri nets[J]. Entropy, 2014, 16(12): 6602-6623.

[50] Jasiul B, Szpyrka M, Śliwa J. Malware Behavior Modeling with Colored Petri Nets[M]. Berlin: Springer, 2014:667-679.

[51] 杨艳峰, 李洁. 基于有限状态自动机的安全评估模型分析[J]. 企业家天地(中旬刊), 2013(6): 125-126.

[52] 张峰, 秦志光. 基于有限自动机的网络攻击系统研究[J]. 计算机科学, 2002, 29(z1):160-162.

[53] Petri C A. Kommunikation Mit Automaten[D]. Bonn: Institut Fuer Instrumentelle Mathematik, 1962.

[54] 高翔. 网络安全评估理论及其关键技术研究[D]. 郑州: 信息工程大学, 2014.

[55] 丁文斌. 基于 Petri 网的入侵容忍系统的性能评价[D]. 哈尔滨: 哈尔滨工业大学, 2006.

[56] 侯仁平. 基于 Petri 网的网络入侵检测研究[D]. 天津: 天津科技大学, 2014.

[57] 王永光. 基于 Petri 网的网络安全防御体系评估模型的研究[D]. 长沙: 湖南大学, 2014.

[58] 陈海. 基于随机 Petri 网的 Web 网站系统的脆弱性评价研究[D]. 兰州: 兰州大学, 2009.

[59] Marsan M A. Stochastic Petri nets: An elementary introduction[C]// European Workshop on Applications and Theoyr in Petri Nets, Venice, 1988.

[60] Jensen K. Coloured Petri Nets[M]. Berlin: Springer, 1987: 248-299.

[61] 百度百科. 自动机[EB/OL]. http://www.baike.com/wiki/自动机.

[62] 秦志光, 刘锦德. 安全系统的有限自动机[J]. 电子科技大学学报, 1996(1): 72-75.

[63] 郭威, 邬江兴, 张帆, 等. 基于自动机理论的网络攻防模型与安全性能分析[J]. 信息安全学报, 2016,1(4): 29-39.

[64] Wikipedia. 正则表达式[EB/OL]. https://en.wikipedia.org/wiki/Regular_expression. 2017.

[65] 吴春寒, 张兴元, 贺汛. 正则表达式与有穷自动机等价性在 Isabelle/HOL 中的形式化[J]. 解放军理工大学(自然科学版), 2010,11(4): 403-407.

[66] 习仲坚, 巫明. 有穷自动机理论在自动化控制方面的应用[J]. 自动化与仪器仪表, 2012(6): 105-108.

[67] Dacier M, Deswarte Y. Privilege graph: An extension to the typed access matrix model[C]// The 3rd European Symposium on Research in Computer Security, Brighton, 1994.

[68] Li W, Vaughn R B, Dandass Y S. An approach to model network exploitations using exploitation graphs[J]. Simulation, 2006, 82(8): 523-541.

[69] Wu K, Ye S. An information security threat assessment model based on bayesian network and OWA operator[J]. Applied Mathematics & Information Sciences, 2014, 8(2): 833-838.

[70] 刘文彦，霍树民，仝青，等. 网络安全评估与分析模型研究[J]. 网络与信息安全学报，2018,4(4): 1-11.

第 10 章　数学基础知识

本章的目的是便于学习前面章节所用到的数学知识。限于篇幅，主要选取概率论与随机过程、最优化和博弈论[1]中部分基础知识进行简要介绍。

10.1　概率论与随机过程

本节介绍网络安全建模过程中经常应用的马尔可夫过程和隐马尔可夫过程，下面首先给出一些基本概念及记号。

10.1.1　基本概念

概率模型是对不确定现象的数学描述，包含两个基本要素：样本空间和概率律[2]，样本空间是指一个试验所有可能结果的集合；概率律是试验结果的集合 A（称为事件）确定一个非负数 $P(A)$（称为事件 A 的概率），刻画人们对事件 A 的认识或所发生的信念的程度。随机变量指定义在样本空间上的实值函数。当随机变量的个数有限或可数时称为离散随机变量，当随机变量取连续多个可能值时称为连续随机变量。随机过程 $\{X(t), t \in T\}$ 是随机变量的集合，即对每个 $t \in T$，$X(t)$ 是随机变量，指标 t 常具化为时间，这时 $X(t)$ 可视为随机过程在时刻 t 的状态，随机变量 $X(t)$ 所有可能的取值称为随机过程的状态空间。T 称为该随机过程的指标集，当 T 是可数集时，随机过程称为离散时间过程，如果 T 是连续的实数区间，则该随机过程称为连续时间随机过程。

样本空间的任意子集称为一个事件。对于样本空间 S 的每一个事件 E，假定一个满足以下 3 个条件的数 $P(E)$：① $0 \leqslant P(E) \leqslant 1$；② $P(S)=1$；③对于任意两个互不相容的事件序列 $E_1, E_2, \cdots$，即当 $m \neq n$ 时，$E_m \cap E_n = \varnothing$ 的事件序列，有

$$P\left(\bigcup_{m=1}^{\infty} E_m\right) = \sum_{m=1}^{\infty} P(E_m) \tag{10-1}$$

条件概率：设 A 和 B 是两个事件，称 $P(B \mid A)$ 为已知 A 发生的条件下 B 发生的条件概率，若 A 发生，B 也要发生，则该发生的事件必同时属于 A 与 B，因前提是 A 已发生，故可将 A 视为新的样本空间，此时 $P(B \mid A)$ 的值等于 AB 发生概率值与 A 发生概率值的比，即

$$P(B \mid A)=\frac{P(AB)}{P(A)} \tag{10-2}$$

上式在 $P(A)>0$ 时有意义。如果

$$P(AB)=P(A)P(B)$$

那么称事件 A 和 B 是相互独立的。此时 $P(B \mid A)=P(B)$，即事件 B 的发生独立于 A 的发生。

设 $B_1, B_2, \cdots, B_n$ 是互不相容的事件，且满足 $\bigcup_{i=1}^{n} B_i = S$，则 $A=\bigcup_{i=1}^{n} AB_i$，进一步有

$$P(A)=\sum_{i=1}^{n} P(AB_i)=\sum_{i=1}^{n} P(A \mid B_i)P(B_i) \tag{10-3}$$

假设 A 发生，利用式(10-2)和(10-3)可得此时 B_i 发生的概率为

$$P(B_i \mid A)=\frac{P(AB_i)}{P(A)}=\frac{P(A \mid B_i)P(B_i)}{\sum_{i=1}^{n} P(A \mid B_i)P(B_i)} \tag{10-4}$$

称为贝叶斯公式。

10.1.2　马尔可夫过程

1. 简介

马尔科夫过程是指在给定当前知识或信息的情况下，过去(当期以前的历史状态)对于预测将来(当期以后的未来状态)不能提供任何信息[3]。因马尔可夫(Markov，1856～1922)于 1906 年首先提出了这类过程，因而得名马尔可夫过程。马尔可夫链是数学中具有马尔可夫性质的离散时间随机过程。马尔可夫过程相关理论在网络安全领域也有广泛应用，如攻击过程建模[4]、共存攻击分析[5]等。

如前所述，离散时间的马尔可夫过程称为马尔可夫链，其状态在确定的离散时间点上发生变化，因时间已经离散化，通常使用变量 n 来表示时刻。在任意时刻 n，用 X_n 表示链的状态，并且假定状态空间 S 为所有可能状态组成的有限集合。不失一般性，用 $S=\{1,2,\cdots,m\}$ 表示这个状态空间，其中 m 为某正整数。马尔可夫链的转移概率 p_{ij} 表示：当前状态是 i 时，下一个状态等于 j 的概率是 p_{ij}，数学上记为

$$p_{ij}=P(X_{n+1}=j \mid X_n=i),\ i,j \in S \tag{10-5}$$

马尔可夫链的核心假设是只要时刻 n 的状态为 i，不论过去发生了什么，也不论链是如何到达状态 i 的，下一个时刻转移到状态 j 的概率就一定是转移概率 p_{ij}，即

对于任意的时间 n，对任意的状态 $i,j\in S$，以及任意之前可能的状态序列 $i_0,\cdots,i_{n-1}$，均有

$$P(X_{n+1}=j\mid X_n=i,X_{n-1}=i_{n-1},\cdots,X_0=i_0)=P(X_{n+1}=j\mid X_n=i)=p_{ij}$$

任一状态 i 到其他所有状态(包括自己)转移概率 p_{ij} 的和为 1，即

$$\sum_{j=1}^{m}p_{ij}=1,\forall i \tag{10-6}$$

马尔可夫链可以由转移概率矩阵所刻画，如下所示

$$\begin{pmatrix} p_{11} & \cdots & p_{1m} \\ \vdots & \ddots & \vdots \\ p_{m1} & \cdots & p_{mm} \end{pmatrix} \tag{10-7}$$

此外，为了直观地表示马尔可夫链的状态转移情况，通常使用转移概率图来表示马尔可夫链，图中的圆节点表示状态，连接节点的(有向)弧线表示可能发生的转移，并将 p_{ij} 的数值标记在相应的弧线旁边。例如，图 10-1 是机器出现故障的状态转移图，0 状态表示正常工作，1 状态表示出现故障，b 表示 0 状态→1 状态的转移概率，r 表示经过维修后 1 状态→0 状态的转移概率，$1-b$ 表示 0 状态→0 状态的转移概率，$1-r$ 表示 1 状态经过维修后仍然处于 1 状态的转移概率。

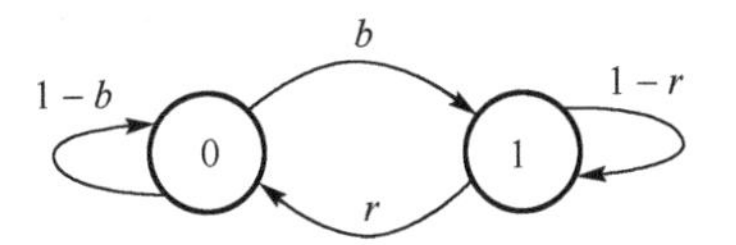

图 10-1　机器故障状态转移图

图 10-1 中，一个状态序列能表示为在转移概率图中一个转移弧线序列。给定一个马尔可夫链模型，利用其性质就可以计算将来任一给定状态序列的概率

$$P\left(X_n=i_n,X_{n-1}=i_{n-1},\cdots,X_0=i_0\right)=p_{i_{n-1}i_n}p_{i_{n-2}i_{n-1}}\cdots p_{i_0i_1}P\left(X_0=i_0\right) \tag{10-8}$$

因此，在给定初始状态下，该路径的概率等于每个弧线上转移概率的乘积。

2. *n* 步转移概率

立足当前状态计算得到未来某个时间段所处状态的概率分布，称为 n 步转移概率，定义为

$$r_{ij}(n)=p(X_n=j\mid X_0=i) \tag{10-9}$$

式中，$r_{ij}(n)$ 表示在给定当前状态为 i 的条件下，n 个时间段后的状态将是 j 的概率。可以通过 Chapman-Kolmogorov 方程(C-K 方程)进行计算，即

$$r_{ij}(n)=\sum_{k=1}^{m}r_{ij}(n-1)p_{kj} \tag{10-10}$$

式中，$n>1$，$r_{ij}(1)=p_{ij}$，如图 10-2 所示，其中粗箭头表示前 $n-1$ 步转移过程。这个公式很容易通过全条件公式推出

$$\begin{aligned}P(X_n=j|X_0=i)&=\sum_{k=1}^{m}P(X_{n-1}=k|X_0=i)P(X_n=j|X_{n-1}=k,X_0=i)\\&=\sum_{k=1}^{m}r_{ik}(n-1)p_{kj}\end{aligned} \tag{10-11}$$

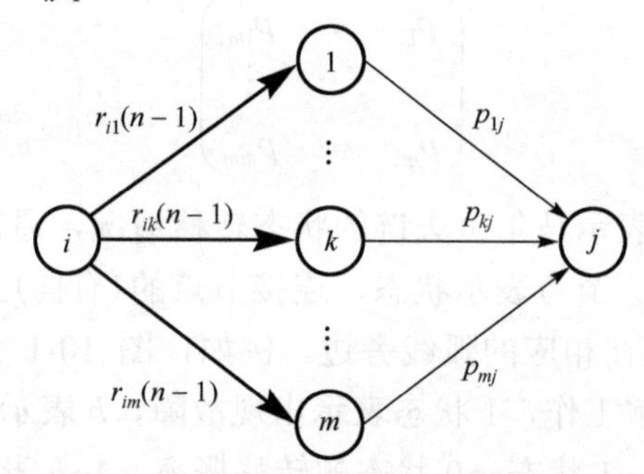

图 10-2　C-K 方程递推计算示意图

当 $n\to\infty$ 时，若每一个 $r_{ij}(n)$ 收敛于一个极限值，则有些情况下该值不依赖于初始状态 i，且对某些特定状态的极限值可能是零，这种极限值为 0 的状态称为“吸收态”，也就是一旦到达了这个状态，将永远处在这个状态。针对马尔可夫链的这种特点，需要对其状态进行分类研究。

对于某一正整数 n，若 n 步转移概率 $r_{ij}(n)$ 为正，那么称状态 j 为从状态 i 可达的。令 $A(i)$ 表示所有从状态 i 可达的状态集合，如果对于每个从 i 出发可达的状态 j，相应地从 j 出发也可以到达 i，则称状态 i 是常返态(不会吸收别的转移过来的状态)。常返态是从未来任何一个状态总有一定的概率可以回到状态 i。只要有足够的时间，常返态总能发生。与之对应的是非常返态，如果存在一个状态 $j\in A(i)$，使得 $i\notin A(j)$，那么状态 i 是非常返态。当状态 i 每次访问后，将以正概率可以到达状态 j，只要给足时间，这将会发生，但那之后，状态 i 将不会被回访。例如，图 10-3 中，所有弧线都代表具有正的转移概率，状态 1、4 和 5 是常返态，状态 2 和 3 是非常返态。

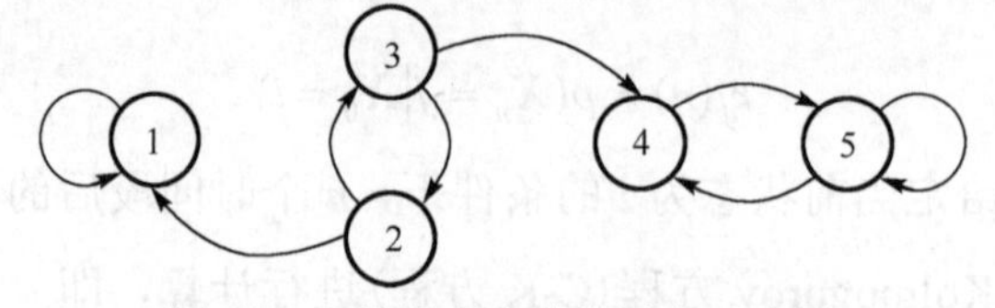

图 10-3　常返态和非常返态示意图

如果状态 i 是常返态，那么从 i 可达的状态集合 $A(i)$ 组成一个常返类，即 $A(i)$ 中所有状态都是相互可达的，$A(i)$ 之外的状态从这些状态是不可达的。对于一个常返态 i，若 $j\in A(i)$，则有 $i\in A(j)$，进而 $A(i)=A(j)$。

1) 周期性质

一个常返类 R 是否具有周期性可以通过下述条件进行判断：

(1) 如果 R 中的状态能被分成 $d>1$ 个互不相交的子集 $S_1,S_2,\cdots,S_d$，满足所有转移都是从子集 S_k 到 S_{k+1} 的（当 $k=d$ 时，是从子集 S_d 到 S_1），则称 R 是周期的。

(2) 当且仅当存在 n，使得对任何 $i,j\in R$，满足 $r_{ij}(n)>0$，则 R 是非周期的。

2) 稳态性质

实际中经常需要分析马尔可夫链模型的长期的状态性质，即当 n 足够大时，n 步转移概率 $r_{ij}(n)$ 的渐进行为。显然，如果有两个或多个常返态类 $r_{ij}(n)$ 的极限值一定依赖于初始状态。为了分析方便，本章只给出存在单个常返类，加上一些可能存在的非常返态。当单个常返类的情况研究清楚后，很容易扩展到多个常返类的情形。另外，对于周期性的常返类，当 n 足够大时，其转移概率也不会收敛，这里不考虑这种情况。下面介绍稳态收敛定理。

一个非周期的、单个常返类的马尔可夫链，状态 j 和它对应的稳态概率 π_j 具有如下性质：

(1) 对于每个 j，有

$$\lim_{n\to\infty} r_{ij}(n)=\pi_j,\quad \forall i \tag{10-12}$$

(2) π_j 是下面方程组（也称为平衡方程组）的唯一解

$$\begin{cases}\pi_j=\sum\limits_{k=1}^{m}\pi_k p_{kj},\ j=1,2,\cdots,m\\ \sum\limits_{k=1}^{m}\pi_k=1\end{cases} \tag{10-13}$$

(3) 非负性约束

$$\begin{cases}\pi_j=0, & \text{对于所有非常返态}j\\ \pi_j>0, & \text{对于所有常返态}j\end{cases} \tag{10-14}$$

稳态概率 π_j 的总和为1，在状态空间中形成了概率分布，通常称为链的平稳分布。

$$\pi_j=\sum_{k=1}^{m}\pi_k p_{kj},\quad j=1,2,\cdots,m \tag{10-15}$$

式(10-13)中所示的第一个等式可以由 C-K 方程结合式(10-12)中的结果得到，直观解释如图 10-4 所示。

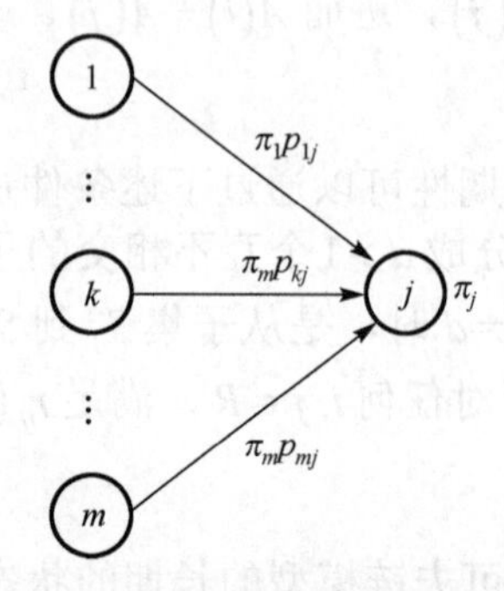

图 10-4　j 状态被访问的期望概率示意图

由图 10-4 可知，访问状态 j 的期望频率 π_j 等于能到达状态 j 的转移的期望频率 $\pi_k p_{kj}$ 的和。

3. 生灭过程

生灭过程是马尔可夫链的一个特例，它的状态是线性排列的，即若设其状态空间为 $\{0,1,\cdots,m\}$，其状态转移只发生在相邻状态之间，或者保持不变，如图 10-5 所示，其中

$$\begin{aligned} b_i &= P\left(X_{n+1} = i+1 \mid X_n = i\right) \\ d_i &= P\left(X_{n+1} = i-1 \mid X_n = i\right) \end{aligned} \tag{10-16}$$

例如，路由器中数据包排队转发过程中缓冲区数据包个数的变化情况就可以用生灭过程来建模。

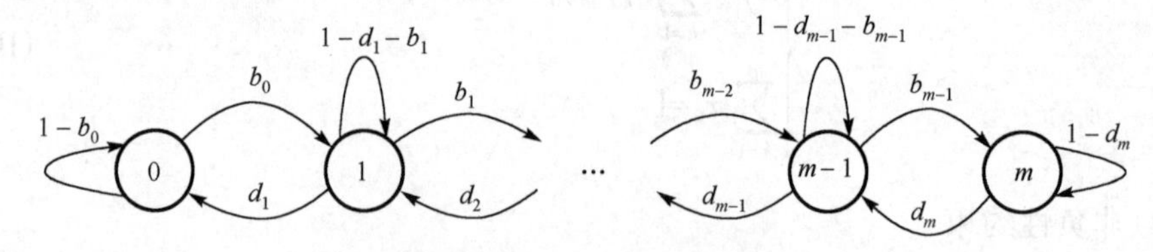

图 10-5　生灭过程转移概率图

对于一个生灭过程，平衡方程组能够充分简化。简单起见，首先考察起始状态 0 的平衡方程

$$\pi_0\left(1-b_0\right)+\pi_1 d_1=\pi_0 \Rightarrow \pi_0 b_0=\pi_1 d_1 \tag{10-17}$$

下一步考察状态 1 的平衡方程

$$\pi_0 b_0 + \pi_1 (1 - b_1 - d_1) + \pi_2 d_2 = \pi_1 \tag{10-18}$$

结合状态 0 的平衡方程所得等式可得

$$\pi_1 b_1 = \pi_2 d_2 \tag{10-19}$$

类似地，通过递推处理可得 i 到 i+1 转移的期望频率 $\pi_i d_i$ 一定等于 i+1 到 i 转移的期望频率 $\pi_{i+1} d_{i+1}$，即

$$\pi_i b_i = \pi_{i+1} d_{i+1}, \qquad i = 0,1,\cdots,m-1 \tag{10-20}$$

利用这个局部平衡方程组可以得到

$$\pi_i = \pi_0 \frac{b_0 b_1 \cdots b_{i-1}}{d_1 \cdots d_i}, \qquad i = 1,2,\cdots,m \tag{10-21}$$

结合归一化方程 $\sum_i \pi_i = 1$，可以最终计算得到 π_i。

10.1.3　隐马尔可夫过程

1．简介

隐马尔可夫模型(hidden Markov models，HMM)是 20 世纪 60 年代后期出现的一种统计模型，用来描述一个含有隐含未知参数的马尔可夫过程。其难点是从可观察的参数中确定该过程的隐含参数，然后利用这些参数来做进一步的分析，例如模式识别。在正常的马尔可夫模型中，状态对于观察者来说是直接可见的，这样状态的转换概率便是全部的参数。而在隐马尔可夫模型中，状态并不是直接可见的，但受状态影响的某些变量则是可见的。每一个状态在可能输出的符号上都有一概率分布，因此输出符号的序列能够透露出状态序列的一些信息[6]，如图 10-6 所示。HMM 通过可观察的参数确定该过程的隐含参数，然后利用这些隐含参数作进一步的分析。HMM 分析的基本对象是序列，但不是简单的序列，这个序列产生的背景很复杂，甚至未知，序列变化的规律难以掌握。

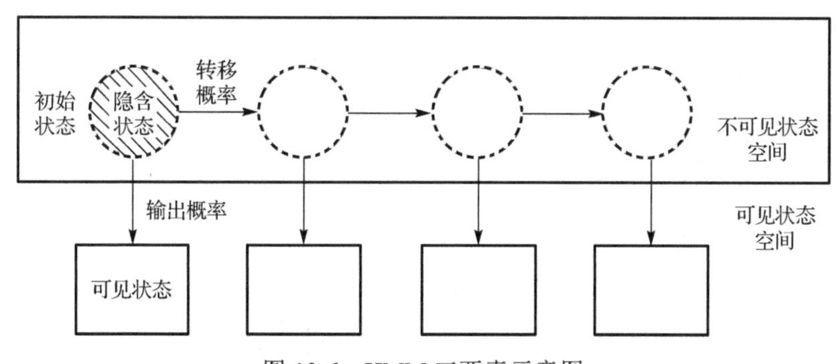

图 10-6　HMM 三要素示意图

HMM 首先应用在语音识别问题中[7]，后又在图像处理、数字信号分析等研究领域得到广泛应用。20 世纪 90 年代后，HMM 在生物信息学研究领域受到重视，在基因或蛋白质序列比对、蛋白质结构功能分析等问题中有许多基于 HMM 的重要模型、算法和结果。另外，随着网络安全问题成为人们关注的焦点，研究人员开始将 HMM 应用于入侵检测[8]、虚拟机异常检测[9]、TCP 网络流量的异常检测、信用卡盗刷检测等场景中[10]。

2. *形式化/严格描述*

一个 HMM 包含三个要素。

(1) 可见随机变量：用来描述你所感兴趣的物理量，随时间变化。

(2) 隐含的状态变量：一个假设的存在，每个时间点的物理量背后都对应一个状态量。

(3) 变量间的关系：用概率的方法描述以下三个关系或变量，分别是初始状态量 π，当前的隐含状态量与下一个隐含状态量间关系 A(此处还用到马尔可夫假设：当前隐含状态只取决于前一个隐含状态)，当前的隐含状态量与可见随机量间关系 B。

隐含状态之间存在转移概率，隐含状态与可见状态之间存在输出概率。

一个 HMM 可以用一个五元组表示

$$\lambda = \left(\Omega_S, \Omega_O, A, B, \pi\right) \tag{10-22}$$

式中，变量说明如下。

$\Omega_S = \{q_1, q_2, \cdots, q_N\}$：有限隐藏状态的集合。

$\Omega_O = \{v_1, v_2, \cdots, v_M\}$：有限观察值的集合。

$A = [a_{ij}]_{N\times N}$，$a_{ij} = p(S_{t+1} = q_j \mid S_t = q_i)$：转移概率。

$B = [b_{ik}]_{N\times M}$，$b_{ik} = p(O_t = v_k \mid S_t = q_i)$：输出概率。

$\pi = [\pi_i]_{N\times 1}$，$\pi_i = p(S_1 = q_i)$：初始状态分布。

对于一个随机事件，有一个观察值序列：$O = \{O_1, O_2, \cdots, O_T\}$。

该事件隐含着一个状态序列：$S = \{S_1, S_2, \cdots, S_T\}$。

假设 1：马尔可夫假设(状态构成一阶马尔可夫链)

$$p(S_{i+1} \mid S_i, S_{i-1}, \cdots, S_1) = p(S_{i+1} \mid S_i) \tag{10-23}$$

假设 2：不动性假设(状态与具体时间无关)

$$p(S_{i+1} \mid S_i) = p(S_{j+1} \mid S_j), \quad \text{对于任意 } i, j \text{ 成立} \tag{10-24}$$

假设 3：输出独立性假设(输出仅与当前状态有关)

$$p(O_1, O_2, \cdots, O_T \mid S_1, S_2, \cdots, S_T) = \prod_i p(O_i \mid S_i) \tag{10-25}$$

对于 HMM 来说，如果提前知道所有隐含状态之间的转移概率和所有隐含状态到所有可见状态的输出概率，进行模拟非常容易，但实际应用 HMM 时往往缺失了一部分信息，如何利用算法去估计这些缺失的信息就成为需要解决的问题。

3. 相关算法

HMM 的三类基本问题及解决方案如下。

(1) 评估问题(概率计算问题)：对于给定模型 $\lambda=(\Omega_S,\Omega_O,A,B,\pi)$，求某个特定输出序列 $O=\{O_1,O_2,\cdots,O_T\}$ 的概率 $p(O\mid\lambda)$。

解决方案：向前算法-定义向前变量，采用动态规划算法，复杂度为 $\Theta(N^2T)$。

(2) 解码问题(预测问题)：对于给定模型 $\lambda=(\Omega_S,\Omega_O,A,B,\pi)$ 和某个特定输出序列 $O=\{O_1,O_2,\cdots,O_T\}$，求最可能产生这个输出的状态序列，即求序列 $S=\{S_1,S_2,\cdots,S_T\}$，使得 $p(S\mid O)$ 最大。

解决方案：韦特比 (Viterbi) 算法，采用动态规划算法，复杂度为 $\Theta(N^2T)$。

(3) 学习问题(模型训练)：给定观察序列 $O=\{O_1,O_2,\cdots,O_T\}$，估计 HMM 的参数 (A,B,π)，使观察值出现的概率 $p(O\mid\lambda)$ 最大，即已知隐含状态数量，不知道转换概率，已知可见状态链，反推隐含状态。这种类型最常见，因为实际中很多时候我们都只有可见结果，不知道 HMM 的参数，我们需要可见结果来估计这些参数，进而解决实际问题。

解决方案：向前-向后算法(期望最大化算法的一个特例)，带隐变量的最大似然估计。

10.2 最 优 化

最优化是个古老的问题，早在 17 世纪就有人开始对相关问题展开研究[11]。最优化是在众多可行的方案或方法中寻找最好的方案或方法，最优化理论是运筹学的重要组成部分。最优化问题一般有三个要素：目标、方案及约束条件，目标是方案的“函数”，如果方案与时间无关，则该问题属于静态最优化问题；否则称为动态最优化问题。最优化方法在许多领域都有应用，如网络资源的优化配置[12, 13]、博弈均衡的求解等。

10.2.1 基本概念

首先，给出最优化的一般形式

$$\min_{x\in R^n} f(x),\quad x=(x_1,x_2,\cdots,x_n)$$
$$\text{s.t.}\begin{cases} g_i(x)\geqslant 0, & i=1,2,\cdots,l \\ h_j(x)=0, & j=1,2,\cdots,m;\ m<n \end{cases} \tag{10-26}$$

根据实际问题不同，对应最优化问题的数学模型具有不同的形式，但经过简单处理后都可以变换为上面的一般形式，例如，求目标函数 $f(x)$ 极大值的问题可以转换为求 $-f(x)$ 极小值的问题，约束条件小于等于零也可以转换为大于等于零。

最优化问题的数学模型包含三个要素：变量、目标函数、约束条件。满足所有约束的点称为可行点，可行点的集合称为可行域。在二维平面，当约束函数为线性时，等式约束在坐标平面上为一条直线，不等式约束在坐标平面上为一半平面；当约束函数为非线性时，等式约束条件在坐标平面上为一条曲线，不等式约束为把坐标平面分成两部分当中的一部分，如图 10-7 所示。

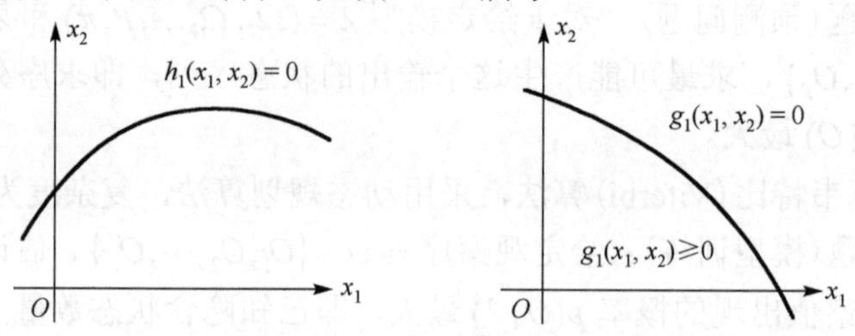

图 10-7　等式与不等式约束几何表示

当把约束条件中的每一个等式所确定的曲线，以及每一个不等式所确定的部分在坐标平面上画出之后，它们相交的公共部分即为约束集合。

特别地，当优化问题没有约束条件时，称为无约束优化问题，它可以视为约束优化问题的特例。无约束优化问题是最优化的基础，一是因为许多实际问题的最优化问题本身就是无约束最优化问题；二是因为许多最优化方法都是通过变换把约束最优化问题转换为无约束最优化问题后，可以利用无约束优化方法求解。

10.2.2　最优化方法分类

依据最优化数学模型一般形式中函数的具体性质和复杂程度，最优化问题可以分为不同的类型，如依据决策变量的取值是离散还是连续的可分为离散最优化和连续最优化，连续最优化依据其模型中函数是否可导可分为可导最优化与非可导最优化。离散最优化通常又称为组合最优化[14]，例如，整数规划、资源配置、路由选择、生产安排等问题都是离散最优化问题。离散最优化问题的求解较连续最优化问题的求解难度更大。

1. 无约束优化方法

无约束优化方法是优化技术中极为重要和基本的内容之一，常用无约束最优化方法包括：最速下降法、Newton 法、修正 Newton 法、共轭方向法、共轭梯度法、变尺度法、坐标轮换法、单纯形法等。把这些方法归纳起来可以分成两大类：一类是仅用计算函数值所得到的信息来确定搜索方向，通常称为直接搜索法，简称直接法；另一类需要计算函数的一阶或二阶导数所得到信息来确定搜索方向，这一类方法称为间接法(解析法)。直接法不涉及导数、Hesse 矩阵，适应性强，但收敛速度较慢；间接法收敛速度快，但需计算梯度，甚至需要计算 Hesse 矩阵。一般的经验是，在可能求得目标函数导数的情况下尽可能使用间接法；反之，在不可能求得目标函数的导数或根本不存在导数的情况下，应使用直接法。

2. 有约束优化方法

常用约束最优化方法包括：外点罚函数法、内点罚函数法、混合罚函数法、约束坐标轮换法、复合形法。依据处理约束条件的方法不同，约束优化方法也可分为直接法和间接法两大类。间接法的基本思想是将约束优化问题首先转换为一系列无约束优化问题，然后利用无约束优化方法来求解，逐渐逼近约束问题的最优解。这些算法一般比较复杂，但由于它们可以采用计算效率高、稳定性好的无约束优化方法，故可用于求解高维的优化问题。直接法的基本思想是构造一个迭代过程，使每次迭代点都在可行域 D 中，且一步一步地降低目标函数值，直到求得最优解。这类方法很多，如约束坐标轮换法、复合形法等。这类方法一般实现简单，对目标函数和约束函数无特殊要求；但计算量大，运行时间较长，不适用于维数较高的场景，而且一般用于求解只含不等式约束的优化问题。

10.2.3 常用的三种最优化算法

1. 线性系统最优化求解

当优化的目标函数是控制参数的线性组合时，称为线性优化，表示为

$$\min_{x \in R^n} f(x) = c_1 x_1 + c_2 x_2 + \cdots + c_n x_n$$
$$\text{s.t.} \begin{cases} Ax = b \\ x \geqslant 0 \end{cases} \tag{10-27}$$

式中，A 是 $m \times n$ 的矩阵；x 和 b 分别是具有 n 个和 m 个元素的列向量，且 $n \geqslant m$。显然，线性约束最优化问题的解只能在约束边界的某些点上取得。常用的解法有直观法和单纯形法，前者适合于低维约束的求解，后者则没有限制。单纯形法的基本思想是首先定位约束形成的多面体的任何一个顶点，然后从该顶点移动到目标函数具有更大值的相邻边界点处，重复此过程，直至目标函数在当前顶点处比任何相邻边界点的值都大，此时便得到了最优值及相应的变量值。

2. 非线性约束条件的最优化求解

在经典极值问题中，解析法虽然具有概念简明、计算精确等优点，但因只适用

于简单或特殊问题的寻优，对于复杂的工程实际问题通常无能为力，所以极少使用。最优化问题的迭代算法是指：从某一选定的初始点出发，根据目标函数、约束函数在该点的某些信息确定本次迭代的一个搜索方向和适当的步长，从而到达一个新点，即

$$x_{k+1} = x_k + t_k P_k, \quad k = 0,1,\cdots \tag{10-28}$$

式中，x_k 是前一次的迭代点，在起始计算时设为初始值 x_0；x_{k+1} 为新的迭代点；P_k 为第 k 次迭代计算的搜索方向；t_k 为第 k 次迭代计算的步长因子。按照式(10-28)进行一系列迭代计算所根据的思想是所谓的“爬山法”，就是将寻求函数极小点(无约束或约束极小点)的过程比喻为向“山”的顶峰攀登的过程，始终保持向“高”的方向前进，直至到达“山顶”。当然“山顶”可以理解为目标函数的极大值，也可以理解为极小值，前者称为上升算法，后者称为下降算法。这两种算法都有一个共同的特点，就是每前进一步都应该使目标函数有所改善，同时要为下一步移动的搜索方向提供有用的信息。如果是下降算法，则序列迭代点的目标函数值必须满足

$$f(x_0) > f(x_1) > \cdots > f(x_k) > f(x_{k+1}) \tag{10-29}$$

如果是求一个约束的极小值点，则每一次迭代的新点都应该在约束可行域内。

1) 收敛速度

作为一个算法 A，能够收敛于问题的最优解当然是必要的，但仅能收敛还不够，还必须能以较快的速度收敛，这才是好的算法。

定义 10.1　设由算法 A 产生的迭代点列 $\{x_k\}$ 在某种“$\|\cdot\|$”的意义下收敛于点 x^*，即 $\lim\limits_{k\to\infty}\|x_k - x^*\| = 0$，若存在实数 $\alpha > 0$ 及一个与迭代次数 k 无关的常数 q，使得

$$\lim_{k\to\infty}\frac{\|x_{k+1} - x^*\|}{\|x_k - x^*\|^{\alpha}} = q$$

则算法 A 产生的迭代点列叫作具有 α 阶收敛速度，或算法 A 叫作 α 是阶收敛的，特别地：

(1) 当 $\alpha = 1, q > 0$ 时，迭代点列 $\{x_k\}$ 称为具有线性收敛速度或算法 A 称为线性收敛的。

(2) 当 $1 < \alpha < 2, q > 0$ 或 $\alpha = 1, q > 0$ 时，迭代点列 $\{x_k\}$ 叫作具有超线性收敛速度或称算法 A 是超线性收敛。

(3) 当 $\alpha = 2$ 时，迭代点列 $\{x_k\}$ 叫作具有二阶收敛速度或算法 A 是二阶收敛的。

一般认为，具有超线性收敛或二阶收敛的算法是较快速的收敛算法。

2) 计算终止准则

用迭代方法寻优时，其迭代过程总不能无限制地进行下去，那么什么时候截断

这种迭代呢？这就是迭代什么时候终止的问题。从理论上说，当然希望最终迭代点到达理论极小值点，或者使最终迭代点与理论极小点之间的距离足够小时才终止迭代。但是这实际上是办不到的。因为对于一个待求解的优化问题，其理论极小值点难以确定，仅能得到通过迭代计算的迭代点列，只能从点列所提供的信息来判断是否应该终止迭代。对于无约束优化问题通常采用的迭代终止准则有以下几种：

(1) 点距准则。相邻两个迭代点之间的距离已达到充分小，即 $\left\|x_k - x^*\right\| \leqslant \varepsilon$，式中 ε 是一个充分小的正数，代表计算精度。

(2) 函数下降量准则。相邻两个迭代点的函数值下降量已达到充分小。当 $f(x_{k+1}) < 1$ 时，可用函数绝对下降量准则 $\left|\dfrac{f(x_{k+1}) - f(x_k)}{f(x_{k+1})}\right| \leqslant \varepsilon$，当 $f(x_{k+1}) > 1$ 时，可用函数相对下降量准则 $\left|f(x_{k+1}) - f(x_k)\right| \leqslant \varepsilon$。

(3) 梯度准则。目标函数在迭代点的梯度已达到充分小，即 $\nabla f(x_{k+1}) \leqslant \varepsilon$。

这一准则对于定义域上的凸函数是完全正确的。若是非凸函数，则可能导致误把驻点作为最优点。对于约束优化问题，不同的优化方法有各自的终止准则。

综上所述，优化算法的基本迭代过程如下：

(1) 选定初始点 x_0，置 k=0。

(2) 按照某种规则确定搜索方向 P_k。

(3) 按某种规则确定 t_k 使得 $f(x_k + t_k P_k) < f(x_k)$。

(4) 计算 $x_{k+1} = x_k + t_k P_k$。

(5) 判定 $f(x_{k+1})$ 是否满足终止准则，若满足，则输出 x_{k+1} 和 $f(x_{k+1})$，停机；否则置 k=k+1，转至第 (2) 步。

3. 启发式非线性最优化求解

在非线性优化中，当沿着对应的超边目标函数可能增加也可能减小时，不能利用多面体的顶点进行优化，而必须借助非线性优化技术。非线性优化技术大致可分为两类。

第一类：当目标函数和约束函数是连续且至少二阶可导时，可以利用拉格朗日优化和带有 KKT (Karush-Kuhn-Tucher) 条件的拉格朗日优化技术。

拉格朗日优化计算由多个变量表示函数 f 的最大值或最小值，其中的变量受到一个或多个函数 g_i 约束。约束条件 $g_i(x) = c$ 对应一条等值线，沿着等值线，f 将以某种方式增大或减小，当取某些固定的 d 值时，$f(x)$=d 与 g 的等值线相交。当 g 的等值线擦过 f 的极值等值线时，在 g 的等值线上刚好达到 f 的极值。在这个点上，两条等值线相切，此时 f 的等值线的梯度与 g 的等值线的梯度方向相同。

在求取有约束条件的优化问题时，拉格朗日乘子法 (Lagrange multiplier) 和

KKT 条件是非常重要的两种求取方法，对于等式约束的优化问题，可以应用拉格朗日乘子法去求取最优值；如果含有不等式约束，可以应用 KKT 条件去求取，KKT 条件是拉格朗日乘子法的泛化。需要注意的是，这两种方法求得的结果只是必要条件，即结果可能只是局部极值，而非全局极值，只有当是凸函数的情况下，才能保证是充分必要条件，求得的极值才是全局极值。下面分别对拉格朗日乘子法和 KKT 条件进行分析和阐述。通常我们需要求解的最优化问题有如下几类。

Ⅰ类：无约束优化问题，可以写为

$$\min_{x\in R^n} f(x), x=(x_1,x_2,\cdots,x_n) \tag{10-30}$$

Ⅱ类：有等式约束的优化问题，可以写为

$$\begin{aligned}&\min_{x\in R^n} f(x),\ x=(x_1,x_2,\cdots,x_n)\\&\text{s.t. } h_j(x)=0,\ j=1,2,\cdots,m;\ m<n\end{aligned} \tag{10-31}$$

Ⅲ类：有不等式约束的优化问题，可以写为

$$\begin{aligned}&\min_{x\in R^n} f(x),\quad x=(x_1,x_2,\cdots,x_n)\\&\text{s.t. }\begin{cases}g_i(x)\leqslant 0, & i=1,2,\cdots,l\\ h_j(x)=0, & j=1,2,\cdots,m;\ m<n\end{cases}\end{aligned} \tag{10-32}$$

对于Ⅰ类优化问题，常常使用的方法是 Fermat 定理，即令 $\nabla_x f(x)=0$，可以求得候选最优值，再在这些候选值中验证。如果是凸函数，则可以保证是最优解；如果没有解析解，则可以使用梯度下降或牛顿方法等迭代的手段来使 x 沿负梯度方向逐步逼近极小值点。

对于Ⅱ类优化问题，约束条件会将解的范围限定在一个可行域，此时不一定能找到使得 $\nabla_x f(x)=0$ 的点，只需找到在可行域内使得 $f(x)$ 最小的值即可，常用的方法就是拉格朗日乘子法，通过引入拉格朗日乘子 $\alpha=(\alpha_1,\alpha_2,\cdots,\alpha_m)\in R^m$，并把等式约束 $h_j(x)$ 用一个系数与 $f(x)$ 写为一个式子，即

$$L(x,\alpha)=f(x)+\sum_{j=1}^{m}\alpha_j h_j(x) \tag{10-33}$$

然后分别对 x 和 α 求导，并令导数为零，即

$$\begin{cases}\nabla_\alpha L(x,\alpha)=0\\ \nabla_x L(x,\alpha)=0\end{cases} \tag{10-34}$$

可以求得候选值集合 x^*，代入 $f(x^*)$，然后验证求得最优值。

对于Ⅲ类优化问题，常常使用的方法就是 KKT 条件。同样地，我们把所有的等式、不等式约束与 $f(x)$ 写为一个式子，也叫拉格朗日函数，系数也称拉格朗日乘

子，通过一些条件可以求出最优值的必要条件，这个条件称为 KKT 条件。此时，需要额外引入一个矢量 $\beta=\left(\beta_1,\beta_2,\cdots,\beta_l\right)\in R^l$，$L(x,\alpha,\beta)=f(x)+\sum_{j=1}^{m}\alpha_j h_j(x)+\sum_{i=1}^{l}\beta_i g_i(x)$，KKT 条件是说最优值必须满足三个条件：① $L(x,\alpha,\beta)$ 对 x 求导为零；② $h_j(x)=0$；③ $\beta_i g_i(x)=0$。求取这三个等式之后就能得到候选最优值。其中第三个式子非常有趣，因为 $g_i(x)\leqslant 0$，如果要满足这个等式，必须使 $\beta_i=0$ 或者 $g_i(x)=0$。

下面对拉格朗日乘子法和 KKT 条件能够得到最优值的原因进行简单分析。首先介绍拉格朗日乘子法，设想目标函数 $d=f(x)$，d 取不同的值，相当于可以投影在 x 构成的平面上(或曲面，此处为方便说明，选择 x 为 2 维变量，此时只有一个约束条件 $h_1(x)$)，即称为等高线，如图 10-8 所示。约束条件 $h_1(x)=0$ 与目标函数 $d=f(x)$ 之间存在三种情形，即相交、相切或者无交集，无交集肯定无解，只有相交或者相切存在解，但相交得到的一定不是最优值，因为相交意味着还存在其他的等高线在该条等高线的内部或者外部，使得新的等高线与目标函数的交点的值更大或者更小。因此，只有等高线与目标函数的曲线相切时，才可能得到可行解，故拉格朗日乘子法取得极值的必要条件是目标函数与约束函数相切，这时两者的法向量是平行的，如图 10-8 所示，即等高线和目标函数的曲线在该点的法向量必须有相同方向，所以最优值必须满足：$f(x)$ 的梯度等于 $\alpha_1 h_1(x)$ 的梯度，α_1 是常数，表示左右两边同向。这个等式就是 $L(x,\alpha)$ 对参数求导的结果

$$\nabla_x f(x)-\alpha\nabla_x h(x)=0 \tag{10-35}$$

同理，对应 x 为更高维变量时，只要满足上述等式，且满足之前的约束 $h_j(x)=0$，$j=1,2,\cdots,m$，即可得到最优解，联立起来可得拉格朗日乘子法。

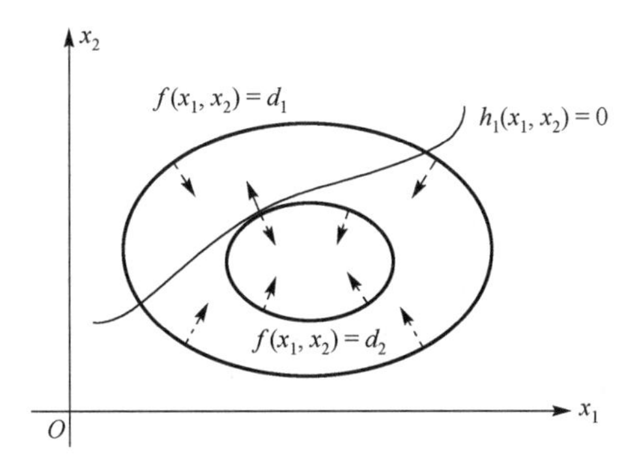

图 10-8　拉格朗日乘子法原理示意图

接着分析 KKT 条件。同样，首先来看 x 为 2 维变量的情况，给定如下不等式约束问题

$$\min_{x \in R^n} f(x), \quad x = (x_1, x_2) \\ \text{s.t.}\ g_1(x) \leqslant 0 \tag{10-36}$$

对应的拉格朗日乘子为

$$L(x, \beta_1) = f(x) + \beta_1 g_1(x) \tag{10-37}$$

这时的可行解必须落在约束区域 $g_1(x)$ 之内，具体指可行解 x 只能在 $g_1(x)<0$ 或者 $g_1(x)=0$ 的区域里取得：①当可行解 x 落在 $g_1(x)<0$ 区域内时，直接极小化 $f(x)$ 即可；②当可行解 x 落在 $g_1(x)=0$ 即边界上时，等价于等式约束优化问题。

图 10-9 分别描述了两种情况，当约束区域包含目标函数原有的可行解时，此时加上约束可行解仍落在约束区域内部，对应 $g_1(x)<0$ 的情况，这时约束条件不起作用，如图 10-9(a)所示；当约束区域不包含目标函数原有的可行解时，此时加上约束后可行解落在边界 $g_1(x)=0$ 上，如图 10-9(b)所示。

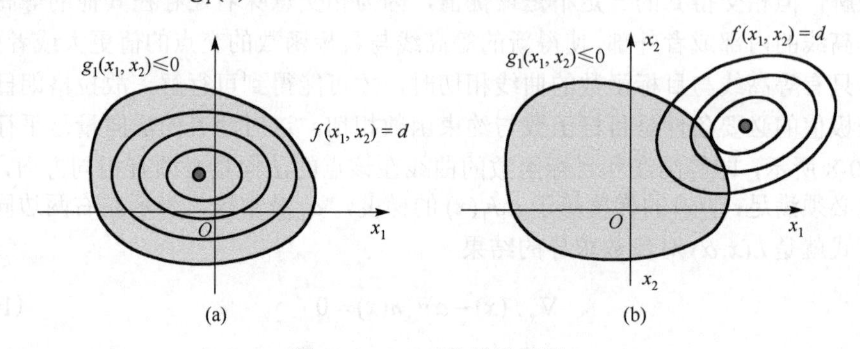

图 10-9　KKT 条件示意图 1

以上两种情况就是说，要么可行解落在约束区域内部，要么可行解落在约束边界上即得 $g_1(x)=0$，此时约束不起作用，令 $\beta_1=0$ 消去约束即可，所以无论哪种情况都有

$$\beta_1 g_1(x) = 0$$

还有一个问题就是 β_1 的取值，在等式约束优化中，约束函数与目标函数的梯度只要满足平行条件即可，而在不等式约束中则不然，若 $\beta_1 \neq 0$，则说明可行解 x 是落在约束区域的边界上的，这时可行解应尽量靠近无约束时的解，所以在约束边界上，目标函数的负梯度方向应该远离约束区域朝向无约束时的解，如图 10-10 所示，此时正好可得约束函数的梯度方向与目标函数的负梯度方向应相同：

$$-\nabla_x f(x) = \beta_1 \nabla_x g_1(x)$$

该式需要满足的要求是拉格朗日乘子 $\beta_1>0$。

因此，对于不等式约束，只要满足一定的条件，依然可以利用拉格朗日乘子法求解，即 KKT 条件

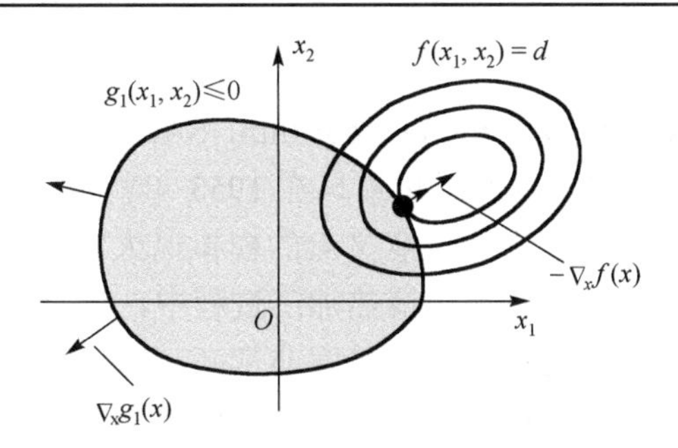

图 10-10　KKT 条件示意图 2

$$\nabla_x L(x,\alpha,\beta)=0 \tag{10-38}$$

$$\beta_i g_i(x)=0,\quad i=1,2,\cdots,l \tag{10-39}$$

$$h_j(x)=0,\quad j=1,2,\cdots,m \tag{10-40}$$

$$g_i(x)\leqslant 0,\quad i=1,2,\cdots,l \tag{10-41}$$

$$\beta_i \geqslant 0,\quad i=1,2,\cdots,l \tag{10-42}$$

满足 KKT 条件后极小化拉格朗日乘子可得到在不等式约束条件下的可行解。上面五个条件的说明如下：式(10-38)是拉格朗日取得可行解的必要条件；式(10-39)是以上分析的一个比较有意思的约束，称作松弛互补条件；式(10-40)和式(10-41)是初始约束条件；式(10-42)是不等式约束的拉格朗日乘子需满足的条件。

主要的 KKT 条件便是式(10-40)和式(10-42)，只要满足这两个条件便可直接应用拉格朗日乘子法。

第二类：当目标函数不连续或不可导时，通常采用启发式技术，如粒子群优化算法、模拟退火算法及遗传算法等[15]，实际场景中大多数优化问题属于这种情形。这些启发式的优化算法有许多现成的公开资料可供使用，只需要结合实际应用场景选择合适的参数即可，很容易计算得到相关结果。

1) 粒子群优化算法

粒子群优化算法是一种进化计算方法[16,17]。它将优化问题的解视为搜索空间中的一个粒子，粒子没有质量和体积，它在 N 维空间里的位置表示一个矢量，每个粒子的飞行速度也是一个矢量。所有粒子都有一个被优化函数决定的适应值，每个粒子还有一个速度决定它们运动的方向和距离，每个粒子都知道自己目前为止发现的最好位置和现在的位置，另外，每个粒子还知道目前为止整个群体中所有粒子发现的最好位置，所有粒子通过自己的信息和整个群体的信息来决定下一步的运动方向和距离，直至搜索到满足要求的最优解。粒子群算法的性能在很大程度上取决于算法的控制参数，如粒子数、最大速度、学习因子、惯性权重等。

2)模拟退火算法

模拟退火算法(simulated annealing algorithm，SAA)是一种模拟物理退火的过程而设计的通用优化算法。它的基本思想最早在1953年就被Metropolis提出，但直到1983年，Kirkpatrick等才设计出真正意义上的模拟退火算法并进行应用。退火指将合金加热后再慢慢冷却的过程。在金属热加工过程中，当金属的温度超过它的熔点时，大量原子会激烈地随机运动，这时温度非常高，原子具有很高的能量。随着金属逐渐冷却，金属中原子的能量越来越小，最后达到所有可能的最低点。模拟退火算法以一个问题的随机解开始，用一个变量表示温度，一开始温度很高，然后逐渐降低，每次迭代期间，算法都会随机选中题解中的某个数字，然后朝某个方向变化。该算法在系统向着能量减小的趋势变化过程中，偶尔允许系统跳到能量较高的状态，以避开局部最小，最终稳定在全局最小。算法的关键在于若新解更优，则新解会成为当前解。

模拟退火过程就是通过温度参数T的变化使状态收敛于最小能量处。因而，参数T的选择对于算法最后的结果有很大影响。初始温度和终止温度设置得过低或过高都会延长搜索时间。降温步骤太快往往会漏掉全局最优点，使算法收敛至局部最优点；降温步骤太慢，则会大大延长搜索全局最优点的计算时间，从而难以实际应用，因此，T的选取比较关键。

3)遗传算法

遗传算法是一种宏观意义下的仿生算法，它的机制是模仿一切生命与智慧的产生与进化过程。遗传算法是模拟生物界的遗传和进化过程而建立起来的一种高度并行的全局性概率搜索算法，遗传算法中每一条染色体对应着遗传算法的一个解决方案，一般我们用适应性函数(fitness function)来衡量解决方案的优劣，从一个基因组到其解的适应度形成一个映射，体现着“优胜劣汰，适者生存”的竞争机制。遗传算法提供了一种求解复杂系统问题的通用框架，它不依赖于问题的具体领域，对问题的求解有很强的鲁棒性，所以遗传算法在函数和组合优化、生产调度、自动控制、智能控制、机器学习、数据挖掘、图像处理以及人工生命等领域得到了成功而广泛的应用。

10.3　博　弈　论

博弈论的思想最早由古诺在其双头垄断模型中提出，冯·诺依曼和摩根斯坦恩在1944年出版了《博弈论与经济行为》一书，最早提出了博弈论的概念。现代博弈论则是由纳什、海萨尼、泽尔腾、夏普利等发展起来的，前三位经济学家还因此获得了1994年的诺贝尔经济学奖。目前，博弈论已经成为现代经济学的基本分析工具之一，并且被广泛应用于政治、经济、军事、社会、自然科学、工程等领域[18]。

10.3.1　基本概念

博弈论是关于竞争场合下行为主体之间的策略互动过程研究的理论，博弈论的基础是收益理论，收益理论建立在主体偏好关系公理化的基础上[1]，如图 10-11 所示。

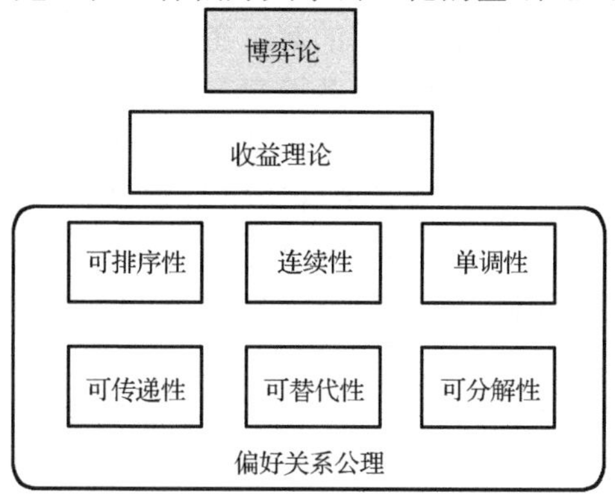

图 10-11　博弈论的基础

1）要素

一般的博弈包含如下细分的组成要素。

(1) 参与者：每局博弈至少有两个参与者。在网络安全博弈中通常考虑两类参与者，分别是防御者、攻击者(有的场景建模时会引入第三种类型的参与者：正常用户或内鬼)。

(2) 行动集：规定每个参与者可以采取的行动的集合。例如，入侵检测博弈中，攻击者有两种选择，即攻击/不攻击，防御者也有两种选择，即监控/不监控。

(3) 行动序列：游戏规则中规定的每个参与者决策的先后次序。在静态博弈中，局中人同时行动；在动态博弈中，局中人有行动的次序。

(4) 策略：参与人策略是对博弈期间参与人行为的总体描述，包含两种类型，分别是纯策略和混合策略。纯策略确定性地描述参与人在每个博弈阶段的行动，混合策略则赋予若干策略不同的概率，纯策略可以视为一种特殊的混合策略，即以全部概率集中到策略域中的某个点。占优策略、劣势策略和可理性化策略是三种特殊的策略，占优策略包含严格占优策略。

(5) 收益：局中人在不同策略组合下所得到的收益。

(6) 信息：局中人决策所依据的信息。信息分为完全信息和不完全信息。在完全信息中，局中人在决策时知道在此之前的全部信息，并且局中人 A 知道局中人 B 知道全部信息，并且局中人 A 知道局中人 B 知道局中人 A 知道全部信息，如此以至无穷，如下棋。在不完全信息中，局中人不知道与博弈有关的全部信息，如猜“石头-剪刀-布”的游戏。

(7)结果：结果是博弈分析者感兴趣的所有东西，或者说博弈分析者(建模者)从行动、支付和其他变量中所挑选出来的他感兴趣的要素的组合，如均衡战略组合、均衡行动组合、均衡支付组合等。

(8)均衡：均衡是所有局中人选取的最佳策略所组成的策略组合。

均衡是稳定的意思，也称为博弈的解，在均衡时，没有博弈者会单方面偏离，因为偏离是无法提高博弈者收益的。各博弈方都不愿或不会单独改变自己的策略组合，只要这种策略组合存在且是唯一的，博弈就有绝对确定的解。这种各博弈方都不愿单独改变策略的策略组合就是博弈论中最重要的一个概念——“纳什均衡”(Nash equilibrium，NE)。博弈各种解的概念是建立在两个重要假设基础上的，一是理性假设，二是共同认识假设。理性假设指博弈者能够正确地计算出各种不同行为组合带来什么样的收益，并总是采取使收益最大化的行为。理性假设并不意味着博弈者总是利己，也可能利他，这完全取决于博弈者的收益函数。共同认识是指如果每个博弈者都知道该事实，每个博弈者都知道“每个博弈者都知道该事实”的事实，这样无穷推演下去。即(每个博弈者都知道)^k，$k=0,1,\cdots,\infty$。

从包含关系上看，混合策略纳什均衡包含纯策略纳什均衡，纯策略纳什均衡又包含(严格)占优策略均衡。从假设条件上看，两种纳什均衡的要求最严格，都要假设博弈规则以及博弈者理性与策略为共同认识。(严格)占优策略均衡所需假设最少，只需假设博弈规则是共同认识，均衡假设越少，均衡的概念就越接近实际，但它出现的可能性也越小。优势策略肯定是纳什均衡，但纳什均衡不一定是优势策略，如图 10-12 所示。例如，在性别战、斗鸡博弈等博弈中没有优势策略，但有两个纳什均衡。

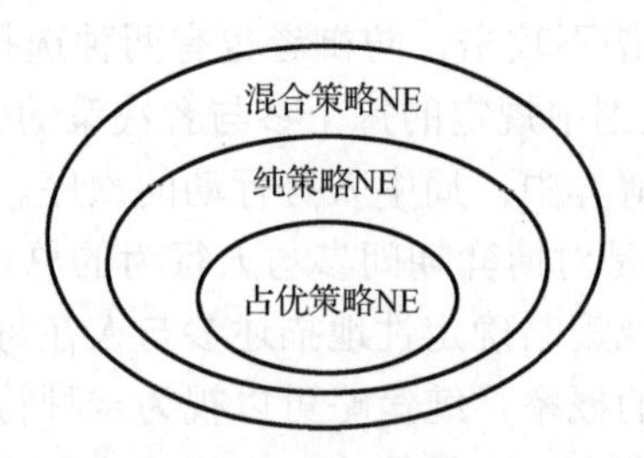

图 10-12　各种 NE 包含关系图

数学上常用三元组(P,S,U)表示一个博弈 G；P 包含 n 个博弈方，S 为策略空间，每个博弈方的全部可选策略的集合分别用$S_1,S_2,\cdots,S_n$表示；用$s_{ij}\in S_i,1\leqslant j\leqslant|S_i|$表示博弈方 i 的第 j 个策略，其中，j 可取有限个值(有限策略博弈)，也可取无限个值(无限策略博弈)；U 为收益集合，博弈方 i 的收益用u_i表示，u_i是各博弈方策略的多元函数。n 个博弈方的博弈 G 常写成

$$G=\{S_1,S_2,\cdots,S_n;u_1,u_2,\cdots,u_n\} \tag{10-43}$$

在博弈 $G=\{S_1,S_2,\cdots,S_n;u_1,u_2,\cdots,u_n\}$ 中，如果由各个博弈方的一个策略组成的某个策略组合 $(s_1^*,s_2^*,\cdots,s_n^*)$ 中，任一博弈方 i 的策略 s_i^* 都是对其余博弈方策略的组合 $(s_1^*,s_2^*,\cdots,s_{i-1}^*,s_{i+1}^*,\cdots,s_n^*)$ 的最佳策略，即

$$u_i(s_1^*,s_2^*,\cdots,s_{i-1}^*,s_i^*,s_{i+1}^*,\cdots,s_n^*)\geqslant u_i(s_1^*,s_2^*,\cdots,s_{i-1}^*,s_{ij},s_{i+1}^*,\cdots,s_n^*) \tag{10-44}$$

对任意 $s_{ij}\in S_i$ 都成立，则称 G 是一个“纳什均衡”，此时，$(s_1^*,s_2^*,\cdots,s_n^*)$ 称为纯策略。纳什均衡是非合作博弈最基本的解。首先，纳什均衡是所有博弈者的一个策略组合，一个均衡对应一种组合。其次，一个策略组合要成为纳什均衡，必须使这个组合中的每个策略都与其他策略构成相互最优反应。最后，纳什均衡的实现要求所有博弈者的均衡策略是共同认识。

若局中人都按照概率随机选择策略，即博弈方的决策内容不是确定性的具体的策略，而是在一个策略集中随机选择，这样的决策称为“混合策略”。

在博弈 $G=\{S_1,S_2,\cdots,S_n;u_1,u_2,\cdots,u_n\}$ 中；博弈方 i 的策略空间为 $S_i=\{s_{i1},s_{i2},\cdots,s_{ik}\}$，则博弈方 i 以概率分布 $p_i=\{p_{i1},p_{i2},\cdots,p_{ik}\}$ 随机在其 k 个可选策略中选择的“策略”，称为一个“混合策略”，其中 $0\leqslant p_{ij}\leqslant 1, j\in\{1,2,\cdots,k\}$ 成立，且 $\sum_j p_{ij}=1$。

相对于这种以一定概率分布在一些策略中随机选择的混合策略，确定性的具体的策略称为“纯策略”，而原来意义上的纳什均衡，即任何博弈方都不愿单独改变策略的纯策略组成的策略组合现在可称为“纯策略纳什均衡”。当然，纯策略也可以看作混合策略的特例，即选择相应纯策略的概率为 1，选择其余纯策略的概率为 0 的混合策略。混合策略可以看作纯策略的扩展。引进了混合策略的概念以后，可将纳什均衡的概念扩大到包括混合策略的情况。对各博弈方的一个策略组合，不管它是纯策略组成的还是混合策略组成的，只要满足各博弈方都不会想要单独偏离它，就称其为一个纳什均衡。如果确实是一个严格意义上的混合策略组合构成的纳什均衡，则称为“混合策略纳什均衡”。

在不完全信息静态博弈中，参与人同时行动，没有机会观察到别人的选择。给定其他参与人的战略选择，每个参与人的最优战略依赖于自己的类型。每个参与人仅知道其他参与人有关类型和分布，而不知道其真实类型，因而也不可能知道其他参与人实际上会选择什么策略。但是他能够正确地预测其他参与人的选择与其各自的有关类型之间的关系。此时，该参与人的决策目标是：在给定自己的类型，以及给定其他参与人的类型与策略选择之间关系的条件下，使得自己的期望收益最大化，贝叶斯纳什均衡是一种类型依赖型策略组合。

2) 静态 (static) 与动态 (dynamic)

静态是指局中人同时决策或同时行动(simultaneous-move)，博弈过程没有来回，静态博弈也称为“一次同时博弈（one-shot simultaneous game)”。同时决策或同时行

动不是指时间上完全一致，而是指每个参与者不知道其他参与者的决策或行动。所有的静态博弈都是非完美信息博弈。在网络安全中，可以利用静态完全信息博弈模型来描述只有攻防两方交互的场景，但是，如果防守方无法区分与其交互的到底是攻击者还是正常节点，这时应该利用静态非完全信息博弈模型来进行分析，并对交互方的类型做出推断。静态完全信息模型的解是纳什均衡，静态非完全模型的解是贝叶斯纳什均衡。如囚徒困境，也许两个囚徒的坦白时间是不同的，但互相不知道对方是否坦白，所以是同时行动。

如果局中人的决策或行动按照规则是有先后次序的(sequential-move)，则是动态博弈。网络安全中的动态博弈模型指攻防过程可以建模为多个阶段，每个阶段攻防双方会依据对方的历史行为来采取下一步动作，主要包含四个子类：(完全，完美)、(完全，不完美)、(不完全，完美)和(不完全，不完美)。

动态博弈的结果与静态博弈相比有更丰富的内涵，动态博弈的结果是指各参与者不同阶段行动构成的策略集合，并非具体的收益。

在一个动态博弈中，博弈结果包括参与人采用的策略组合、博弈路径及各自收益三方面。

逆向归纳法(backwards induction)是用于分析动态博弈中“威胁”或“承诺”是否可置信的方法，它从动态博弈的最后一个阶段参与者的行为开始分析，逐步倒推回前一个阶段相应博弈方的行为选择，直至开始阶段，又称为倒推法(rollback method)。逆向归纳法是分析完全且完美信息动态博弈最常用的方法。

Selten 首先证明了在一般的动态博弈中，某些纳什均衡比其他的纳什均衡更加合理，这就是“子博弈精炼纳什均衡(subgame perfect nash equilibrium)”。

子博弈：由一个动态博弈第一个阶段以后的任一阶段的后续博弈阶段构成，包含初始信息集合进行博弈所需要的全部信息，能够自成一个博弈的原博弈的一部分。一个子博弈必须包含博弈构成的所有要素，如参与者、行动、顺序、收益、信息等。子博弈在动态博弈中非常普遍，完美信息多阶段动态博弈基本上都有一级或多级的子博弈。

子博弈精炼纳什均衡：如果在一个具有完美信息的动态博弈中，各参与者的策略构成一个策略组合在整个动态博弈及它的所有子博弈中都构成纳什均衡，那么这个策略组合称为该动态博弈的一个“子博弈精炼纳什均衡”。子博弈精炼纳什均衡与纳什均衡的根本不同之处在于，前者能够排除均衡策略中不可信的威胁或承诺，排除不稳定的纳什均衡，只留下真正稳定的纳什均衡。

3) 完全信息(complete information)与不完全信息(incomplete information)

博弈参与者的类型是否为对手所知，博弈者的不同类型决定了其在相同结局下的不同收益，若博弈者的类型是私人信息，则称这种博弈为不完全信息博弈；如果博弈者类型是所有人的共同知识，则这种博弈就是完全信息博弈。

4) 完美信息 (perfect information) 与不完美信息 (imperfect information)

完美信息是指局中人完全清楚到他决策时为止所有局中人的所有决策，或者说了解博弈进行的历史。在完美信息博弈中，参与人可以观察到每个行动，也可以准确地了解每个参与人的可能行动和目标。例如，在象棋比赛中，所有行动对参与者而言都是可见的。在大部分博弈中，参与人可能无法获取其他参与人行动的信息，甚至不知道他们的目标。例如，贝叶斯博弈就是一种不完美信息博弈，每个参与人来自一个可能类型集合，如果每个参与人知道其他参与人的类型，则可转换为完美信息博弈。完美与不完美信息之所以没有成为划分博弈类型的主要标准，是因为依据它们所作的博弈划分并没有形成独立的解的概念。

完美信息与完全信息之间的关系：完全与不完全信息主要看博弈者类型是否是共同知识(如防守方能否区分攻击者或正常用户)；完美与不完美信息则是取决于博弈者的每一步行动是否是共同知识。

5) 网络攻防博弈

网络空间作为人造空间，其中涉及的攻防行为本质上是人与人之间利益冲突的反映，因此，网络安全的博弈模型及其均衡可为网络攻防提供一种量化框架来建模攻防过程[19]，可用于预测攻击者行为和指导防御方决策及开发对应的防御方法，如入侵与攻击检测[20, 21]、入侵容忍[22, 23]、APT 攻击防御[24]、DDoS 攻击防御[25]、移动目标防御[26]、云安全[27]等。

网络攻防过程中，攻击者通过各种手段获取数据或信息、控制甚至破坏目标系统来达到自己的目的，而防守方则尽可能地隐藏自身的行为策略、漏洞或弱点，并会主动监控和识别探测或入侵行为，保证安全性。因此，网络攻防可以通过博弈论进行分析，如图 10-13 所示[28]。

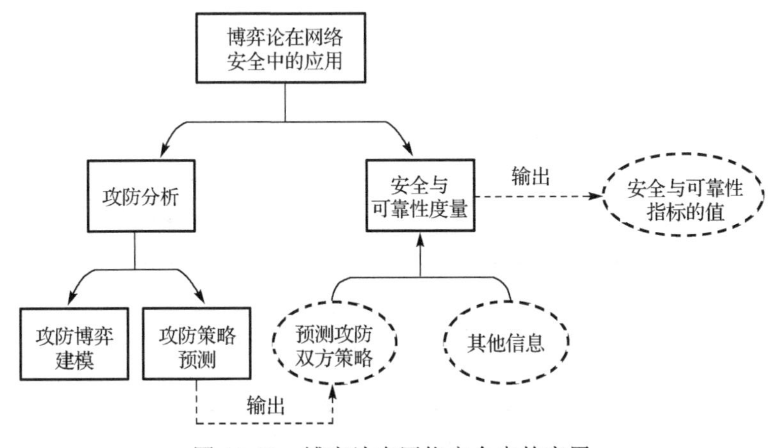

图 10-13　博弈论在网络安全中的应用

一个攻防博弈包含以下基本要素，如表 10-1 所示。

表 10-1　攻防博弈的基本要素及其描述

要　素	描　述
参与者(players)	防御者、攻击者(有时包含正常用户)
行为集	攻击行为集和防御行为集
收益	在博弈结束时每个参与者所得/失的量化值
信息结构	参与者可以全部或部分观察到其他人员的行为

因为防御者和攻击者无合作的意愿，所以网络安全中的攻防博弈通常是一种非合作博弈。在现实生活中，网络环境具有高度的动态性，且防守人员必须依赖不完全或不完美的信息进行策略选择。

10.3.2　博弈的表示

博弈可以用两种表征形式表示：标准式(规范式)和扩展式(策略式)。

在标准式中，具有 n 个参与人的博弈用一个 n 维向量来表示，每一维对应每个参与人的纯策略，每个矩阵元素是一个 n 元组，对应每个参与人的结果：每个元组的第 i 个元素是第 i 个参与人的收益。这个数组也称为收益矩阵。这里假定所有的策略是同时执行的。标准式包含：①n 个博弈者所有可能的纯策略组合 S，即每个博弈者纯策略集合的笛卡儿积 $S_1 \times S_2 \times \cdots \times S_n$；②每一种纯策略组合带给各博弈者的收益，由收益函数 $u_i : S \to \mathbf{R}$ 表示，$i = 1, 2, \cdots, n$。

例如，图 10-14 是入侵检测系统(IDS)的一个收益矩阵，其中，α 表示 IDS 检测概率，β 表示 IDS 的虚警概率，w 是防御者的安全收益，攻击者的攻击开销和防御者的监控开销分别为 c_a 和 c_m，且 $c_a, c_m > 0$，通常可以认为 $w > c_a, c_m$，否则攻防双方都没有意愿进行攻防交互。本博弈显然属于零和博弈。

		防御者：监控	防御者：不监控
攻击者	攻击	$(1-2\alpha)w - c_a, (2\alpha-1)w - c_m$	$w - c_a, -w$
	不攻击	$0, -\beta w - c_m$	$0, 0$

		防御者：监控	防御者：不监控
正常用户	不攻击	$0, -\beta w - c_m$	$0, 0$

图 10-14　静态贝叶斯博弈标准式表示示例

首先，对于(攻击，不监控)策略组合，防御者的总收益为 $-w$，对应攻击者总

收益为 $w-c_a$，即攻击得到的收益减去攻击的开销；其次，对于(攻击，监控)策略组合，防御者的总收益为监控条件下的期望收益与监控开销的差，即 $\alpha w+(1-\alpha)(-w)-c_m$，化简可得 $(2\alpha-1)w-c_m$，因此，攻击者的总收益为 $-[(2\alpha-1)w]-c_a$，即 $(1-2\alpha)w-c_a$；再次，对于(不攻击，监控)策略组合来说，防御者收益为虚警和监控导致的开销，即 $\beta(-w)-c_m=-\beta w-c_m$，攻击者的开销显然为 0；最后，(不攻击，不监控)对应防御者和攻击者的收益都为 0。

在扩展式博弈中，博弈通过博弈树表示，如图 10-15 所示，博弈树由点和边组成，博弈树上的点称为决策点，每条决策点代表相应博弈者的一个决策场景，每个边对应在此阶段的可能行动，树中的节点都带有博弈的历史信息，叶子节点对应博弈的结果，且与参与人对应于该结果的收益相关联，参与人具有习惯行动的博弈可采用扩展式进行更加自然的表示。决策点的前后次序描绘了整个博弈的行动次序，博弈的第一个决策点被画为空心，代表起始决策点，其他决策点均为实心，最后的决策点代表博弈行为的结束，其后紧跟的是各结局的收益。

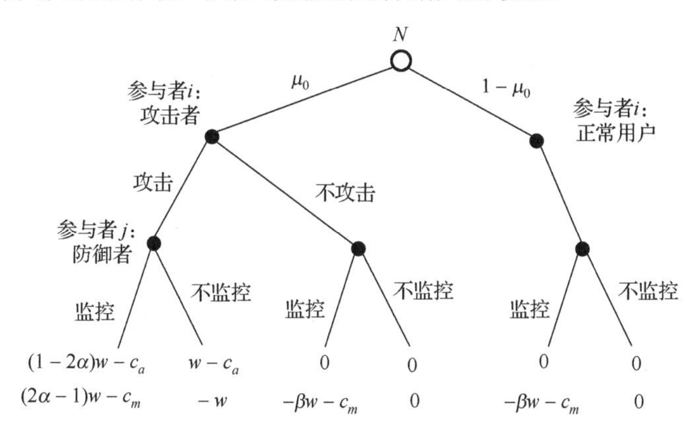

图 10-15　静态贝叶斯博弈的扩展式示例

每个扩展式都可以转变成唯一的一个规范式，而由于信息集导致博弈结构的变化，每个规范式则有可能对应着多个扩展式，但规范式没有办法反映动态博弈的次序关系，以及不同阶段的内在关系。因此，需依据研究问题的不同特点选择不同的博弈表示方法。

扩展式可以反映动态博弈中各参与者的行动次序和所处的阶段，适合表示动态博弈，正因如此，也将动态博弈称为“扩展博弈”。扩展式包含的要素有参与者集合、参与者的行动次序、参与者的策略空间、参与者的信息集、参与者的收益、外生事件的概率分布。需要注意的是，并不是所有的动态博弈都可以利用扩展式表示，例如，动态的博弈阶段无限或参与者有无限多可选择的行为时，则无法用扩展式表示，此时只能用文字描述或数学表达式表示。

10.3.3　博弈的均衡

若给定收益矩阵，博弈的均衡代表理性参与者所采取策略的集合，也称为解。均衡作为一个参与者策略的组合，每个参与者对应的收益不必大于其他策略组合中该参与人的收益，如经典囚徒博弈中的均衡。非合作博弈的四种分类及对应的均衡分别是：完全信息静态博弈→纳什均衡，完全信息动态博弈→子博弈完美纳什均衡，不完全信息静态博弈→贝叶斯纳什均衡，不完全信息动态博弈→完美贝叶斯纳什均衡。

每种均衡都有相应的求解方法，甚至有专门的博弈求解软件可供使用，如数值求解工具 Gambit[29]。表 10-2 列出了纳什均衡求解的常用方法。

表 10-2　纳什均衡求解常用方法及说明

求解方法名称	说　明
枚举法	对于博弈者人数及每个博弈者的可选策略都是有限的博弈，策略组合的个数也是有限的
策略等值法	用于求出有限博弈中混合策略均衡的一种简便方法
联立方程法	适用于纯策略集合是连续的博弈，若博弈者的收益函数对于策略来说是连续可导的，则一般可以依据最优化一阶条件建立联立方程组求解
试错归纳法	每个博弈者的策略个数并非有限，同时收益函数相对策略也不连续，此时只能从某个策略出发进行尝试，以求发现规律从而猜出解，最后用定义进行证明

参 考 文 献

[1] Keshav S. Mathematical Foundations of Computer Networking[M]. New Jersey: Pearson Education, Inc, 2012.

[2] Bertsekas D P, Tsitsiklis J N. Introduction to Probability. 2nd ed[M]. 郑忠国, 童行伟, 译. 北京: 人民邮电出版社, 2009.

[3] Modica G, Poggiolini L. A First Course in Probability and Markov Chains[M]. West Sussex: John Wiley & Sons, Ltd, 2013.

[4] Zhuang R, DeLoach S A, Ou X. Towards a theory of moving target defense[C]// ACM Workshop on Moving Target Defense, Scottsdale, 2014: 31-40.

[5] Ezhilchelvan P, Mitrani I. Evaluating the probability of malicious co-residency in public clouds[J]. IEEE Transactions on Cloud Computing, 2015(99): 1.

[6] 李航. 统计学习方法[M]. 北京: 清华大学出版社, 2012.

[7] Rabiner L R. A tutorial on hidden Markov models and selected applications in speech recognition[J]. Readings in Speech Recognition, 1990, 77(2): 267-296.

[8] Cho S, Park H. Efficient anomaly detection by modeling privilege flows using hidden Markov model[J]. Computer Security, 2003, 22(1): 45-55.

[9] Alarifi S, Wolthusen S. Anomaly detection for ephemeral cloud IaaS virtual machines[C]// Network and System Security: The 7th International Conference, Berlin, 2013: 321-335.

[10] Srivastava A, Kundu A, Sural S, et al. Credit card fraud detection using hidden Markov model[J]. IEEE Transactions on Dependable and Secure Computing, 2008, 5(1): 37-48.

[11] 陈宝林. 最优化理论与算法[M]. 北京: 清华大学出版社, 2005.

[12] 程祥, 张忠宝, 苏森, 等. 基于粒子群优化的虚拟网络映射算法[J]. 电子学报, 2011, 39(10): 2240-2244.

[13] 黄彬彬, 林荣恒, 彭凯, 等. 基于粒子群优化的负载均衡的虚拟网络映射[J]. 电子与信息学报, 2013(7): 1753-1759.

[14] Papadimitriou C H, Steiglitz K. Combinatorial Optimization: Algorithms and Complexity[M]. New York: Prentice Hall, 1998.

[15] 汪定伟, 王俊伟, 王洪峰, 等. 智能优化方法[M]. 北京: 高等教育出版社, 2007.

[16] Dorigo M, Blum C. Ant colony optimization theory: A survey[J]. Theoretical Computer Science, 2005, 344(2/3): 243-278.

[17] Dorigo M, Birattari M, Stutzle T. Ant colony optimization[J]. Computational Intelligence Magazine IEEE, 2004,1(4): 28-39.

[18] 罗伯特·吉本斯. 博弈论基础[M]. 高峰, 译. 北京: 中国社会科学出版社, 1999.

[19] Alpcan T, Basar T. Network Security: A Decision and Game-Theoretic Approach[M]. Cambridge: Cambridge University Press, 2010.

[20] Liu Y, Comaniciu C, Man H. A Bayesian game approach for intrusion detection in wireless ad hoc networks[C]// Proceedings from the 2006 Workshop on Game Theory for Communications and Networks, 2006, 11(24):4.

[21] Dritsoula L, Loiseau P, Musacchio J. A game-theoretic analysis of adversarial classification[J]. IEEE Transactions on Information Forensics and Security, 2017(99): 1.

[22] 周华, 周海军, 马建锋. 基于博弈论的入侵容忍系统安全性分析模型[J]. 电子与信息学报, 2013(8): 1933-1939.

[23] 郭渊博, 王超. 容忍入侵方法与应用[M]. 北京: 国防工业出版社, 2010.

[24] Rass S, König S, Schauer S. Defending against advanced persistent threats using game-theory[J]. PLoS One, 2017,12(1): e168675.

[25] Fallah M. A puzzle-based defense strategy against flooding attacks using game theory[J]. IEEE Transactions on Dependable and Secure Computing, 2010, 7(1): 5-19.

[26] Carter K M, Riordan J F, Okhravi H. A game theoretic approach to strategy determination for dynamic platform defenses[C]// ACM Workshop on Moving Target. Defense, Scottsdale, 2014.

[27] Brahma S, Kwiat K, Varshney P K, et al. Diversity and system security: A game theoretic perspective[C]// Military Communications Conference, 2014: 146-151.

[28] Liang X, Xiao Y. Game theory for network security[J]. IEEE Communications Surveys & Tutorials, 2013, 15(1): 472-486.

[29] Han Y, Alpcan T, Chan J, et al. A game theoretical approach to defend against co-resident attacks in cloud computing: Preventing co-residence using semi-Supervised learning[J]. IEEE Transactions on Information Forensics and Security, 2016, 11(3): 556-570.